『十二五』高职高专土建类模块式创新规划教材

U0211839

主审　胡兴福

主编　曹林同

副主编　尤晓琰　黄明峰

编者　闫兵　龙福贵　吴潮玮　王娟

毛风华　黄丙利　冯需　武志勇

王彦　杜镀

建筑法规

JIANZHUFAGUI

哈尔滨工业大学出版社

内容简介

本书根据现行颁布及实施的法律、行政法规、部门规章、规范及相关标准编写，为满足建筑工程技术专业群就业及可持续发展的需要，本教材编写中结合全国一级建造师和二级建造师考试要求及本学科内容的要求，积极突出职教特点，以"必需、够用"为度，按应用能力培养学生为原则，注重启发性，突出案例教学，强调实用和技能训练，深入浅出，便于自学。

全书共分 10 个模块，其内容主要有：建筑工程基本法律知识，建筑法，施工许可法律制度，建设工程发承包法律制度，建设工程合同和劳动合同法律制度，建筑工程安全生产法律制度，建设工程质量法律制度，建设工程监理法规，建筑工程施工环境保护、节约能源和文物保护法律制度，建设工程纠纷的处理。书中附每一模块的学习目标和能力目标，以及大量工程案例和基础训练、技能训练。

本书为建筑工程技术及相关专业教材，可作为成人教育土建类及相关专业教材，也可作为建筑工程岗位群培训教材及一、二级注册建造师考试自学教材，还可供从事建筑工程技术及相关工作的人员参考使用。

图书在版编目 (CIP) 数据

建筑法规 / 曹林同主编. —哈尔滨：哈尔滨工业大学出版社，2012.10
ISBN 978 - 7 - 5603 - 3808 - 8

Ⅰ.①建… Ⅱ.①曹… Ⅲ.①建筑法规—中国—高等学校—教材 Ⅳ.① D922.297

中国版本图书馆 CIP 数据核字 (2012) 第 234617 号

责任编辑　苗金英
封面设计　唐韵设计
出版发行　哈尔滨工业大学出版社
社　　址　哈尔滨市南岗区复华四道街 10 号　邮编 150006
传　　真　0451-86414749
网　　址　http://hitpress.hit.edu.cn
印　　刷　天津市蓟县宏图印务有限公司
开　　本　850mm×1168mm　1/16　印张 18.5　字数 552 千字
版　　次　2012 年 10 月第 1 版　2012 年 10 月第 1 次印刷
书　　号　ISBN 978 - 7 - 5603 - 3808 - 8
定　　价　36.00 元

序 言 1

新中国成立以来,建筑业随着国家的建设而发展壮大,为国民经济和社会发展作出了巨大贡献。建筑业的发展,不仅提升了人民的居住水平,加快了城镇化进程,而且带动了相关产业的发展。随着国家建筑产业政策的不断完善,一些举世瞩目的建设成果不断涌现,如奥运工程、世博会工程、高铁工程等,这些工程为经济、文化、民生等方面的发展发挥了重要作用。

建设行业的发展在一定程度上带动了土建类职业教育的发展。当前建设行业人力资源的层次主要集中在施工层面,门槛相对较低,属于劳动密集型产业,建筑工人知识水平偏低,管理技术人员所占比例不高。因此,以培养建设行业生产一线的技能型、复合型工程技术人才为主的土建类职业教育得到飞速发展,逐渐发挥其培育潜在人力资源的作用。土建类专业是应用型学科,将专业人才培养与施工过程对接,构建"规范引领、施工导向、工学结合"的模式是我国当前土建类职业教育一直探讨的方式。各院校在建立实践教学体系的同时,人才培养全过程要渗透工学结合的思想。

根据《国家中长期人才发展规划纲要(2010～2020年)》的要求,以及教育部和建设部《关于实施职业院校建设行业技能型紧缺人才培养培训工程的通知》、《关于我国建设行业人力资源状况和加强建设行业技能型紧缺人才培养培训工作的建议》的要求,哈尔滨工业大学出版社特邀请国内长期从事土建类职业教育的一线教师和建设行业从业人员编写了本套教材。本套教材按照"以就业为导向、以全面素质为基础、以能力为本位"的教育理念,按照"需求为准、够用为度、实用为先"的原则进行编写。内容上体现了土木建筑领域的新技术、新工艺、新材料、新设备、新方法,反映了现行规范(规程)、标准及工程技术发展动态,教材不但在表达方式上紧密结合现行标准,忠实于标准的条文内容,也在计算和设计过程中严格遵照执行,吸收了教学改革的成果,强调了基础性、专业性、应用性和创业性。大到教材中的工程案例,小到教材中的图片、例题,均取自于实际工程项目,把学生被动听讲变成学生主动参与实际操作,加深了学生对实际工程项目的理解,体现了以能力为本位的教材体系。教材的基础知识和技能知识与国家劳动部和社会保障部颁发的职业资格等级证书相结合,按各类岗位要求进行编写,以应用型职业需要为中心,达到"先培训、后就业"的教学目的。

目前,我国的建设行业教育事业取得了长足的发展,但不能忽视的是土建类专业教材建设、建设行业发展急需进一步规范和引导，加快土建类专业教学的改革势在必行。教育体系与课程内容如何与国际建设行业接轨，如何避免教材建设中存在的内容陈旧、老化问题，如何解决土建类专业教育滞后于行业发展和科技进步的局面，无疑成为我们目前最值得思考和解决的关键问题，而本系列教材的出版，应时所需，正是在有针对性地研究和分析当前建设行业发展现状，启迪土建类专业教育课程体系改革，落实产学研结合的教学模式下出版的，相信对建设行业从业人员的指导、培训以及对建设行业人才的培养有较为现实的意义。

　　本系列教材在内容的阐述上，在遵循学生获取知识规律的同时，力求简明扼要，通用性强，既可用于土建类职业教育和成人教育，也可供从事土建工程施工和管理的技术人员参考。

清华大学　　石永久

序言2

改革开放以来,随着经济持续高速的发展,我国对基本建设也提出了巨大的需求。目前我国正进行着世界上最大规模的基本建设。建筑业的从业人口将近五千万,已成为国民经济的重要支柱产业。我国按传统建造的建筑物大多安全度设置水准不高,加上对耐久性重视不够,尚有几百亿平方米的既有建筑需要进行修复、加固和改造。所以说,虽然随着经济发展转型,新建工程将会逐渐减少,但建筑工程所处的重要地位仍然不会动摇。可以乐观地认为:我国的建筑业还将继续繁荣几十年甚至更久。

基本建设是复杂的系统工程,它需要不同专业、不同层次、不同特长的技术人员与之配合,尤其是对工程质量起决定性作用的建筑工程一线技术人员的需求更为迫切。目前以新材料、新工艺、新结构为代表的"三新技术"快速发展,建筑业正经历"产业化"的进程。传统"建造房屋"的做法将逐渐转化为"制造房屋"的方式;建筑构配件的商品化和装配程度也将不断提高。落实先进技术、保证工程质量的关键在于高素质一线技术人员的配合。近年来,我国建筑工程技术人才培养的规模不断扩大,每年都有大批热衷于建筑业的毕业生进入到基本建设的队伍中来,但这仍然难以满足大规模基本建设不断增长的需要。

最快捷的人才培养方式是专业教育。尽管知识来源于实践,但是完全依靠实践中的积累来直接获取知识是不现实的。学生在学校接受专业教育,通过教师授课的方式使学生从教科书中学习、消化、吸收前人积累的大量知识精华,这样学生就可以在短期内获得大量实用的专业知识。专业教学为培养大批工程急需的技术人才奠定了良好的基础。由哈尔滨工业大学出版社组织编写的这套教材,有针对性地按照教学规律、专业特点、学者的工作需要,聘请在相应领域内教学经验丰富的教师和实践单位的技术人员编写、审查,保证了教材的高质量和实用性。

通过教学吸收知识的方式,实际是"先理论,后实践"的认识过程。这就可能会使学习者对专业知识的真正掌握受到一定的限制,因此需要注意正确的学习方法。下面就对专业知识的学习提出一些建议,供学习者参考。

第一,要坚持"循序渐进"的学习、求知规律。任何专业知识都是在一定基础知识的平台上,根据相应专业的特点,经过探索和积累而发展起来的。对建筑工程而言,数学、力学基础、制图能力、建筑概念、结构常识等都是学好专业课程的必要基础。

第二,学习应该"重理解,会应用"。建筑工程技术专业的专业课程不像有些纯理论性基础课那样抽象,它一般都伴有非常实际的工程背景,学习的内容都很具体和实用,比较容易理解。但是,学习时应注意:不可一知半解,需要更进一步理解其中的原理和技术背景。不仅要"知其然",而且要"知其所以然"。只有这样才算真正掌握了知识,才有可能灵活地运用学到的知识去解决各种复杂的具体工程问题。"理解原理"是"学会应用"的基础。

第三,灵活运用工程建设标准-规范体系。现在我国已经具有比较完整的工程建设标准-规范体系。标准规范总结了建筑工程的经验和成果,指导和控制了基本建设中重要的技术原则,是所有从业人员都应该遵循的行为准则。因此,在教科书中就必然会突出和强调标准-规范的作用。但是,标准-规范并不能解决所有的工程问题。从事实际工程的技术人员,还得根据对标准-规范原则的理解,结合工程的实际情况,通过思考和分析,采取恰当的技术措施解决实际问题。因此,学习期间的重点应放在理解标准-规范的原理和技术背景上,不必死抠规范条文,应灵活地应用规范的原则,正确地解决各种工程问题。

第四,创造性思维的培养。目前市场上还流行各种有关建筑工程的指南、手册、程序(软件)等。这些技术文件是基本理论和标准-规范的延伸和具体应用。作为商品和工具,其作用只是减少技术人员重复性的简单劳动,无法替代技术人员的创造性思维。因此在学习期间,最好摆脱对计算机软件等工具的依赖,所有的作业、练习等都应该通过自己的思考、分析、计算、绘图来完成。久而久之,通过这些必要的步骤真正牢固地掌握知识,增长技能。投身工作后,借助相关工具解决工程问题,也会变得熟练、有把握。

第五,对于在校学生而言,克服浮躁情绪,养成踏实、勤奋的学习习惯非常重要。不要指望通过一门课程的学习,掌握有关学科所有的必要知识和技能。学校的学习只是一个基础,工程实践中联系实际不断地巩固、掌握和更新知识才是最重要的考验。专业学习终生受益,通过在校期间的学习跨入专业知识的门槛只是第一步,真正的学习和锻炼还要靠学习者在长期的工程实践中的不断积累。

第六,学生应有意识地培养自己学习、求知的技能,教师也应主动地引导和培养学生这方面的能力。例如,实行"因材施教";指定某些教学内容以自学、答疑的方式完成;介绍课外读物并撰写读书笔记;结合工程问题(甚至事故)进行讨论;聘请校外专家作专题报告或技术讲座……总之,让学生在掌握专业知识的同时,能够形成自主寻求知识的能力和更广阔的视野,这种形式的教学应该比教师直接讲授更有意义。这就是"授人以鱼(知识),不如授人以渔(学习方法)"的道理。

第七,责任心的树立。建筑工程的产品——房屋为亿万人民提供了舒适的生活和工作环境。但是如果不能保证工程质量,当灾害来临时就会引起人民生命财产的重大损失。人民信任地将自己生命财产的安全托付给我们,保证建筑工程的安全是所有建筑工作者不可推卸的沉重责任。希望每一个从事建筑行业的技术人员,从学生时代起就树立起强烈的责任心,并在以后的工作中恪守职业道德,为我国的基本建设事业作出贡献。

中国建筑科学研究院　徐有邻

PREFACE

前 言

　　本书是哈尔滨工业大学出版社"十二五"土建类模块式创新规划教材之一，"建筑法规"是土建类专业的一门重要的专业基础课。

　　建设工程是指为人类生活、生产提供物质技术基础的各类建筑物和工程设施的统称。建筑工程是建设工程中的一部分，两者内容上是统一的，建设工程的范畴相对于建筑工程更广泛，本教材在内容上按照我国当前对建筑工程制定的法律法规进行介绍。随着我国市场经济的高速发展和制度的不断完善，建筑业作为国民经济的重要支柱产业得到了长足的发展。在工程建设活动中，建筑法规在规范从业者行为的同时，也保护着从业者的利益，提高了工程建设人员素质，规范了施工管理行为，保证了工程质量和施工安全，避免了工程建设人员"有法不知、有法不依"现象的发生，这也是建筑法规的根本宗旨和基本要求。学习建筑法规、掌握建筑法规、遵守建筑法规是建筑行业及其相关领域的工作者应当具备的法律素质，作为未来的建筑行业工作者，学习和掌握必要的建筑法律法规，既是将来工作的需要，也是时代的要求。

　　近几年来，随着教学改革的深入，在土建类人才的培养过程中，建筑法规的教学要求与内容也发生了变化，以学生就业岗位群为导向，学生毕业后从事工作岗位群的工作和可持续发展的需要成为本教材编写的主要指导思想。本书从建设行业一线对技能型人才的要求出发，采用国家与行业法律、行政法规、部门规章、规范与相关标准，结合国家注册建造师考试要求，根据应用型人才培养的要求及工程实际应用与最新发展动态，以"必需、够用"为原则编写，突出实训、实例教学，体现教、学、做结合。

　　本书特色

　　1. 模块化组织，以能力为本位：本书以职业岗位群工作内容为基础，以实际工作需要为准，以学生能力培养、技能实训为本位，以模块化重组教材内容，通过真实案例对应用性内容进行精讲，使读者更容易从总体上把握教材的知识。在教材编写过程中以突出应用为目的，以"必需、够用"为度，强调动手和思维能力的培养。

　　2. 以项目导入、内容新颖、坚持应用性为原则：本书根据现行颁布及实施的法律、行政法规、部门规章、规范编写，为满足建筑工程技术专业群就业及可持续发展的需要，本教材编写中结合最新全国一级建造师和二级建造师考试要求及本学科内容的要求，积极突出职教特点，按应用能力培养学生为原则，注重启发性，以实际项目案例导入，强调实用和案例分析教学，深入浅出，便于自学，教材内容紧跟时代，内容新颖，实例丰富，通俗易懂。

3. 教材体例创新，编写生动：本书按模块式教学法与项目教学法相结合的方式对教材体例进行编排，设置了模块概述、学习目标、能力目标、课时建议、案例导入、案例分析、基础训练、技能训练等内容。通过大量的训练帮助学生尽快掌握和领悟教材中的理论知识和案例知识，提高学生实际应用能力。

本书应用

本书为建筑工程技术及相关专业教材，可作为成人教育土建类及相关专业教材，也可作为建筑工程岗位群培训教材及一、二级注册建造师考试自学教材，还可供从事建筑工程技术及相关工作的人员参考使用。

模 块	内 容	参考课时	授课类型
模块 1	建筑工程基本法律知识	4 课时	教、学、做
模块 2	建筑法	2 课时	教、学、做
模块 3	施工许可法律制度	6 课时	教、学、做
模块 4	建设工程发承包法律制度	6 课时	教、学、做
模块 5	建设工程合同和劳动合同法律制度	8 课时	教、学、做
模块 6	建筑工程安全生产法律制度	6 课时	教、学、做
模块 7	建设工程质量法律制度	6 课时	教、学、做
模块 8	建设工程监理法规	4 课时	教、学、做
模块 9	建筑工程施工环境保护、节约能源和文物保护法律制度	4 课时	教、学、做
模块 10	建设工程纠纷的处理	6 课时	教、学、做

本书在编写过程中，有幸请到胡兴福老师的审阅，得到田树涛老师的支持，以及赵福华老师提供的资料支持，同时参考了各院校以及建筑企业、单位的案例和资料等文献资料，在此一并致以衷心的感谢。除参考文献中所列的署名作品之外，部分作品的名称及作者无法详细核实，故没有注明，在此表示歉意。

由于编者水平有限，加之编写时间仓促，疏漏之处在所难免，敬请各位专家、同行和读者提出宝贵意见，我们将不断加以改进。

编 者

编审委员会

模 块 概 述

简要介绍本模块与整个工程项目的联系，在工程项目中的意义，或者与工程建设之间的关系等。

学 习 目 标

包括学习目标和能力目标，列出了学生应了解与掌握的知识点。

课 时 建 议

建议课时，供教师参考。

模块1

建筑工程基本法律知识

▶ 模块概述

建筑工程法律体系全面系统地介绍了建设工程活动中涉及的法律法规。这些构成建设工程法律的法律法规，主要内容、概念等可帮助从不同领域，从横向上描述了建设工程项目的全过程管理，纵向上给了项目管理的主要内容、概述是建设工程所要遵守的准绳，也是项目管理人员必须合法经营，获得建设工程合法权益和社会效益自然有力武器。

建筑法律责任，是指建筑法律关系中的主体违反建筑法律规范所应承担的法律后果。建立工程法律制度包括建筑工程法律制度、建筑工程担保制度等保证建筑法律规范正确实施本身价值的导向。

▶ 学习目标
1. 掌握建筑法律的概念
2. 掌握国建筑法律体系的形式和内容
3. 掌握建筑法律责任的种类

模块2

建筑法

▶ 模块概述

《中华人民共和国建筑法》经1997年11月1日第八届全国人大常委会第28次会议通过。根据2011年4月22日第十一届全国人大常委会第20次会议《关于修改〈中华人民共和国建筑法〉的决定》修正。《中华人民共和国建筑法》以下简称《建筑法》分总则、建筑许可、建筑工程发包与承包、建筑工程监理、建筑安全生产管理、建筑工程质量管理、法律责任、附则共8章85条，自1998年3月1日起施行。

▶ 学习目标
1. 了解《建筑法》的立法宗旨
2. 熟悉《建筑法》的适用范围
3. 熟悉《建筑法》的调整对象
4. 掌握《建筑法》确立的基本制度

▶ 能力目标
1. 具备运用建筑法规的理论和知识解释建筑活动中常见的现象的能力。
2. 具备依据建筑法律从事工程建设活动的能力。
3. 结合了解具体案例，运用法律法规加以解决实际的问题。

模块3

施工许可法律制度

▶ 模块概述

施工工程建设活动是一种专业性、技术性极强的特殊活动，对建设工程是否具备施工条件以及从事建筑安全生产，提高投资效益，对国家利益和社会公众利益有着密切关系。《建筑法》规定，建筑工程开工前，建设单位应向国家标准的有关规定向工程所在地县级以上人民政府建设行政主管部门申请领取施工许可证；按照国家有关规定应当履行报建手续的建设工程，按照国家规定办理申请领取施工许可证的审批手续。

工程建设中，建设单位、勘察单位、设计单位和施工许可等各环节对不同的管理等等，专业技术参与企业、勘察单位、设计单位和范围内与建设活动、经营需要管理等等。

《建筑法》具备执业资格制度管理等规定和《注册建造师管理规定》，通过考核认定或者考试合格取得建造师资格证书，并在办理注册后方可在其资质等级许可的执业范围内从事建筑活动。建造师人员应当遵守职业道德和执业纪律，保守国家和他人的秘密，主动回避与本人利害关系的执业活动，不得接受有关当事人财物，保守国家和他人的秘密，主动回避与本人利害关系的执业活动。

▶ 学习目标
1. 掌握《建筑法》中对施工许可的规定
2. 掌握申请施工许可主体和规定相关条件
3. 掌握施工许可的规定
4. 掌握勘察、设计、咨询和重新办理施工的规定
5. 了解企业违规执行为的规定及承担的法律责任
6. 了解建造师执业资格考试、注册、执业范围、继续教育及义务
7. 掌握建造师注册执业制度

▶ 能力目标
1. 具备熟悉掌握施工许可证审批办理的规定
2. 能熟练掌握施工图工、注册、执业范围、继续教育等相应规定
3. 能进行建造师企业的资质条件的办法应用
4. 掌握建造师准入条件的具体应用

▶ 课时建议
6课时

案 例 导 入

各模块开篇前以知识聚焦的形式导入具有代表性的最新案例，以问题为导向引出正文，将现阶段科学而行之有效的教学方法融入到教材中。

技 术 提 示

言简意赅地总结实际工作中容易犯的错误或者难点、要点等。

案 例 分 析

根据本模块的知识，解决案例导入中所提出来的问题。

拓 展 与 实 训

以基本的简答、选择、案例分析题为主，考核学生对基础知识的掌握程度。

目录 Contents

绪论 /1

▶ **模块1　建筑工程基本法律知识**

☞ 模块概述 /8
☞ 学习目标 /8
☞ 能力目标 /8
☞ 课时建议 /8

1.1　建筑工程法律体系/9
1.1.1　法律体系的基本框架 /10
1.1.2　法的形式和效力层级、建筑法规的作用 /12
1.1.3　建设法律、行政法规和相关法律的关系 /15

1.2　建筑工程法律责任制度/16
1.2.1　法律责任的基本种类和特征 /16
1.2.2　建筑工程民事责任的种类及承担方式 /16
1.2.3　建筑工程行政责任的种类及承担方式 /19
1.2.4　建筑工程刑事责任的种类及承担方式 /21

1.3　建筑工程法律制度/22
1.3.1　建筑工程法人制度 /22
1.3.2　建筑工程代理制度 /23
1.3.3　建筑工程物权制度 /24
1.3.4　建筑工程债权制度 /25
1.3.5　建筑工程知识产权制度 /26
1.3.6　建筑工程担保制度 /27
1.3.7　建筑工程保险制度 /28
❖ 拓展与实训 /30

▶ **模块2　建筑法**

☞ 模块概述 /33
☞ 学习目标 /33

☞ 能力目标 /33
☞ 课时建议 /33

2.1　《建筑法》的立法宗旨、适用范围和调整对象/34
2.1.1　《建筑法》的立法宗旨 /34
2.1.2　《建筑法》的适用范围 /34
2.1.3　《建筑法》的调整对象 /35

2.2　《建筑法》确立的基本制度/36
2.2.1　建筑许可 /36
2.2.2　建筑工程发包与承包 /37
2.2.3　建筑工程监理 /38
2.2.4　建筑安全生产管理 /38
2.2.5　建筑工程质量管理 /39
❖ 拓展与实训 /41

▶ **模块3　施工许可法律制度**

☞ 模块概述 /45
☞ 学习目标 /45
☞ 能力目标 /45
☞ 课时建议 /45

3.1　建设工程施工许可制度/46
3.1.1　施工许可证和开工报告的适用范围 /46
3.1.2　申请主体和法定批准条件 /47
3.1.3　延期开工、核验和重新办理批准的规定 /50
3.1.4　违法行为应承担的法律责任 /51

3.2　企业从业资格制度/51
3.2.1　企业资质的法定条件和等级 /52
3.2.2　违规行为的规定及承担的责任 /61
3.2.3　建造师注册执业制度 /62
❖ 拓展与实训 /73

模块4　建设工程发承包法律制度

☞模块概述 /76

☞学习目标 /76

☞能力目标 /76

☞课时建议 /76

4.1　建设工程招标投标制度/77

4.1.1　建设工程招标投标概述（立法宗旨和适用范围、调整对象和招标方式）/77

4.1.2　招标基本程序和规定 /79

4.1.3　投标规定 /85

4.1.4　开标、评标、中标规定 /88

4.2　建设工程发包与承包/93

4.2.1　建设工程发包与承包的特征与原则 /93

4.2.2　建设工程承包制度 /95

※拓展与实训 /99

模块5　建设工程合同和劳动合同法律制度

☞模块概述 /103

☞学习目标 /103

☞能力目标 /103

☞课时建议 /103

5.1　建设工程合同制度/104

5.1.1　合同的法律特征和订立原则 /104

5.1.2　合同的要约与承诺 /105

5.1.3　建设施工合同的法定形式和内容 /106

5.1.4　建设工程工期和支付价款的规定 /107

5.1.5　建设工程赔偿损失的规定 /108

5.1.6　无效合同和效力待定合同的规定 /110

5.1.7　合同的履行、变更、转让、撤销和终止 /111

5.1.8　建设工程合同的索赔 /113

5.1.9　违约责任及违约责任的免除 /114

5.1.10　建设施工合同示范文本的使用与法律地位 /115

5.2　劳动合同及劳动关系制度/115

5.2.1　劳动合同及劳动关系制度 /115

5.2.2　劳动合同的履行、变更、解除和终止 /117

5.2.3　合法用工方式与违法用工模式的规定 /118

5.2.4　劳动保护的规定 /119

5.2.5　劳动争议的解决 /120

5.2.6　工伤处理的规定 /121

5.2.7　违法行为应承担的法律责任 /122

5.3　相关合同/122

5.3.1　承揽合同的法律规定 /122

5.3.2　买卖合同的法律规定 /123

5.3.3　借款合同的法律规定 /124

5.3.4　租赁合同的法律规定 /124

5.3.5　融资合同的法律规定 /126

5.3.6　运输合同的法律规定 /126

5.3.7　仓储合同的法律规定 /127

5.3.8　委托合同的法律规定 /128

※拓展与实训 /129

模块6　建筑工程安全生产法律制度

☞模块概述 /132

☞学习目标 /132

☞能力目标 /132

☞课时建议 /132

6.1　建筑安全生产管理的方针和原则/133

6.1.1　建筑安全生产管理的方针 /133

6.1.2　建筑安全生产管理的原则 /134

6.2　施工安全生产许可证制度/134

6.2.1　申请领取安全生产许可证的条件 /134

6.2.2　安全生产许可证的有效期和政府监管的规定 /135

6.2.3　违法行为应承担的法律责任 /136

6.3　施工安全生产责任和安全生产教育培训制度/137

6.3.1　施工单位的安全生产责任 /138

6.3.2　施工项目的安全生产责任 /140

6.3.3　施工管理人员、作业人员安全生产教育培训的规定 /143

6.3.4　违法行为应承担的法律责任 /144

6.4　施工现场安全防护制度 /145

6.4.1　编制安全技术措施、专项施工方案和安全技术交底的规定 /145

6.4.2 施工现场安全防护的规定 /147

6.4.3 施工现场消防安全职责和应采取的消防安全措施 /148

6.4.4 办理意外伤害保险的规定 /148

6.4.5 违法行为应承担的法律责任 /149

6.5 施工安全事故的应急救援与调查处理 /151

6.5.1 生产安全事故的等级划分标准 /151

6.5.2 施工生产安全事故应急救援预案的规定 /151

6.5.3 施工生产安全事故报告及采取相应措施的规定 /153

6.5.4 违法行为应承担的法律责任 /155

6.6 建设单位和相关单位的建设工程安全责任制度/156

6.6.1 建设单位相关的安全责任 /156

6.6.2 勘察、设计单位相关的安全责任 /158

6.6.3 工程监理、设备检验检测单位相关的安全责任 /159

6.6.4 机械设备等单位相关的安全责任 /160

6.6.5 政府部门安全监督管理的相关规定 /161

❖拓展与实训 /163

模块7 建设工程质量法律制度

☞模块概述 /167

☞学习目标 /167

☞能力目标 /167

☞课时建议 /167

7.1 工程建设标准/168

7.1.1 工程建设标准的分类 /168

7.1.2 工程建设强制性标准实施的规定 /171

7.2 施工单位的质量责任和义务/172

7.2.1 遵守执业资质等级制度的责任 /172

7.2.2 对施工质量负责 /172

7.2.3 总分包单位的质量责任 /172

7.2.4 按照工程设计图纸和施工技术标准施工的规定 /172

7.2.5 对建筑材料、设备等进行检验检测的规定 /173

7.2.6 施工质量检验和返修的规定 /174

7.2.7 建立健全职工教育培训制度的规定 /175

7.2.8 违法行为应承担的法律责任 /176

7.3 建设单位及相关单位的质量责任和义务 /176

7.3.1 建设单位相关的质量责任和义务 /176

7.3.2 勘察、设计单位相关的质量责任和义务 /180

7.3.3 工程监理单位相关的质量责任和义务 /181

7.3.4 政府部门工程质量监督管理的相关规定 /183

7.4 建设工程竣工验收制度 /184

7.4.1 竣工验收的主体和法定条件 /184

7.4.2 工程竣工验收的程序 /185

7.4.3 施工单位应提交的档案资料 /186

7.4.4 竣工验收报告备案的规定 /186

7.5 建设工程质量保修制度/187

7.5.1 建设工程质量保修书 /187

7.5.2 建设工程质量的最低保修期限 /188

7.5.3 工程质量保修的实施 /188

7.5.4 质量责任的损失赔偿 /188

7.5.5 违法行为应承担的法律责任 /189

❖拓展与实训 /190

模块8 建设工程监理法规

☞模块概述 /194

☞学习目标 /194

☞能力目标 /194

☞课时建议 /194

8.1 建设工程监理概述/195

8.1.1 建设工程监理依据 /195

8.1.2 建设工程强制监理的范围 /196

8.1.3 建设工程监理的任务和内容 /196

8.1.4 建设工程监理的原则 /201

8.2 合同订立双方的义务、权利和责任/202

8.2.1 合同双方的义务 /203

8.2.2 合同双方的权利 /204

8.2.3 合同双方的责任 /205

8.3 建设工程委托监理合同的订立和履行 /205

8.3.1　建设工程委托监理合同签订前的准备工作 /205

8.3.2　建设工程委托监理合同的谈判与签订 /205

8.3.3　建设工程委托监理合同的履行 /206

8.3.4　违约责任 /206

⊗拓展与实训 /208

模块9　建筑工程施工环境保护、节约能源和文物保护法律制度

☞模块概述 /211

☞学习目标 /211

☞能力目标 /211

☞课时建议 /211

9.1　施工现场环境保护制度 /212

9.1.1　环境保护法概述 /212

9.1.2　水污染防治法律制度 /215

9.1.3　大气污染防治法律制度 /217

9.1.4　环境噪声污染防治法律制度 /218

9.1.5　固体废物污染防治法律制度 /220

9.1.6　违法行为应承担的法律责任 /221

9.2　施工节约能源制度 /223

9.2.1　节约能源法概述 /224

9.2.2　建筑节能与施工节能 /224

9.2.3　违法行为应承担的责任 /228

9.3　施工文物保护制度 /229

9.3.1　概述 /229

9.3.2　施工发现文物报告和保护的规定 /231

9.3.3　违法行为应承担的法律责任 /231

⊗拓展与实训 /234

模块10　建设工程纠纷的处理

☞模块概述 /237

☞学习目标 /237

☞能力目标 /237

☞课时建议 /237

10.1　建设工程纠纷的主要类型 /238

10.1.1　建设工程民事纠纷 /239

10.1.2　建设工程行政纠纷 /239

10.2　建设工程民事纠纷的处理 /240

10.2.1　和解 /240

10.2.2　调解 /241

10.2.3　仲裁 /242

10.2.4　诉讼 /249

10.2.5　民事纠纷解决途径中仲裁和诉讼的区别 /255

10.3　建设工程行政纠纷的处理 /256

10.3.1　行政复议 /256

10.3.2　行政诉讼 /259

10.3.3　行政复议与行政诉讼的区别 /264

10.3.4　行政诉讼与民事诉讼的关系 /265

⊗拓展与实训 /266

附录1　工程术语 /270

附录2　教材各模块涉及法规基本情况表 /277

参考文献 /279

绪论

法是由一定物质生活条件所决定的统治阶级意志的反映；它是由国家制定或认可的，并由国家强制力保证实施的行为规范体系；它规定了人们在一定社会中的权利和义务，从而确认和保证有利于统治阶级的社会关系和社会秩序；法也是一种规范，它确定了人的行为的自由程度，即在法律界限之内，人可以有自由行为，超越了界限，就应该被矫正。

建筑法规是通过各种法律规范规定建筑业的基本任务、基本原则、基本方针，以加强建筑业的管理，维护建筑市场秩序，促进建筑业的健康发展，为国民经济各部门提供必需的物质基础，为国家增加积累，为社会增加财富，推动社会主义各项事业的发展，促进社会主义现代化建设，也是从事建筑业管理人员必须掌握的专业知识。

1. 法的基本情况

（1）法的特征

①法是调整人们行为或社会关系的规范。法作为社会规范，像道德规范、宗教规范一样，具有规范性。所谓法的规范性，是指法具有规定人们行为模式、指导人们行为的性质。它作为法的一个基本特征，在区别不同的法律文件的效力时是非常有意义的，法律文件有规范性文件与非规范性文件之分。法的表现形式往往是规范性法律文件，具有普遍的效力。而非规范性法律文件，如判决书、公证书、委任书、结婚证书等，虽然也是由一定的机关发布的，但因其内容不是规定人们的一般行为模式和标准，所以不具有普遍的效力，仅对特定的当事人有效。

②法是由国家制定或认可的社会规范。一切法的产生，大体上都是通过制定和认可这两种途径。所谓法的制定，就是国家立法机关按照法定程序创制规范性文件的活动。通过这种方式产生的法，称为制定法或成文法，即具有一定文字表现形式的规范性文件，如中国的各种法律（宪法、刑法、民法通则等）即属此类。所谓法的认可，是指国家通过一定的方式承认其他社会规范（道德、宗教、风俗、习惯等）具有法律效力的活动。

③法是由国家强制力保证实施的社会规范。一切社会规范（道德、纪律、习惯等）都具有强制性，即借助一定的社会力量强迫人们遵守的性质。然而，法不同于其他社会规范，它具有特殊的强制性，即国家强制性。法是以国家强制力为后盾，由国家强制力保证实施的。在此意义上，所谓法的国家强制性就是指法依靠国家强制力保证实施、强迫人们遵守的性质。也就是说，不管人们的主观愿望如何，人们都必须遵守法律，否则将招致国家强制力的干涉，受到相应的法律制裁。

（2）法的分类

根据不同的标准，可以对法进行不同的分类，主要有如下几种：

①国内法与国际法。按照法的创制与适用主体的不同，法可以分为国内法与国际法。国内法是由特定国家创制并适用于该国主权管辖范围内的法，包括宪法、民法、诉讼法等。国内法的主体一般为公民、社会组织和国家机关，国家只能在特定的法律关系中成为主体。国际法是指在国际交往中，由不同的主权国家通过协议制定或公认的适用于国家之间的法。国际法的主体一般是国家，在一定条件下或一定范围内，类似国家的政治实体以及由一定国家参加和组成的国际组织也可以成为国际法的主体。

②根本法与普通法。按照法的效力、内容和制定程序的不同，法可以分为根本法与普通法。根本法是宪法的别称，它规定了国家基本的政治制度和社会制度，公民的基本权利和义务，国家机关的

设置、职权等内容，在一个国家中占据最高的法律地位，具有最高的法律效力，是其他法律制定的依据。普通法是指宪法以外的其他法，它规定了国家的某项制度或调整某一方面的社会关系。在制定和修改程序上，根本法比普通法更为严格。

③一般法与特别法。按照法的效力范围的不同，法可以分为一般法与特别法。一般法是指在一国范围内，对一般的人和事有效的法。特别法是指在一国的特定地区、特定期间或对特定事件、特定公民有效的法，如戒严法、兵役法、特别行政区法、教师法等。一般情况下，法律适用遵循特别法优于一般法的原则。

④实体法与程序法。按照法规定的具体内容的不同，法可以分为实体法与程序法。实体法是规定主要权利和义务（或职权和职责）的法，如民法、刑法、行政法等。程序法是指为保障权利和义务的实现而规定的程序的法，如民事诉讼法、刑事诉讼法等。当然，这种划分并不是绝对的，实体法中也可能有少数程序问题。实体法与程序法有着密切的关系，实体法是主要的，一般称为主法；程序法保障实体法的实现，称为辅助法。

⑤成文法与不成文法。按照法的创制和表达形式的不同，法可以分为成文法和不成文法。成文法是指由特定国家机关制定和公布，以文字形式表现的法，故又称制定法。不成文法是指由国家认可的不具有文字表现形式的法。不成文法主要为习惯法。随着法的发展，成文法日益增多，已成为法的主要组成部分。

（3）法的作用

①法的作用的概念。法的作用是指法对人们行为和社会生活产生的影响。法是统治阶级或人民按照自己的意志调整人们行为的工具，用以控制、变革或发展社会，进而建立并维护有利于统治阶级和人民自己的社会关系、社会秩序和社会进程。在本质上，法的作用意味着法作为一种社会工具对主体的用途、功能，或对主体的需要的某种满足。

②法的规范作用。根据行为主体的不同，法的规范作用可以分为：指引、评价、教育、预测和强制作用。

a. 指引作用。法的指引作用是指法律作为一种行为规范，为人们提供了某种行为模式，指引人们可以这样行为、必须这样行为或不这样行为。法的指引作用的对象是人的行为。法的指引作用有两种表现形式，即确定的指引和有选择的指引。确定的指引是指人们必须根据法律规范的指引而做出行为（包括作为及不作为）。有选择的指引是指人们对法律规范所指引的行为模式有选择余地，法律允许人们自行决定是否做出这样的行为。

b. 评价作用。法的评价作用是指法律具有判断、衡量他人行为是否合法或违法以及违法性质和程度的作用。评价作用的对象是他人的行为。法律的评价与其他社会规范相比，具有概括性、公开性和稳定性，所以法律的评价更客观、更明确、更具体。法的评价作用及其优点，使法为人们提供了一种维护社会秩序、促进社会发展的可靠的评价工具。

c. 教育作用。法的教育作用是指通过法律的实施对一般人今后的行为所产生的影响。这种作用的对象是一般人的行为。可以有不同的方式实现法的教育作用：第一，对违法行为实施法律制裁，对包括违法者本人在内的一般人来说都具有教育和警戒作用；第二，对合法行为加以保护、赞许或者奖励，对所有人都有鼓励和示范作用；第三，平等、有效地实施法律，可以在更高层次上实现法律的教育作用，根据法律程序来处理事情和接受法律判决的压力，可能比直接惩罚的威胁还要微妙；第四，一种法律能否真正实现这种作用以及这种作用的程度，归根到底取决于法律规定的内容是否真正体现绝大多数社会成员的利益。

d. 预测作用。法的预测作用是指当事人可以根据法律预先估计到他们相互将如何行为以及某种行为在法律上的后果。预测作用的对象是人们相互的行为。法律的预测作用也称为法律的可预测性，它可以分为两种情况，即行为人依据法律调整相互关系和行为人依据法律预测国家对某种行为的态度。在第一种情况下，当事人可以相互预测对方的行为，是指由于法律规范的存在，一定法律关系中的当事人可以预先估计到对方应当如何做出行为，从而使自己采取相应的对策。例如，在合同关系中，甲方在履行自己的合同义务时，可以合理地预计对方也会履行的合同义务；如果任何一方违约，违约方也会估计到另一方将采取哪些求偿行为。在第二种情况下，是指人们可以依据法律，预先估计到国家会对某种行为采取的态度，预见到某种行为是合法还是违法；在法律上是有效还是无效，国家会予以肯定、保护或奖励，还是否定或制裁。

e. 强制作用。法的强制作用是指法律对违法行为具有制裁、惩罚的作用。强制作用的对象是违法者的行为。法的强制作用有时通过制裁违法犯罪行为直接显现出来；有时则作为某种威慑力量，起到预防违法犯罪行为、增进社会成员的社会安全感的作用。

③法的社会作用。法的社会作用是指法具有维护有利于一定阶级的社会关系和社会秩序的作用。

（4）法的形式

法的形式即法的渊源，是指法律规范的来源，即法之源。法的渊源一般有实质意义与形式意义两种不同的解释。在实质意义上，法的渊源指法的内容的来源，如法源于经济或经济关系。形式意义上的法的渊源，也就是法的效力渊源，指一定的国家机关依照法定职权和程序制定或认可的具有不同法律效力和地位的法的不同表现形式，即根据法的效力来源不同，而划分法的不同形式。在我国，对法的渊源的理解，一般指效力意义上的渊源，主要是各种制定法。

目前中国法的渊源主要是以宪法为核心的各种制定法，包括宪法、法律、行政法规、地方性法规、经济特区的规范性文件、特别行政区的法律法规、国际条约、国际惯例等。相关内容将在本教材模块1中介绍。

（5）法的效力

法的效力，通常有广义和狭义两种理解。广义上的法的效力，泛指法的约束力和法的强制性。狭义上的法的效力，是指法的生效范围或适用范围，即法在什么时间、什么地方和对什么人适用，包括法的时间效力、法的空间效力、法对人的效力。正确理解法的效力问题，是适用法的重要条件。本教材所讲的法的效力，是就狭义而言的。法的效力主要包括：法的时间效力、法的空间效力、法对人的效力。

①法的时间效力。法的时间效力是指法何时生效和何时终止效力，以及法对其颁布实施以前的行为和事件有无溯及力的问题。主要有：

a. 法的生效时间。包括：自法律公布之日起生效；由该法明文规定具体的生效时间；规定法公布后到达一定期限开始生效。

b. 法的终止效力。即法被废止，绝对地失去其约束力。一般分为明示的废止和默示的废止两种方式。明示的废止，是在新法或其他法规中明文规定对旧法加以废止。这种终止法的效力的方式直接用语言文字明确表示，被称为“积极的表示方式”，是世界上大多数国家普遍采用的方式。

c. 法的溯及力。指法溯及既往的效力，即法颁布施行后，对其生效前所发生的事件和行为是否适用的问题，如果适用，该法就有溯及力；如果不适用，该法就不具有溯及力。由于人们不可能根据尚未颁布实施的法处理社会事务，因此近代以来各国的立法一般采用法不溯及既往的原则。

②法的空间效力。法的空间效力是指法生效的地域范围，即法在哪些地方具有约束力。根据国家主权原则，一国的法在其主权管辖的全部领域有效，包括陆地、水域及其底土和领空。法的空间效力一般分为法的域内效力和法的域外效力两方面。

③法对人的效力。法对人的效力是指法对哪些人具有约束力，即法对什么样的自然人和法人适用。

2. 法律关系

法律关系是指由法律规范所确定和调整的人与人或人与社会之间的权利和义务关系。这里的“人”，从法律意义上讲，包括两种意义：一是指自然人，另一是指法人。自然人是基于出生而成为民事法律关系主体的有生命的人。自然人作为民事法律关系的主体应当具有相应的民事权利能力和民事行为能力。民事权利能力是法律规定民事主体享有民事权利和承担民事义务的资格，自然人的民事权利能力始于出生，终于死亡，是国家法律直接赋予的。而民事行为能力是指民事主体以自己的行为参与民事法律关系，从而取得享受民事权利和承担民事义务的资格。不是所有自然人都具有民事行为能力，根据不同年龄和精神健康状态，可分为完全民事行为能力人、限制民事行为能力人和无民事行为能力人。法人是法律承认具有民事权利能力和民事行为能力，依法独立享有民事权利和承担民事义务的组织。

建筑法律关系则是由建筑法规所确认和调整的，在建筑业管理和建筑活动过程中所产生的具有相关权利、义务内容的社会关系。它是建筑法规与建筑领域中各种活动发生联系的途径，建筑法规通过建筑法律关系来实现其调整相关社会关系的目的。建筑法律关系主要有以下几方面内容：

（1）建筑法律关系主体

建筑法律关系主体是指参加建筑业活动，受建筑法律规范调整，在法律上享有权利和承担义务的当事人。主要有自然人、法人和其他组织，包括政府相关部门、业主方、承包方、相关中介组织、中国建设银行以及公民个人等。

①政府相关部门，主要有国家权力机关和国家行政机关；国家权力机关参加建筑法律关系的职能是审查批准国家建设计划和国家预决算，制定和颁布建筑法律，监督检查国家各项建筑法律的执行。国家行政机关是依照国家宪法和其他法律设立的依法行使国家行政职权，组织管理国家行政事务的机关，它包括国务院及其所属各部、各委、地方各级人民政府及其职能部门。

②业主方，也是投资方或建设单位，可以是房地产开发公司、工厂、学校、医院，还可以是个人或各级政府委托的资产管理部门；由于这些建设单位最终得到的是建筑产品的所有权，所以根据国际惯例，也可以称这些建筑工程的发包主体为业主。

③承包方，是指有一定生产能力、机械设备、流动资金，具有承包工程建设任务的营业资格，在建筑市场中能够按照业主方的要求，提供不同形态的建筑产品，并最终得到相应工程价款的建筑企业。主要有：勘察、设计单位，建筑安装施工企业，建筑装饰施工企业，混凝土构配件、非标准预制件等生产厂家，商品混凝土供应站，建筑机械租赁单位以及专门提供建筑劳务的企业等。在我国建筑市场上承包方一般被称为建筑企业或乙方，在国际工程承包中习惯被称为承包商。

④相关中介组织，是指具有相应的专业服务资质，在建筑市场中受发包方、承包方或政府管理机构的委托，对工程建设进行估算测量、咨询代理、建设工程监理等高智能服务，并取得服务费用的咨询服务机构和其他建设专业中介服务组织，如招标代理机构、监理公司、律师事务所、工程建设服务的专业会计师事务所等。

⑤中国建设银行，是我国专门办理工程建设贷款和拨款、管理国家固定资产投资的专业银行。其主要业务范围是：管理国家工程建设支出预决算；制定工程建设财务管理制度；审批各地区、各部门的工程建设财务计划和清算；经办工业、交通、运输、农垦、畜牧、水产、商业、旅游等企业的工程建设贷款及行政事业单位和国家指定的基本建设项目的拨款；办理工程建设单位、地质勘察单位、建筑安装企业、工程建设物资供销企业的收支结算；经办有关固定资产的各项存款、发放技术改造贷款；管理和监督企业的挖潜、革新、改造资金的使用等。

⑥公民个人，在建筑活动中也可以成为建筑法律关系的主体。如建筑企业工作人员（建筑工人、专业技术人员、注册执业人员等）与企业单位签订劳动合同时，即成为建筑法律关系的主体。

（2）建筑法律关系客体

建筑法律关系客体是指建筑法律关系主体享有的权利和承担的义务所共同指向的事物。在通常情况下，建筑法律关系主体都是为了某一客体，彼此才设立一定的权利、义务，从而产生建筑法律关系，这里的权利、义务所指向的事物，便是建筑法律关系的客体。它既包括有形的产品——建筑物，也包括无形的产品——各种服务。

建筑法律关系的客体主要有四类：

①财，表现为财的客体主要是建设资金，如基本建设贷款合同的标的，即一定数量的货币。

②物，在建筑法律关系中表现为物的客体主要是建筑材料，如钢材、木材、水泥等，以及由其

构成的建筑物。另外还有建筑机械等设备。某个具体基本建设项目即是建筑法律关系中的客体。

③行为，在建筑法律关系中，行为多表现为完成一定的工作，如勘察设计、施工安装、检查验收等活动。

④非物质财富，也称为智力成果，在建筑法律关系中，如果是设计单位提供的具有创造性的设计图纸，该设计单位依法享有专有权，使用单位未经允许不能无偿使用。

（3）建筑法律关系的内容

建筑法律关系的内容即是建筑法律关系的主体对他方享有的权利和负有的义务，这种内容要由相关的法律或合同来确定，它是联结主体的纽带。如开发权、所有权、经营权以及保证工程质量的经济义务和法律责任都是建筑法律关系的内容。

根据建筑法律关系主体地位不同，其权利义务关系表现为两种不同的情况：

①基于主体双方地位平等基础上的对等的权利和义务关系。

②在主体双方地位不平等的基础上产生的不对等的权利和义务关系，如政府有关部门对建设单位和施工企业依法进行的监督和管理活动所形成的法律关系。

（4）建筑法律关系的产生、变更和解除

①建筑法律关系的产生，是指建筑法律关系的主体之间形成了一定的权利和义务关系。例如，某建设单位与施工单位签订了建筑工程承包合同，主体双方产生了相应的权利和义务。此时，受建筑法规调整的建筑法律关系即告产生。

②建筑法律关系的变更，是指建筑法律关系的三个要素发生变化。

a. 主体变更。主体变更是指建筑法律关系主体数目增多或减少，也可以是主体改变。在建筑合同中，客体不变，相应权利义务也不变，此时主体改变也称为合同转让。

b. 客体变更。客体变更是指建筑法律关系中权利义务所指向的事物发生变化。客体变更可以是其范围变更，也可以是其性质变更。

c. 内容变更。内容变更主要是指合同内容发生变化，导致法律关系发生变化。

③建筑法律关系的解除，是指建筑法律关系主体之间的权利义务不复存在，彼此丧失了约束力。

a. 自然解除，是指某类建筑法律关系所规范的权利义务顺利得到履行，取得了各自的利益，从而使该法律关系终止。

b. 协议解除，是指建筑法律关系主体之间协商解除某类建筑法律关系规范的权利或义务，致使该法律关系归于消灭。

c. 违约解除，是指建筑法律关系主体一方违约，或发生不可抗力，致使某类建筑法律关系规范的权利不能实现。

3. 建筑法规

建筑法规是指有立法权的国家机关或其授权的行政机关制定的，旨在调整政府部门、企事业单位、社会团体、其他经济组织以及公民个人在建筑活动中相互之间所发生的各种社会关系的法律规范的总称。建筑活动是指各类房屋及其附属设施的建造和与其配套的线路、管道、设备的安装活动。建筑法规通过各种法律规范规定建筑业的基本任务、基本原则、基本方针，以加强建筑业的管理，维护建筑市场秩序，促进建筑业的健康发展，为国民经济各部门提供必需的物质基础，为国家增加积累，为社会增加财富，推动社会主义各项事业的发展，促进社会主义现代化建设。详见本教材模块1介绍。

（1）建筑工程法规的构成

①建筑行政法，主要是调整国家建设行政主管部门在管理建筑工程中所发生的各种社会关系的法律规范，如《建筑法》《招标投标法》等有关建筑工程监督管理的法律法规，是建筑工程法规的主要内容。

②建筑经济法，主要是调整国家在经济管理中发生的与建筑工程有关的经济关系的法律规范，如《中外合资经营企业法》《统计法》等。

③建筑民事、商事法，主要是调整作为平等主体的公民之间、法人之间、公民和法人之间的与

建筑工程有关的财产关系、人身关系、商事关系或商事行为的法律规范，主要包括《民法通则》《合同法》《公司法》《票据法》《担保法》等。

④建筑技术法规，主要是国家制定或认可的，由国家强制力保证其实施的建筑勘察、设计、施工、安装、检测、验收等的技术标准、规范、规程、规则、定额、条例、办法、指标等规范性文件。建筑技术法规可分为国家、行业（部颁）、地方和企业四级。

（2）学习建筑法规的目的

①了解建筑业的基本内容，掌握建筑法规所涉及的基本法理。

②熟悉建筑工程的基本法律、法规和规章，并能在实践中逐渐加深对其的理解和运用。

③明确建筑法规在建筑活动中的地位、作用和如何实施，并能及时掌握我国新颁布的相关法律、法规和规章。

④树立法制观念，形成依法从事建筑活动和依法管理的法制意识。

（3）学习建筑法规的意义

①对一切工程项目建筑活动起到依据和指针的作用，是建筑业专业管理人员必修的内容。

②可以依法进行勘察、设计、施工、监理和监督，以保证建筑工程的质量和安全。

③利用建筑法规的知识，维护建筑市场秩序，维护国家、企业和人民的利益。

④利用建筑法规的知识，促进我国建筑事业的健康发展。

4. 工程项目建设程序

工程项目建设程序是指从项目的投资意向和投资机会选择，项目决策、设计、施工到项目竣工验收投入生产整个基本建设全过程中各项工作必须遵循的法定顺序。它是由工程项目建设自身所具有的固定性，生产过程的连续性和不可间断性，以及建设周期长、资源占用多、建设过程工作量大、牵涉面广、内外协作关系错综复杂等技术经济特点决定的，它不是人们主观臆造的，是在认识工程建设客观规律的基础上总结提出的，是工程项目建设过程的客观规律的反映。

我国现行的工程项目建设程序，主要包括立项决策阶段、建设准备阶段、工程实施阶段（详见表1）。每个阶段都有其具体的内容和规定，凡国家、地方政府、国有企事业单位投资兴建的工程项目，特别是大中型项目，必须遵循此建设程序。

表 1　工程项目基本建设程序

三大阶段	八小阶段	重要标志
项目决策阶段	项目建议书	批准的项目建议书
	可行性研究	批准的可行性研究报告，并作为勘察设计的依据；项目正式立项
建设准备阶段	勘察设计	工程地质勘察报告、施工图设计文件
	建设准备	通过技术、物资和组织等方面的准备，为工程施工创造有利条件，具备开工条件
工程实施阶段	建设实施	按照计划文件要求，完成工程实体
	生产准备	项目投产前由建设单位进行的一项重要工作，达到项目转入生产经营的必要条件
	竣工验收	按照验收条件开展，符合要求，验收合格，投入使用
	后评价	建设项目使用一段时间（1～2年）后，系统地评价、总结及发现问题，提高项目决策水平和投资效果

（1）立项决策阶段

立项是工程建设程序的第一个步骤。它是建设程序的决策阶段，该阶段形成工程建设项目的设想，其表现形式是项目建议书。立项被批准后，则要编制设计任务书。

项目建议书一般由计划部门审批。项目建议书经批准后，即可开展前期工作，进行可行性研究。可行性研究的任务是对建设项目在技术、工程和经济上是否合理和可行进行全面分析、论证，做出方案比较，提出评价，为编制和审批设计任务书提供可靠的依据。

（2）建设准备阶段

建设准备阶段主要是根据批准的可行性研究报告，成立项目法人，进行工程地质勘察、初步设计和施工图设计，编制设计概算，安排年度建设计划及投资计划，进行工程发包，准备设备、材料，做好施工准备等工作，这个阶段的工作中心是勘察设计。

（3）工程实施阶段

工程实施阶段是项目决策的实施、建成投产发挥投资效益的关键环节。该阶段是在建设程序中时间最长、工作量最大、资源消耗最多的阶段。这个阶段的工作中心是根据设计图纸进行建筑安装施工，还包括做好生产或使用准备、试车运行、进行竣工验收、交付生产或使用等内容。

其中，竣工验收是工程项目建设程序的最后环节，它是全面考核工程项目建设成果、检验设计和施工质量的重要环节。按批准的设计文件和合同规定的内容建成的工程项目，其中生产性项目经负荷试运转和试生产合格，并能够生产合格产品的，以及非生产性项目符合设计要求，能够正常使用的，都要及时组织验收，办理移交固定资产手续。竣工验收是全面考核建设成果、检验设计和工程质量的重要步骤，是投资成果转入生产或使用的标志。所有建设项目，按批准的设计文件所规定的内容建成后，都必须组织竣工验收。

模块1
建筑工程基本法律知识

模块概述

建筑工程法律体系全面系统地介绍了建设工程活动中涉及的法律法规。这些构成建设工程法律制度的法律规范着工程建设的不同领域，从横向上涵盖了建设工程项目的全过程管理，纵向上包含了项目管理的主要内容，既是项目管理人员进行工程建设所要遵守的准则，也是项目管理人员维护自身合法权益，获得最大经济利益和社会效益的有力武器。

建筑法律责任，是指建筑法律关系中的主体由于违反建筑法律规范的行为而依法应当承担的法律后果。建筑法律责任具有国家强制性，法律责任的设定能够保证法律规定的权利和义务的实现。

建筑工程法律制度包括建筑工程法人制度、建筑工程代理制度、建筑工程物权制度、建筑工程债权制度、建筑工程知识产权制度、建筑工程担保制度、建筑工程保险制度。

学习目标

1. 掌握建筑法规的概念；

2. 掌握建筑法律体系的形式及其效力；

3. 掌握建筑法律责任的种类及其承担方式；

4. 掌握建筑活动中的物权制度、法人制度、担保制度、代理制度；

5. 了解我国建筑法律体系的基本框架；

6. 了解建筑活动中的债权制度、保险制度。

能力目标

1. 具备熟练应用不同位阶的法律法规来认识、分析和解决案例的能力；

2. 能准确认识不同建筑活动中的不同的法律责任；

3. 能够掌握各种不同的法律制度并在实际中应用，如：认识案例及分析解决。

课时建议

4 课时

案例导入

"虹桥"是某地形象工程,形似彩虹而得名,该桥跨越长江支流——綦河,连接城东城西,于1994年11月5日动工建设,1996年2月16日竣工,桥净空跨度120 m,耗资368万元。1999年1月4日晚6时50分左右,"虹桥"整体垮塌,包括18名年轻武警战士在内的40人遇难,造成直接经济损失630余万元。1月8日,时任建设部部长俞正声到事故现场调查后一针见血地指出:这是个典型的违法施工项目。此次事故发生以后,对于事故发生的原因分析如下:

☞ **直接原因:**

吊杆锁锚问题:主拱钢绞线锁锚方法错误,不能保证钢绞线有效锁定及均匀受力,锚头部位的钢绞线出现部分或全部滑出,使吊杆钢绞线锚固失效。

主拱钢管焊接问题:主拱钢管在工厂加工中,对接焊缝普遍存在裂纹、未焊透、未熔合、气孔、夹渣等严重缺陷,质量达不到施工及验收规范规定的二级焊缝验收标准。

钢管混凝土问题:主钢管内混凝土强度未达设计要求,局部有漏灌现象,在主拱肋板处甚至出现1m多长的空洞。吊杆的灌浆防护也存在严重的质量问题。

设计问题:设计粗糙,随意更改。施工中对主拱钢结构的材质、焊接质量、接头位置及锁锚质量均无明确要求。在成桥增设花台等荷载后,主拱承载力不能满足相应规范要求。

桥梁管理不善:吊杆钢绞线锚固加速失效后,西桥头下端支座处的拱架钢管就产生了陈旧性破坏裂纹,主拱受力急剧恶化,已成一座危桥。

☞ **间接原因:**

建设过程严重违反基本建设程序。未办理立项及计划审批手续,未办理规划、国土手续,未进行设计审查,未进行施工招投标,未办理建筑施工许可手续,未进行工程竣工验收。

设计、施工主体资格不合格。私人设计,非法出图;施工承包主体不合法;挂靠承包,严重违规;管理混乱。个别领导行政干预过多,对工程建设的许多问题擅自决断,缺乏约束监督;建设业主与县建设行政主管部门职责混淆,责任不落实,工程发包混乱,管理严重失职;工程总承包关系混乱,总承包单位在履行职责上严重失职;施工管理混乱,设计变更随意,手续不全,技术管理薄弱,责任不落实,关键工序及重要部位的施工质量无人把关;材料及构配件进场管理失控,未按规定进行试验检测,外协加工单位加工的主拱钢管未经焊接质量检测合格就交付施工方使用;质监部门未严格审查项目建设条件就受理质监委托,且未认真履行职责,对项目未经验收就交付使用的错误做法未有效制止;工程档案资料管理混乱,无专人管理;未经验收,强行使用。

另外,负责项目管理的少数领导干部存在严重的腐败行为,使国家明确规定的各项管理制度形同虚设。

总之,该工程属于一个无正规立项,无正规设计单位,无正规施工单位,无工程监理,无工程质量验收的"五无"工程。试分析:

该工程中的各主体应当承担哪些法律责任?

1.1 建筑工程法律体系 ‖

法律体系(Legal System),法学中有时也称为"法的体系",是指由一国现行的全部法律规范按照不同的法律部门分类组合而形成的一个呈体系化的有机联系的统一整体,通常是指一个国家全部现行法律规范分类组合为不同的法律部门而形成的有机联系的统一整体。简单地说,法律体系就是部门法体系。部门法，又称法律部门，是根据一定标准、原则所制定的同类规范的总称。

建筑工程法律体系（Construction of Legal System）是指将已经制定和需要制定的建设法规、建设行政法规和建设部门规章制度衔接起来，形成一个相互联系、相互补充、相互协调的完整统一的框架结构。就广义的建设法规体系而言，该体系应包括地方性建设法规和建设行政规章，是我国社会主义法律体系的重要组成部分。

我国法律体系的性质属于社会主义法律体系。一个国家的政治制度，核心是国体、政体问题，国家性质和国体决定法律体系的性质。宪法关于国家性质的规定，决定了我国法律体系的社会主义性质。按照党的"十七大"要求，坚持中国特色社会主义道路，要坚持法律体系的社会主义性质。

（1）以人民民主思想为基础

人民是国家和社会的主人，人民当家做主是社会主义民主政治的本质和核心。人民当家做主，最根本、最重要的是掌握国家权力。我国以宪法为统帅的法律体系体现了人民性。

（2）由基本国情决定的

我国处于社会主义初级阶段，并将长期处于社会主义初级阶段。初级阶段的基本国情，决定了我国法律体系不同于西方，不能用西方的法律体系套中国的法律体系。外国法律体系中的成功做法，如符合我国国情、我国需要，应当借鉴，特别是有利于我国经济社会发展和进步的国际社会通行的法治原则和做法，我国应当积极创造条件吸纳。

（3）重视公民基本权利的保障

现代法治重视人权保障。2004 年宪法修正案，增加"国家尊重和保障人权"的规定，表现了国家对人权的重视。1996 年刑事诉讼法修改，1997 年刑法修订，弱势群体和特殊群体保障法、保护法的颁布实施，都加强了对公民特别是弱势群体基本权利的保障。

（4）强调维护法制的统一性

我国是一个统一的多民族的国家，宪法和立法法规定，全国人民代表大会及其常务委员会（以下简称全国人大及其常委会）行使国家立法权。法律一经通过并实施，在全国具有统一效力。国务院有权制定行政法规，但不得就犯罪和刑罚、剥夺公民政治权利和限制人身自由的强制措施和处罚、司法制度等做规定。地方性法规，不得与宪法、法律、行政法规相抵触。

建设法规体系应做到：必须与国家的宪法和相关法律保持一致；建设法规体系还必须保持相对独立、自成体系；建设法规体系必须覆盖建设活动的各个行业、各个领域以及工程建设的全过程，使建设活动的各个方面都有法可依；建设法规还要注意纵横性、不同层次间的配套和协调，不得出现重复、矛盾和抵触。

◆◇◆◇ 1.1.1　法律体系的基本框架

1. 宪法

宪法是国家的根本大法，是特定社会政治经济和思想文化条件综合作用的产物，集中反映政治力量的实际对比关系，确认革命胜利成果和现实的民主政治，规定国家根本任务和根本制度，即社会制度、国家制度的原则和国家政权的组织以及公民的基本权利和义务等内容。

宪法相关法有《全国人民代表大会组织法》《地方各级人民代表大会和地方各级人民政府组织法》《全国人民代表大会和地方各级人民代表大会选举法》《中华人民共和国国籍法》《中华人民共和国国务院组织法》《中华人民共和国民族区域自治法》等。

2. 民法

民法是规定并调整平等主体的公民间、法人间及公民与法人间的财产关系和人身关系的法律规范的总称。民法主要由《中华人民共和国民法通则》和单行民事法律组成，单行民事法律主要包括《合同法》《担保法》《专利法》《商标法》《著作权法》《婚姻法》等。

为了保障公民、法人的合法的民事权益，正确调整民事关系，适应社会主义现代化事业发展的需要，根据宪法和我国实际情况，总结民事活动的实践经验，制定了民法。民法的调整对象是平等主体的公民之间、法人之间、公民和法人之间的财产关系和人身关系。

当事人在民事活动中的地位平等，民事活动遵循自愿、公平、等价有偿、诚实守信的原则。公民、法人的合法的民事权益受到法律保护，任何组织和个人不得侵犯。民事活动必须遵守法律，法律没有规定的，应当遵守国家政策。

公民从出生时起到死亡时止，具有民事权利能力，依法享有民事权利，承担民事义务。公民的民事权利一律平等。公民的民事行为能力依照公民的年龄与精神状况划分为完全民事行为能力、限制民事行为能力与无民事行为能力。

3. 商法

商法是调整市场经济关系中商人与其商事活动的法律规范的总称。我国采用民商合一的立法模式，商法被认为是民法的特别法和组成部分。商法主要包括《公司法》《证券法》《保险法》《票据法》《企业破产法》《海商法》等。

为了规范公司的组织和行为，保护公司、股东和债权人的合法权益，维护社会经济秩序，促进社会主义市场经济的发展，制定商法。商法所调整的市场经济关系中的主体是公司，主要是指依照商法的规定在中国境内设立的有限责任公司和股份有限公司。公司是企业法人，有独立的法人财产，享有法人财产权。公司以其全部财产对公司的债务承担责任。公司股东依法享有资产收益、参与重大决策和选择管理者等权利。

公司从事经营活动，必须遵守法律、行政法规，遵守社会公德、商业道德，诚实守信，接受政府和社会公众的监督，承担社会责任。

4. 经济法

经济法是调整国家在经济管理中发生的经济关系的法律，包括《建筑法》《招标投标法》《反不正当竞争法》《税法》等。经济法的调整对象是在社会生产和再生产过程中发生的宏观经济调控关系和市场规制关系。宏观经济调控关系也称宏观调控关系，是指国家在对国民经济和社会发展运行进行规划、调节和控制过程中发生的经济关系。

市场规制是指国家通过制定行为规范，引导、监督、管理市场主体的经济行为，也同时规范、约束政府监管机关的市场监管行为，从而保护消费主体利益，保障市场秩序。具体表现为完善市场规则，有效地反对垄断，制止不正当竞争，保护消费者权益。

5. 行政法

行政法是调整国家行政管理活动中各种社会关系的法律规范的总合，主要包括《行政处罚法》《行政复议法》《行政监察法》《治安管理处罚法》等。

行政法规范的重点和核心是行政权；行政法调整的是因行政权的行使所引起的各种社会关系，包括行政管理关系和监督行政关系；行政法规范的内容包括行政权主体、行政权内容、行政权行使以及行政权运行的法律后果等方面；行政法形式上的重要特征是没有、也不可能有一部包含行政法全部内容的完整法典，这是由行政活动范围的广泛性、行政活动内容的变动性以及行政关系的复杂性、多层次性决定的，因此，行政法只能是各项法律规范的总和。

行政法的调整对象包括行政关系和监督行政关系。行政关系又称行政管理关系，是指行政主体在行使行政权的过程中与相对一方当事人所发生的各种社会关系，它分为两大类：一类为内部行政关系，包括行政机关相互之间的关系和行政机关与公务员之间的关系；另一类为外部行政关系，即行政机关与公民、法人及其他组织之间的关系。

监督行政关系是指行使监督行政权的国家机关和组织等监督主体，在运用监督权对行政管理权的行使进行监督和制约的过程中，与行政机关之间所形成的各种社会关系。我国对行政权的监督主要包括立法监督、行政监督和司法监督三个方面。

6. 劳动法与社会保障法

劳动法与社会保障法是调整劳动关系、社会保障和社会福利关系的法律规范的总称。它包括《矿山安全法》《劳动法》《职业病防治法》《安全生产法》《劳动合同法》。

劳动法与社会保障相关的法律法规，是为了保护劳动者的合法权益，调整劳动关系，建立和维护适应社会主义市场经济的劳动制度，促进经济发展和社会进步，根据宪法的规定，制定相关的法律法规。国家机关、事业组织、社会团体和与之建立劳动合同关系的劳动者，适用于相关的法律。

劳动者享有平等就业和选择职业的权利、取得劳动报酬的权利、休息休假的权利、获得劳动安全卫生保护的权利、接受职业技能培训的权利、享受社会保险和福利的权利、提请劳动争议处理的权利以及法律规定的其他劳动权利。

劳动者应当完成劳动任务，提高职业技能，执行劳动安全卫生规程，遵守劳动纪律和职业道德。用人单位应当依法建立和完善规章制度，保障劳动者享有劳动权利和履行劳动义务。

劳动合同是劳动者与用人单位确立劳动关系，明确双方权利义务的协议。建立劳动关系应当订立劳动合同。订立和变更劳动合同，应当遵循平等自愿、协商一致的原则，不得违反法律、行政法规的规定。劳动合同依法订立即具有法律约束力，当事人必须履行劳动合同规定的义务。

7. 自然资源与环境保障法

自然资源与环境保障法是关于环境保护和自然资源，防止污染和其他公害的法律。自然资源法主要包括《土地管理法》《节约能源法》等；环境保护方面的法律主要包括《环境保护法》《环境影响评价法》《噪声污染环境防治法》等。

8. 刑法

刑法是关于犯罪和刑罚的法律规范的总称，主要是《中华人民共和国刑法》。刑法是规定犯罪、刑事责任和刑罚的法律。即掌握国家政权的统治阶级，为了维护本阶级政治上、经济上的统治，根据自己的意志，规定哪些行为是犯罪和应负的刑事责任，并给犯罪人何种刑罚处罚的法律规范的总称。

刑法有广义和狭义之分，广义的刑法，是指一切规定犯罪、刑事责任和刑罚的法律，包括刑法典、单行刑法和附属刑法。狭义的刑法，是指刑法典，即《中华人民共和国刑法》。

另外，刑法还可分为普通刑法与特别刑法。普通刑法，是指具有普遍效力的刑法，如刑法典。特别刑法，是指仅适用于特定人、时、地、事的刑法，包括单行刑法和附属刑法。

中华人民共和国刑法的任务，是用刑罚同一切犯罪行为做斗争，以保卫国家安全，保卫人民民主专政的政权和社会主义制度，保护国有财产和劳动群众集体所有的财产，保护公民私人所有的财产，保护公民的人身权利、民主权利和其他权利，维护社会秩序、经济秩序，保障社会主义建设事业的顺利进行。

9. 诉讼法

诉讼法是规范诉讼程序的法律的总称，包括《民事诉讼法》《刑事诉讼法》《行政诉讼法》等，非诉讼程序法主要是《仲裁法》。

民事诉讼法是机关、人民检察院和人民法院在当事人及其他诉讼参与人的参加下，依法处理刑事案件，即依法揭露犯罪、证实犯罪和惩罚犯罪的活动。

刑事诉讼法是公、检、法机关在当事人及其他诉讼参与人的参加下，审理和解决民事、经济纠纷案件的活动。

行政诉讼法是人民法院在当事人及其他诉讼参与人的参加下，审理国家行政机关所做的具体行政行为是否合法的活动。

◆◆◆◆ 1.1.2　法的形式和效力层级、建筑法规的作用

1. 法的形式

法的形式（Forms of Law）分为七类，分别是宪法、法律、行政法规、部门规章、地方性法规与

规章、最高人民法院司法解释规范性文件、国际公约。

（1）宪法

宪法是每个民主国家最根本的法的渊源，其法律地位和效力是最高的。我国的宪法是由我国的最高权力机关——全国人民代表大会制定和修改的，任何其他法律、法规都必须符合宪法的规定，而不得与之相抵触。宪法是建筑业的立法依据，同时又明确规定国家基本建设的方针和原则。

中华人民共和国宪法以法律的形式确认了中国各族人民奋斗的成果，规定了国家的根本制度和根本任务，是国家的根本法，具有最高的法律效力。全国各族人民、一切国家机关和武装力量、各政党和各社会团体、各企业事业组织，都必须以宪法为根本的活动准则，并且负有维护宪法尊严、保证宪法实施的职责。

（2）法律

作为建筑法规表现形式的法律，分为广义上的法律和狭义上的法律。

广义上的法律，泛指《立法法》调整的各类法的规范性文件；狭义上的法律，仅指全国人大及其常委会制定的规范性文件。在这里，我们仅指狭义上的法律。其法律地位和效力仅次于宪法，在全国范围内具有普遍的约束力。它是建设法律体系的核心。

全国人民代表大会和全国人民代表大会常务委员会行使国家立法权，全国人民代表大会制定和修改刑事、民事、国家机构的和其他的基本法律。

（3）行政法规

行政法规是指作为国家最高行政机关的国务院制定和颁布的有关行政管理的规范性文件。行政法规在我国立法体制中具有重要地位，其效力低于宪法和法律，在全国范围内有效，如《建设工程质量管理条例》《建设工程勘察设计管理条例》等。

（4）部门规章

部门规章是指国务院各部门（包括具有行政管理职能的直属机构）根据法律和国务院的行政法规、决定、命令在本部门的权限范围内按照规定的程序所制定的规定、办法、暂行办法、标准等规范性文件的总称。部门规章的法律地位和效力仅次于宪法、法律和行政法规。

（5）地方性法规与规章

地方性法规是指省、自治区、直辖市以及省、自治区人民政府所在地的市和经国务院批准的较大的市的人民代表大会及其常委会，在其法定权限内制定的法律规范性文件。

地方性法规具有地方性，只在本辖区内有效，其效力低于法律和行政法规。

地方性规章是指由省、自治区、直辖市以及省级人民政府所在地的市和经国务院批准的较大的市人民地方政府制定颁布的规范性文件。

地方性规章的法律地位和效力低于上级和本级的地方性法规。

（6）最高人民法院司法解释规范性文件

最高人民法院对于法律的系统性解释文件和对法律适用的说明，对法院审判有约束力，具有法律规范的性质，在司法实践中具有重要的地位和作用。在民事领域，最高人民法院制定的司法解释文件有很多，例如《关于贯彻执行〈中华人民共和国民法通则〉若干问题的意见（试行）》《关于审理建设工程施工合同纠纷案件适用法律问题的解释》等。

（7）国际公约

国际公约是指我国作为国际法主体同外国缔结的双边、多边协议和其他具有条约、协定性质的文件。

我国在加入 WTO 后，参加的或者与外国签订的调整经济关系的国际公约和双边条例，还有国际惯例、国际上通用的建筑技术规程都属于建筑法规的范畴，都应当遵守与实施。如 FIDIC《土木工程施工合同条件》非常复杂，它涉及有形贸易、无形贸易、信贷、委托、技术规范、保险等诸多法律关系。这些法律关系的调整必须遵守我国承认的国际公约、国际惯例和国际通用的技术规程和标准。

2. 效力层级

①宪法至上。宪法具有最高的法律效力，一切法律、行政法规、地方性法规、自治条例和单行条例、规章都不得同宪法相抵触。

②上位法优于下位法。中央立法优于地方立法。当中央立法与地方立法发生冲突时，中央立法处于优位、上位，地方立法无效。在法律效力等级问题上，中央立法构成上位法，地方立法构成下位法。因此，全国人大及其常委会制定的基本法律以及国务院制定的行政法规高于地方立法机关制定的地方性法规（省、自治区、直辖市人民代表大会及其常委会以及较大的市人大及其常委会制定的地方性法规）和地方政府规章（省、自治区、直辖市人民政府以及较大的市人民政府制定的政府规章）。同级权力机关的立法高于同级行政机关的立法。同类型的立法根据其立法主体的地位确立法律位阶关系。权力机关（这里仅指人民代表大会）及其组成的常设机构（人大常委会）之间，人民代表大会制定的法规性文件效力等级高于其常设机构即人大常委会制定的法规性文件。

在我国的法律体系中，下位法对上位法做出具体的、可操作性的实施性规定不仅必要而且重要，地方性法规更是如此。有学者谈到地方性法规的"实施性规定"必要性时提到："法律、行政法规作为最高国家权力机关和最高国家行政机关进行的中央立法，其效力高于地方性法规，各地方都应当遵循。但也要看到，由于我国是一个大国，幅员辽阔，各地情况差异很大，东南沿海地区和中西部地区，城市和农村，情况很不相同，因此，法律、行政法规的有些规定往往只能比较概括，以适用各地方的不同情况，这就为地方性法规留下了很大的空间。"下位法"实施性规定"这种特殊地位决定了妥善处理其与上位法的适用关系的重要性。

③特别法优于一般法。

④新法优于旧法。

⑤需有关机关裁决适用的特殊情况。法律之间对同一事项新的一般规定与旧的特别规定不一致，不能确定如何适用时，由全国人民代表大会常务委员会裁决。

行政法规之间对同一事项新的一般规定与旧的特别规定不一致，不能确定如何适用时，由国务院裁决。

地方性法规、规章之间不一致时，由有关机关依照下列规定权限做出裁决：同一机关制定的新的一般规定与旧的特别规定不一致时，由制定机关裁决；地方性法规与部门规章之间对同一事项的规定不一致时，不能确定如何适用，由国务院提出意见，国务院认为适合地方法规的，就应当决定在该地方适用地方法规；国务院认为适合部门规章的，应当提请全国人民代表大会常务委员会裁决；部门规章之间、部门规章与地方规章之间对同一事项的规定不一致时，由国务院裁决。

3. 建筑法规的作用

建筑业是与社会进步、国家强盛、民族兴衰紧密联系的一个行业。它所从事的活动，不仅为人类自身的生存发展提供一个最基本的物质环境，而且反映各个历史时期的社会面貌，反映各个地区、各个民族科学技术、社会经济和文化艺术的综合发展水平。建筑产品是人类精神文明发展史的一个重要标志。

具体来讲，建筑法规的作用主要有：规范指导建筑行为；保护合法建筑行为；处罚违法建筑行为。

（1）规范指导建筑行为

人们所进行的各种具体行为必须遵循一定的准则。只有在法律规定的范围内进行的行为才能得到国家的承认和保护，才能实现行为人预期的目的。从事各种具体的建筑活动所应遵循的行为规范即建筑法律规范。建筑法律规范对人们建筑行为的规范性表现为：

①义务性的建筑行为，即有些建筑行为依据法律规定必须做。

②禁止性的建筑行为，即有些建筑行为禁止做。

③授权性的建筑行为，即法律规定人们有权选择某种建筑行为。它既不禁止人们做出这种建筑行为，也不要求人们必须做出这种建筑行为，而是赋予了一个权利，做与不做都不违反法律，由当事

人自己决定。

正是由于有了上述法律的规定，建筑行为主体才明确了自己可以为、不得为和必须为的一定的建筑行为，并以此指导和制约自己的行为，体现出建筑法规对具体建筑行为的规范和指导作用。

（2）保护合法建筑行为

建筑法规的作用不仅在于对建筑主体的行为加以规范和指导，还应对一切符合法规的建筑行为给予确认和保护，这种确认和保护一般是通过建筑法规的原则规定反映的。

（3）处罚违法建筑行为

建筑法规要实现对建筑行为的规范和指导作用，必须对违法建筑行为给予应有的处罚。否则，建筑法规所确定的法律制度由于得不到实施过程中强制手段的法律保障，就会变成毫无意义的规范。

技术提示：

目前建筑业伴随着国家的高速发展，对国民经济的发展起到了极大的促进作用，相应的问题也层出不穷，这就要求根据社会的发展，不断地建立健全和完善建筑法律法规，发挥建筑法规在建筑行业发展中的促进作用。

1.1.3 建设法律、行政法规和相关法律的关系

（1）建设法律

建设法律是指全国人大及其常委会制定和颁布的属于国务院建设行政主管部门主管业务范围内的各项法律。

1997年11月1日第八届全国人民代表大会常务委员会第二十八次会议通过，1997年11月1日中华人民共和国主席令第91号公布，自1998年3月1日起施行的《中华人民共和国建筑法》就是目前我国建设行业的法律。

（2）建设行政法规

建设行政法规是指国务院制定和颁布的属于建设行政主管部门主管业务范围内的各项法规。

建设法规的法律地位是指建设法规在整个法律体系中所处的地位，应属于哪个部门法及其所处的层次。根据国家立法法规定，国务院根据宪法和法律，制定行政法规。行政法规由国务院组织起草。国务院有关部门认为需要制定行政法规的，应当向国务院报请立项。行政法规在起草过程中，应当广泛听取有关机关、组织和公民的意见。听取意见可以采取座谈会、论证会、听证会等多种形式。

行政法规起草工作完成后，起草单位应当将草案及其说明、各方面对草案主要问题的不同意见和其他有关资料送国务院法制机构进行审查。国务院法制机构应当向国务院提出审查报告和草案修改稿，审查报告应当对草案主要问题做出说明。行政法规的决定程序依照中华人民共和国国务院组织法的有关规定办理。行政法规由总理签署国务院令公布。建设行政法规就是国家关于建设方面的行政法规。常见的建设行政法规有：规划环境影响评价条例、对外承包工程管理条例、建设工程安全生产管理条例、城市房屋拆迁管理条例、建设工程质量管理条例等。

（3）其他相关法律

由全国人民代表大会制定的其他相关法律，如合同法、招标投标法、经济法、行政法等。

建设法规总体属于行政法和经济法。

建设活动中的行政管理关系是建筑法规的主要调整对象之一，主要用行政手段调整。例如，建设工程活动中的经济协作关系主要采用行政、经济、民事等各种手段相结合的方式加以调整。建设工程活动中的民事关系主要采用民事手段加以调整。用以调整建设工程活动中平等主体之间的关系，如环境保护、文物保护、自然风景保护的关系；土地、矿

技术提示：

建设活动还会涉及许多事物和相关的社会关系。建设法律的法律效力最高，越向下法律效力越低。法律效力低的法规不得与法律效力高的法规相抵触，否则其规定无效。

产、森林、水源等自然资源的利用关系；地震、洪涝、泥石流、台风等自然灾害的关系；招投标、建设标准的关系等。与这些关系相应的法规调整的范围更规范，但不属于建设法规，而在建设工程中必须遵守，因此称为建设相关法规。

1.2　建筑工程法律责任制度 ‖‖

建筑工程法律责任（Construction of Legal Liability），是指建筑法律关系中的主体由于违反建筑法律规范的行为而依法应当承担的法律后果。建筑法律责任具有国家强制性，法律责任的设定能够保证法律规定的权利和义务的实现。

1.2.1　法律责任的基本种类和特征

1. 法律责任的基本种类

建筑法律责任根据不同性质的违法行为划分为刑事法律责任、民事法律责任和行政法律责任。其中又以行政法律责任为最主要的责任形式。

2. 法律责任的特征

（1）它是与违法行为相联系的

没有违法行为，就谈不上法律责任。由于违法行为的性质和危害程度不同，因而违法行为所应承担的法律责任也不相同。

（2）它的内容是法律规范明确加以具体规定的

法律责任是一种强制性法律措施，必须由有立法权的机关根据职权依照法定程序制定的有关法律、行政法规、地方性法规、部委规章或者地方政府规章来加以明文规定，否则就不构成法律责任。

（3）它具有国家强制性

法律责任是以国家强制力为后盾的。所谓国家强制力，主要是指国家司法机关或者国家授权的行政机关采取强制措施强迫违法行为人承担法律责任。像社会责任中的道德责任，只能通过舆论监督等途径保证执行，而不能通过国家强制力保证执行。

（4）它是由国家授权机关依法实施的

对违法行为追究法律责任，实施法律制裁，是国家权力的重要组成部分，必须由国家有权的机关，主要是指国家司法机关和有关的国家行政机关依法进行。其他任何组织和个人均无权进行。

1.2.2　建筑工程民事责任的种类及承担方式

民事法律责任，简称民事责任，是指民事主体违反民事法律上的约定或规范规定的义务所应承担的对其不利的法律后果，即由《民法通则》规定的对民事违法行为人依法采取的以恢复被损害的权利为目的，并与一定的民事制裁措施相联系的国家强制形式。

1. 民事责任的一般构成要件

民事法律责任的一般构成要件包括以下几点：

（1）有违法行为的存在

违法行为又称加害行为，是指行为人做出的导致他人的民事权利受到损害的行为。任何一个民事损害事实都与特定的加害行为相联系，亦即民事损害事实都由特定的加害行为所造成。没有加害行为，损害就无从发生。从表现形式上看，加害行为可以是作为，也可以是不作为，以不作为构成加害行为的，一般以行为人负有特定的义务为前提。

加害行为就是行为具有违法性，侵害他人的民事权利或受法律保护的民事利益的原则上可认定为违法，但有些行为比如职务授权行为、正当防卫行为、紧急避险行为等，则应排除其违法性。违法情形包括违反法律规定和违背社会公序良俗。

（2）损害结果的发生

损害事实，是指因一定的行为或事件对他人的财产或人身造成的不利影响。损害事实既包括财产损失，也包括非财产损失，如人的死亡、人身伤害、精神损害（痛苦、疼痛）等。作为侵权行为构成要件的损害事实须具备以下特点：损害是侵害合法权益的结果；损害具有可补救性；损害是已经发生的确定的事实。依侵权损害的性质和内容，损害结果大致可分为财产损失、人身伤害和精神损害三种。

①财产损失，是指一切财产上的不利变动，包括财产的积极减少和消极的不增加，主要是指由于行为人对受害人的财产权利施加侵害所造成的经济损失，既包括积极损失，如人身伤害的费用支出，也包括消极损失，如误工减少的收入等。

②人身伤害，是指由于行为人对受害人的人身施加侵害所造成的人身上的损害，具体包括生命的损害、身体的损害、健康的损害三种情况。同时，对自然人人身的损害往往也会导致其财产的损失，如伤害他人身体致其支付医疗费、护理费、交通费和误工减少的收入等。

③精神损害，主要是指自然人因人格受损或人身伤害而导致的精神痛苦，当然广义上还包括法人的商誉损失等。与其他损害不同的是，精神损害具有无形性，难以用金钱来衡量，司法实践也只是补偿责任。

（3）损害行为与损害结果之间有因果关系

因果关系，是指社会现象之间的一种客观联系，即一种现象在一定条件下必然引起另一种现象的发生，则该种现象为原因，后一种现象为结果，这两种现象之间的联系，就称为因果关系。理论上认定因果关系具体有三种方法：根据事件发生的先后顺序来认定；根据事件的客观性来认定；根据原因现象是结果现象的必要条件规则来认定。

侵权行为只有在加害行为与损害事实之间存在因果关系时，才能构成。如果加害人有加害行为，他人也有民事权益受损害的事实，但二者毫不相干，则仍不能构成侵权行为。因此，加害行为与损害事实之间有因果关系，是构成一般侵权行为的必要要件。

（4）行为人具有法律规定的过错或无过错

过错，是行为人对其行为的一种心理状态。行为人是否有过错直接关系到对其行为性质的认定。根据民法原理，过错分为故意、重大过失和一般过失。行为人明知自己的行为会发生损害他人民事权利的结果而实施行为的，为故意。行为人根据一般人的见识应当预见自己的行为可能损害他人的民事权利但因为疏忽大意而没有预见导致损害结果发生的，为过失。一般认为一个专业人士违反了普通预见的水平的即构成重大过失。衡量行为人对其作为和不作为是否有主观故意或过失，应根据具体的时间、地点和条件等多种因素综合进行确定，这也是侵权行为归责原则应当考虑的因素。

2.民事责任的种类

（1）侵权责任

侵权责任是建筑勘察设计单位、施工单位等，在勘察设计、施工过程中侵犯国家、集体的财产权利以及自然人的财产权利和人身权利时应承担的法律责任。侵权责任包括一般侵权责任和特殊侵权责任。

①一般侵权责任，是指具备一般侵权行为成立要件，直接由行为人承担民事责任。一般侵权责任以行为人的过错为承担民事法律责任的归责原则。

②特殊侵权责任，是指损害结果发生后，按照法律的直接规定所确定的侵权责任。特殊侵权责任，不以过错的存在判断行为人是否应承担民事法律责任，或采用推定过错原则。

a.高度危险作业致人损害。

b.环境污染致人损害。

c.在建工程或其他设施致人损害。

（2）违约责任

违约责任，是指合同当事人不履行合同义务或者履行合同义务不符合约定时，依法应承担的法律责任。

3.民事责任的承担方式

（1）承担民事责任的方式

我国民法将承担民事责任的方式规定为：

①停止侵害，主要用于对知识产权和人身权的侵害。

②排除妨害，主要用于对财产所有权、经营权、承包权、使用权、相邻权的保护。

③消除危险，主要用于自己的财产和人身可能由于其他人的经营活动或财产管理不善而带来的危险。

④返还财产，广泛适用于财产被他人非法占有的情况。

⑤恢复原状，这主要是用于侵占他人财产时的一种责任形式。

⑥修理、重做、更换，这主要是用于债务人履行合同时，当标的物的质量不合格时采取的民事责任形式。

⑦赔偿损失，这种形式是在民法中最普遍使用的一种。侵权责任或违约责任都可以赔偿损失。

⑧支付违约金，这种责任形式只适用于违约责任。

⑨消除影响，恢复名誉，主要适用于对名誉权、其他人身权利的侵犯和对知识产权的侵犯。

⑩赔礼道歉，适用于对人身权和知识产权的各种侵犯。

以上承担民事责任的方式，可以单独适用，也可以合并适用。

人民法院审理民事案件，除用上述规定外，还可以予以训诫，责令具结悔过，收缴进行非法活动的物品和非法所得，并可以依照法律规定处以罚款、拘留。

此外，对应该履行的义务，必要时还要采取强制履行这种责任形式。

（2）承担建筑民事法律责任的情形

①建筑施工企业转让、出借资质证书或者以其他方式允许他人以本企业名义承揽工程，因该项承揽工程不符合规定的质量标准造成的损失，建筑施工企业与使用本企业名义的单位或者个人承担连带赔偿责任。

②承包单位将承包的工程转包的，或者违反法律规定进行分包的，对因转包的工程或者违法分包的工程不符合规定的质量标准造成的损失，承包单位与接受转包或者分包的单位承担连带赔偿责任。

③工程监理单位与建设单位或者建筑施工企业串通，弄虚作假，降低工程质量造成损失的，工程监理单位与建设单位或者建筑施工企业承担连带赔偿责任。

④违反法律规定，对涉及建筑主体或者承重结构变动的装修工程擅自施工，给他人造成损失的，承担赔偿责任。

⑤建筑设计单位不按照建筑工程质量、安全标准进行设计，造成损失的，设计单位承担赔偿责任。

⑥建筑施工企业在施工中偷工减料，使用不合格的建筑材料、建筑构配件和设备，或者有其他不按照工程设计图纸或者施工技术标准施工的行为，造成建筑工程质量不符合规定的质量标准的，负责返工、修理，并赔偿因此造成的损失。

⑦建筑施工企业对在工程保修期内因屋顶、墙面渗漏、开裂等质量缺陷造成的损失，承担赔偿责任。

⑧负责颁发建筑工程施工许可证的部门及其工作人员对不符合施工条件的建筑工程颁发施工许可证的，负责工程质量监督检查或者竣工验收的部门及其工作人员对不合格的建筑工程出具质量合格文件或者按合格工程验收，造成损失的，由该部门承担相应的赔偿责任。

⑨在建筑物的合理使用寿命内，因建筑工程质量不合格受到损害的，受损害方有权向责任者要求赔偿。

⑩工程监理单位不按照委托监理合同的约定履行监理义务，对应当监督检查的项目不检查或者不按规定检查，给建设单位造成损失的，应当承当相应的赔偿责任。工程监理单位与承包单位串通，

为承包单位谋取非法利益，给建设单位造成损失的，应当与承包单位承担连带赔偿责任。

⑪ 建筑施工企业应当在施工现场采取维护安全、防范危险、预防火灾等措施，有条件的，应当对施工现场实行封闭管理。施工现场对毗邻的建筑物、构筑物和特殊作业环境可能造成损害的，建筑施工企业应当采取安全防护措施。未采取相应措施的，对方有权要求消除危险；造成损失的，对方有权要求赔偿。

⑫ 建设单位应当向建筑施工企业提供与施工现场有关的地下管线资料，建筑施工企业应当采取措施加以保护。否则，受损害方有权要求停止侵害；造成损失的，建筑施工企业应当承担赔偿责任。

⑬ 建筑施工企业应当遵守有关环境保护和安全生产的法律、法规的规定，采取控制和处理施工现场的各种粉尘、废气、废水、固体废物以及噪声、振动对环境的污染和危害的措施。未采取措施给他人造成损害的，受损害方有权要求停止侵害；造成损失的，建筑施工企业应当承担赔偿责任。

❖❖❖ 1.2.3 建筑工程行政责任的种类及承担方式

行政法律责任，是指行政法律关系主体违反行政管理法规应当承担的消极的法律后果。

1. 行政法律责任的特点

①承担行政责任的主体是行政主体和行政相对人。行政主体是拥有行政管理职权的行政机关及其公职人员，行政相对人是负有遵守行政法义务的普通公民、法人。

②产生行政责任的原因是行为人的行政违法行为和法律规定的特定情况。

③通常情况下，实行过错推定的方法。

④行政责任的承担方式多样化，包括行为责任、精神责任、财产责任和人身责任。

2. 行政处分

行政处分，是指国家机关、企事业单位和社会团体依据行政管理法规、规章、章程、纪律等，对其所属人员或者职工的违法失职行为所做的处罚。

对国家公务员的行政处分形式包括：警告、记过、记大过、降级、撤职、开除等。

对职工的行政处分形式包括：警告、记过、记大过、降级、撤职、留用察看、开除等。

建筑行政法律责任中，行政处分主要包括以下六种情形：

①在工程发包与承包中索贿、受贿、行贿，不构成犯罪的，对直接负责的主管人员和其他直接责任人员给予行政处分。

②违反法律规定，对不具备相应资质等级条件的单位颁发该登记资质证书，不构成犯罪的，对直接负责的主管人员和其他直接责任人员给予行政处分。

③负责颁发建筑工程施工许可证的部门及其工作人员对不符合施工条件的建筑工程颁发施工许可证的，负责工程质量监督检查或者竣工验收的部门及其工作人员对不合格的建筑工程出具质量合格文件或者按合格工程验收的，由上级机关责令改正，不构成犯罪的，对责任人员给予行政处分。

④在招标投标活动中，任何单位违反法律规定干涉招标投标活动的，对单位直接负责的主管人员和其他直接责任人员依法给予行政处分。

⑤依法必须进行招标的项目，不招标或规避招标的，招标人向他人泄漏可能影响公平竞争的有关情况的，招标人与投标人违反法律规定就实质性内容进行谈判的，招标人在评标委员会否决所有投标后自行确定中标人的，对单位直接负责的主管人员和其他直接责任人员依法给予行政处分。

⑥对招标投标活动、建筑工程勘察、设计活动、建筑工程质量监督管理、建筑工程安全生产监督管理负有行政监督职责的国家机关工作人员徇私舞弊、滥用职权、玩忽职守，不构成犯罪的，依法给予行政处分。

3. 行政处罚

行政处罚，是指行政主体依据法定权限和程序，对违反行政法规的行政相对人给予的法律制裁。

行政处罚的种类有：警告；罚款；没收违法所得、没收非法财物；责令停产停业；暂扣或者吊销许可证、暂扣或者吊销执照；行政拘留；法律、行政法规规定的其他行政处罚。

建筑行政处罚的种类包括：警告；罚款；没收违法所得，没收违法建筑物、构筑物和其他设施；责令停业整顿，吊销资质证书，吊销执业资格证书和其他许可证、执照；法律、行政法规规定的其他行政处罚。

（1）可以处以罚款的情形

①未取得施工许可证或者开工报告未经批准擅自施工的。

②建筑施工企业违反规定，对建筑安全事故隐患不采取措施予以消除的。

③建设单位违反规定，要求建筑设计单位或者建筑施工企业违反建筑工程质量、安全标准，降低工程质量的。

④建筑施工企业违反规定，不履行保修义务或者拖延履行保修义务的。

（2）应当处以罚款的情形

①发包单位将工程发包给不具有相应资质等级的承包单位的，或者违反规定将建筑工程肢解发包的；超越本单位资质等级承揽工程的，或者以欺骗手段取得资质证书的。

②建筑施工企业转让、出借资质证书或者以其他方式允许他人以本企业的名义承揽工程的。

③承包单位将承包的工程转包的，或者违反规定进行分包的。

④在工程分包与承包中索贿、受贿、行贿，尚未构成犯罪的。

⑤工程监理单位与建设单位或者建筑施工企业串通，弄虚作假、降低工程质量的。

⑥涉及建筑主体或者承重结构变动的装修工程擅自施工的。

⑦建筑设计单位不按照建筑工程质量、安全标准进行设计的。

⑧建筑施工企业在施工中偷工减料的，使用不合格的建筑材料、建筑构配件和设备的，或者有其他不按照工程设计图纸或者施工技术标准施工的行为的。

（3）没收违法所得

没收违法所得，是指对违反建筑法规的行为人因其违法行为获得的财产，强制收归国有的处罚。

①超越本单位资质等级承揽工程，或者未取得资质证书承揽工程，有违法所得的。

②建筑施工企业转让、出借资质证书或者以其他方式允许他人以本企业的名义承揽工程，有违法所得的。

③承包单位将承包的工程转包，或者违反规定进行分包，有违法所得的。

④在工程分包与承包中索贿、受贿、行贿的。

⑤工程监理单位与建设单位或者建筑施工企业串通，弄虚作假、降低工程质量，有违法所得的；或者工程监理单位转让监理业务的。

⑥建筑设计单位不按照建筑工程质量、安全标准进行设计，有违法所得的。

（4）责令停业整顿、降低资质等级、吊销资质证书

①责令停业整顿，是指强制违反建筑法规的行为人停止生产经营活动，并要求其整顿的处罚。

②降低资质等级，是指对违反建筑法规的行为人剥夺其部分资格能力的处罚。

③吊销资质证书，是指对违反建筑法规的行为人剥夺其资格能力的处罚。

a.超越本单位资质等级承揽工程的，可以责令停业整顿，降低资质等级；情节严重的，吊销资质证书。

b.建筑施工企业转让、出借资质证书或者以其他方式允许他人以本企业的名义承揽工程的，可以责令停业整顿，降低资质等级；情节严重的，吊销资质证书。

c.承包单位将承包的工程转包的，或者违反规定进行分包的，可以责令停业整顿，降低资质等级；情节严重的，吊销资质证书。

d.在工程承包中行贿的承包单位，可以责令停业整顿、降低资质等级或者吊销资质证书。

e.工程监理单位与建设单位或者建筑施工企业串通，弄虚作假，降低工程质量的，降低资质等级或者吊销资质证书；工程监理单位转让监理业务的，可以责令停业整顿，降低资质等级；情节严重的，吊销资质证书。

f.建筑施工企业违反规定，对建筑安全事故隐患不采取措施予以消除，情节严重的，责令停业整顿，降低资质等级或者吊销资质证书。

g.建筑设计单位不按照建筑工程质量、安全标准进行设计，造成工程质量事故的，责令停业整顿、降低资质等级或者吊销资质证书。

h.建筑施工企业在施工中偷工减料，使用不合格的建筑材料、建筑构配件和建筑设备，或者有其他不按照工程设计图纸或者施工技术标准施工的行为，情节严重的，责令停业整顿、降低资质等级或者吊销资质证书。

4.行政赔偿

行政赔偿，是指行政机关及其工作人员在行使行政职权的过程中，因其行为违法或者不作为而侵犯了公民、法人或者其他组织的合法权益并造成实际损害，由国家给予受害人赔偿的法律制度。

建设行政主管部门和其他相关部门及其工作人员，在对建筑活动实施监督管理的过程中，不履行其职责或不正当行使权力，侵犯公民、法人或其他组织的合法利益并造成损失的，应当承担赔偿责任。

◆◇◇◇ 1.2.4 建筑工程刑事责任的种类及承担方式

刑事法律责任，是指犯罪主体因违反刑法规定，实施犯罪行为应承担的法律责任。

刑事法律责任的承担方式是刑罚，刑罚是刑法规定的由国家审判机关依法对犯罪分子所适用的剥夺或限制其某种权益的最严厉的法律强制方法。

1.刑事责任的特点

①产生刑事责任的原因在于行为人行为的严重社会危害性，只有行为人的行为具有严重的社会危害性即构成犯罪，才能追究行为人的刑事责任。

②与作为刑事责任前提的行为的严重的社会危害性相适应，刑事责任是犯罪人向国家所负的一种法律责任。

③刑事法律是追究刑事责任的唯一法律依据，罪刑法定。

④刑事责任是一种惩罚性责任，因而是所有法律责任中最严厉的一种。

⑤刑事责任基本上是一种个人责任。同时，刑事责任也包括集体责任，比如"单位犯罪"。

2.犯罪构成

犯罪是指具有社会危害性、刑事违法性并应受到刑事处罚的违法行为。犯罪构成，则是指认定犯罪的具体法律标准，是我国刑法规定的某种行为构成犯罪所必须具备的主观要件和客观要件的总和。按照我国犯罪构成的理论，我国刑法规定的犯罪都必须具备犯罪客体、犯罪的客观方面、犯罪主体、犯罪的主观方面这四个共同要件。

①犯罪客体，是指刑法所保护的而被犯罪所侵害的社会关系。

②犯罪的客观方面，是指我国刑法所规定的构成犯罪在客观上必须具备的危害社会的行为和由这种行为引起的危害社会的结果。该要件说明了犯罪客体在什么样的条件下，通过什么样的危害行为而受到什么样的侵害。

③犯罪主体，是指实施了犯罪行为，依法应当承担责任的人。

④犯罪的主观方面，是指犯罪主体对自己实施的危害社会的行为及结果所持的心理态度。

3.刑事责任的承担方式

刑罚是刑事责任的承担方式，是建筑法规关于法律责任中最严厉的一种处罚。根据《中华人民共和国刑法》规定，刑罚分为主刑和附加刑。

（1）主刑

主刑是基本的刑罚，只能独立使用不能附加使用，对一个罪只能使用一个主刑，不能同时适用两个以上主刑。主刑有管制、拘役、有期徒刑、无期徒刑和死刑五种。

（2）附加刑

附加刑是既可以独立适用又可以附加于主刑适用的刑罚方法。对一个罪可以适用一个附加刑，也可以适用多个附加刑。附加刑有罚金、剥夺政治权利和没收财产三种。

4.承担建筑活动中的刑事责任的种类

（1）索贿、行贿、受贿的刑事责任

企业人员受贿罪，是指公司、企业的工作人员利用职务上的便利，索取他人财物或者非法收受他人财物，为他人谋取利益，数额较大的行为。

对公司、企业人员行贿罪，是指为谋取不正当利益，给予公司、企业的工作人员以财物，数额较大的行为。

受贿罪，是指国家工作人员利用职务上的便利，索取他人财物的，或者非法收受他人财物，为他人谋取利益的行为。

（2）工程重大安全事故的刑事责任

工程重大安全事故罪，是指建设单位、设计单位、施工单位、工程监理单位违反国家规定，降低工程质量标准，造成重大安全事故的行为。

重大安全事故，是指建筑工程在建设中及交付使用后，由于达不到质量标准或者存在严重问题，导致工程倒塌或报废等后果，致人伤亡或者造成重大经济损失。

（3）重大劳动安全事故的刑事责任

重大劳动安全事故罪，是指工厂、矿山、林场、建筑企业或者其他企业、事业单位的劳动安全设施不符合国家规定，经有关部门或单位职工提出后，对事故隐患仍不采取措施，因而发生重大伤亡事故或者造成其他严重后果的行为。

重大伤亡事故，是指造成三人以上重伤或一人以上死亡的事故。其他严重后果，主要是指造成重大经济损失，产生极坏的影响，引起单位职工强烈不满导致停工等。

（4）重大责任事故的刑事责任

重大责任事故罪，是指工厂、矿山、林场、建筑企业或者其他企业、事业单位的职工，由于不服管理，违反规章制度，或者强令工人违章冒险作业，因而发生重大伤亡事故或者造成其他严重后果的行为。

（5）滥用职权、玩忽职守的刑事责任

滥用职权罪、玩忽职守罪，是指国家机关工作人员滥用职权或者玩忽职守，致使公共财产、国家和人民利益遭受重大损失的行为。

滥用职权的表现形式主要有两种：一是非法行使本人职务范围内的权力；二是行为人超越其职权范围而实施有关行为。

1.3 建筑工程法律制度

1.3.1 建筑工程法人制度

法人（Legal Person）是指具有民事权利能力和民事行为能力，依法独立享有民事权利和承担民事义务的组织。

1.法人成立具备的条件

①依法成立。

②有必要的财产和经费。

③有自己的名称、组织机构和场所。

④能够独立承担相应的民事责任。

2. 法人的分类

企业法人和非企业法人（行政法人、社团法人、事业法人）由工商行政管理机关核准登记后成立；企业法人分立、合并或者其他重要的事项变更，应向登记机关办理登记并公告。非企业法人，不需要办理法人登记的，从成立之日起，具有法人资格；需要办理法人登记的，依法办理登记核准后，取得法人资格。

3. 法人在建设工程中的地位和作用

（1）地位

监理、施工、设计勘察单位都具有法人资格，建设单位一般也有法人资格，但有的也没有（法人是出于需要，由法律拟制为自然人，以确定团体利益的归属，即所谓的"拟制人"）。

（2）作用

①建设工程中的基本主体。

②建设领域国有企业经营权和产权的分立。

4. 企业法人与项目经理部的法律关系

项目经理部是施工企业为了完成某项建设工程任务而设立的组织，是项目经理与技术、生产、材料、成本等管理人员组成的管理班子，是一次性具有弹性的现场生产组织机构；项目经理部不具备法人资格；项目经理是企业法人授权的项目管理者，项目经理部行为的法律后果由企业法人承担。

◦◦◦◦ 1.3.2 建筑工程代理制度

1. 代理（Agency）

代理是指代理人于代理权限内，以被代理人的名义向第三人进行意思表示或受领意思表示，该意思表示直接对本人生效的民事法律行为。

2. 代理的法律特征

①代理是一种法律行为。

②代理是代理人以被代理人的名义进行的，即代替被代理人进行的法律行为。

③代理是代理人在授权范围内进行的独立意思表示。

④代理人在代理授权范围内进行代理的法律后果由被代理人承担。代理人与第三人确立的权利义务关系（甚至于代理的不良后果和损失），均由被代理人承受，从而在被代理人和第三人之间确立了法律关系。

3. 代理的种类

（1）委托代理

委托代理是指代理人的代理权根据被代理人的委托授权行为而产生。因委托代理中，被代理人是以意思表示的方法将代理权授予代理人的，故又称"意定代理"或"任意代理"。

（2）法定代理

> **技术提示：**
>
> 当被代理人死亡后，依然有效的代理行为有：
>
> （1）代理人不知道被代理人死亡而继续进行代理行为的。
>
> （2）委托书中约定待某一代理事项完成后代理关系终止，而在被代理人死亡时，该事项尚未完成的，代理人的继续代理活动。
>
> （3）被代理人的继承人全体承认的代理行为。
>
> （4）被代理人死亡前已经进行而在被代理人死亡后为了被代理人的继承人的利益继续完成的代理活动。

法定代理是指根据法律规定，代理无诉讼行为能力的当事人进行诉讼，直接行使诉讼代理权的人。无诉讼行为能力的公民进行诉讼活动只能由其监护人为法定代理人代理其进行行政诉讼活动。

（3）指定代理

指定代理是指代理人的代理权根据人民法院或其他机关的指定而产生。例如，根据我国《民法通则》第十六、十七条的规定，人民法院及村民委员会等有权为未成年人或精神病人指定监护人，也就是指定法定代理人。由于指定代理人的机关及代理权限都是由法律直接规定的，因此，指定代理不过是法定代理的一种特殊类型。

4.《民法通则》对有关行为和责任的详细规定

①无代理权、超越代理权或代理权已终止仍进行代理的，均为无权代理，均由行为人承担民事责任；如被代理人追认，则由被代理人承担民事责任。本人知道他人以本人名义实施民事行为而不做否认表示的，视为同意。

②代理人不履行代理职责而给被代理人造成损害的，应当承担民事责任。

③代理人知道被委托事项违法而仍然进行代理活动；或者被代理人知道代理人代理行为违法却不表示反对，由代理人和被代理人负连带责任。

④委托代理转托时，应事先取得被代理人同意，或事后及时告知被代理人取得其同意，否则，由代理人负民事责任。但在紧急情况下为保护被代理人的利益而转托的不在此限。

5.代理的终止

代理关系终止的共同原因有两个：

①被代理人死亡。

②代理人死亡或者丧失行为能力。

1.3.3 建筑工程物权制度

1.物权的概念及特征

物权（Real Right），是指权利人依法对特定的物享有直接支配和排他的权利，包括所有权、用益物权和担保物权。物权是和债权对应的一种民事权利，它们共同组成民法最基本的财产权形式。与债权相比，物权具有如下特征：

①物权的权利主体特定，义务主体不特定。物权是指特定主体所享有的排除权利主体外的一切其他人侵害的财产权利。作为一种绝对权和对世权，权利人以外的任何其他人都负有不得非法干涉和侵害物权的义务。而债权只是发生在债权人和债务人之间，权利主体和义务主体都是特定的。债权人的请求权只对特定的债务人发生效力，因此被称为对人权。

②物权内容是直接支配一定的物并排除他人干涉。所谓直接支配，是权利人无须借助他人的行为就能够行使自己的权利。权利人可以依据自己的意志直接依法占有、使用其物，或采取其他支配方式。所谓排除他人干涉，是指物具有不容他人侵犯的性质。

2.物权的分类

（1）所有权与他物权

所有权是指所有人依法可以对物进行占有、使用、收益和处分的权利。所有权是物权中最完整、最充分的权利。

他物权是指所有权以外的物权，亦称限制物权、定限物权。他物权是所有权的部分权能与所有性发生分离，由所有权人以外的主体对物享有一定程度的直接支配权。他物权与所有权一样，具有直接支配物并排斥他人干涉的性质。

（2）用益物权和担保物权

根据设立物权的目的不同，传统民法将其分为用益物权和担保物权。

用益物权是指以物的使用收益为目的的物权，包括用地使用权、土地承包经营权、地役权等。

担保物权是指在借贷、买卖等民事活动中，债务人或者第三人将自己所有的财产作为履行债务的担保。债务人未履行债务时，债权人依照法律规定的程序就该财产优先受偿的权利。担保物权包括抵押权、质权和留置权，主要是以确保债务的履行为目的的物权。两者的区别表现在：第一，用益物权注重物的使用价值；担保物权注重物的交换价值。第二，用益物权一般是在不动产上成立的物权。虽然《物权法》为动产的用益物权留下了发展的空间，但物权法规定的具体的用益物权只是在不动产上设立的；担保物权既可以在不动产上设立，也可以在动产上设立。第三，用益物权除地役权外，均为主物权；担保物权是从物权，需以主债权的存在为前提。

（3）动产物权和不动产物权

这是按物权客体的不同进行的分类。

3. 物权的设立、变更、转让、消灭和保护

①不动产的设立、变更、转让、消灭依法律规定登记，自记载于不动产登记簿时发生效力。依法登记发生效力，不登记，不发生效力，但法律另有规定的除外，如依法属于国家所有的自然资源，所有权可以不登记。

②动产的设立、转让，动产物权以占有和交付为公示手段。动产物权的设立与转让以交付日发生效力。但法律另有规定的除外，如船舶、航空器、机动车辆的物权未经登记，不得对抗善意的第三人。

③物权的保护，可以通过协商、调解、和解、诉讼、仲裁等途径解决；侵害物权，除承担相应的民事责任外，违反行政规定的，应承担相应的行政责任，构成犯罪的，依法追究刑事责任。

1.3.4 建筑工程债权制度

1. 债权的概念及特征

根据《民法通则》的规定，债是按照合同的约定或者依照法律的规定，在当事人之间产生的特定的权利和义务关系。例如，在建设工程合同关系中，承包人有请求发包人按照合同约定支付工程价款的权利，而发包人则相应地有按照合同约定向承包人支付工程价款的义务。又如，根据《民法通则》的有关规定，在公共场所、道旁或者通道上挖坑、修缮安装地下设施等，没有设置明显标志和采取安全措施造成他人损害的，施工人依法应当承担赔偿损失等民事责任，而受害人则相应地具有依法要求施工人赔偿损失的权利。这些都是特定当事人之间的民事法律关系，都是债的关系。

2. 债的法律关系

债是按照合同约定或法律规定，在当事人之间产生的特定权利和义务关系；享有权利的是债权人，负有义务的是债务人；债权人有权要求债务人按照合同约定或者法律规定履行义务。

债的内容，是指主体双方的权利与义务，即债权人享有权力，债务人负有义务，即债权与债务；债权为请求特定人为特定行为作为与不作为的权利。债权与物权不同，物权是绝对权，债权是相对权。相对性的内涵为：①债权的主体相对性；②债权的内容相对性；③债权的责任相对性。

3. 债的发生依据

（1）合同

合同是平等主体的自然人、法人和其他组织之间设立、变更、终止民事权利义务关系的协议。当事人之间通过订立合同设立的以债权债务为内容的民事法律关系，称为合同之债。

（2）不当得利

不当得利是指没有合法依据，取得不当利益，造成他人损失。当发生不当得利时，由于一方取得的利益没有法律或合同根据且给他人造成损害，在这种情况下，受损失一方依法有请求不当得利人返还其所得利益的权利，而不当得利人则依法负有返还义务。这样，在当事人之间即发生债权债务关系。这种因不当得利所发生的债，称为不当得利之债。

（3）无因管理

无因管理是指没有法定的或者约定的义务，为避免他人利益受损失而进行管理或者服务的行为。无因管理发生后，管理人依法有权要求受益人偿付因其实施无因管理而支付的必要费用。这种由于无因管理而产生的债，称为无因管理之债。

（4）侵权行为

侵权行为是指侵害他人财产或人身权利的违法行为。在民事活动中，一方实施侵权行为时，根据

法律规定，受害人有权要求侵害人承担赔偿损失等责任，而侵害人则有负责赔偿的义务，因此，侵权行为会引起侵害人和受害人之间的债权债务关系。这种因侵权行为而产生的债，称为侵权行为之债。

4. 建设工程之债常见的类型

建设工程之债常见的类型有：施工合同债、买卖合同债、侵权之债。

1.3.5　建筑工程知识产权制度

知识产权法律制度是保护科学技术和文化艺术成果的重要法律制度，它伴随着人类文明与商品经济的发展而诞生，并日益成为各国保护智力成果、促进科学技术和社会经济发展、进行国际竞争的有力措施。知识产权制度作为一种保护智力成果的法律制度，其保护对象十分广泛，其内涵、外延也随着科学技术和文化事业的发展不断拓展。

1. 知识产权的基本特征

①财产权和人身权的双重属性。

②专有性。

③地域性。

④期限性。

2. 知识产权的内容

（1）版权法律制度

版权法律制度即著作权法律制度。著作权包括人身权和财产权两大类。人身权是指与作者本身密不可分的权利，又称精神权利。它包括：发表权、署名权、修改权和保护作品完整权。财产权是指作者对于自己所创作的作品享有使用和获得报酬的权利，也称经济权利。它是指以复制、表演、广播、出租、展览、发行、放映、摄制、信息网络传播或者改编、翻译、注释、编辑等方式使用作品的权利，以及许可他人以上述方式使用作品，并由此获得报酬的权利。

（2）专利法律制度

受专利制度保护的发明创造包括：发明专利、实用新型和外观设计专利等。《专利法》是专利制度的核心。专利制度就是国家运用法律手段，通过《专利法》的实施，借助授予发明创造以专利权来鼓励和保护发明创造，从而促进科技进步、促进经济发展的法律制度。在关于《中华人民共和国专利法（草案）的说明》中，把专利制度概括为"国际上通行的一种利用法律的和经济的手段促进技术进步的管理制度。这个制度的基本内容是依据专利法，对申请专利的发明，经过审查和批准，授予专利权。同时把申请专利的发明内容公诸于世，以便进行技术情报交流和技术的有偿转让"。专利制度的主要特征是：第一，法律保护。法律保护就是依据《专利法》授予发明创造以专利权。对授予专利权的发明创造，专利权人享有制造、使用和销售的独占实施权，未经专利权人许可，任何单位或个人不得实施该发明创造。否则，即构成专利侵权行为，应追究法律责任。专利制度正是通过这种法律保护形式，保障发明创造所有人的正当权益，激励人们的发明创造的积极性，以促进科技进步、经济发展。第二，科学审查。1970年，美国制定的《专利法》，最先采用了审查制。现在大多数国家都纷纷效仿，这是专利制度现代化的一个重要标志。第三，公开通报。专利制度一方面通过法律保护发明创造专利权、"独占权"；另一方面又要依法将申请专利的发明创造的内容以专利说明书的形式公诸于世，公开通报。

（3）商标法律制度

商标法是国家对注册商标专用权及使用过程中所发生的社会关系进行调整的法律规范的总称。我国商标法于1982年8月23日通过，1983年3月1日开始施行。商标法的颁布和实施，是我国商标工作法制化的重要标志。

我国商标法规定，注册商标的有效期为10年。有效期限自该商标核准注册之日起计算。对已经注册的商标有争议的，可以自该商标核准注册之日起一年内，向商标评审委员会申请裁定。对核准注册前已经提出异议并经过裁定的商标，不得再以相同的事实和理由申请裁定。

注册商标有效期满需要继续使用的，应当在期满前6个月内申请续展注册，在此期间未能提出申请的，可给予6个月的宽展期。宽展期满仍未提出申请的，注销其注册商标。

注册商标所有权可以转让。转让形式有两种：一为合同转让；二为继承转让。无论何种转让都必须依法办理转让手续。注册商标的所有人还可以通过合同方式允许他人有偿使用注册商标。经许可使用他人注册商标的，必须在使用该注册商标的商品上标明被许可人的名称和商品产地。

1.3.6 建筑工程担保制度

1. 担保概念

担保是指依法律规定或当事人约定而产生的，促使债务人履行债务并保障债权人实现债权的法律措施或制度。其特点是：

①担保的从属性。

②担保的补充性或连带性。

③担保的相对独立性。

④担保的自愿性（留置担保除外）。

2. 担保的种类

①按照担保的形态分为：人保、物保、金钱担保。

②按照担保的方式分为：保证、抵押、质押、留置、定金。

③按照担保的形式分为：法定担保和约定担保。

3. 保证

（1）保证的概念

保证是指保证人和债权人约定，当债务人不履行债务时，保证人按照约定履行债务或者承担责任的行为。

（2）保证的特征

①保证属于人保。

②保证人为主合同当事人以外的第三人。

③保证人必须具有代为清偿债务的能力、信誉和不特定财产。

（3）一般保证

当事人在保证合同中约定，债务人不能履行债务时，由保证人承担保证责任的，为一般保证。

（4）连带责任保证

当事人在保证合同中约定保证人与债务人对债务承担连带责任的，为连带责任保证；另外，当事人对保证方式没有约定或者约定不明确的，按照连带责任保证承担保证责任。

4. 抵押

抵押，是指债务人或者第三人不转移对财产的占有，将该财产抵押给债权人，债务人不履行到期债务或者发生当事人约定的实现抵押权的情形时，债权人有权依法以该财产折价或者以拍卖、变卖该财产的价款优先受偿。抵押中提供财产担保的债务人或者第三人为抵押人，债权人为抵押权人，提供担保的财产为抵押物。

（1）抵押权的性质

抵押权作为担保物权的一种，具有从属性、不可分性和物上代位性。另外，抵押权是不移转标的物占有的一种担保物权。是否移转标的物的占有是抵押权与其他担保物权的重要区别。由于抵押权的设定不需要移转占有，因此，抵押权的设定不能采用占有移转的公示方法，而必须采用登记或其他方法公示。

（2）抵押权的设定

抵押权的取得，主要通过法律行为获得，但抵押权也可以基于法律行为以外的法律事实获得，如基于继承或者善意取得制度取得抵押权。基于法律行为取得抵押权的，就是抵押权的设定，抵押权的设定是由双方当事人签订抵押合同，抵押合同应当采用书面形式。抵押当事人包括抵押权人和抵押人，其中抵押权人就是债权人，抵押人即抵押财产的所有人，既可能是债务人，也可能是第三人。设定抵押权属于处分财产的行为，因此，抵押人必须对设定抵押的财产享有所有权或处分权。

在债务履行期届满前，抵押权人不得与抵押人约定债务人不履行到期债务时抵押财产归债权人所有。如果双方当事人的抵押合同有这样的条款，该条款无效。流押条款的无效不影响抵押合同其他条款的效力。

5. 质押

所谓质押，指债务人或者第三人将其动产或权力移交债权人占有，将该财产作为债的担保，当债务人不履行债务或者发生当事人约定的实现抵押权的情形时，债权人有权依法以该财产变价所得优先受偿。

质押权是一种担保物权，因此同样具备担保物权的特征，即从属性、不可分性、物上代位性。但与抵押权相比，有一定的区别：

①质押的标的物可以是动产或者权利，但不能是不动产；抵押的标的物既可以是动产也可以是不动产。

②质权的设定必须移转质物的占有；抵押权的设定不要求移转抵押物的占有。

③由于抵押权设定不移转占有，因此，抵押人可以继续对抵押物占有、使用、收益；由于质押移转标的物的占有，因此，质押人虽然享有对标的物的所有权，但不能直接对质押物进行占有、使用、收益。

质押分为动产质押与权利质押；质权分为动产质权和权利质权。动产质权是指可移动并因此不损害其效用的物的质权；权利质权是指以可转让的权利为标的物的质权。

5. 留置

留置权是指债权人合法占有债务人的动产，在债务人不履行到期债务时，债权人有权依法留置该财产，并有权就该财产享有优先受偿的权利。

留置权有如下特征：

①留置权属于担保物权，因此具有担保物权的从属性、不可分性和物上代位性等特征。

②留置权属于法定的担保物权。留置权的产生不是依据当事人之间的约定，而是在符合法律规定的条件下产生的。但当事人可以通过合同约定排除留置权的适用。

◆◆◆ 1.3.7　建筑工程保险制度

1. 保险

保险（Insurance），是指投保人根据合同约定，向保险人支付保险费，保险人对于合同约定的可能发生的事故因其发生所造成的财产损失承担赔偿保险金责任，或者当被保险人死亡、伤残、疾病或者达到合同约定的年龄、期限时承担给付保险金责任的商业保险行为。

保险是一种受法律保护的分散危险、消化损失的法制制度，因此，危险的存在是保险的前提，保险制度上的危险具有损失发生的不确定性（包括是否发生不确定性、发生时间不确定性、发生后果不确定性）。

2. 保险合同

保险合同是指投保人、保险人约定法律权利与义务的协议。一般分为财产保险合同和人身保险合同。

①投保人，是指与保险人签订保险合同，并按照合约要求支付保险费用的义务人。

②保险人，是指与投保人签订保险合同，并承担赔偿和支付保险金义务的责任。

③被保险人，是指财产或者人身受保险合同保障，享有保险金请求权的人。

④收益人，是指人身保险合同中投保人或被保险人指定享有保险金请求权的人。

（1）财产保险合同

财产保险合同是以财产及其有关利益为保险标的的保险合同。财产保险合同的转让，必须通知保险人，经保险人同意继续承保后，依法转让合同。在保险合同期间，保险标的的危险程度加大时，要及时通知保险人；保险人可以按照合约规定增加保险费用或解除保险合同（建筑工程一切险、安装工程一切险属于财产保险合同）。

建筑工程一切险是对建筑工程项目提供全面保险，它既对各种建筑工程及其施工过程中的物料、机器设备遭受的损失予以保险，也对因工程建设给第三者造成的人身、财产伤害承担经济赔偿责任。

安装工程一切险是以各种机器设备和钢结构为标的，并为机器设备的安装及钢结构工程的实施提供尽可能全面的专门保险，属于一种技术险种。

（2）人身保险合同

人身保险合同是以人的寿命和身体为保险标的的保险合同。投保人应向保险人如实地申报姓名、年龄、身体状况，投保人于合同成立后，可以向保险人一次性支付保险费用，可以按合约规定分期支付，受益人是投保人或者被保险人指定的。保险人对人身保险的保险费，不得用诉讼方式要求投保人支付。

3. 保险的索赔

①投保人进行索赔时需提供必要的有效证明。

②投保人应当及时提出保险索赔。

③计算损失大小。

案例分析

1. 该地原县委书记因受贿、玩忽职守罪被判处无期徒刑；原县委副书记因受贿罪、玩忽职守罪被判处死缓；原城建委主任因玩忽职守罪被判处有期徒刑6年；原市政工程质量监督站站长因重大安全事故罪被判处有期徒刑5年；原人大常委会副主任因玩忽职守罪被判处有期徒刑3年；"虹桥"工程组织承建者因重大安全事故罪被判处有期徒刑10年。此外，通用工业技术服务部相关人员，因重大安全事故罪、玩忽职守罪、生产销售不符合安全标准的产品罪等罪名，被判处6年至10年有期徒刑，并处以3万至25万元罚金。

2. 违反计划管理方面的法律责任。对不按照法律规定的审批权限批准建设的项目，违反国家固定资产投资计划，乱上项目，不按国家指令计划规定保证国家管理建设项目的财力、物力、人力要求；违反经国家检查后做出的停建、缓建决定，要根据其情节轻重和造成国家财产损失大小，追究责任单位的主要负责人和直接责任人员的行政责任和民事责任，已构成犯罪的，要依法追究刑事责任。

3. 违反工程质量方面的法律责任。基本建设工程必须保证质量，对于不按照规定程序设计施工，违反操作规程，不按照技术标准设计施工，不按照设计采用材料施工，玩忽职守等行为而造成工程质量事故，致使国家财产损失的，依法追究责任人员的法律责任。

4. 违反资金管理方面的法律责任。对于违反基本建设资金管理，不按照规定用途使用贷款基金，资金来源不当，资金不存入建设银行专户管理，逃避监督等行为，中国建设银行和业务主管部门有权冻结其资金，停止对其进行基建拨款，并依照法律规定或者借款合同追究其责任。

本案中受到处罚的单位与个人，都是因为严重违反建筑法律或合同法的强制性规定，造成重大责任事故，依法应当承担相应的法律责任。

拓展与实训

▶ 基础训练

一、单项选择题

1.《中华人民共和国环境影响评价法》属于（　　）法律部门。

　　A. 经济法　　　　　　　B. 行政法　　　　　　　C. 诉讼法　　　　　　　D. 社会法

2. 我国法的形式主要为以宪法为核心的各种规范性文件，下列选项中不属于法的形式的是（　　）。

　　A. 某省人大制定的地方性法规　　　　　　　B. 某经济特区人民政府制定的规范性文件

　　C. 某市高级人民法院发布的判例　　　　　　D. 我国参加的国际条约

3. 法律效力等级是正确适用法律的关键，下述法律效力排序正确的是（　　）。

　　A. 国际条约＞宪法＞行政法规＞司法解释

　　B. 法律＞行政法规＞地方政府规章＞地方性法规

　　C. 行政法规＞部门规章＞地方性法规＞地方政府规章

　　D. 宪法＞法律＞行政法规＞地方政府规章

4. 某政府投资项目，政府相关部门与施工总包企业签订施工总包合同，二者之间形成（　　）法律关系。

　　A. 建设　　　　　　　　B. 民事　　　　　　　　C. 行政　　　　　　　　D. 社会

5. 某工程公司由其法定代表人签署一份任命书，任命王某为某施工项目的项目经理，全权负责该项目所有事宜，则对王某法律地位的认定，表述正确的是（　　）。

　　A. 王某是被任命的法人　　　　　　　　B. 王某是公司的指定代理人

　　C. 王某成为法定代表人的指定代理人　　D. 王某是公司就该项目的委托代理人

6. 下列与工程建设相关的法律中，不属于社会法部门的是（　　）。

　　A.《中华人民共和国残疾人保障法》　　　B.《中华人民共和国职业病防治法》

　　C.《中华人民共和国劳动合同法》　　　　D.《环境影响评价法》

7. 在我国解决工程建设纠纷时经常适用的非诉讼的程序法主要是（　　）。

　　A. 劳动合同仲裁法　　B. 民事诉讼法　　　C. 行政诉讼法　　　　D. 仲裁法

8. 建筑施工企业与劳务分包公司签订劳务分包合同，劳务公司与自己员工之间订立劳动合同；对其中存在的法律关系，下列表述正确的是（　　）。

　　A. 建筑企业与劳务公司之间、劳务公司与员工之间均为民事法律关系

　　B. 建筑企业与劳务公司之间为行政法律关系

　　C. 劳务公司与员工之间均为社会法律关系

　　D. 建筑企业与劳务公司之间、劳务公司与员工之间均为商事法律关系

9. 某建筑工程公司下设的分支机构中属于法人的是（　　）。

　　A. 经授权的第一项目部　　B. 第二分公司　　C. 合约部　　　　　　D. 上海子公司

10. 建筑公司给项目经理的任命书中注明了项目经理姓名、负责的项目名称、权限及公司的盖章。该任命书中缺乏（　　）内容。

　　A. 上级主管名称　　　B. 详细的工作安排　　C. 任命书的有效期　　D. 对外责任的承担

二、多项选择题

1. 国务院新闻办公室 2008 年 2 月 28 日发表了《中国的法治建设》白皮书，指出我国的法律体

系主要由（　　）法律部门构成。

    A. 民商法   B. 行政法   C. 劳动法

    D. 社会法   E. 非诉讼程序法

2. 施工现场租用设备单位的塔吊用于施工，施工单位作为承租方对该塔吊享有（　　）。

    A. 所有权   B. 占有权   C. 使用权

    D. 收益权   E. 处分权

3. 下列关于商标权期限的说法正确的是（　　）。

    A. 注册商标的有效期为5年

    B. 注册商标的有效期为10年，自核准注册之日起计算

    C. 注册商标的有效期为10年，自申请之日起计算

    D. 注册有效期满，需要继续使用的，应当依法办理续展注册

    E. 注册有效期满，需要继续使用的，应当依法重新注册

4. 某工程建设项目，建设方甲、施工方乙、投资担保公司丙提供工程款支付保证担保。下列表述中错误的是（　　）。

    A. 甲丙之间应签订保证合同

    B. 乙丙之间应签订委托合同

    C. 甲乙协商延长了施工合同的工期，通知丙后丙继续承担保证责任

    D. 甲乙协商延长了施工合同付款期限，取得丙口头同意后丙继续承担保证责任

    E. 甲乙协商增加了施工合同付款数额，取得丙书面同意后丙继续承担保证责任

5. 下列与工程建设相关的法律中，不属于民商法法律部门的是（　　）。

    A. 城乡规划法   B. 合同法   C. 招标投标法

    D. 仲裁法   E. 环境评价法

6. 某县县内公路改造工程，该县政府与施工单位签订了工程承包合同。工程竣工后，县审计局依法出具《审计决定书》，县政府依照《审计决定书》结算了工程价款。就上述案情，下列表述正确的是（　　）。

    A. 施工单位在本案中不是合格的被审计人

    B. 除非合同中有明确约定，否则审计结果不能作为结算依据

    C. 对《审计决定书》不服时，县人民政府有权提起行政复议

    D. 对《审计决定书》不服时，施工单位有权提起行政复议

    E. 在审计活动中，行政复议是行政诉讼的前置程序

7. 下列关于专利权期限的说法正确的是（　　）。

    A. 发明专利权的期限是20年   B. 实用新型专利权的期限是10年

    C. 外观设计专利权的期限是5年   D. 发明专利权期限自批准日起计算

    E. 专利权期限届满后，专利权终止

8. 当事人之间签订的（　　）合同，可以设立最高额保证担保。

    A. 施工总承包   B. 借款   C. 商品交易

    D. 设备租赁   E. 监理

9. 下列选项中，不属于建筑工程一切险中物质损失部分保险责任的原因的是（　　）。

    A. 空中运行物体坠落   B. 火灾、爆炸   C. 破坏性地震

    D. 盘点时发现的短缺   E. 提前由建设方占有并使用的部分因意外事故造成的损坏

10. 代理人与第三人相互勾结，在订立合同时给第三人种种优惠，而损害了被代理人利益的，应（　　）。

    A. 由代理人承担责任   B. 由第三人承担责任

    C. 由代理人和第三人承担连带责任   D. 由代理人和第三人承担按份责任

    E. 由被代理人与代理人共同承担责任

三、简答题

1. 简述建设工程法律体系及其组成。
2. 简述建设工程法规的表现形式及其效力。
3. 简述建筑法律民事责任的种类及其承担方式。
4. 简述建筑行政责任的种类及其承担方式。
5. 简述建筑刑事责任的种类及其承担方式。
6. 简述建设工程活动中法人成立的条件及其分类。
7. 简述代理的特征及其种类。
8. 简述建设工程担保的分类及其应用。
9. 简述建设工程中债发生的原因及其分类。
10. 简述建设工程活动中的保险及其应用。

▶ 技能训练 ⬩⬩⬩

1. 目的

通过此实训项目练习，要求学生熟练地掌握建筑工程活动相关的基本法律知识，有意识地认识到法律在建筑工程活动中的作用和意义；并且对不同的建筑工程情境及不同的建筑工程阶段中所应用的法律法规做到了解、熟悉。

2. 成果

能通过收集案例、讨论案例，熟练地分析出具体案例中的具体的法律基础知识，并通过小组讨论的方式，分别予以介绍与分享，主要检验学生对本模块内容的理解和掌握情况。

模块2
建筑法

模块概述

《中华人民共和国建筑法》经1997年11月1日第八届全国人大常委会第28次会议通过；根据2011年4月22日第十一届全国人大常委会第20次会议《关于修改〈中华人民共和国建筑法〉的决定》修正。《中华人民共和国建筑法》(以下简称《建筑法》)分总则、建筑许可、建筑工程发包与承包、建筑工程监理、建筑安全生产管理、建筑工程质量管理、法律责任、附则共8章85条，自1998年3月1日起施行。

学习目标

1. 了解《建筑法》的立法宗旨；
2. 熟悉《建筑法》的适用范围；
3. 熟悉《建筑法》的调整对象；
4. 掌握《建筑法》确立的基本制度。

能力目标

1. 具备运用建筑法规的理论和知识解释建筑活动中常见的现象的能力；
2. 具备按照建筑法规依法从事工程建设活动的能力；
3. 能够了解建设工程施工许可证的申领条件；
4. 能够通过工程具体案例，运用法律法规知识解决现场的问题。

课时建议

2课时

案例导入

受害人张某系一无资质但手艺较好的泥水工匠，其常常揽下他人新建房屋的内外墙抹灰、贴瓷砖工程后，再邀约赵甲、赵乙两人一同去施工，结算的工钱除去张某所出的切割机刀片消耗费用外，剩下的三人平分。王某家新建三层砖混结构房屋一所，与张某口头约定将其房屋内外墙抹灰及贴瓷砖工程包给张某施工，双方约定了结算单价，施工用脚手架由王某提供，张某自带抹灰工具。之后张某邀约赵甲、赵乙、赵丁三人一同去为王家施工。2009 年 1 月的一天，四人在为王家新建房屋外墙搭建脚手架时，无安全网、安全绳、安全帽施工，张某突然从脚手架上跌落下来当场死亡。张某亲属与王某为张某死亡赔偿问题协商未果，以雇员受害赔偿纠纷为由将房主王某起诉至人民法院，请求建房方王某赔偿因张某死亡造成的各种损失共计 9 万余元。诉讼中原告请求变更案由为生命权、健康权、身体权纠纷，人民法院不同意变更。

本案处理存在以下两种争议：

1. 原告方意见认为，本案应当适用《建筑法》，张某与王某签订的建筑承包合同无效，本案应为生命权、健康权、身体权纠纷，应根据建房方王某与施工方张某双方的过错程度承担张某死亡的责任。

2. 被告方意见认为，本案属于承揽合同纠纷，定作人王某对张某的死亡没有过错，王某不应当承担赔偿责任。

试对本案中以上两个问题存在的争议问题进行思考，分析具体原因。

2.1　《建筑法》的立法宗旨、适用范围和调整对象

2.1.1　《建筑法》的立法宗旨

为了加强对建筑活动的监督管理，维护建筑市场秩序，保证建筑工程的质量和安全，促进建筑业健康发展，制定本法。(《建筑法》总则第一条)

建筑业在国民经济和社会发展中有着十分重要的地位和作用，目前已经发展为我国的一项重要支柱产业。但是，我国建筑市场各方主体行为不规范，建筑市场秩序混乱，建筑工程质量堪忧，建筑安全生产问题突出，这些问题都需要《建筑法》的规范。通过制定《建筑法》，规定从事建筑活动和对建筑活动进行监督管理必须遵守的行为规范，以法律的强制力保证实施，为加强对建筑活动的有效监督管理提供法律依据和法律保障；通过制定《建筑法》，确立建筑市场运行必须遵守的基本规则，要求参与建筑市场活动的各个方面都必须遵循，对违反建筑市场法定规则的行为依法追究法律责任；《建筑法》将保证建筑工程的质量和安全作为本法的立法宗旨和立法重点，从总则到分则作了若干重要规定，并对保证建筑工程的质量和安全具有重要意义，进而促进建筑业持续、稳定、快速发展。

2.1.2　《建筑法》的适用范围

《建筑法》规定，建筑活动（Construction Activities）是指各类房屋建筑及其附属设施的建造和与其配套的线路、管道、设备的安装活动。但是，全国人大常委会也认为，不能将一般工业与民用建筑工程与专业建筑工程带有共性的、需要共同遵守的规则分别制定几个法律，又在《建筑法》的附则中规定："关于施工许可、建筑施工企业资质审查和建筑工程发包、承包、禁止转包，以及建筑工程监理、建筑工程安全和质量管理的规定，适用于其他专业建筑工程的建筑活动。"因此，《建筑法》的主要内容适用于所有的工程建设，包括公路、桥梁、港口、铁路等。从这一角度说，《建筑法》的主要内容对建设工程具有普遍的规范意义。而且，《建筑法》的地域范围（或称空间效力范围），是中华人

民共和国境内，即中华人民共和国主权所及的全部领域内。但是，按照我国香港、澳门两个特别行政区基本法的规定，香港和澳门的建筑立法，应由这两个特别行政区的立法机关自行制定。

2.1.3 《建筑法》的调整对象

《建筑法》的调整对象，主要有两种社会关系：一是从事建筑活动过程中所形成的一定的社会关系；二是在实施建筑活动管理过程中所形成的一定的社会关系。从性质上来看，前一种属于平等主体的民事关系，即平等主体的建设单位、勘察设计单位、建筑安装企业、监理单位、建筑材料供应单位之间，在建筑活动中所形成的民事关系。后一种属于行政管理关系，即建设行政主管部门对建筑活动进行的计划、组织、监督的关系。因此，《建筑法》的主体范围包括一切从事建筑活动的主体和依法负有对建筑活动实施监督管理职责的各级政府机关。

一切从事本法所称的建筑活动的主体，包括从事建筑工程的勘察、设计、施工、监理等活动的国有企业事业单位、集体所有制的企业事业单位、中外合资经营企业、中外合作经营企业、外资企业、合伙企业、私营企业以及依法可以从事建筑活动的个人，不论其经济性质如何、规模大小，只要从事本法规定的建筑活动，都应遵守本法的各项规定，违反本法规定的行为将受到法律的追究。

行政机关依法行政，是社会主义法制建设的基本要求。各级依法负有对建筑活动实施监督管理职责的政府机关，包括建设行政主管部门和其他有关主管部门，都应当依照本法的规定，对建筑活动实施监督管理。包括依照本法的规定，对从事建筑活动的施工企业、勘察单位、设计单位和工程监理单位进行资质审查，依法颁发资质等级证书；对建筑工程的招标投标活动是否符合公开、公正、公平的原则及是否遵守法定程序进行监督，但不应代替建设单位组织招标；对建筑工程的质量和建筑安全生产依法进行监督管理；以及对违反本法的行为实施行政处罚等。对建筑活动负有监督管理职责的机关及其工作人员不依法履行职责，玩忽职守或者滥用职权的，将受到法律的追究。

这里需要特别指出的是，关于建筑活动，《建筑法》和其他法律有特别规定的还应执行特别规定。比如，根据《建筑法》第八十三条的规定，省、自治区、直辖市人民政府确定的小型房屋建筑工程的建筑活动不直接适用《建筑法》，而是参照适用。依法核定作为文物保护的纪念建筑物和古建筑等的修缮，依照文物保护的有关法律规定执行。就是说关于纪念建筑物和古建筑等的修缮，有关文物保护方面的法律规定适用本法的，就应当适用本法；规定不适用而适用其他法律的就应当适用其他法律。抢险救灾及其他临时性房屋建筑和农民自建低层住宅的建筑活动，不适用《建筑法》。根据《建筑法》第八十四条的规定，军用房屋建筑工程建筑活动的具体管理办法，由国务院、中央军事委员会依据《建筑法》制定，这里建筑法做出了授权性规定。另外，需要指出的是，在各类房屋的建造中包括了装饰装修。《建筑法》第四十九条还专门对涉及主体和承重结构变动的装修工程作了规定。《建筑法》第八十一条还规定，本法的法律制度，适用于其他专业工程。专业建筑工程是指冶金、有色金属、石油、化工、水利水电、航务航道、公路、邮电、通信等。具体办法由国务院规定。

技术提示：

《建筑法》是我国第一部全面规范建筑活动的基本法律，这部法律对建筑活动的范围、行为准则均作了具体的规定。法律一经颁布实施就必须执行遵守，从事建筑活动和监督管理建筑活动也不例外，应当遵守法律。第二款规定的是建筑活动的范围。这一款实际上将建筑活动界定在两个方面：一个方面是各类房屋建筑及其附属设施的建造活动。这里的各类房屋建筑包括作为居住房屋的建筑、作为公共场所的房屋建筑和作为工业用房屋的建筑。附属设施是指与房屋建筑有必然联系的依附于房屋存在的一些构筑物，比如供水、供暖设施等。另一个方面是与各类房屋建筑及其附属设施配套的线路、管道、设备的安装活动，比如水暖管道、电线、防火设备等。

2.2 《建筑法》确立的基本制度

2.2.1 建筑许可

建筑工程施工许可（Construction Permit System）是指由国家授权的有关行政主管部门，在建设工程开工之前对其是否符合法定的开工条件进行审核，对符合条件的建设工程允许其开工建设的法定制度。

1. 建筑工程施工许可

①建筑工程开工前，建设单位应当按照国家有关规定向工程所在地县级以上人民政府建设行政主管部门申请领取施工许可证；但是，国务院建设行政主管部门确定的限额以下的小型工程除外。

按照国务院规定的权限和程序批准开工报告的建筑工程，不再领取施工许可证。

②申请领取施工许可证，应当具备下列条件：

a. 已经办理该建筑工程用地批准手续。

b. 在城市规划区的建筑工程，已经取得规划许可证。

c. 需要拆迁的，其拆迁进度符合施工要求。

d. 已经确定建筑施工企业。

e. 有满足施工需要的施工图纸及技术资料。

f. 有保证工程质量和安全的具体措施。

g. 建设资金已经落实。

h. 法律、行政法规规定的其他条件。

建设行政主管部门应当自收到申请之日起十五日内，对符合条件的申请颁发施工许可证。

③建设单位应当自领取施工许可证之日起三个月内开工，因故不能按期开工的，应当向发证机关申请延期；延期以两次为限，每次不超过三个月。既不开工又不申请延期或者超过延期时限的，施工许可证自行废止。

④在建的建筑工程因故中止施工的，建设单位应当自中止施工之日起一个月内，向发证机关报告，并按照规定做好建筑工程的维护管理工作。

建筑工程恢复施工时，应当向发证机关报告；中止施工满一年的工程恢复施工前，建设单位应当报发证机关核验施工许可证。

⑤按照国务院有关规定批准开工报告的建筑工程，因故不能按期开工或者中止施工的，应当及时向批准机关报告情况。因故不能按期开工超过六个月的，应当重新办理开工报告的批准手续。

2. 从业资格

从业资格制度（Professional Qualification System）是指对具有一定专业学历和资历并从事特定专业技术活动的专业技术人员，通过考试和注册确定其执业的技术资格，获得相应文件签字权的一种制度。

①从事建筑活动的建筑施工企业、勘察单位、设计单位和工程监理单位，应当具备下列条件：

a. 有符合国家规定的注册资本。

b. 有与其从事的建筑活动相适应的具有法定执业资格的专业技术人员。

c. 有从事相关建筑活动所应有的技术装备。

d. 法律、行政法规规定的其他条件。

②从事建筑活动的建筑施工企业、勘察单位、设计单位和工程监理单位，按照其拥有的注册资本、专业技术人员、技术装备和已完成的建筑工程业绩等资质条件，划分为不同的资质等级，经资质审查合格，取得相应等级的资质证书后，方可在其资质等级许可的范围内从事建筑活动。

③从事建筑活动的专业技术人员，应当依法取得相应的执业资格证书，并在执业资格证书许可的范围内从事建筑活动。

2.2.2 建筑工程发包与承包

1.一般规定

①建筑工程的发包单位与承包单位应当依法订立书面合同，明确双方的权利和义务。发包单位和承包单位应当全面履行合同约定的义务。不按照合同约定履行义务的，依法承担违约责任。

②建筑工程发包与承包的招标投标活动，应当遵循公开、公正、平等竞争的原则，择优选择承包单位。建筑工程的招标投标，本法没有规定的，适用有关招标投标法律的规定。

③发包单位及其工作人员在建筑工程发包中不得收受贿赂、回扣或者索取其他好处。承包单位及其工作人员不得利用向发包单位及其工作人员行贿、提供回扣或者给予其他好处等不正当手段承揽工程。

④建筑工程造价应当按照国家有关规定，由发包单位与承包单位在合同中约定。公开招标发包的，其造价的约定，须遵守招标投标法律的规定。发包单位应当按照合同的约定，及时拨付工程款项。

2.发包

①建筑工程依法实行招标发包，对不适于招标发包的可以直接发包。

②建筑工程实行公开招标的，发包单位应当依照法定程序和方式，发布招标公告，提供载有招标工程的主要技术要求、主要的合同条款、评标的标准和方法以及开标、评标、定标的程序等内容的招标文件。开标应当在招标文件规定的时间、地点公开进行。开标后应当按照招标文件规定的评标标准和程序对标书进行评价、比较，在具备相应资质条件的投标者中，择优选定中标者。

③建筑工程招标的开标、评标、定标由建设单位依法组织实施，并接受有关行政主管部门的监督。

④建筑工程实行招标发包的，发包单位应当将建筑工程发包给依法中标的承包单位。建筑工程实行直接发包的，发包单位应当将建筑工程发包给具有相应资质条件的承包单位。

⑤政府及其所属部门不得滥用行政权力，限定发包单位将招标发包的建筑工程发包给指定的承包单位。

⑥提倡对建筑工程实行总承包，禁止将建筑工程肢解发包。建筑工程的发包单位可以将建筑工程的勘察、设计、施工、设备采购一并发包给一个工程总承包单位，也可以将建筑工程勘察、设计、施工、设备采购的一项或者多项发包给一个工程总承包单位；但是，不得将应当由一个承包单位完成的建筑工程肢解成若干部分发包给几个承包单位。

⑦按照合同约定，建筑材料、建筑构配件和设备由工程承包单位采购的，发包单位不得指定承包单位购入用于工程的建筑材料、建筑构配件和设备或者指定生产厂、供应商。

3.承包

①承包建筑工程的单位应当持有依法取得的资质证书，并在其资质等级许可的业务范围内承揽工程。禁止建筑施工企业超越本企业资质等级许可的业务范围或者以任何形式用其他建筑施工企业的名义承揽工程。禁止建筑施工企业以任何形式允许其他单位或者个人使用本企业的资质证书、营业执照，以本企业的名义承揽工程。

②大型建筑工程或者结构复杂的建筑工程，可以由两个以上的承包单位联合共同承包。共同承包的各方对承包合同的履行承担连带责任。两个以上不同资质等级的单位实行联合共同承包的，应当按照资质等级低的单位的业务许可范围承揽工程。

③禁止承包单位将其承包的全部建筑工程转包给他人；禁止承包单位将其承包的全部建筑工程肢解以后以分包的名义分别转包给他人。

④建筑工程总承包单位可以将承包工程中的部分工程发包给具有相应资质条件的分包单位；但是，除总承包合同中约定的分包外，必须经建设单位认可。施工总承包的，建筑工程主体结构的施工

必须由总承包单位自行完成。建筑工程总承包单位按照总承包合同的约定对建设单位负责；分包单位按照分包合同的约定对总承包单位负责。总承包单位和分包单位就分包工程对建设单位承担连带责任。禁止总承包单位将工程分包给不具备相应资质条件的单位；禁止分包单位将其承包的工程再分包。

2.2.3　建筑工程监理

①国家推行建筑工程监理制度。国务院可以规定实行强制监理的建筑工程的范围。

②实行监理的建筑工程，由建设单位委托具有相应资质条件的工程监理单位监理。建设单位与其委托的工程监理单位应当订立书面委托监理合同。

③建筑工程监理应当依照法律、行政法规及有关的技术标准、设计文件和建筑工程承包合同，对承包单位在施工质量、建设工期和建设资金使用等方面，代表建设单位实施监督。工程监理人员认为工程施工不符合工程设计要求、施工技术标准和合同约定的，有权要求建筑施工企业改正。工程监理人员发现工程设计不符合建筑工程质量标准或者合同约定的质量要求的，应当报告建设单位要求设计单位改正。

④实施建筑工程监理前，建设单位应当将委托的工程监理单位、监理的内容及监理权限，书面通知被监理的建筑施工企业。

⑤工程监理单位应当在其资质等级许可的监理范围内，承担工程监理业务。工程监理单位应当根据建设单位的委托，客观、公正地执行监理任务。工程监理单位与承包单位以及建筑材料、建筑构配件和设备供应单位不得有隶属关系或者其他利害关系。工程监理单位不得转让工程监理业务。

⑥工程监理单位不按照委托监理合同的约定履行监理义务，对应当监督检查的项目不检查或者不按照规定检查，给建设单位造成损失的，应当承担相应的赔偿责任。工程监理单位与承包单位串通，为承包单位谋取非法利益，给建设单位造成损失的，应当与承包单位承担连带赔偿责任。

2.2.4　建筑安全生产管理

①建筑工程安全生产管理必须坚持安全第一、预防为主的方针，建立健全安全生产的责任制度和群防群治制度。

②建筑工程设计应当符合按照国家规定制定的建筑安全规程和技术规范，保证工程的安全性能。

③建筑施工企业在编制施工组织设计时，应当根据建筑工程的特点制定相应的安全技术措施；对专业性较强的工程项目，应当编制专项安全施工组织设计，并采取安全技术措施。

④建筑施工企业应当在施工现场采取维护安全、防范危险、预防火灾等措施；有条件的，应当对施工现场实行封闭管理。施工现场对毗邻的建筑物、构筑物和特殊作业环境可能造成损害的，建筑施工企业应当采取安全防护措施。

⑤建设单位应当向建筑施工企业提供与施工现场相关的地下管线资料，建筑施工企业应当采取措施加以保护。

⑥建筑施工企业应当遵守有关环境保护和安全生产的法律、法规的规定，采取控制和处理施工现场的各种粉尘、废气、废水、固体废物以及噪声、振动对环境的污染和危害的措施。

⑦有下列情形之一的，建设单位应当按照国家有关规定办理申请批准手续：

a. 需要临时占用规划批准范围以外场地的。

b. 可能损坏道路、管线、电力、邮电、通信等公共设施的。

c. 需要临时停水、停电、中断道路交通的。

d. 需要进行爆破作业的。

e. 法律、法规规定需要办理报批手续的其他情形。

⑧建设行政主管部门负责建筑安全生产的管理，并依法接受劳动行政主管部门对建筑安全生产的指导和监督。

⑨建筑施工企业必须依法加强对建筑安全生产的管理，执行安全生产责任制度，采取有效措施，防止伤亡和其他安全生产事故的发生。建筑施工企业的法定代表人对本企业的安全生产负责。

⑩施工现场安全由建筑施工企业负责。实行施工总承包的，由总承包单位负责。分包单位向总承包单位负责，服从总承包单位对施工现场的安全生产管理。

⑪建筑施工企业应当建立健全劳动安全生产教育培训制度，加强对职工安全生产的教育培训；未经安全生产教育培训的人员，不得上岗作业。

⑫建筑施工企业和作业人员在施工过程中，应当遵守有关安全生产的法律、法规和建筑行业安全规章、规程，不得违章指挥或者违章作业。作业人员有权对影响人身健康的作业程序和作业条件提出改进意见，有权获得安全生产所需的防护用品。作业人员对危及生命安全和人身健康的行为有权提出批评、检举和控告。

⑬建筑施工企业应当依法为职工参加工伤保险，缴纳工伤保险费。鼓励企业为从事危险作业的职工办理意外伤害保险，支付保险费。

⑭涉及建筑主体和承重结构变动的装修工程，建设单位应当在施工前委托原设计单位或者具有相应资质条件的设计单位提出设计方案；没有设计方案的，不得施工。

⑮房屋拆除应当由具备保证安全条件的建筑施工单位承担，由建筑施工单位负责人对安全负责。

⑯施工中发生事故时，建筑施工企业应当采取紧急措施减少人员伤亡和事故损失，并按照国家有关规定及时向有关部门报告。

2.2.5 建筑工程质量管理

①建筑工程勘察、设计、施工的质量必须符合国家有关建筑工程安全标准的要求，具体管理办法由国务院规定。有关建筑工程安全的国家标准不能适应确保建筑安全的要求时，应当及时修订。

②国家对从事建筑活动的单位推行质量体系认证制度。从事建筑活动的单位根据自愿原则可以向国务院产品质量监督管理部门或者国务院产品质量监督管理部门授权的部门认可的认证机构申请质量体系认证。经认证合格的，由认证机构颁发质量体系认证证书。

③建设单位不得以任何理由，要求建筑设计单位或者建筑施工企业在工程设计或者施工作业中，违反法律、行政法规和建筑工程质量、安全标准，降低工程质量。建筑设计单位和建筑施工企业对建设单位违反前款规定提出的降低工程质量的要求，应当予以拒绝。

④建筑工程实行总承包的，工程质量由工程总承包单位负责，总承包单位将建筑工程分包给其他单位的，应当对分包工程的质量与分包单位承担连带责任。分包单位应当接受总承包单位的质量管理。

⑤建筑工程的勘察设计单位必须对其勘察、设计的质量负责。勘察、设计文件应当符合有关法律、行政法规的规定和建筑工程质量、安全标准、建筑工程勘察、设计技术规范以及合同的约定。设计文件选用的建筑材料、建筑构配件和设备，应当注明其规格、型号、性能等技术指标，其质量要求必须符合国家标准的规定。

⑥建筑设计单位对设计文件选用的建筑材料、建筑构配件和设备不得指定生产厂家和供应商。

⑦建筑施工企业对工程的施工质量负责。建筑施工企业必须按照工程设计图纸和施工技术标准施工，不得偷工减料。工程设计的修改由原设计单位负责，建筑施工企业不得擅自修改工程设计。

⑧建筑施工企业必须按照工程设计要求、施工技术标准和合同的约定，对建筑材料、建筑构配件和设备进行检验，不合格的不得使用。

⑨建筑物在合理使用寿命内，必须确保地基基础工程和主体结构的质量。建筑工程竣工时，屋顶、墙面不得留有渗漏、开裂等质量缺陷；对已经发现的质量缺陷，建筑施工企业应当修复。

⑩交付竣工验收的建筑工程，必须符合规定的建筑工程质量标准，有完整的工程技术经济资料和经签署的工程保修书，并具备国家规定的其他竣工条件。建筑工程竣工经验收合格后，方可交付使用；未经验收或者验收不合格的，不得交付使用。

⑪ 建筑工程实行质量保修制度。建筑工程的保修范围应当包括地基基础工程、主体结构工程、屋面防水工程和其他土建工程，以及电气管线、上下水管线的安装工程，供热、供冷系统工程等项目；保修的期限应当按照保证建筑物合理寿命年限内正常使用，维护使用者合法权益的原则确定。具体的保修范围和最低保修期限由国务院规定。

⑫ 任何单位和个人对建筑工程的质量事故、质量缺陷都有权向建设行政主管部门或者其他有关部门进行检举、控告、投诉。

>>> **技术提示：**

《建筑法》由五大基本制度组成，共八章，并有12项具体制度与之相配套。学习贯彻《建筑法》，首要的也是最根本的是要正确理解和掌握《建筑法》所确立的各项制度。

案例分析

1. 人民法院受理案件后，认定本案为承揽合同纠纷，追加赵甲、赵乙、赵丁三人为共同被告。法院认为死者张某未取得资格许可和培训，未严格按照要求施工，未充分尽到安全注意义务和防范义务，未采取必要的安全防护措施，导致本人在施工过程中死亡，其本人应承担主要责任；建房方被告王某对承包建筑工程的施工人的选任、审查不力，负有一定的过错，承担20%的赔偿责任；赵甲等三人无过错，但死者是在为共同利益活动中死亡的，从公平的角度出发，责令三人对死者张某的死亡给予原告10%的补偿。

2. 在农村，农民个人建房低则一至二层，高则达五至六层，基本都不是由正规具有资质的施工单位建盖，而是包给不具备资质的个体施工队伍施工，虽然较大地降低了建房成本，但安全设施不健全，甚至是完全缺乏，施工人员一旦发生意外事故致伤致亡，双方就要产生纠纷。本案就是这样的一个典型案例。

本案中人民法院未对口头建筑施工合同的效力做出认定，但笔者认为，人民法院既然认定为承揽合同纠纷，就应当对口头施工合同的效力做出认定，以准确理清房主与施工方的责任，判决的结果也才能为公民进行社会活动提供借鉴作用。笔者认为，本案被告房主王某的建筑活动应当适用《建筑法》，口头施工合同无效，人民法院的判决赔偿比例过低，其公平性有待商榷。理由如下：

（1）农村居民自建三层以上（含三层）住房应适用《建筑法》

《建筑法》第二条规定：在中华人民共和国境内从事建筑活动，实施对建筑活动的监督管理，应当遵守本法。第八十三条第三款规定：农民自建低层住宅的建筑活动，不适用本法。建设部规章建质[2004]216号《关于加强村镇建设工程质量安全管理的若干意见》第三条第（三）项规定：对于村庄建设规划范围内的农民自建两层（含两层）以下住宅（以下简称农民自建低层住宅）的建设活动……根据本项规定，"农民自建低层住宅"是指农民自建的两层（含两层）以下的住宅。根据以上规定，农民自建两层（含两层）以下的房屋不适用《建筑法》，而建盖三层（含三层）以上房屋的，则应适用《建筑法》。本案被告王某所建盖的房屋系三层砖混结构房屋，不属于"农民自建低层住宅"，其建筑活动应当适用《建筑法》。

（2）本案双方口头签订的建筑承包合同（特殊的承揽合同）无效

根据《建筑法》第十二条、第十三条的规定，从事建筑施工工作的承包方应当具备相应的从业资质；《建设工程安全生产管理条例》第二十条规定：施工单位从事建设工程的新建、扩建、改建和拆除等活动，应当具备国家规定的注册资本、专业技术人员、技术装备和安全生产等条件，依法取得相应等级的资质证书，并在其资质等级许可的范围内承揽工程。《村庄和集镇规划建设管理条例》第二十三条第一款规定：承担村庄、集镇规划区内建筑工程施工任务的单位，必须具有相应的施工资质等级证书或者资质审查证明，并按照规定的经营范围承担施工任务。建设工程合同是特殊的承揽合同，虽然本案受害人张某所承包的不是整栋房屋的建盖，但抹灰工程是房屋建筑工程的主要分部工程，尤其外墙抹灰更是建房活动中危险性最大的部分，因此，即使建设方将一项建筑工程分解成几个部分来发包，抹灰工程作为主要分部工程仍应适用《建筑法》，而不应简单适用承揽合同的规定。虽然本案存在一个基础的民事关系——承揽关系，但因被告王某的房屋为三层住宅，应当适用《建筑法》，承揽人张某及赵甲、赵乙、赵丁均不具备建筑施工资质，不能成为订立建筑承包合同的合格主体，双方口头订立的建筑承包合同违反法律的强制性规定而无效。

综上所述，虽然现在农民自建三层以上房屋普遍由无资质的个人施工，但并不意味着这种现状是合法的，相反，人民法院应当通过个案的裁判来促进国家法律法规得到正确执行，对公民社会活动起到指导作用。村民建房将不属于"农民自建低层住宅"等级的房屋工程承包给不具有资质的个人施工，建房成本大幅降低，但却把建房过程中的风险成本极不合理地转嫁给施工人，安全设施缺乏、安全监督缺位，导致安全事故频发。以牺牲施工人员的身体健康甚至生命的丧失来换取建房成本的降低，显然不符合国家安全生产的立法目的，这也是《建筑法》规定建筑施工方须具备相应资质的原因。在目前农村市场现状没有显著改变的情况下，农民将自建住房承包给不具有资质的人施工，应加强安全监督管理，尽可能减少安全事故的发生，对人对己负责。如果因此发生安全事故致施工人员受伤或死亡，法院判决房主承担的赔偿比例也不宜太低，这样才能促进安全生产。

拓展与实训

基础训练

一、单项选择题

1. A 建筑公司承包 B 公司的办公楼扩建项目，根据《建筑法》有关建筑工程发承包的有关规定，该公司可以（　　）。

A. 把工程转让给 A 建筑公司

B. 把工程分为土建工程和安装工程，分别转让给两家有相应资质的建筑公司

C. 经 B 公司同意，把内墙抹灰工程发包给别的建筑公司

D. 经 B 公司同意，把主体结构的施工发包给别的建筑公司

2. 下列做法中（　　）符合《建筑法》关于建筑工程发承包的规定。

A. 某建筑施工企业超越本企业资质等级许可的业务范围承揽工程

B. 某建筑施工企业以另一个建筑施工企业的名义承揽工程

C. 某建筑施工企业持有依法取得的资质证书，并在其资质等级许可的业务范围内承揽工程

D. 某建筑施工企业答应个体户王某以本企业的名义承揽工程

3. 甲、乙、丙三家承包单位，甲的资质等级最高，乙次之，丙最低。当三家单位实行联合共同承包时，应按（　　）单位的业务许可范围承揽工程。

A. 甲　　　　　　　B. 丙　　　　　　　C. 乙　　　　　　　D. 甲或丙

4. 根据《建筑法》，下列关于发承包的说法正确的是（　　）。

A. 业主有权决定是否肢解发包

B. 假如某施工企业不具备承揽工程相应的资质，它可以通过与其他单位组成联合体进行承包

C. 共同承包的各方对承包合同的履行承担连带责任

D. 建筑企业可以答应其他施工单位使用自己的资质证书、营业执照以向其收取治理费

5. 根据《建筑法》的规定，（　　）可以规定实行强制监理的建筑工程的范围。

　　A. 国务院　　　　　B. 县级以上人民政府　　C. 市级以上人民政府　　D. 省级以上人民政府

6. 根据《建筑法》的规定，实行监理的建筑工程，由（　　）委托具有相应资质条件的工程监理单位监理。

　　A. 施工单位　　　　　　B. 县级以上人民政府　　　C. 建设行政主管部门　　D. 建设单位

7. 根据《建筑法》，下列有关监理的说法正确的是（　　）。

　　A. 建设工程监理企业可以将监理业务部分转让给别的监理企业

　　B. 由于监理工作的失误给建设单位造成的损失由承包商承担

　　C. 建设工程监理企业可以与承包商隶属于一家单位的不同部门

　　D. 监理的权限要视建设单位的委托而定

8. 根据《建筑法》的规定，工程监理单位（　　）转让工程监理业务。

　　A. 可以　　　　　　　　　　　　　　　B. 经建设单位允许可以

　　C. 不得　　　　　　　　　　　　　　　D. 经建设行政主管部门允许可以

9. 给建设单位造成损失的，法律后果（　　）。

　　A. 由工程监理单位和承包单位承担连带赔偿责任　　B. 由承包单位承担赔偿责任

　　C. 由建设单位自行承担损失　　　　　　　　　　D. 由工程监理单位承担赔偿责任

10. 某写字楼项目于 2005 年 3 月 1 日领取了施工许可证，则该工程应在（　　）前开工。

　　A. 2005 年 4 月 1 日　　　　　　　　　　B. 2005 年 6 月 1 日

　　C. 2005 年 9 月 1 日　　　　　　　　　　D. 2004 年 12 月 1 日

二、多项选择题

1. 申请领取施工许可证，应当具备（　　）条件。

　　A. 在规划区的建筑工程，已经取得规划许可证

　　B. 有满足施工需要的施工图纸及技术资料

　　C. 建设资金已落实

　　D. 有保证工程质量和安全的具体措施

　　E. 有从事相关建筑活动所应有的技术装备

2. 下列说法正确的是（　　）。

　　A. 工程设计的修改由原单位负责，建筑施工企业在保证质量的前提下可酌情对工程进行修改

　　B. 建筑物在合理使用寿命内，必须确保地基基础工程和主体结构的质量

　　C. 有关建筑工程安全的国家标准不能适应确保建筑安全的要求时，应当及时修订

　　D. 建筑工程实行质量保修制度

　　E. 建筑工程依法实行招标发包，对不适于招标发包的可以直接发包

3. 下列属于《建筑法》规定的建筑活动范围的有（　　）。

　　A. 各类房屋建筑　　　　　　　　　　　　B. 国家投资的道路建设

　　C. 房屋建筑附属设施建造　　　　　　　　D. 家居装饰装潢

　　E. 房屋建筑配套的线路、管道、设备的安装活动

4. 根据有关法规规定，属于违规操作的有（　　）。

　　A. 发包单位直接将某些不适于招标发包的工程发包给相应承包单位

　　B. 政府及所属部门限定发包单位将招标发包的建筑工程发包给指定承包单位

　　C. 发包单位将建筑工程的勘察、施工、设计、采购一项或多项发包给一个工程总承包单位

　　D. 发包单位将某个承包单位完成的工程分成若干块发包给几个承包单位

E. 合同规定，建筑原料由承包单位采购的，发包单位不可以再指定生产厂或供应商为其生产或供应原料

5. 根据《建筑法》有关规定，属于违规操作的有（　　　）。
   A. 建筑工程总承包单位可以将承包工程中的部分工程发包给具有相应资质条件的分包单位
   B. 总承包单位将其工程分包后，各分包单位还可以再将其承包的工程分包
   C. 承包单位不可将其承包的全部建筑工程转包给他人
   D. 承包单位不得将其承包的全部建筑工程肢解后以分包的名义分别转包给他人
   E. 某些大型工程可以由两个以上的承包单位联合共同承包，如这些承包单位的资质等级不同，应按资质等级高的单位的业务许可范围承揽工程

6. 关于工程监理单位，说法正确的是（　　　）。
   A. 工程监理单位不能在超出其资质等级许可的范围内，承担工程监理业务
   B. 工程监理单位可以转让工程监理业务
   C. 工程监理单位与被监理工程的承包单位不得有隶属关系
   D. 工程监理单位未按照规定检查给建设单位造成损失的，应当承担相应的赔偿责任
   E. 工程监理单位与承包单位串通，给建设单位造成损失的，应与承包单位承担连带赔偿责任

7. 建筑物的保修期限的说法，正确的是（　　　）。
   A. 建筑物的最低保修期限由当地人民政府建设行政部门制定
   B. 建筑物的最低保修期限只能由国务院规定
   C. 建筑物的保修期限应当能保证建筑物在合理寿命年限内正常使用
   D. 保修期限应能维护使用者的合法权益
   E. 在保修期限内，任何个人都可以对其所使用的建筑物质量缺陷投诉

8. 有关部门可以降低其资质等级的行为有（　　　）。
   A. 超越本单位资质等级承揽工程的
   B. 施工企业出借资质证书允许他人以本企业的名义承揽工程
   C. 承包单位将承包的工程转包且情节严重的
   D. 在工程承包中行贿发包单位的承包单位
   E. 施工企业对建筑安全事故隐患不采取任何措施予以消除，且情节较严重的

9. 建筑施工企业违反《建筑法》规定，不履行保修义务，在保修期内对某建筑物屋顶渗漏等质量缺陷置之不理而造成损失，则（　　　）。
   A. 有关部门可以降低该企业的资质等级　　　B. 吊销该企业的资质证书
   C. 赔偿损失，并对房屋渗漏立即抢修　　　　D. 有关部门可对其处以罚款
   E. 有关部门可责令其停业整顿

10. 无需按照《建筑法》的规定执行的有（　　　）。
    A. 各自治区人民政府确定的小型房屋建筑工程　　B. 作为文物保护的纪念性建筑物
    C. 农民自建的低层住宅　　　　　　　　　　　　D. 临时性房屋建筑
    E. 军用房屋建筑工程

三、简答题

1. 如何理解实施《建筑法》的意义？
2. 简述《建筑法》的适用范围及其调整对象。
3. 《建筑法》的立法目的和基本原则分别包括哪些？
4. 何谓建筑工程施工许可？其申请、审批的有关规定如何？
5. 何谓从业资格制度？举例说明企业资质和个人执业资格的具体规定。

6. 如何选择建设工程发包的方式？关于发包的限制性规定有哪些？

7. 何谓工程的分包和转包？两者的主要区别是什么？

8. 工程监理的主要任务以及工程监理单位应当遵循的基本执业准则是什么？

9. 建筑工程安全生产管理的基本制度，以及对于建筑施工企业保证生产安全的要求分别包括哪些？

10. 如何理解建设工程质量监督管理制度、建筑工程质量保修制度，以及有关各方保证工程质量的基本义务和责任？

▶ 技能训练

1. 目的

通过此实训项目的练习，使学生掌握建筑法的立法宗旨、适用范围、调整对象及基本制度的要求及应用。

2. 成果

学生通过分组，结合本地区具体的实际项目，以全面认识《建筑法》在建筑工程活动中的作用及价值为主要议题展开讨论。通过实训达到具备运用《建筑法》的理论和知识解释建筑活动中常见的现象的能力，按照《建筑法》的要求依法从事建筑工程施工，通过工程具体案例，运用法律法规知识解决现场的问题。主要检验学生对本模块相关知识的理解和掌握情况。

模块3
施工许可法律制度

模块概述

建设工程施工活动是一种专业性、技术性极强的特殊活动，对建设工程是否具备施工条件以及从事施工活动的单位和专业技术人员进行严格的管理和事前控制，对于规范建设市场秩序，保证建设工程质量和施工安全生产，提高投资效益，保障公民生命财产安全和国家财产安全，具有十分重要的意义。

《建筑法》规定，建筑工程开工前，建设单位应当按照国家有关规定向工程所在地县级以上人民政府建设行政主管部门申请领取施工许可证；从事建筑活动的建筑施工企业、勘察单位、设计单位和工程监理单位，按照其拥有的注册资本、专业技术人员、技术装备和已完成的建筑工程业绩等资质条件，划分不同的资质等级，经资质审查合格，取得相应等级资质证书后，方可在其资质等级许可证的范围内从事建筑活动。

根据《建造师执业资格制度暂行规定》和《注册建造师管理规定》，通过考核认定或考试合格取得注册建造师注册执业证书和执业印章，才能以注册建造师的名义执业。建造师有义务遵纪守法，执行技术标准、规范和规程，保证执业成果质量并承担相应的责任，保守国家和他人的秘密，主动回避与本人有利害关系的执业活动。对未取得注册证书和执业印章而以建造师名义执业，未办理变更注册或注册有效期满未办理延续注册而继续执业，未按规定提交注册建造师信用档案信息以及在执业活动中有违法行为的，应承担相应的法律责任。

学习目标

1. 掌握《建筑法》中对施工许可证的规定；
2. 掌握施工许可证申请主体和法定批准条件；
3. 掌握因延期开工、核验和重新办理批准的规定；
4. 掌握勘察、设计、施工企业资质法定条件和等级规定及业务范围；
5. 了解企业违规行为的规定及承担的责任；
6. 了解建造师注册执业资格考试、注册、执业范围、继续教育及义务；
7. 掌握建造师违法行为的几种情况及应承担的主要法律责任。

能力目标

1. 具备熟练掌握施工许可证申请办理条件的规定；
2. 能进行延期开工、核验和重新办理条件的熟练应用；
3. 能熟练掌握施工企业从业资格条件的具体规定；
4. 能进行建造师准入条件的具体应用。

课时建议

6 课时

案例导入

2006年，某市一服装厂为扩大生产规模需要建设一栋综合大楼，16层框架剪力墙结构，建筑面积30 000 ㎡。服装厂于2006年8月16日与本市一家三级资质建筑公司签订了建设工程施工合同，合同价款6 200万元。合同签订后，建筑公司进入现场施工。2006年9月15日，在施工过程中，经当地建设行政主管部门监督检查时，发现该服装厂的综合楼工程存在如下问题：

1. 无规划许可证和开工审批手续；
2. 施工企业的资质与本工程不符；
3. 实际担任项目经理的人员无建造师执业资格和注册证书。

试分析本案中以上三个问题有何不妥行为及处罚情况，分析具体原因。

3.1 建设工程施工许可制度 ‖‖

施工许可制度（Construction Permit System）是指由国家授权的有关行政主管部门，在建设工程开工之前对其是否符合法定的开工条件进行审核，对符合条件的建设工程允许其开工建设的法定制度。建立施工许可制度，有利于保证建设工程的开工符合必要条件，避免不具备条件的建设工程盲目开工而给当事人造成损失或导致国家财产的浪费，从而使建设工程在开工后能够顺利实施，也便于有关行政主管部门了解和掌握所辖范围内有关建设工程的数量、规模以及施工队伍等基本情况，依法进行指导和监督，保证建设工程活动依法有序进行。

3.1.1 施工许可证和开工报告的适用范围

我国目前对建设工程开工条件的审批，存在着颁发"施工许可证"和批准"开工报告"两种形式。多数工程是办理施工许可证，部分工程则为批准开工报告。

1. 施工许可证的适用范围

（1）需要办理施工许可证的建设工程

《建筑法》规定，建筑工程开工前，建设单位应当按照国家有关规定向工程所在地县级以上人民政府建设行政主管部门申请领取施工许可证。

1999年，建设部《建筑工程施工许可管理办法》进一步规定，在中华人民共和国境内从事各类房屋建筑及其附属设施的建造、装修装饰和与其配套的线路、管道、设备的安装，以及城镇市政基础设施工程的施工，建设单位在开工前应当依照本办法的规定，向工程所在地的县级以上人民政府建设行政主管部门申请领取施工许可证。

（2）不需要办理施工许可证的建设工程

① 限额以下的小型工程。按照《建筑法》的规定，国务院建设行政主管部门确定的限额以下的小型工程，可以不申请办理施工许可证。《建筑工程施工许可管理办法》规定，工程投资额在30万元以下或者建筑面积在300 ㎡以下的建筑工程，可以不申请办理施工许可证。省、自治区、直辖市人民政府建设行政主管部门可以根据当地的实际情况，对限额进行调整，并报国务院建设行政主管部门备案。

② 抢险救灾等工程。《建筑法》规定，抢险救灾及其他临时性房屋建筑和农民自建低层住宅的建筑活动，不适用本法。这几类工程有其特殊性，应当从实际出发，不需要办理施工许可证。

（3）不重复办理施工许可证的建设工程

为避免同一建设工程的开工由不同行政主管部门重复审批的现象，《建筑法》规定，按照国务院规定的权限和程序批准开工报告的建筑工程，不再领取施工许可证。这有两层含义：一是实行开工报告批准制度的建设工程必须符合国务院的规定，其他任何部门的规定无效；二是开工报告与施工许证不要重复办理。

（4）另行规定的建设工程

《建筑法》规定，军用房屋建筑工程建筑活动的具体管理办法由国务院、中央军事委员会依据本法制定。据此，军用房屋建筑工程是否实行施工许可，由国务院、中央军事委员会另行规定。

2. 实行开工报告制度的建设工程

开工报告制度（Work-start Reports System）是我国沿用已久的一种建设项目开工管理制度。1979年，原国家计划委员会、国家基本建设委员会在《关于做好基本建设前期工作的通知》中规定了这项制度。1984年原国家计委发布的《关于简化基本建设项目审批手续的通知》中将其简化。1988年以后，又恢复了开工报告制度。

开工报告审查的内容主要包括：

①资金到位情况；②投资项目市场预测；③设计图纸是否满足施工要求；④现场条件是否具备"三通一平"等要求。

1995年国务院《关于严格限制新开工项目，加强固定资产投资源头控制的通知》及《关于严格控制高档房地产开发项目的通知》中，均提到了开工报告审批制度。

技术提示：

国务院规定的开工报告制度，不同于建设监理中的开工报告工作。根据《建设工程监理规范》的规定，承包商即施工单位在工程开工前应按合同约定向监理工程师提交开工报告，经总监理工程师审定通过后，即可开工。虽然在字面上都是"开工报告"，但二者之间有着诸多不同：

（1）性质不同。前者是政府主管部门的一种行政许可制度，后者则是建设监理过程中的监理单位对施工单位开工准备工作的认可。

（2）主体不同。前者是建设单位向政府主管部门申报，后者则是施工单位向监理单位提出。

（3）内容不同。前者主要是建设单位应具备的开工条件，后者则是施工单位应具备的开工条件。

3.1.2 申请主体和法定批准条件

1. 施工许可证的申请主体

《建筑法》规定：建设单位应当按照国家有关规定向工程所在地县级以上人民政府建设行政主管部门申请领取施工许可证。

这是因为，建设单位（又称业主或项目法人）是建设项目的投资者，如果建设项目是政府投资，则建设单位为该建设项目的管理单位或使用单位。为建设工程开工和施工单位进场做好各项前期准备工作，是建设单位应尽的义务。因此，施工许可证的申请领取，应该由建设单位负责，而不是施工单位或其他单位。

2. 施工许可证的法定批准条件

《建筑法》规定，申请领取施工许可证，应当具备下列条件：

（1）已经办理该建筑工程用地批准手续

《土地管理法》规定，任何单位和个人进行建设，需要使用土地的，必须依法申请使用国有土地。依法申请使用的国有土地包括国家所有的土地和国家征收的原属于农民集体所有的土地。经批准的建设项目需要使用国有建设用地的，建设单位应当持法律、行政法规规定的有关文件，向有批准权的县级以上人民政府土地行政主管部门提出建设用地申请，经土地行政主管部门审查，报本级人民政府批准。

办理用地批准手续是建设工程依法取得土地使用权的必经程序，也是建设工程取得施工许可的必要条件。如果没有依法取得土地使用权，就不能批准建设工程开工。

（2）在城市规划区的建筑工程，已经取得规划许可证

在城市规划区，规划许可证包括建设用地规划许可证和建设工程规划许可证，在乡、村规划区内进行乡镇企业、乡村公共设施和公益事业建设的，须核发乡村建设规划许可证。

《城乡规划法》规定，在市、镇规划区内以划拨方式提供国有土地使用权的建设项目，经有关部门批准、核准、备案后，建设单位应当向市、县人民政府城乡规划主管部门提出建设用地规划许可申请，由城市、县人民政府城乡规划主管部门依据控制性详细规划核定建设用地的位置、面积、允许建设的范围，核发建设用地规划许可证。建设单位在取得建设用地规划许可证后，方可向县级以上地方人民政府土地主管部门申请用地，经县级以上人民政府审批后，由土地主管部门划拨土地。

以出让方式取得国有土地使用权的建设项目，在签订国有土地使用权出让合同后，建设单位应当持建设项目的批准、核准、备案文件和国有土地使用权出让合同，向市、县人民政府城乡规划主管部门领取建设用地规划许可证。

在市、镇规划区内进行建筑物、构筑物、道路、管线和其他工程建设的，建设单位或者个人应当向市、县人民政府城乡规划主管部门或者省、自治区、直辖市人民政府确定的镇人民政府申请办理建设工程规划许可证。

建设用地规划许可证的内容一般包括：用地单位、用地项目名称、用地位置、用地性质、用地面积、建设规模、附图及附件等。

建设工程规划许可证的内容一般包括：用地单位、用地项目名称、位置、宗地号以及子项目名称、建筑性质、栋数、层数、结构类型、计容积率面积及各分类面积，附件包括总平面图、各层建筑平面图、各向立面图和剖面图。这两个规划许可证，分别是申请用地和确认有关建设工程符合城市规划要求的法律凭证。所以，只有取得规划许可证后，方可申请办理施工许可证。

（3）施工场地已经基本具备施工条件，需要拆迁的，其拆迁进度符合施工要求

施工场地应该具备的基本施工条件，通常要根据建设工程项目的具体情况决定。例如，已进行场区的施工测量，设置永久性经纬坐标桩、水准基桩和工程测量控制网；搞好"三通一平"或"五通一平"或"七通一平"；施工使用的生产基地和生活基地，包括附属企业、加工厂站、仓库堆场，以及办公、生活、福利用房等；强化安全管理和安全教育，在施工现场要设安全纪律牌、施工公告牌、安全标志牌等。实行监理的建设工程，一般要由监理单位查看后填写"施工场地已具备施工条件的证明"，并加盖单位公章确认。

拆迁一般是指房屋拆迁。房屋拆迁要根据城乡规划和国家专项工程的迁建计划以及当地政府的用地文件，拆除和迁移建设用地范围内的房屋及其附属物，并由拆迁人对原房屋及其附属物的所有人或使用人进行补偿和安置。拆迁是一项复杂的综合性工作，必须按照计划和施工进度进行，过早或过迟都会造成损失和浪费。需要先期进行拆迁的，拆迁进度必须能满足建设工程开始施工和连续施工的要求。这也是申办施工许可证的基本条件之一。

（4）已经确定施工企业

建设工程的施工必须由具备相应资质的施工企业来承担。因此，在建设工程开工前，建设单位必须依法通过招标或直接发包的方式确定承包该建设工程的施工企业，并签订建设工程承包合同，明确双方的责任、权利和义务，否则，建设工程的施工将无法进行。

《建筑工程施工许可管理办法》规定，按照规定应该招标的工程没有招标，应该公开招标的工程没有公开招标，或者肢解发包工程，以及将工程发包给不具备相应资质条件的企业，所确定的施工企业无效。

（5）有满足施工需要的施工图纸及技术资料，施工图设计文件已按规定进行了审查

施工图纸是实行建设工程的最根本的技术文件，也是在施工过程中保证建设工程质量的重要依据。这就要求设计单位要按工程的施工顺序和施工进度，安排好施工图纸的配套交付计划，保证满足施工的需要。特别是在开工前，必须有满足施工需要的施工图纸和技术资料。《建设工程勘察设计管理条例》规定，编制施工图设计文件，应当满足设备材料采购、非标准设备制作和施工的需要，并注

明建设工程合理使用年限。

此外，我国已建立施工图设计文件的审查制度。施工图设计文件不仅要满足施工需要，还应当按照规定进行审查。《建设工程质量管理条例》规定，施工图设计文件未经审查批准的，不得使用。

技术资料一般包括地形、地质、水文、气象等自然条件资料和主要原材料、燃料来源，水电供应和运输条件等技术经济条件资料。掌握客观、准确、全面的技术资料，是实现建设工程质量和安全的重要保证。在建设工程开工前，必须有能够满足施工需要的技术资料。

（6）有保证工程质量和安全的具体措施

工程质量和安全是工程建设的永恒主题。《建设工程质量管理条例》规定，建设单位在领取施工许可证或者开工报告前，应当按照国家有关规定办理工程质量监督手续。《建设工程安全生产管理条例》规定，建设单位在申请领取施工许可证时，应当提供建设工程有关安全施工措施的资料。建设行政主管部门在审核发放施工许可证时，应当对建设工程是否有安全施工措施进行审查，对没有安全施工措施的，不得颁发施工许可证。

据此，《建筑工程施工许可管理办法》中对"有保证工程质量和安全的具体措施"作了进一步的规定，施工企业编制的施工组织设计中有根据建筑工程特点制定的相应质量、安全技术措施，专业性较强的工程项目编制了专项质量、安全施工组织设计，并按照规定办理了工程质量、安全监督手续。

施工组织设计的编制是施工准备工作的中心环节，其编制的好坏直接影响建设工程质量和安全生产，影响组织施工能否顺利进行。因此，施工组织设计须在开工前编制完成。施工组织设计的重要内容就是要有保证建设工程质量和安全的具体措施。施工组织设计由施工企业负责编制，并按照其隶属关系及建设工程的性质、规模、技术简繁等进行审批。

（7）建设资金已经落实

建设资金的落实是建设工程开工后顺利实施的关键。近年来，某些地方和建设单位无视国家有关规定和自身经济实力，在建设资金不落实或资金不足的情况下盲目上建设项目，强行要求施工企业垫资承包或施工，转嫁投资缺口，造成拖欠工程款的问题，不仅加重了施工企业的生产经营困难，影响了工程建设的正常进行，也扰乱了建设市场的秩序。许多"烂尾楼"工程等都是建设资金不到位的结果。因此，在建设工程开工前，建设资金必须足额落实。

《建筑工程施工许可管理办法》明确规定，建设工期不足1年的，到位资金原则上不得少于工程合同价的50%，建设工期超过1年的，到位资金原则上不得少于工程合同价的30%，建设单位应当提供银行出具的到位资金证明，有条件的可以实行银行付款保函或者其他第三方担保。

（8）法律、行政法规规定的其他条件

由于施工活动本身很复杂，各类工程的施工方法、建设要求等也不同，申请领取施工许可证的条件很难在一部法律中采用列举的方式全部涵盖。而且，国家对建设活动的管理还在不断完善，施工许可证的申领条件也会发生变化。所以，《建筑法》为今后法律、行政法规可能规定的施工许可证申领条件作了特别规定。需要说明的是，只有全国人大及其常委会制定的法律和国务院制定的行政法规，才有权增加施工许可证新的申领条件，其他如部门规章、地方性法规、地方规章等都不得规定增加施工许可证的申领条件。目前，已增加的施工许可证申领条件主要是监理和消防设计审核。

按照《建筑法》的规定，国务院可以规定实行强制监理的建筑工程的范围。为此，《建设工程

技术提示：

上述8个方面的法定条件必须同时具备，缺一不可。建设行政主管部门应当自收到申请之日起15日内，对符合条件的申请颁发施工许可证。此外，《建筑工程施工许可管理办法》还规定，必须申请领取施工许可证的建筑工程未取得施工许可证的，一律不得开工，任何单位和个人不得将应该申请领取施工许可证的工程项目分解为若干限额以下的工程项目，规避申请领取施工许可证。

质量管理条例》明确规定，下列建设工程必须实行监理：

①国家重点建设工程。

②大中型公用事业工程。

③成片开发建设的住宅小区工程。

④利用外国政府或者国际组织贷款、援助资金的工程。

⑤国家规定必须实行监理的其他工程。

据此，《建筑工程施工许可管理办法》在申请领取施工许可证应当具备的条件中增加了一项规定，"按照规定应该委托监理的工程已委托监理"。

《消防法》规定，依法应当经公安机关消防机构进行消防设计审核的建设工程，未经依法审核或者审核不合格的，负责审批该工程施工许可的部门不得给予施工许可，建设单位、施工单位不得施工；其他建设工程取得施工许可后经依法抽查不合格的，应当停止施工。

3.1.3　延期开工、核验和重新办理批准的规定

1. 申请延期的规定

《建筑法》规定，建设单位应当自领取施工许可证之日起 3 个月内开工。因故不能按期开工的。应当向发证机关申请延期。

对于施工许可证的有效期限和申请延期做出法律规定是非常必要的。因为，政府主管部门依法颁发施工许可证，是国家对工程建设活动进行调控的一种重要手段，建设单位必须在施工许可证的有效期限内开工，不得无故拖延。但是，由于施工活动不同于一般的生产活动，其受气候、经济、环境等因素的制约较大，根据客观条件的变化，允许适当延期还是必要的。对于延期要有限制，建设单位因故不能按期开工的，应当向发证机关申请延期并说明理由，发证机关认定有合理理由可以批准其延期开工，但延期以两次为限，每次不超过 3 个月，如果建设单位既不开工又不申请延期或者超过延期时限，施工许可证将自行废止。

2. 核验施工许可证的规定

《建筑法》规定，在建的建筑工程因故中止施工的，建设单位应当自中止施工之日起 1 个月内，向发证机关报告，并按照规定做好建筑工程的维护管理工作。建筑工程恢复施工时，应当向发证机关报告；中止施工满一年的工程恢复施工前，建设单位应当报发证机关核验施工许可证。

所谓中止施工（Suspended Construction），是指建设工程开工后，在施工过程中因特殊情况的发生而中途停止施工的一种行为。中止施工的原因很复杂，如地震、洪水等不可抗力，以及宏观调控压缩基建规模、停建缓建建设工程等。

对于因故中止施工的，建设单位应当按照规定的时限向发证机关报告，并按照规定做好建设工程的维护管理工作，以防止建设工程在中止施工期间遭受不必要的损失，保证在恢复施工时可以尽快启动。例如，建设单位与施工单位应当确定合理的停工部位，并协商提出善后处理的具体方案，明确双方的职责、权利和义务；建设单位应当派专人负责，定期检查中止施工工程的质量状况，发现问题及时解决；建设单位要与施工单位共同做好中止施工的工地现场安全、防火、防盗、维护等项工作，防止因工地脚手架、施工铁架、外墙挡板等腐烂、断裂、坠落、倒塌等导致发生人身安全事故，并保管好工程技术档案资料。

在恢复施工时，建设单位应当向发证机关报告恢复施工的有关情况。中止施工满一年的，在建设工程恢复施工前，建设单位还应当报发证机关核验施工许可证，看是否仍具备组织施工的条件，经核验符合条件的，应允许恢复施工，施工许可证继续有效；经核验不符合条件的，应当收回其施工许

可证，不允许恢复施工，待条件具备后，由建设单位重新申领施工许可证。

3. 重新办理批准手续的规定

对于实行开工报告制度的建设工程，《建筑法》规定，按照国务院有关规定批准开工报告的建筑工程，因故不能按期开工或者中止施工的，应当及时向批准机关报告情况。因故不能按期开工超过6个月的，应当重新办理开工报告的批准手续。

按照国务院有关规定批准开工报告的建筑工程，一般都属于大中型建设项目。对于这类工程因故不能按期开工或者中止施工的，在审查和管理上更应该严格。

技术提示：

建筑工程由于各种原因的影响导致无法正常开工建设或拖延开工的时间，要按照《建筑法》的相关规定申请延期或重新办理批准手续。

◆◆◆◆ 3.1.4 违法行为应承担的法律责任

办理施工许可证或开工报告违法行为应承担的主要法律责任如下：

1. 未经许可擅自开工应承担的法律责任

《建筑法》规定，违反本法规定，未取得施工许可证或者开工报告未经批准擅自施工的，责令改正，对不符合开工条件的责令停止施工，可以处以罚款。

《建设工程质量管理条例》规定，建设单位未取得施工许可证或者开工报告未经批准，擅自施工的，责令停止施工，限期改正，处工程合同价款1%以上2%以下的罚款。

2. 规避办理施工许可证应承担的法律责任

《建筑工程施工许可管理办法》规定，对于未取得施工许可证或者为规避办理施工许可证将工程项目分解后擅自施工的，由有管辖权的发证机关责令改正；对于不符合开工条件的，责令停止施工，并对建设单位和施工单位分别处以罚款。

3. 骗取和伪造施工许可证应承担的法律责任

《建筑工程施工许可管理办法》规定，对于采用虚假证明文件骗取施工许可证的，由原发证机关收回施工许可证，责令停止施工，并对责任单位处以罚款；构成犯罪的，依法追究刑事责任。

对于伪造施工许可证的，该施工许可证无效，由发证机关责令停止施工，并对责任单位处以罚款；构成犯罪的，依法追究刑事责任。对于涂改施工许可证的，由原发证机关责令改正，并对责任单位处以罚款；构成犯罪的，依法追究刑事责任。

4. 对违法行为的罚款额度

《建筑工程施工许可管理办法》规定，本办法中的罚款、法律、法规有幅度规定的遵从其规定。无幅度规定的，有违法所得的处5000元以上30000元以下的罚款；没有违法所得的处5000元以上10000元以下的罚款。

3.2 企业从业资格制度 ‖

我国《建筑法》第十三条对从事建筑活动的各类单位也做出了必须进行资质审查的明确规定："从事建筑活动的建筑施工企业、勘察单位、设计单位和工程监理单位，按照其拥有的注册资本、专业技术人员、技术装备和已完成的建筑工程业绩等资质条件，划分为不同的资质等级，经资质审查合格，取得相应等级资质证书后，方可在其资质等级许可的范围内从事建筑活动。"从而在法律上确定了从业资格许可制度。从事建筑活动的建筑施工企业、勘察单位、设计单位，应当具备下列条件：

1. 有符合国家规定的注册资本

注册资本反映的是企业法人的财产权，也是判断企业经济实力的依据之一。所有从事工程建设施工活动的企业组织，都必须具备基本的责任承担能力，能够担负与其承包施工工程相适应的财产义务。这既是法律上权利与义务相一致、利益与风险相一致原则的体现，也是维护债权人利益的需要。

2.有与其从事的建筑活动相适应的具有法定执业资格的专业技术人员

工程建设施工活动是一种专业性、技术性很强的活动。因此，从事工程建设施工活动的企业必须拥有足够的专业技术人员，其中一些专业技术人员还须有通过考试和注册取得的法定执业资格。

3.有从事相关建筑活动所应有的技术装备

随着工程建设机械化程度的不断提高，大跨度、超高层、结构复杂的建设工程越来越多，如果没有相应的技术装备将无法从事建设工程的施工活动。因此，施工单位必须拥有与其从事施工活动相适应的技术装备。当然，随着我国机械租赁市场的发展，许多大中型机械设备都可以采用租赁的方式取得，这有利于提高机械设备的使用率，降低施工成本。目前的企业资质标准对技术装备的要求并不多，特别是特级企业，更多的是衡量其科技进步水平。

4.有符合规定的已完成工程业绩和法律、行政法规规定的其他条件

工程建设施工活动是一项重要的实践活动。有无承担相应工程的经验及其业绩好坏，是衡量其实际能力和水平的一项重要标准。

《建设工程质量管理条例》进一步规定，施工单位应当依法取得相应等级的资质证书，并在其资质等级许可的范围内承揽工程。条例中所称建设工程是指土木工程、建筑工程、线路管道和设备安装工程及装修工程。

本节主要介绍勘察设计单位、施工单位企业资质的法定条件和等级。

> **技术提示：**
> 以上四项是我国对从事建筑活动的建筑施工企业、勘察单位、设计单位和工程监理单位从业条件的基本规定，根据划分资质等级，方可在其资质等级许可的范围内从事建筑活动。

3.2.1 企业资质的法定条件和等级

建筑工程种类很多，不同的建筑工程，其建设规模和技术要求的复杂程度可能有很大的差别。而从事建筑活动的施工企业、勘察单位、设计单位和工程监理单位的情况也各有不同，有的资本雄厚，专业技术人员较多，有关技术装备齐全，有较强的经济和技术实力，而有的经济和技术实力则比较薄弱。为此，不少国家在对建筑活动的监督管理中，都将从事建筑活动的单位按其具有的不同经济、技术条件，划分为不同的资质等级，并对不同的资质等级的单位所能从事的建筑活动范围做出了明确的规定。实践证明，这是建立和维护建筑市场的正常秩序、保证建筑工程质量的一项有效措施。

1.建设工程勘察设计单位资质

从事工程勘察、设计活动的单位，应当按照其拥有的注册资本、专业技术人员、技术装备和勘察设计业绩等条件申请资质，经审查合格，取得建设工程勘察、设计资质证书后，方可在资质等级许可的范围内从事建设工程勘察、设计活动，取得资质证书的建设工程勘察、设计企业可以从事相应的建设工程勘察、设计咨询和技术服务。

2001年7月25日，建设部以第93号文发布了《建设工程勘察和设计企业资质管理规定》，对勘察和设计单位的资质等级、资质标准、申请与审批、业务范围等作了明确规定。

（1）资质等级与资质标准

建设工程勘察、设计资质分为工程勘察资质、工程设计资质。

工程勘察资质分为工程勘察综合资质、工程勘察专业资质、工程勘察劳务资质。

工程勘察综合资质只设甲级；工程勘察专业资质根据工程性质和技术特点设立类别和级别；工程勘察劳务资质不分级别。

工程设计资质分为工程设计综合资质、工程设计行业资质、工程设计专项资质。

工程设计综合资质只设甲级；工程设计行业资质和工程设计专项资质根据工程性质和技术特点设立类别和级别。

（2）资质申请与审批

①资质申请。建设工程勘察、设计资质的申请由建设行政主管部门定期受理。

企业申请工程勘察甲级资质、建筑工程设计甲级资质及其他工程设计甲、乙级资质，应当向企业工商注册所在地的省、自治区、直辖市人民政府建设行政主管部门提出申请。其中，中央管理的企业直接向国务院建设行政主管部门提出申请，其所属企业由中央管理的企业向国务院建设行政主管部门提出申请，同时向企业工商注册所在地省、自治区、直辖市人民政府建设行政主管部门备案。

企业申请工程勘察乙级资质、工程勘察劳务资质、建筑工程设计乙级资质和其他建设工程勘察、设计丙级以下资质（包括丙级），向企业工商注册所在地县级以上地方人民政府建设行政主管部门提出申请。

新设立的建设工程勘察、设计企业，到工商行政管理部门登记注册后，方可向建设行政主管部门提出资质申请。

新设立的建设工程勘察、设计企业申请资质，应当向建设行政主管部门提供下列资料：

a．建设工程勘察、设计资质申报表。

b．企业法人营业执照。

c．企业章程。

d．企业法定代表人和主要技术负责人简历及任命（聘任）文件复印件。

e．建设工程勘察、设计企业资质申报表中所列技术人员的职称证书、毕业证书及身份证复印件。

f．建设工程勘察、设计企业资质申报表中所列注册执业人员的注册变更证明材料。

g．需要出具的其他有关证明材料。

②资质审批。建设工程勘察、设计企业的资质实行分级审批。

工程勘察甲级、建筑工程设计甲级资质及其他工程设计甲、乙级资质由国务院建设行政主管部门审批。

申请工程勘察甲级、建筑工程设计甲级资质及其他工程设计甲、乙级资质的，应当经省、自治区、直辖市人民政府建设行政主管部门审核。审批部门应当对建设工程勘察、设计企业的资质条件和企业申请资质所提供的资料进行核实。

申请铁道、交通、水利、信息产业、民航等行业的工程设计甲、乙级资质，由国务院有关部门初审。申请工程勘察甲级、建筑工程设计甲级资质及其他工程设计甲、乙级资质，由国务院建设行政主管部门委托有关行业组织或者专家委员会初审。

申请工程勘察乙级资质、工程勘察劳务资质、建筑工程设计乙级资质和其他建筑工程勘察、设计丙级以下资质（包括丙级），由企业工商注册所在地省、自治区、直辖市人民政府建设行政主管部门审批。审批结果应当报国务院建设行政主管部门备案。具体审批程序由省、自治区、直辖市人民政府建设行政主管部门规定。

新设立的建设工程勘察、设计企业，其资质等级最高不超过乙级，并设两年的暂定期。企业在资质暂定有效期满前两个月内，可以申请转为正式资质等级，申请时应当提供企业近两年的资质年检合格证明材料。

由于企业改制，或者企业分立、合并后组建的建设工程勘察、设计企业，其资质等级根据实际达到的资质条件按照本规定的审批程序核定。

审核部门应当自受理建设工程勘察、设计企业的资质申请之日起30日内完成审核工作。初审部门应当自收到经审核的申报材料之日起30日内完成初审工作。审批部门自收到初审的申报材料之日起30日内完成审批工作。审批结果应当在公众媒体上公告。

建设工程勘察、设计企业申请晋升资质等级、转为正式等级或者申请增加其他工程勘察、工程设计资质，在申请之日前一年内有下列行为之一的，建设行政主管部门不予批准：

a. 与建设单位勾结，或者企业之间相互勾结串通，采用不正当手段承接勘察、设计业务的。

b. 将承接的勘察、设计业务转包或者违法分包的。

c. 注册执业人员未按照规定在勘察设计文件上签字的。

d. 违反国家工程建设强制性标准的。

e. 因勘察设计原因发生过工程重大质量安全事故的。

f. 设计单位未根据勘察成果文件进行工程设计的。

g. 设计单位违反规定指定建筑材料、建筑构配件的生产厂家、供应商的。

h. 以欺骗、弄虚作假等手段申请资质的。

i. 超越资质等级范围勘察设计的。

j. 转让资质证书的。

k. 为其他企业提供图章、图签的。

l. 伪造、涂改资质证书的。

m. 其他违反法律、法规的行为。

建设工程勘察、设计资质证书分为正本和副本，由国务院建设行政主管部门统一印制，正、副本具有同等法律效力。

（3）承包工程范围

工程勘察综合资质的企业，承接工程勘察业务范围不受限制；工程勘察专业资质的企业，可以承接同级别相应专业的工程勘察业务；工程勘察劳务资质的企业，可以承接岩土工程治理、工程钻探、凿井工程勘察劳务工作。

工程设计综合资质的企业，其承接工程设计业务范围不受限制；工程设计行业资质的企业，可以承接同级别相应行业的工程设计业务；工程设计专项资质的企业，可以承接同级别相应的专项工程设计业务。

工程设计行业资质的企业，可以承接本行业范围内同级别的相应专项工程设计业务，不需再单独领取工程设计专项资质。

建设工程勘察、设计资质标准和各资质类别、级别企业承担工程的范围由国务院建设行政主管部门及国务院有关部门制定。

（4）监督与管理

国务院建设行政主管部门对全国的建设工程勘察、设计资质实施统一的监督管理。国务院铁道、交通、水利、信息产业、民航等有关部门配合国务院建设行政主管部门对相应的行业资质进行监督管理。

县级以上的地方人民政府建设行政主管部门负责对本行政区域内的建设工程勘察、设计资质实施监督管理。县级以上人民政府交通、水利、信息产业等有关部门配合建设行政主管部门对相应的行业资质进行监督管理。

任何部门、任何地区不得采取法律、行政法规规定以外的其他资信、许可等建设工程勘察、设计市场准入限制。

建设工程勘察、设计企业变更企业名称、地址、注册资本、法定代表人等，应当在变更后的1个月内，到发证机关办理变更手续。其中由国务院建设行政主管部门审批的企业除企业名称变更由国务院建设行政主管部门办理外，企业地址、注册资本、法定代表人的变更委托省、自治区、直辖市人民政府建设行政主管部门办理，办理结果向国务院建设行政主管部门备案。

建设工程勘察、设计企业在领取新的资质证书的同时，应当将原资质证书交回发证机关。建设工程勘察、设计企业因破产、倒闭、撤销、歇业的，应当将资质证书交回发证机关。建设工程勘察、设计企业遗失资质证书的，应当在公众媒体上声明作废。

院校所属建设工程勘察、设计企业聘请在职教师从事勘察设计业务的，应当实行定期聘任制度。教师定期聘用人数不得超过企业技术骨干人员总数的30%，聘期不少于2年。

（5）企业资质年检制度

建设行政主管部门对建设工程勘察、设计资质实行年检制度。

工程勘察甲级、建筑工程设计甲级资质及其他工程设计甲、乙级资质由国务院建设行政主管部门委托企业工商注册所在地省、自治区、直辖市人民政府建设行政主管部门负责年检。年检结果为合格的应当报国务院建设行政主管部门备案，年检意见为基本合格和不合格的，应当报国务院建设行政主管部门批准，并由国务院建设行政主管部门同国务院有关部门确定年检结论。

工程勘察乙级资质、工程勘察劳务资质、同建筑工程设计乙级资质和其他建设工程勘察、设计丙级以下（包括丙级）资质由企业工商注册所在地省、自治区、直辖市人民政府建设行政主管部门负责年检。

①年检程序。

a. 企业在规定时间内向建设行政主管部门提交资质年检申请。

b. 建设行政主管部门在收到企业资质年检申请后40日内对资质年检做出结论，或者向国务院建设行政主管部门提出年检意见。

②年检内容。年检内容主要是针对是否符合资质标准，是否有质量、安全、市场交易等方面的违法违规行为进行检查。资质年检结论分为合格、基本合格和不合格。

a. 合格。建设工程勘察、设计企业的资质条件完全符合资质标准，且在过去一年内未发生前面资质审批中所列违法违规行为的，年检结论为合格。

b. 基本合格。建设工程勘察、设计企业的资质条件中，技术骨干总人数未达到资质分级标准，但不低于资质分级标准的80%，其他各项均达到标准要求，且在过去一年内未发生前面资质审批中所列违法违规行为的，年检结论为基本合格。

c. 不合格。有下列情况之一的，建设工程勘察、设计企业的资质年检结论为不合格：

（a）企业的资质条件中技术骨干总人数未达到资质分级标准的80%。

（b）企业的资质条件中主导工艺、主导专业技术骨干人数，各类注册执业人员数不符合资质标准的。

（c）第（a）、（b）项以外的其他任何一项资质条件不符合资质标准的。

（d）有前面资质审批中所列违法违规行为之一的。

已经按照法律、法规的规定予以降低资质等级处罚的行为，资质年检中不再重复追究。

③建设工程勘察、设计企业资质年检不合格或者连续两年基本合格的，应当重新核定其资质。新核定的资质等级应当低于原资质等级；达不到最低资质等级标准的，应当取消其资质。

④在资质年检通知规定的时间内没有参加资质年检的建设工程勘察、设计企业，其资质证书自行失效，且一年内不得重新申请资质。

（6）企业资质升级和降级

①企业资质升级。建设工程勘察、设计企业连续两年资质年检合格，方可申请晋升资质等级。

建设工程勘察、设计企业申请晋升资质等级或者申请增加其他工程勘察、工程设计资质，应当向建设行政主管部门提供下列资料：

a. 建设工程勘察、设计资质申报表。

b. 企业法人营业执照。

c. 企业章程。

d. 企业法定代表人和主要技术负责人简历及任命（聘任）文件复印件。

e. 建设工程勘察、设计企业资质申报表中所列技术人员的职称证书、毕业证书及身份证复印件。

f. 建设工程勘察、设计企业资质申报表中所列注册执业人员的注册变更证明材料。

g. 企业原资质证书正、副本。

h. 建设工程勘察、设计资质申报表中所列的注册执业人员的注册证明材料。

i. 企业近两年的资质年检证明材料复印件。

j. 建设工程勘察、设计资质申报表中所列的工程项目的合同复印件及施工图设计文件审查合格证明材料复印件。

k. 需要出具的其他有关证明材料。

②企业资质降级。建设工程勘察、设计企业资质年检不合格或者连续两年基本合格的，应当重新核定其资质。新核定的资质等级应当低于原资质等级；达不到最低资质等级标准的，应当取消其资质。

2. 建筑施工企业从业资格许可制度

根据《建筑法》《行政许可法》《建设工程质量管理条例》《建设工程安全生产管理条例》等法律、行政法规，2007 年建设部颁布的《建筑业企业资质管理规定》中规定，建筑业企业应当按照其拥有的注册资本、专业技术人员、技术装备和已完成的建筑工程业绩等条件申请资质，经审查合格，取得建筑业企业资质证书后，方可在资质许可的范围内从事建筑施工活动。

（1）资质等级与资质标准

①建筑业企业资质分为施工总承包、专业承包和劳务分包三个序列。施工总承包资质、专业承包资质、劳务分包资质序列按照工程性质和技术特点分别划分为若干资质类别，各资质类别按照规定的条件划分为若干等级，其标准由国务院建设行政主管部门会同国务院有关部门制定。根据《建筑业企业资质等级标准》规定：

a. 施工总承包企业资质序列，划分为房屋建筑工程、公路工程、铁路工程、港口与航道工程、水利水电工程、电力工程、矿山工程、冶炼工程、化工石油工程、市政公用工程、通信工程、机电安装工程共 12 个资质类型；每个资质类别划分为 3～4 个资质等级，即特级、一级、二级或特级、一级至三级。

b. 专业承包企业资质序列，划分为地基与基础工程、土石方工程、建筑装修装饰工程、建筑幕墙工程、预拌商品混凝土、混凝土预制构件、园林古建筑工程、钢结构工程、高耸构筑物、电梯安装工程、消防设施工程、建筑防水工程、防腐保温工程、附着升降脚手架、金属门窗工程、预应力工程、起重设备安装工程、机电设备安装工程、爆破与拆除工程，建筑智能化工程、环保工程、电信工程、电子工程、桥梁工程、隧道工程、公路路面工程、公路路基工程、公路交通工程、铁路电务工程、铁路铺轨架梁工程、铁路电气化工程、机场场道工程、机场空管工程及航站楼弱电系统工程、机场目视助航工程、港口与海岸工程、港口装卸设备安装、航道、通航建筑、通航设备安装、水上交通管制、水工建筑物基础处理、水工金属结构制作与安装、水利水电机电设备安装、河湖整治工程、堤防工程、水工大坝、水工隧洞、火电设备安装、送变电工程、核工业、炉窑、冶炼机电设备安装、化工石油设备管道安装、管道工程、无损检测工程、海洋石油、城市轨道交通、城市及道路照明、体育场地设施、特种专业（建筑物纠偏和平移、结构补强、特殊设备的起吊、特种防雷技术等）共 60 个资质类别；每个资质类别分为 1～3 个资质等级或者不分等级。

c. 劳务分包企业资质序列，划分为木工作业、砌筑作业、抹灰作业、石制作、油漆作业、钢筋作业、混凝土作业、脚手架作业、模板作业、焊接作业、水暖电安装、钣金作业、架线作业共 13 个资质类别；每个资质类别分为一级、二级两个资质等级或者不分等级。

取得施工总承包资质的企业（简称施工总承包企业），可以对工程实行施工总承包或者对主体工程实行施工承包。承担施工总承包的企业可以对所承接的工程全部自行施工，也可以将非主体工程或者劳务作业分包给具有相应专业承包资质或者劳务分包资质的其他建筑业企业。

取得专业承包资质的企业（简称专业承包企业），可以承接施工总承包企业分包的专业工程或者建设单位按照规定发包的专业工程。专业承包企业可以对所承接的工程全部自行施工，也可以将劳务作业分包给具有相应劳务分包资质的劳务分包企业。

取得劳务分包资质的企业（简称劳务分包企业），可以承接施工总承包企业或者专业承包企业分包的劳务作业。

②房屋建筑工程施工总承包企业和公路工程施工总承包企业的资质等级均分为特级、一级、二级、三级。房屋建筑工程施工总承包企业的资质标准如下：

a. 特级资质标准：

（a）企业注册资本3亿元以上。

（b）企业净资产3.6亿元以上。

（c）企业近3年平均工程结算收入15亿元以上。

（d）企业其他条件达到一级资质标准。

b. 一级资质标准：

（a）企业近5年承担过下列6项中的4项以上工程的施工总承包或主体工程承包，工程质量合格。

a）25层以上的房屋建筑工程；

b）高度100 m以上的构筑物或建筑物；

c）单体建筑面积3万㎡以上的房屋建筑工程；

d）单跨跨度30 m以上的房屋建筑工程；

e）建筑面积10万㎡以上的住宅小区或建筑群体；

f）单项建安合同额1亿元以上的房屋建筑工程。

（b）企业经理具有10年以上从事工程管理工作经历或具有高级职称，总工程师具有10年以上从事建筑施工技术管理工作经历并具有本专业高级职称；总会计师具有高级会计职称；总经济师具有高级职称。

企业有职称的工程技术和经济管理人员不少于300人，其中工程技术人员不少于200人；工程技术人员中，具有高级职称的人员不少于10人，具有中级职称的人员不少于60人。企业具有的一级资质项目经理不少于12人。

（c）企业注册资本5000万元以上，企业净资产6000万元以上。

（d）企业近3年最高年工程结算收入2亿元以上。

（e）企业具有与承包工程范围相适应的施工机械和质量检测设备。

c. 二级资质标准：

（a）企业近5年承担过下列6项中的4项以上工程的施工总承包或主体工程承包，工程质量合格。

a）12层以上的房屋建筑工程；

b）高度54 m以上的构筑物或建筑物；

c）单体建筑面积1万㎡以上的房屋建筑工程；

d）单跨跨度21 m以上的房屋建筑工程；

e）建筑面积5万㎡以上的住宅小区或建筑群体；

f）单项建安合同额3 000万元以上的房屋建筑工程。

（b）企业经理具有8年以上从事工程管理工作经历或具有中级以上职称；技术负责人具有8年以上从事建筑施工技术管理工作经历并具有本专业高级职称；财务负责人具有中级以上会计职称。

企业有职称的工程技术和经济管理人员不少于150人，其中工程技术人员不少于100人；工程技术人员中，具有高级职称的人员不少于2人，具有中级职称的人员不少于20人。企业具有的二级资质以上项目经理不少于12人。

（c）企业注册资本金2000万元以上，企业净资产2500万元以上。

（d）企业近3年最高年工程结算收入8000万元以上。

（e）企业具有与承包工程范围相适应的施工机械和质量检测设备。

d. 三级资质标准：

（a）企业近5年承担过下列5项中的3项以上工程的施工总承包或主体工程承包，工程质量合格。

a）6层以上的房屋建筑工程；

b）高度25 m以上的构筑物或建筑物；

c）单体建筑面积5 000 ㎡以上的房屋建筑工程；

d）单跨跨度15 m以上的房屋建筑工程；

e）单项建安合同额500万元以上的房屋建筑工程。

（b）企业经理具有5年以上从事工程管理工作经历；技术负责人具有5年以上从事建筑施工技术管理工作经历并具有本专业中级以上职称；财务负责人具有初级以上会计职称。

企业有职称的工程技术和经济管理人员不少于50人，其中工程技术人员不少于30人；工程技术人员中，具有中级以上职称的人员不少于10人。企业具有的三级资质以上项目经理不少于10人。

（c）企业注册资本金600万元以上，企业净资产700万元以上。

（d）企业近3年最高年工程结算收入2400万元以上。

（e）企业具有与承包工程范围相适应的施工机械和质量检测设备。

（2）资质申请与审批

①资质申请。建筑业企业应当向企业注册所在地县级以上地方人民政府建设行政主管部门申请资质。

中央管理的企业直接向国务院建设行政主管部门申请资质，其所属企业申请施工总承包特级、一级和专业承包一级资质的，由中央管理的企业向国务院建设行政主管部门申请，同时，向企业注册所在地省级建设行政主管部门备案。

新设立的建筑业企业，到工商行政管理部门办理登记注册手续并取得企业法人营业执照后，方可到建设行政主管部门的资质管理部门办理资质申请手续。新设立的企业申请资质时，需提交的资料有：

a. 建筑业企业资质申请表。

b. 企业法人营业执照。

c. 企业章程。

d. 企业法定代表人和企业技术、财务、经营负责人的任职文件、职称证书、身份证。

e. 企业项目经理资格证书、身份证。

f. 企业工程技术和经济管理人员的职称证书。

g. 需要出具的其他有关证件、资料。

申请施工总承包资质的建筑业企业应当在总承包序列内选择一类资质作为本企业的主项资质，并可以在总承包序列内再申请其他类不高于企业主项资质级别的资质，也可以申请不高于企业主项资质级别的专业承包资质。施工总承包企业承担总承包项目范围内的专业工程可以不再申请相应专业承包资质。专业承包企业和劳务分包企业可以在本资质序列内申请类别相近的资质。

②资质审批。建筑业企业的资质实行分级审批：施工总承包序列特级和一级企业、专业承包序列一级企业资质经省级建设行政主管部门审核同意后，由国务院建设行政主管部门审批，其中铁道、交通、信息产业、民航等方面的建筑业企业资质，由省级建设行政主管部门商同级有关部门审核同意后，报国务院建设行政主管部门，经国务院有关部门初审同意后，由国务院建设行政主管部门审批。审核部门应当对建筑业企业的资质条件和申请资质提供的资料审查核实。

施工总承包序列和专业承包序列二级及二级以下企业资质，由企业注册所在地省、自治区、直辖市人民政府建设行政主管部门审批；其中交通、水利、通信等方面的建筑业企业资质，由省、自治区、直辖市人民政府建设行政主管部门征得同级有关部门初审同意后审批。

劳务分包序列企业资质由企业注册所在地省、自治区、直辖市人民政府建设行政主管部门审批。

建设行政主管部门对建筑业企业的资质审批，应当从受理建筑业企业的申请之日起，60日内完成。由有关部门负责初审的，初审部门应当从收到建筑业企业的申请之日起20日内完成初审；建设行政主管部门应当在收到初审材料之日起30日内完成审批，并将审批结果通知初审部门。建设行政主管部门应当将审批结果在公众媒体上公告。

新设立的建筑业企业，其资质等级按照最低等级核定，并设一年的暂定期，由于企业改制或者企业分立、合并后组建设立的建筑业企业，其资质等级根据实际达到的资质条件按规定审批程序核定。

建筑业企业申请晋升资质等级或者主项资质以外的资质，在申请之日前一年内有下列行为之一的，建设行政主管部门不予批准：

 a. 与建设单位或企业之间相互串通投标，或者以行贿等不正当手段谋取中标的。

 b. 未取得施工许可证擅自施工的。

 c. 将承包的工程转包或者违法分包的。

 d. 严重违反国家工程建设强制性标准的。

 e. 发生过三级以上工程建设重大质量安全事故或者发生过两起以上四级工程建设质量安全事故的。

 f. 隐瞒或者谎报、拖延报告工程质量安全事故或者破坏事故现场、阻碍对事故调查的。

 g. 按照国家规定需要持证上岗的技术工种的作业人员未经培训、考核，没有取得证书上岗、情节严重的。

 h. 未履行保修义务，造成严重后果的。

 i. 违反国家有关安全生产规定和安全生产技术规程，情节严重的。

 j. 其他违反法律、法规的行为。

建筑业企业资质条件符合资质等级标准，且未发生上述违规行为的，建设行政主管部门颁发相应资质等级的建筑业企业资质证书。建筑业企业资质证书分为正本和副本，由国务院建设行政主管部门统一印制，正本和副本具有同等法律效力。

任何单位和个人不得涂改、伪造、出借、转让建筑业企业资质证书；不得非法扣压、没收建筑业企业资质证书。

建筑业企业在领取新的建筑业企业资质证书的同时，应当将原资质证书交回原发证机关予以注销。

建筑业企业因破产、倒闭、撤销、歇业的，应当将资质证书交回原发证机关予以注销。

（3）承包工程范围

房屋建筑工程施工总承包企业的承包工程范围划分如下：

①特级企业可承担各类房屋建筑工程的施工。

②一级企业可承担单项建安合同额不超过企业注册资本金5倍的下列房屋建筑工程的施工：

 a. 40层及40层以下，各类跨度的房屋建筑工程。

 b. 高度240 m及以下的构筑物。

 c. 建筑面积20万㎡及以下的住宅小区或建筑群体。

③二级企业可承担单项建安合同额不超过企业注册资本金5倍的下列房屋建筑工程的施工：

 a. 28层及28层以下、单跨跨度36 m及以下的房屋建筑工程。

 b. 高度120 m及以下的构筑物。

 c. 建筑面积120 000㎡及以下的住宅小区或建筑群体。

④三级企业可承担单项建安合同额不超过企业注册资本金5倍的下列房屋建筑工程的施工：

 a. 14层及14层以下、单跨跨度24 m及以下的房屋建筑工程。

 b. 高度70 m及以下的构筑物。

 c. 建筑面积60 000㎡及以下的住宅小区或建筑群体。

（4）监督与管理

国务院建筑行政主管部门负责全国建筑业企业资质的归口管理工作。国务院铁道、交通、水利、信息产业、民航等有关部门配合国务院建设行政主管部门实施相关资质类别建筑业企业资质的管理工作。

省、自治区、直辖市人民政府建设行政主管部门负责本行政区域内建筑业企业资质的归口管理工作。省、自治区、直辖市人民政府交通、水利、信息等有关部门配合同级建设行政主管部门实施相关资质类别建筑业企业资质的管理工作。

县级以上人民政府建设行政主管部门和其他有关部门应当加强对建筑业企业资质的监督管理。

禁止任何部门采取法律、行政法规规定以外的其他资信、许可等建筑市场准入限制。

（5）企业资质年检制度

建设行政主管部门对建筑业企业资质实行年度检查制度。

施工总承包特级企业资质和一级企业资质、专业承包一级企业资质，由国务院建设行政主管部门负责年检；其中铁道、交通、信息产业、民航等方面的建筑业企业资质，由国务院建设行政主管部门会同国务院有关部门联合年检。

施工总承包、专业承包二级及二级以下企业资质、劳务分包企业资质，由企业注册所在地省、自治区、直辖市人民政府建设行政主管部门负责年检；其中交通、水利、通信等方面的建筑业企业资质，由建设行政主管部门会同同级有关部门联合年检。

①年检工作程序。

a．受检企业在规定时间内向建设行政主管部门提交建筑业企业资质年检表、建筑业企业资质证书及其他有关资料，并交验企业法人营业执照。

b．建设行政主管部门会同有关部门在收到企业年检资料后40日内对企业资质年检做出结论，并记录在建筑业企业资质证书副本的年检记录栏内。

②年检内容。

年检的内容是检查企业资质条件是否符合资质等级标准，是否存在质量、安全、市场行为等方面的违法违规行为。年检结论分为合格、基本合格、不合格三种。

a．合格。企业资质条件完全符合所定资质等级标准，且在过去一年内未发生前面资质审批中所列违法违规行为的，年检结论为合格。

b．基本合格。企业资质条件基本符合资质等级标准，即企业资质条件中的净资产、人员和经营规模虽未完全达到资质等级标准，但不低于资质等级标准的80%，其他各项均达到标准要求，且在过去一年内未发生前面资质审批中所列违法违规行为的，年检结论为基本合格。

c．不合格。企业资质条件与所定资质等级标准差距较大，有下列情形之一的，年检结论为不合格。

（a）资质条件中的净资产、人员和经营规模任何一项未达到资质等级标准的80%，或者其他任何一项未达到等级标准要求的。

（b）在过去一年内有前面资质审批中所列违法违规行为的。

在规定时间内没有参加资质年检的企业，其资质证书自行失效，且一年内不得重新申请资质。

（6）企业资质升级和降级

①企业资质升级。建筑业企业连续三年年检合格，方可申请晋升上一个资质等级。企业申请资质升级时，应向建设行政主管部门提供下列资料：

a．建筑业企业资质申请表。

b．企业法人营业执照。

c．企业章程。

d．企业法定代表人和企业技术、财务、经营负责人的任职文件、职称证书、身份证。

e．企业项目经理资格证书、身份证。

f．企业工程技术和经济管理人员的职称证书。

g．企业原资质证书正、副本。

h．企业的财务决算年报表。

i．企业完成的具有代表性工程的合同及质量验收、安全评估资料。

j. 需要出具的其他有关证件、资料。

建筑业企业资质升级，由企业在资质年检结束后两个月内提出申请，分批集中办理。

②企业资质降级。建筑业企业资质年检不合格或者连续两年基本合格的，降低一个资质等级。建设行政主管部门应当重新核定其资质等级。新核定的资质等级应当低于原资质等级，达不到最低资质等级标准的，取消资质。

降级的建筑业企业，经过一年以上时间的整改，经建设行政主管部门核查确认，达到规定的资质标准，且在此期间未发生违法违规行为的，可以按规定重新申请原资质等级。

企业资质的升级、降级，实行资质公告制度。公告由资质管理部门不定期在地方或行业报纸上发布。

◇◇◇ 3.2.2　违规行为的规定及承担的责任

施工企业资质违法行为应承担的主要法律责任如下：

1. 企业申请办理资质违法行为应承担的法律责任

《建筑法》规定，以欺骗手段取得资质证书的，吊销资质证书，处以罚款；构成犯罪的，依法追究刑事责任。

《建筑业企业资质管理规定》中规定，申请人隐瞒有关情况或者提供虚假材料申请建筑业企业资质的，不予受理或者不予行政许可，并给予警告，申请人在1年内不得再次申请建筑业企业资质。

以欺骗、贿赂等不正当手段取得建筑业企业资质证书的，由县级以上地方人民政府建设主管部门或者有关部门给予警告，并依法处以罚款，申请人3年内不得再次申请建筑业企业资质。

建筑业企业未按照规定及时办理资质证书变更手续的，由县级以上地方人民政府建设主管部门责令限期办理；逾期不办理的，可处以1 000元以上1万元以下的罚款。

2. 无资质承揽工程应承担的法律责任

《建筑法》规定，发包单位将工程发包给不具有相应资质条件的承包单位的，或者违反本法规定将建筑工程肢解发包的，责令改正，处以罚款。未取得资质证书承揽工程的，予以取缔，并处罚款；有违法所得的，予以没收。

《建设工程质量管理条例》进一步规定，建设单位将建设工程发包给不具有相应资质等级的勘察、设计、施工单位或者委托给不具有相应资质等级的工程监理单位的，责令改正，处50万元以上100万元以下的罚款。

未取得资质证书承揽工程的，予以取缔，对施工单位处工程合同价款2%以上4%以下的罚款；有违法所得的，予以没收。

建设部《住宅室内装饰装修管理办法》规定，装修人违反本办法规定，将住宅室内装饰装修工程委托给不具有相应资质等级企业的，由城市房地产行政主管部门责令改正，处500元以上1 000元以下的罚款。

3. 超越资质等级承揽工程应承担的法律责任

《建筑法》规定，超越本单位资质等级承揽工程的，责令停止违法行为，处以罚款，可以责令停业整顿，降低资质等级；情节严重的，吊销资质证书；有违法所得的，予以没收。

《建设工程质量管理条例》进一步规定，勘察、设计、施工、工程监理单位超越本单位资质等级承揽工程的，责令停止违法行为；对施工单位处工程合同价款2%以上4%以下的罚款，可以责令停业整顿，降低资质等级；情节严重的，吊销资质证书；有违法所得的，予以没收。

《外商投资建筑业企业管理规定》中规定，外资建筑业企业超越资质许可的业务范围承包工程的，处工程合同价款2%以上4%以下的罚款；可以责令停业整顿，降低资质等级；情节严重的，吊销资质证书；有违法所得的，予以没收。

4. 允许其他单位或者个人以本单位名义承揽工程应承担的法律责任

《建筑法》规定，建筑施工企业转让、出借资质证书或者以其他方式允许他人以本企业的名义承揽工程的，责令改正，没收违法所得，并处罚款，可以责令停业整顿，降低资质等级；情节严重的，吊销资质证书。对因该项承揽工程不符合规定的质量标准造成的损失，建筑施工企业与使用本企业名义的单位或者个人承担连带赔偿责任。

《建设工程质量管理条例》规定，勘察、设计、施工、工程监理单位允许其他单位或者个人以本单位名义承揽工程的，责令改正，没收违法所得；对施工单位处工程合同价款2%以上4%以下的罚款；可以责令停业整顿，降低资质等级；情节严重的，吊销资质证书。

5.将建设工程分包给不具备相应资质条件的单位（即违法分包）应承担的法律责任

《建筑法》规定，承包单位将承包的工程转包的，或者违反本法规定进行分包的，责令改正，没收违法所得，并处罚款，可以责令停业整顿，降低资质等级；情节严重的，吊销资质证书。承包单位有以上规定的违法行为的，对因转包工程或者违法分包的工程不符合规定的质量标准造成的损失，与接受转包或者分包的单位承担连带赔偿责任。

《建设工程质量管理条例》规定，承包单位将承包的工程转包或者违法分包的，责令改正，没收违法所得；对施工单位处工程合同价款0.5%以上1%以下的罚款；可以责令停业整顿，降低资质等级；情节严重的，吊销资质证书。

《房屋建筑和市政基础设施工程施工分包管理办法》规定，转包、违法分包或者允许他人以本企业名义承揽工程的，按照《中华人民共和国建筑法》《中华人民共和国招标投标法》和《建设工程质量管理条例》的规定予以处罚；对于接受转包、违法分包和用他人名义承揽工程的，处1万元以上3万元以下的罚款。

6.以欺骗手段取得资质证书承揽工程应承担的法律责任

《建设工程质量管理条例》规定，以欺骗手段取得资质证书承揽工程的，吊销资质证书，处工程合同价款2%以上4%以下的罚款；有违法所得的，予以没收。

3.2.3　建造师注册执业制度

执业资格制度（Professional Qualification System）是指对具有一定专业学历和资历并从事特定专业技术活动的专业技术人员，通过考试和注册确定其执业的技术资格，获得相应文件签字权的一种制度。

1.建设工程专业人员执业资格的准入管理

《建筑法》规定，从事建筑活动的专业技术人员，应当依法取得相应的执业资格证书，并在执业资格证书许可的范围内从事建筑活动。这是因为，建设工程的技术要求比较复杂，建设工程的质量和安全生产直接关系到人身安全及公共财产安全，责任极为重大。因此，对从事建设工程活动的专业技术人员，应当建立起必要的个人执业资格制度；只有依法取得相应执业资格证书的专业技术人员，方可在其执业资格证书许可的范围内从事建设工程活动。没有取得个人执业资格的人员，不能执行相应的建设工程业务。

我国对从事建设工程活动的单位实行资质管理制度比较早，较好地从整体上把住了单位的建设市场准入关，但对建设工程专业技术人员（即在勘察、设计、施工、监理等专业技术岗位上工作的人员）的个人执业资格的准入制度起步较晚，导致出现了一些高资质的单位承接建设工程，却由低水平人员甚至非专业技术人员来完成的现象，不仅影响了建设工程质量和安全，还影响到投资效益的发挥。因此，实行专业技术人员的执业资格制度，严格执行建设工程相关活动的准入与清出，有利于避免上述种种问题，并明确专业技术人员的责、权、利，保证建设工程确实由具有相应资格的专业技术人员主持完成设计、施工、监理等任务。

发达国家大多对从事涉及公众生命和财产安全的建设工程活动的专业技术人员，实行严格的执业资格制度，如美国、英国、日本、加拿大等。建造师执业资格制度起源于英国，迄今已有近160年的历史。许多发达国家不仅早已建立这项制度，1997年还成立了建造师的国际组织——国际建造师协会。我国在工程建设领域实行专业技术人员的执业资格制度，有利于促进与国际接轨，适应对外开放的需要，并可以同有关国家谈判执业资格对等互认，使我国的专业技术人员更好地进入国际建设市场。

我国工程建设领域最早建立的执业资格制度是注册建筑师制度，1995年9月国务院颁布了《中华人民共和国注册建筑师条例》；之后又相继建立了注册监理工程师、结构工程师、造价工程师等制度。2002年12月9日人事部、建设部（即现在的人力资源和社会保障部、住房和城乡建设部）联合颁发了《建造师执业资格制度暂行规定》，标志着我国建造师制度的建立和建造师工作的正式启动。到2009年，我国通过考试或考核取得一级、二级建造师资格的已有近百万人。

2. 建造师考试和注册的规定

注册建造师（Registered Construction Division）是指通过考核认定或考试合格取得中华人民共和国建造师资格证书，并按照规定注册，取得中华人民共和国建造师注册证书和执业印章，担任施工单位项目负责人及从事相关活动的专业技术人员。未取得注册证书和执业印章的，不得担任大中型建设工程项目的施工单位项目负责人，不得以注册建造师的名义从事相关活动。

《建造师执业资格制度暂行规定》中规定，经国务院有关部门同意，获准在中华人民共和国境内从事建设工程项目施工管理的外籍及港、澳、台地区的专业人员，符合本规定要求的，也可报名参加建造师执业资格考试以及申请注册。

（1）建造师的考试

《建造师执业资格制度暂行规定》中规定，一级建造师执业资格实行统一大纲、统一命题、统一组织的考试制度，由人事部、建设部共同组织实施，原则上每年举行一次考试。

建设部负责编制一级建造师执业资格考试大纲和组织命题工作，统一规划建造师执业资格的培训等有关工作。培训工作按照培训与考试分开、自愿参加的原则进行。人事部负责审定一级建造师执业资格考试科目、考试大纲和考试试题，组织实施考务工作；会同建设部对考试考务工作进行检查、监督、指导和确定合格标准。

建设部负责拟定二级建造师执业资格考试大纲，人事部负责审定考试大纲。二级建造师执业资格实行全国统一大纲，各省、自治区、直辖市命题并组织考试的制度。各省、自治区、直辖市人事厅（局），建设厅（委）按照国家确定的考试大纲和有关规定，在本地区组织实施二级建造师执业资格考试。

①考试内容和时间。

《建造师执业资格制度暂行规定》中规定，一级建造师执业资格考试，分综合知识与能力和专业知识与能力两个部分。

建设部《建造师执业资格考试实施办法》进一步规定，一级建造师执业资格考试设"建设工程经济""建设工程法规及相关知识""建设工程项目管理"和"专业工程管理与实务"4个科目。目前，"专业工程管理与实务"科目分为：建筑工程、公路工程、铁路工程、民航机场工程、港口与航道工程、水利水电工程、市政公用工程、通信与广电工程、矿业工程、机电工程10个专业类别。考生在报名时可根据实际工作需要选择专业类别。

一级建造师执业资格考试时间定于每年的第三季度。一级建造师执业资格考试分4个半天，以纸笔作答方式进行。"建设工程经济"科目的考试时间为2小时，"建设工程法规及相关知识"和"建设工程项目管理"科目的考试时间均为3小时，"专业工程管理与实务"科目的考试时间为4小时。

二级建造师执业资格考试设"建设工程施工管理"、"建设工程法规及相关知识"、"专业工程管理与实务"3个科目。

符合规定的报名条件，于2003年12月31日前取得建设部颁发的"建筑业企业一级项目经理资质证书"，并符合下列条件之一的人员，可免试"建设工程经济"和"建设工程项目管理"2个科目，只参加"建设工程法规及相关知识"和"专业工程管理与实务"2个科目的考试。

a．受聘担任工程或工程经济类高级专业技术职务。

b．具有工程类或工程经济类大学专科以上学历并从事建设项目施工管理工作满20年。

②报考条件和考试申请。《建造师执业资格制度暂行规定》中规定，凡遵守国家法律、法规，具备下列条件之一者，可以申请参加一级建造师执业资格考试。

a．取得工程类或工程经济类大学专科学历，工作满6年，其中从事建设工程项目施工管理工作满4年。

b．取得工程类或工程经济类大学本科学历，工作满4年，其中从事建设工程项目施工管理工作满3年。

c．取得工程类或工程经济类双学士学位或研究生班毕业，工作满3年，其中从事建设工程项目施工管理工作满2年。

d．取得工程类或工程经济类硕士学位，工作满2年，其中从事建设工程项目施工管理工作满1年。

e．取得工程类或工程经济类博士学位，从事建设工程项目施工管理工作满1年。

凡遵纪守法并具备工程类或工程经济类中等专科以上学历并从事建设工程项目施工管理工作满2年，可报名参加二级建造师执业资格考试。

已取得一级建造师执业资格证书的人员，还可根据实际工作需要，选择"专业工程管理与实务"科目的相应专业，报名参加考试。考试合格后核发国家统一印制的相应专业合格证明。该证明作为注册时增加执业专业类别的依据。

参加考试由本人提出申请，携带所在单位出具的有关证明及相关材料到当地考试管理机构报名。考试管理机构按规定程序和报名条件审查合格后，发给准考证。考生凭准考证在指定的时间、地点参加考试。中央管理的企业和国务院各部门及其所属单位的人员按属地原则报名参加考试。

考试成绩实行2年为一个周期的滚动管理办法，参加全部4个科目考试的人员须在连续的两个考试年度内通过全部科目；免试部分科目的人员须在一个考试年度内通过应试科目。

③建造师执业资格证书的使用范围。参加一级建造师执业资格考试合格，由各省、自治区、直辖市人事部门颁发人事部统一印制，人事部、建设部用印的中华人民共和国一级建造师执业资格证书。该证书在全国范围内有效。

二级建造师执业资格考试合格者，由省、自治区、直辖市人事部门颁发由人事部、建设部统一格式的中华人民共和国二级建造师执业资格证书。该证书在所在行政区域内有效。

（2）建造师的注册

建设部《注册建造师管理规定》中规定，注册建造师实行注册执业管理制度，注册建造师分为一级注册建造师和二级注册建造师。取得资格证书的人员，经过注册方能以注册建造师的名义执业。

①注册管理机构。建设部或其授权的机构为一级建造师执业资格的注册管理机构。省、自治区、直辖市建设行政主管部门或其授权的机构为二级建造师执业资格的注册管理机构。

人事部和各级地方人事部门对建造师执业资格注册和使用情况有检查、监督的责任。

②注册申请。《注册建造师管理规定》规定，取得一级建造师资格证书并受聘于一个建设工程勘察、设计、施工、监理、招标代理、造价咨询等单位的人员，应当通过聘用单位向单位工商注册所在地的省、自治区、直辖市人民政府建设主管部门提出注册申请。

申请初始注册时应当具备以下条件：

a．经考核认定或考试合格取得资格证书。

b．受聘于一个相关单位。

c．达到继续教育要求。

d．没有《注册建造师管理规定》中规定不予注册的情形。

初始注册者，可自资格证书签发2日起3年内提出申请，逾期未申请者，须符合本专业继续教育的要求后方可申请初始注册。

申请初始注册需要提交下列材料：

a. 注册建造师初始注册申请表。

b. 资格证书、学历证书和身份证明复印件。

c. 申请人与聘用单位签订的聘用劳动合同复印件或其他有效证明文件。

d. 逾期申请初始注册的，应当提供达到继续教育要求的证明材料。

③延续注册与增项注册。建造师执业资格注册有效期一般为3年。《注册建造师管理规定》中规定，注册有效期满需继续执业的，应当在注册有效期届满（30日）前，按照规定申请延续注册。延续注册的，有效期为3年。

申请延续注册的，应当提交下列材料：

a. 注册建造师延续注册申请表。

b. 原注册证书。

c. 申请人与聘用单位签订的聘用劳动合同复印件或其他有效证明文件。

d. 申请人注册有效期内达到继续教育要求的证明材料。

注册建造师需要增加执业专业的，应当按照规定申请专业增项注册，并提供相应的资格证明。

④注册的受理与审批。省、自治区、直辖市人民政府建设主管部门受理一级建造师注册申请后提出初审意见，并将初审意见和全部申报材料报国务院建设主管部门审批；涉及铁路、公路、港口与航道、水利水电、通信与广电、民航专业的，国务院建设主管部门应当将全部申报材料送同级有关部门审核。符合条件的，由国务院建设主管部门核发《中华人民共和国一级建造师注册证书》，并核定执业印章编号。

对申请初始注册的，省、自治区、直辖市人民政府建设主管部门应当自受理申请之日起，20日内审查完毕，并将申请材料和初审意见报国务院建设主管部门。国务院建设主管部门应当自收到省、自治区、直辖市人民政府建设主管部门上报材料之日起，20日内审批完毕并做出书面决定。有关部门应当在收到国务院建设主管部门移送的申请材料之日起，10日内审核完毕，并将审核意见送国务院建设主管部门。

对申请变更注册、延续注册的，省、自治区、直辖市人民政府建设主管部门应当自受理申请之日起5日内审查完毕。国务院建设主管部门应当自收到省、自治区、直辖市人民政府建设主管部门上报材料之日起10日内审批完毕并做出书面决定。有关部门在收到国务院建设主管部门移送的申请材料后，应当在5日内审核完毕，并将审核意见送国务院建设主管部门。

取得二级建造师资格证书的人员申请注册，由省、自治区、直辖市人民政府建设主管部门负责受理和审批，具体审批程序由省、自治区、直辖市人民政府建设主管部门依法确定。对批准注册的，核发由国务院建设主管部门统一样式的《中华人民共和国二级建造师注册证书》和执业印章，并在核发证书后30日内送国务院建设主管部门备案。

建设部《注册建造师执业管理办法（试行）》规定，注册建造师注册证书和执业印章由本人保管，任何单位（发证机关除外）和个人不得扣押注册建造师注册证书或执业印章。

⑤不予注册和注册证书的失效、注销。《注册建造师管理规定》中规定，申请人有下列情形之一的，不予注册。

a. 不具有完全民事行为能力的。

b. 申请在两个或者两个以上单位注册的。

c. 未达到注册建造师继续教育要求的。

d. 受到刑事处罚，刑事处罚尚未执行完毕的。

e. 因执业活动受到刑事处罚，自刑事处罚执行完毕之日起至申请注册之日止不满5年的。

f. 因前项规定以外的原因受到刑事处罚，自处罚决定之日起至申请注册之日止不满3年的。

g. 被吊销注册证书，自处罚决定之日起至申请注册之日止不满2年的。

h. 在申请注册之日前 3 年内担任项目经理期间，所负责项目发生过重大质量和安全事故的。

i. 申请人的聘用单位不符合注册单位要求的。

j. 年龄超过 65 周岁的。

k. 法律、法规规定不予注册的其他情形。

注册建造师有下列情形之一的，其注册证书和执业印章失效。

a. 聘用单位破产的。

b. 聘用单位被吊销营业执照的。

c. 聘用单位被吊销或者撤回资质证书的。

d. 已与聘用单位解除聘用合同关系的。

e. 注册有效期满且未延续注册的。

f. 年龄超过 65 周岁的。

g. 死亡或不具有完全民事行为能力的。

h. 其他导致注册失效的情形。

注册建造师有下列情形之一的，由注册机关办理注销手续，收回注册证书和执业印章或者公告其注册证书和执业印章作废。

a. 有以上规定的注册证书和执业印章失效情形发生的。

b. 依法被撤销注册的。

c. 依法被吊销注册证书的。

d. 受到刑事处罚的。

e. 法律、法规规定应当注销注册的其他情形。

⑥变更、续期、注销注册的申请办理。在注册有效期内，注册建造师变更执业单位，应当与原聘用单位解除劳动关系，并按照规定办理变更注册手续，变更注册后仍延续原注册有效期。

申请变更注册的，应当提交下列材料。

a. 注册建造师变更注册申请表。

b. 注册证书和执业印章。

c. 申请人与新聘用单位签订的聘用合同复印件或有效证明文件。

d. 工作调动证明（与原聘用单位解除聘用合同或聘用合同到期的证明文件、退休人员的退休证明）。

《注册建造师执业管理办法（试行）》规定，注册建造师应当通过企业按规定及时申请办理变更注册、续期注册等相关手续。多专业注册的注册建造师，其中一个专业注册期满仍需以该专业继续执业和以其他专业执业的，应当及时办理续期注册。

注册建造师变更聘用企业的，应当在与新聘用企业签订聘用合同后的 1 个月内，通过新聘用企业申请办理变更手续。因变更注册申报不及时影响注册建造师执业，导致工程项目出现损失的，由注册建造师所在聘用企业承担责任，并作为不良行为记入企业信用档案。

聘用企业与注册建造师解除劳动关系的，应当及时申请办理注销注册或变更注册。聘用企业与注册建造师解除劳动合同关系后无故不办理注销注册或变更注册的，注册建造师可向省级建设主管部门申请注销注册证书和执业印章。注册建造师要求注销注册或变更注册的，应当提供与原聘用企业解除劳动关系的有效证明材料。建设主管部门经向原聘用企业核实，聘用企业在 7 日内没有提供书面反对意见和相关证明材料的，应予办理注销注册或变更注册。

3. 建造师的受聘单位和执业岗位范围

（1）建造师的受聘单位

《建造师执业资格制度暂行规定》中规定，建造师的执业范围包括：

①担任建设工程项目施工的项目经理。

②从事其他施工活动的管理工作。

③法律、行政法规或国务院建设行政主管部门规定的其他业务。

一级建造师可以担任特级、一级建筑业企业资质的建设工程项目施工的项目经理；二级建造师可以担任二级及以下建筑业企业资质的建设工程项目施工的项目经理。

建设部《注册建造师管理规定》进一步规定，取得资格证书的人员应当受聘于一个具有建设工程勘察、设计、施工、监理、招标代理、造价咨询等一项或者多项资质的单位，经注册后方可从事相应的执业活动。担任施工单位项目负责人的，应当受聘并注册于一个具有施工资质的企业。

据此，建造师不仅可以在施工单位担任建设工程施工项目的项目经理，也可以在勘察、设计，监理、招标代理、造价咨询等单位或具有多项上述资质的单位执业。但是，如果要担任施工单位的项目负责人即项目经理，其所受聘的单位必须具有相应的施工企业资质，而不能是仅具有勘察、设计、监理等资质的其他企业。

（2）建造师执业范围

①执业区域范围。《注册建造师执业管理办法（试行）》规定，一级注册建造师可在全国范围内以一级注册建造师名义执业。通过二级建造师资格考核认定，或参加全国统考取得二级建造师资格证书并经注册人员，可在全国范围内以二级注册建造师名义执业。

工程所在地各级建设主管部门和有关部门不得增设或者变相设置跨地区承揽工程项目执业准入条件。

②执业岗位范围。建造师经注册后，有权以建造师名义担任建设工程项目施工的项目经理及从事其他施工活动的管理，但不得同时担任两个及两个以上建设工程施工项目负责人。发生下列情形之一的除外：

a．同一工程相邻分段发包或分期施工的。

b．合同约定的工程验收合格的。

c．因非承包方原因致使工程项目停工超过120天（含），经建设单位同意的。

注册建造师担任施工项目负责人期间原则上不得更换。如发生下列情形之一的，应当办理书面交接手续后更换施工项目负责人。

a．发包方与注册建造师受聘企业已解除承包合同的。

b．发包方同意更换项目负责人的。

c．因不可抗力等特殊情况必须更换项目负责人的。

注册建造师担任施工项目负责人，在其承建的建设工程项目竣工验收或移交项目手续办结前，除以上规定的情形外，不得变更注册至另一企业。

建设工程合同履行期间变更项目负责人的，企业应当于项目负责人变更5个工作日内报建设行政主管部门和有关部门及时进行网上变更。

此外，注册建造师还可以从事建设工程项目总承包管理或施工管理，建设工程项目管理服务，建设工程技术经济咨询，以及法律、行政法规和国务院建设主管部门规定的其他业务。

③执业工程范围。注册建造师应当在其注册证书所注明的专业范围内从事建设工程施工管理活动。注册建造师分10个专业，下面列举建筑工程、公路工程专业的执业工程范围。

a．建筑工程专业，执业工程范围为：房屋建筑、装饰装修、地基与基础、土石方、建筑装修装饰、建筑幕墙、预拌商品混凝土、混凝土预制构件、园林古建筑、钢结构、高耸建筑物、电梯安装、消防设施、建筑防水、防腐保温、附着升降脚手架、金属门窗、预应力、爆破与拆除、建筑智能化、特种专业。

b．公路工程专业，执业工程范围为：公路、地基与基础、土石方、预拌商品混凝土，混凝土预制构件、钢结构、消防设施、建筑防水、防腐保温、预应力、爆破与拆除、公路路面、公路路基、公路交通、桥梁、隧道、附着升降脚手架、起重设备安装、特种专业。

4.建造师的基本权利和义务

（1）建造师的基本权利

《建造师执业资格制度暂行规定》中规定，建造师经注册后，有权以建造师名义担任建设工程项目施工的项目经理及从事其他施工活动的管理。

《注册建造师管理规定》进一步规定，注册建造师享有下列权利：

①使用注册建造师名称。

②在规定范围内从事执业活动。

③在本人执业活动中形成的文件上签字并加盖执业印章。

④保管和使用本人注册证书、执业印章。

⑤对本人执业活动进行解释和辩护。

⑥接受继续教育。

⑦获得相应的劳动报酬。

⑧对侵犯本人权利的行为进行申述。

建设工程施工活动中形成的有关工程施工管理文件，应当由注册建造师签字并加盖执业印章。施工单位签署质量合格的文件上，必须有注册建造师的签字盖章。

担任建设工程施工项目负责人的注册建造师，应当按建设部《关于印发〈注册建造师施工管理签章文件目录〉（试行）的通知》要求，在建设工程施工管理相关文件上签字并加盖执业印章，签章文件作为工程竣工备案的依据。只有注册建造师签章完整的工程施工管理文件方为有效。注册建造师有权拒绝在不合格或者有弄虚作假内容的建设工程施工管理文件上签字并加盖执业印章。

建设工程合同包含多个专业工程的，担任施工项目负责人的注册建造师，负责该工程施工管理文件签章。专业工程独立发包时，注册建造师执业范围涵盖该专业工程的，可担任该专业工程施工项目负责人。分包工程施工管理文件应当由分包企业注册建造师签章。分包企业签署质量合格的文件上，必须由担任总包项目负责人的注册建造师签章。

修改注册建造师签字并加盖执业印章的工程施工管理文件，应当征得所在企业同意后，由注册建造师本人进行修改；注册建造师本人不能进行修改的，应当由企业指定同等资格条件的注册建造师修改，并由其签字并加盖执业印章。

（2）建造师的基本义务

《建造师执业资格制度暂行规定》中规定，建造师在工作中，必须严格遵守法律、法规和行业管理的各项规定，恪守职业道德。建造师必须接受继续教育，更新知识，不断提高业务水平。

《注册建造师管理规定》进一步规定，注册建造师应当履行下列义务：

①遵守法律、法规和有关管理规定，恪守职业道德。

②执行技术标准、规范和规程。

③保证执业成果的质量，并承担相应责任。

④接受继续教育，努力提高执业水准。

⑤保守在执业中知悉的国家秘密和他人的商业、技术等秘密。

⑥与当事人有利害关系的，应当主动回避。

⑦协助注册管理机关完成相关工作。

注册建造师不得有下列行为：

①不履行注册建造师义务。

②在执业过程中，索贿、受贿或者谋取合同约定费用外的其他利益。

③在执业过程中实施商业贿赂。

④签署有虚假记载等不合格的文件。

⑤允许他人以自己的名义从事执业活动。

⑥同时在两个或者两个以上单位受聘或者执业。

⑦涂改、倒卖、出租、出借、复制或以其他形式非法转让资格证书、注册证书和执业印章。

⑧超出执业范围和聘用单位业务范围内从事执业活动。

⑨ 法律、法规、规章禁止的其他行为。

《注册建造师执业管理办法（试行）》还规定，注册建造师不得有下列行为：

① 不按设计图纸施工。

② 使用不合格建筑材料。

③ 使用不合格设备、建筑构配件。

④ 违反工程质量、安全、环保和用工方面的规定。

⑤ 在执业过程中，索贿、行贿、受贿或者谋取合同约定费用外的其他利益。

⑥ 签署弄虚作假或在不合格文件上签章。

⑦ 以他人名义或允许他人以自己的名义从事执业活动。

⑧ 同时在两个或者两个以上企业受聘并执业。

⑨ 超出执业范围和聘用企业业务范围从事执业活动。

⑩ 未变更注册单位，而在另一家企业从事执业活动。

⑪ 所负责工程未办理竣工验收或移交手续前，变更注册到另一企业。

⑫ 伪造、涂改、倒卖、出租、出借或以其他形式非法转让资格证书、注册证书和执业印章。

⑬ 不履行注册建造师义务和法律、法规、规章禁止的其他行为。

担任建设工程施工项目负责人的注册建造师在执业过程中，应当及时、独立完成建设工程施工管理文件签章，无正当理由不得拒绝在文件上签字并加盖执业印章。担任施工项目负责人的注册建造师应当按照国家法律法规、工程建设强制性标准组织施工，保证工程施工符合国家有关质量、安全、环保、节能等有关规定。担任施工项目负责人的注册建造师，应当按照国家劳动用工有关规定，规范项目劳动用工管理，切实保障劳务人员合法权益。担任建设工程施工项目负责人的注册建造师对其签署的工程管理文件承担相应责任。

建设工程发生质量、安全、环境事故时，担任该施工项目负责人的注册建造师应当按照有关法律法规规定的事故处理程序及时向企业报告，并保护事故现场，不得隐瞒。

（3）注册建造师的继续教育

接受继续教育，既是注册建造师应当享有的权利，也是注册建造师应当履行的义务。住房和城乡建设部《注册建造师继续教育暂行规定》中规定，注册建造师按规定参加继续教育，是申请初始注册、延续注册、增项注册和重新注册（以下统称注册）的必要条件。

① 必修课、选修课的学时和内容。注册一个专业的建造师在每一注册有效期内应参加继续教育不少于 120 学时，其中必修课 60 学时，选修课 60 学时。注册两个及两个以上专业的，每增加一个专业还应参加所增加专业 60 学时的继续教育，其中必修课 30 学时，选修课 30 学时。

必修课包括以下内容：

a. 工程建设相关的法律法规和有关政策。

b. 注册建造师职业道德和诚信制度。

c. 建设工程项目管理的新理论、新方法、新技术和新工艺。

d. 建设工程项目管理案例分析。

选修课内容为：各专业牵头部门认为一级建造师需要补充的与建设工程项目管理有关的知识；各省级住房城乡建设主管部门认为二级建造师需要补充的与建设工程项目管理有关的知识。

注册建造师在每一注册有效期内可根据工作需要集中或分年度安排继续教育的学时。

② 继续教育的培训单位选择与测试。注册建造师应在企业注册所在地选择中国建造师网公布的培训单位接受继续教育。在企业注册所在地外担任项目负责人的一级注册建造师，报专业牵头部门备案后可在工程所在地接受继续教育。个别专业的一级注册建造师可在专业牵头部门的统一安排下，跨地区参加继续教育。

对于完成规定学时并测试合格的，培训单位报各专业牵头部门或各省级住房城乡建设主管部门确认后，发放统一式样的注册建造师继续教育证书，加盖培训单位印章。完成规定学时并测试合格后取得的注册建造师继续教育证书，是建造师申请注册的重要依据。

③可充抵继续教育选修课部分学时的规定。注册建造师在每一注册有效期内从事以下工作并取得相应证明的，可充抵继续教育选修课部分学时：

a. 参加全国建造师执业资格考试大纲编写及命题工作，每次计 20 学时。

b. 从事注册建造师继续教育教材编写工作，每次计 20 学时。

c. 在公开发行的省部级期刊上发表有关建设工程项目管理的学术论文的，第一作者每篇计 10 学时；公开出版 5 万字以上专著、教材的，第一、二作者每人计 20 学时。

d. 参加建造师继续教育授课工作的按授课学时计算。每一注册有效期内，充抵继续教育选修课学时累计不得超过 60 学时。

④继续教育的方式及参加继续教育的保障。注册建造师继续教育以集中面授为主，同时探索网络教育方式。

注册建造师在参加继续教育期间享有国家规定的工资、保险、福利待遇。建筑业企业及勘察、设计、监理、招标代理、造价咨询等用人单位应重视注册建造师继续教育工作，督促其按期接受继续教育。其中，建筑业企业应为从事在建工程项目管理工作的注册建造师提供经费和时间支持。

（4）注册机关的监督管理

《注册建造师管理规定》中规定，县级以上人民政府建设主管部门和有关部门履行监督检查职责时，有权采取下列措施：

①要求被检查人员出示注册证书。

②要求被检查人员所在聘用单位提供有关人员签署的文件及相关业务文档。

③就有关问题询问签署文件的人员。

④纠正违反有关法律、法规、本规定及工程标准规范的行为。

有下列情形之一的，注册机关依据职权或者根据利害关系人的请求，可以撤销注册建造师的注册。

①注册机关工作人员滥用职权、玩忽职守做出准予注册许可的。

②超越法定职权做出准予注册许可的。

③违反法定程序做出准予注册许可的。

④对不符合法定条件的申请人颁发注册证书和执业印章的。

⑤依法可以撤销注册的其他情形。申请人以欺骗，贿赂等不正当手段获准注册的，应当予以撤销。

《注册建造师执业管理办法（试行）》规定，注册建造师违法从事相关活动的，违法行为发生地县级以上地方人民政府建设主管部门或有关部门应当依法查处，并将违法事实、处理结果告知注册机关；依法应当撤销注册的，应当将违法事实、处理建议及有关材料报注册机关，注册机关或有关部门应当在 7 个工作日内做出处理，并告知行为发生地人民政府建设行政主管部门或有关部门。

注册建造师异地执业的，工程所在地省级人民政府建设主管部门应当将处理建议转交注册建造师注册所在地省级人民政府建设主管部门，注册所在地省级人民政府建设主管部门应当在 14 个工作日内做出处理，并告知工程所在地省级人民政府建设行政主管部门。

5. 违法行为应承担的法律责任

建造师及建造师工作中违法行为应承担的主要法律责任如下：

（1）建造师注册违法行为应承担的法律责任

《注册建造师管理规定》中规定，隐瞒有关情况或者提供虚假材料申请注册的，建设主管部门不予受理或者不予注册，并给予警告，申请人 1 年内不得再次申请注册。

以欺骗、贿赂等不正当手段取得注册证书的，由注册机关撤销其注册，3 年内不得再次申请注册，并由县级以上地方人民政府建设主管部门处以罚款。其中没有违法所得的，处以 1 万元以下的罚款；有违法所得的，处以违法所得3倍以下且不超过3万元的罚款。

聘用单位为申请人提供虚假注册材料的，由县级以上地方人民政府建设主管部门或者其他有关部门给予警告，责令限期改正；逾期未改正的，可处以1万元以上3万元以下的罚款。

（2）建造师继续教育违法行为应承担的法律责任

注册建造师应按规定参加继续教育，接受培训测试，不参加继续教育或继续教育不合格的不予注册。对于采取弄虚作假等手段取得注册建造师继续教育证书的，一经发现，立即取消其继续教育记录，并记入不良信用记录，对社会公布。

（3）无证或未办理变更注册执业应承担的法律责任

《注册建造师管理规定》中规定，未取得注册证书和执业印章，担任大中型建设工程项目施工单位项目负责人，或者以注册建造师的名义从事相关活动的，其所签署的工程文件无效，由县级以上地方人民政府建设主管部门或者其他有关部门给予警告，责令停止违法活动，并可处以1万元以上3万元以下的罚款。

未办理变更注册而继续执业的，由县级以上地方人民政府建设主管部门或者其他有关部门责令限期改正；逾期不改正的，可处以5000元以下的罚款。

（4）建造师执业活动中违法行为应承担的法律责任

《注册建造师管理规定》中规定，注册建造师在执业活动中有下列行为之一的，由县级以上地方人民政府建设主管部门或者其他有关部门给予警告，责令改正，没有违法所得的，处以1万元以下的罚款；有违法所得的，处以违法所得3倍以下且不超过3万元的罚款。

①不履行注册建造师义务。

②在执业过程中，索贿、受贿或者谋取合同约定费用外的其他利益。

③在执业过程中实施商业贿赂。

④签署有虚假记载等不合格的文件。

⑤允许他人以自己的名义从事执业活动。

⑥同时在两个或者两个以上单位受聘或者执业。

⑦涂改、倒卖、出租、出借或以其他形式非法转让资格证书、注册证书和执业印章。

⑧超出执业范围和聘用单位业务范围内从事执业活动。

⑨法律、法规、规章禁止的其他行为。

（5）未提供注册建造师信用档案信息应承担的法律责任

《注册建造师管理规定》中规定，注册建造师或者其聘用单位未按照要求提供注册建造师信用档案信息的，由县级以上地方人民政府建设主管部门或者其他有关部门责令限期改正；逾期未改正的，可处以1000元以上1万元以下的罚款。

（6）政府主管部门及其工作人员违法行为应承担的法律责任

《注册建造师管理规定》中规定，县级以上人民政府建设主管部门及其工作人员，在注册建造师管理工作中，有下列情形之一的，由其上级行政机关或者监察机关责令改正，对直接负责的主管人员和其他直接责任人员依法给予处分；构成犯罪的，依法追究刑事责任。

①对不符合法定条件的申请人准予注册的。

②对符合法定条件的申请人不予注册或者不在法定期限内做出准予注册决定的。

③对符合法定条件的申请不予受理或者未在法定期限内初审完毕的。

④利用职务上的便利，收受他人财物或者其他好处的。

⑤不依法履行监督管理职责或者监督不力，造成严重后果的。

（7）注册执业人员因过错造成质量事故应承担的法律责任

《建设工程质量管理条例》规定，违反本条例规定，注册建筑师、注册结构工程师、监理工程师等注册执业人员因过错造成质量事故的，责令停止执业1年；造成重大质量事故的，吊销执业资格证书，5年以内不予注册；情节特别恶劣的，终身不予注册。

案例分析

1. 该服装厂未办理综合楼工程的规划、施工许可手续，属违法建设项目，是不妥的。应当对建筑工程责令停止施工，限期改正，对建设单位处以 62 万元～124 万元罚款，对建筑公司也要处以5 000 元以上 30 000 元以下的罚款。

☞ **原因分析：**

第一，根据《建筑法》第七条规定，"建筑工程开工前，建设单位应当按照国家有关规定向工程所在地县级以上人民政府建设行政主管部门申请领取施工许可证"。该服装厂未办理开工审批手续，即未申请领取施工许可证就让建筑公司开工建设，属于违法擅自施工。

当然，该服装厂不具备申请领取施工许可证的条件。因为根据《建筑法》第八条的规定，"在城市规划区的建筑工程，已经取得规划许可证"。该服装厂未办理该项工程的规划许可证，就不具备申请领取施工许可证的条件。所以，该服装厂即使申请也不可能获得施工许可证。

其次，该服装厂应该承担的法律责任。根据《建筑法》第六十四条规定，"未取得施工许可证或者开工报告未经批准擅自施工的，责令改正，对不符合开工条件的责令停止施工，可以处以罚款"。《建设工程质量管理条例》第五十七条规定："建设单位未取得施工许可证或者开工报告未经批准，擅自施工的，责令停止施工，限期改正，处工程合同价款百分之一以上百分之二以下的罚款。"结合本案情况，对该工程应该责令停止施工，限期改正，对建设单位处以罚款。其额度在 62 万元～124 万元之间。

此外，依据《建筑工程施工许可管理办法》第十条规定："对于未取得施工许可证或者为规避办理施工许可证将工程项目分解后擅自施工的，由有管辖权的发证机关责令改正，对于不符合开工条件的，责令停止施工，并对建设单位和施工单位分别处以罚款。"第十三条规定："本办法中的罚款，法律、法规有幅度规定的从其规定。无幅度规定的，有违法所得的处 5 000 元以上 30 000 元以下的罚款；没有违法所得的处 5 000 元以上 10 000 元以下的罚款。"因此，对建筑公司也要处以 5 000 元以上 30 000 元以下的罚款。

2. 施工企业的资质与本工程不符，是不妥的，对建设单位（发包单位）的违法行为罚款 50 万元～100 万元，对施工单位（承包单位）违法行为处以停止施工整顿和罚款。

☞ **原因分析：**

第一，《建筑法》规定，发包单位将工程发包给不具有相应资质条件的承包单位的，或者违反本法规定将建筑工程肢解发包的，责令改正，处以罚款。未取得资质证书承揽工程的，予以取缔，并处罚款；有违法所得的，予以没收。《建设工程质量管理条例》进一步规定，建设单位将建设工程发包给不具有相应资质等级的勘察、设计、施工单位或者委托给不具有相应资质等级的工程监理单位的，责令改正，处 50 万元以上 100 万元以下的罚款。

第二，施工企业的资质为三级资质，可承担 14 层及 14 层以下的房屋建筑工程，本例中的工程为 16 层高层项目，属于超越资质等级承揽工程。《建筑法》规定，超越本单位资质等级承揽工程的，责令停止违法行为，处以罚款，可以责令停业整顿，降低资质等级；情节严重的，吊销资质证书；有违法所得的，予以没收。

3. 本案例中经检查，项目经理无建造师执业资格证书和注册证书，属于无证执业的情况，是不妥的。对违法行为的处理结果为：其所签署的工程文件无效，由县级以上地方人民政府建设主管部门或者其他有关部门给予警告，责令停止违法活动，并可处以 1 万元～3 万元以下的罚款。

☞ **原因分析：**

《建筑法》规定，从事建筑活动的专业技术人员，应当依法取得相应的执业资格证书，并在执业资格证书许可的范围内从事建筑活动。这是因为，建设工程的技术要求比较复杂，建设工程的质量和安全生产直接关系到人身安全及公共财产安全，责任极为重大。因此，对从事建设工程活动的专业技术人员，应当建立起必要的个人执业资格制度；只有依法取得相应执业资格证书的专业技术人员，方

可在其执业资格证书许可的范围内从事建设工程活动。没有取得个人执业资格的人员，不能执行相应的建设工程业务。

《注册建造师管理规定》中规定，未取得注册证书和执业印章，担任大中型建设工程项目施工单位项目负责人，或者以注册建造师的名义从事相关活动的，其所签署的工程文件无效，由县级以上地方人民政府建设主管部门或者其他有关部门给予警告，责令停止违法活动，并可处以1万元以上3万元以下的罚款。

拓展与实训

基础训练

一、单项选择题

1. 建设单位申请施工许可证时，向办证机关提供的施工图纸及技术资料应当满足（　　）。
   A. 施工需要并按规定通过审查　　　　　B. 编制招标文件的要求
   C. 主要设备材料订货的要求　　　　　　D. 施工安全措施的要求

2. 在城市规划区内进行建设需要申请用地的，建设单位在依法办理用地批准手续前，必须先取得该工程（　　）。
   A. 施工许可证　　　　　　　　　　　　B. 建设工程规划许可证
   C. 拆迁许可证　　　　　　　　　　　　D. 建设用地规划许可证

3. 下列关于建设单位申请领取施工许可证应具备的法定条件的表述中，错误的是（　　）。
   A. 需要拆迁的，已取得房屋拆迁许可证　　B. 有保证工程质量和安全的具体措施
   C. 工程所需的消防设计按规定审核合格　　D. 建设资金已经落实

4. 某工程符合法定开工条件，但因工期紧未办理施工许可证或开工报告审批手续即开始施工，对此，主管部门适当的处理为（　　）。
   A. 责令停止施工　　B. 责令其改正　　C. 只对建设单位罚款　　D. 只对施工单位罚款

5. 建设工程领取施工许可证后因故不能正常开工可申请延期，但延期以两次为限，每次不超过（　　）个月。
   A. 3　　　　　　　　B. 4　　　　　　　　C. 5　　　　　　　　D. 6

6. 某工程按国务院规定于2008年6月1日办理了开工报告审批手续，由于周边关系协调问题一直没有开工，同年12月7日准备开工时，建设单位应当（　　）。
   A. 向批准机关申请延续　　　　　　　　B. 报批准机关核验施工许可证
   C. 重新办理开工报告审批手续　　　　　D. 向批准机关备案

7. 按照《建筑业企业资质管理规定》，建筑业企业资质分为（　　）三个序列。
   A. 特级、一级、三级　　　　　　　　　B. 一级、二级、三级
   C. 甲级、乙级、丙级　　　　　　　　　D. 施工总承包、专业承包和劳务分包

8. 按照《建筑业企业资质管理规定》，企业取得建筑业企业资质后不再符合相应资质条件的，其资质证书将被（　　）。
   A. 撤回　　　　　　B. 撤销　　　　　　C. 注销　　　　　　D. 吊销

9. 取得建造师执业资格证书，申请初始注册的人员必须具备一定的条件，条件不包括（　　）。
   A. 从事施工管理工作满6年　　　　　　B. 受聘于一个相关单位

C.达到继续教育要求　　　　　　　　　　　D.没有明确规定的不予注册的情形

10.项目经理王某经考试合格取得了一级建造师资格证书，受聘并注册于一个拥有甲级资质专门从事招标代理的单位，按照《注册建造师管理规定》，王某可以建造师名义从事（　　　　）。

　　A.建设工程项目总承包管理　　　　　　　B.建设监理

　　C.建设工程项目管理服务有关工作　　　　D.建设工程施工的项目管理

二、多项选择题

1.下列选项中不符合法规规定颁发施工许可证条件的有（　　　　）。

　　A.已经领取了拆迁许可证，准备开始拆迁

　　B.没有建设工程规划许可证，但已经有了建设用地规划许可证

　　C.有满足开工需要的施工图纸及技术资料

　　D.已经依法确定了施工企业，但尚未按规定委托监理企业

　　E.办理了建设工程质量、安全监督手续

2.下列关于施工许可证制度和开工报告制度的有关表述中，正确的有（　　　　）。

　　A.实行开工报告批准制度的工程，必须符合建设行政部门的规定

　　B.建设单位领取施工许可证后既不开工又不申请延期或延期超过时限的，施工许可证自行废止

　　C.建设工程因故中止施工满一年的，恢复施工前应报发证机关核验施工许可证

　　D.按有关规定批准开工报告的工程，因故不能按期开工满6个月的工程，应重新办理开工报告审批手续

　　E.实行开工报告批准制度的工程，开工报告主要反映施工单位应具备的条件

3.建筑业企业资质的法定条件主要包括有符合规定的（　　　　）。

　　A.注册资本　　　　　B.从业人员　　　　　C.专业技术人员　　　　D.技术装备

　　E.已完成的建筑工程业绩

4.依照《建筑业企业资质管理规定》，下列关于企业资质申请的表述中，正确的有（　　　　）。

　　A.建筑企业可以申请一项或多项建筑业企业资质

　　B.申请多项建筑业企业资质的，应选择最高的一项资质为主项资质，但须符合法定条件

　　C.首次申请、增项申请建筑业企业资质的，不考核企业工程业绩，其资质等级按最低等级核定

　　D.已取得工程设计资质的企业首次申请同类建筑业企业资质的，不考核工程业绩，其申请资质等级参照同类建筑业企业资质等级核定

　　E.已取得工程设计资质的企业首次申请相近类别的建筑业企业资质的，申请资质等级最高不得超过现有工程设计资质等级

5.下列关于企业资质变更的表述中，正确的有（　　　　）。

　　A.企业合并的，合并后存续或新生企业可承继合并前各方中较高的资质等级，但应符合相应的条件

　　B.企业分立的，分立后的资质等级按实际达到的资质标准和规定的审批程序核定

　　C.企业改制的，即使改制后资质条件未发生变化，也要重新核定

　　D.企业资质证书的变更，由国务院建设主管部门负责办理

　　E.企业资质证书的变更，由企业工商注册所在地的建设主管部门负责办理

6.依据《建筑法》的规定，超越本单位资质等级承揽工程应承担的法律责任包括（　　　　）。

　　A.责令停止违法行为，处以罚款　　　　　B.可以责令停业整顿、降低资质等级

　　C.给以警告，限期整改　　　　　　　　　D.情节严重的，吊销资质证书

　　E.有违法所得的，予以没收

7.申请建造师初始注册的人员应当具备的条件是（　　　　）。

　　A.经考核认定或考试合格取得执业资格证书　　B.受聘于一个相关单位

C. 填写注册建造师初始注册申请表   D. 达到继续教育的要求

E. 没有明确规定的不予注册的情形

8. 下列情形中，能导致注册建造师注册证书和执业印章失效的情形有（   ）。

A. 未达到注册建造师继续教育要求   B. 聘用单位破产

C. 聘用单位被吊销营业执照   D. 与聘用单位解除了合同关系

E. 注册有效期满但未延续注册

9. 根据《建造师执业资格制度暂行规定》，建造师注册后，有权以建造师名义从事的工作包括（   ）。

A. 担任工商管理工作

B. 担任建设工程施工的项目经理

C. 从事其他施工活动的管理工作

D. 法律、建设法规或国务院建设行政主管部门规定的其他业务

E. 地方政府根据当地实际需要规定的其他业务

10. 下列选项中，注册建造师享有的权利包括（   ）。

A. 使用注册建造师名称   B. 保管和使用本人注册证书、执业印章

C. 在执业范围外从事相关专业的执业活动   D. 对侵犯本人权利的行为进行申述

E. 介入与自己有利害关系的商务活动

三、简答题

1. 施工许可证的适用范围是什么？

2. 国务院规定的开工报告与工程建设监理工作中的开工报告是否一致，区别是什么？

3. 简述施工许可证的法定批准条件。

4. 施工许可证的有效期与延期的含义是什么？

5. 中止施工后，建设单位应做好哪些工作？恢复施工时，建设单位要办理哪些手续？

6. 建筑活动从业单位应具备哪些条件？

7. 简述建设工程勘察、设计、施工单位的资质等级、资质标准及其业务范围。

8. 施工企业无资质、超越资质等级承揽工程应承担哪些法律责任？允许其他单位或者个人以本单位名义承揽工程应承担哪些法律责任？

9. 简述一级、二级建造师考试和注册的规定。

10. 简述建造师的基本权利和义务、建造师违法行为的几种情况及应承担的主要法律责任。

▶ 技能训练 ⟫⟫⟫⟫

1. 目的

通过此实训项目的练习，使学生掌握施工许可证申请办理的条件，延期开工、施工企业从业资格、注册建造师准入资格等的具体要求和应用。

2. 成果

学生通过分组，以本地区实际项目为背景，展开以施工许可证办理的条件，延期开工的处理，施工企业的资质条件的规定，注册一、二级建造师资格的具体规定等为核心内容的讨论；完成过程主要以学生为主，教师为辅，通过教师提出问题，学生分组讨论形成最终意见；主要检验学生对本模块施工许可法律制度的理解和掌握情况。

模块4

建设工程发承包法律制度

模块概述

建设工程发包与承包是指发包方通过合同委托承包方为其完成某一建设工程的全部或其中一部分工作的交易行为。建设工程发包与承包是工程建设中的重要环节，是建筑业适应市场经济的产物。建设工程发承包内容涉及建设工程的全过程，包括可靠性研究的发承包、工程勘察设计的发承包、材料及设备采购的发承包、工程施工的发承包、工程劳务的发承包、工程监理的发承包、工程项目管理的发承包等。

建设工程招标与投标是建设工程发包与承包的主要方式。通过招标投标既可以激发企业活力，改变计划经济体制下建筑活动僵化的体制，也有利于建筑业健康发展，有利于建筑市场的活跃和繁荣。

《招标投标法》对招标项目的范围和规模标准、招标投标活动应遵循的基本原则、建设工程招投标的基本程序、招投标人的资格及招投标中的招标、投标、开标、评标和定标都做出了明确的规定。无论是建设单位、施工单位、勘察设计单位，还是工程监理单位的工程技术人员都必须熟练掌握这些规则，并清楚在工程招标投标中应该承担的法律责任。

学习目标

1. 了解建设工程发包与承包的方式：建设工程招标投标与直接发包；
2. 了解工程招标的方式：公开招标和邀请招标；
3. 掌握有关招标项目的范围和规模标准、招标投标活动的原则；
4. 熟悉建设工程招标投标的基本程序；
5. 掌握招标投标人的资格及招投标各个阶段的法律规定；
6. 掌握工程开标的时间、地点、参加人员、开标主持人、标书检查人、评标委员会组成等规定；
7. 了解工程承包制度和分包管理的规定。

能力目标

1. 能熟练掌握必须招标投标的工程项目范围和规模标准；
2. 能熟练掌握工程招标、投标的程序；
3. 能熟练进行对无效标书的认定；
4. 能熟练掌握开标、评标、定标的各项规定。

课时建议

6 课时

案例导入

某建设项目的建设方在 2007 年 3 月 1 日发布的该项目招标公告中载明：招标项目的性质、大致规模、实施地点、获取招标文件的办法等事项，同时要求参加投标的施工企业必须是本市一、二级企业或外地一级企业，近三年内有获省、市优质工程奖的项目，且需提供相应的资质证书和证明文件。4 月 1 日向通过资格预审的施工单位发售招标文件，各投标单位领取招标文件的人员均按要求在同一张登记表上签收。招标文件中明确规定，工期不长于 24 个月，工程质量标准为合格，4 月 18 日 16 时为投标截止时间。

在书面答复投标单位的提问以后，业主组织各投标单位进行了施工现场实地踏勘。4 月 12 日，业主书面通知各投标单位，由于某些特殊原因，决定将商场部分装修工程从原招标范围内删除，并明确 4 月 18 日 16 时仍为投标截止时间。

开标时，由各投标人推选的代表检查投标文件的密封情况，确认无误后，由招标人当众拆信，宣读投标人名称、投标价格、工期等内容，还宣布了评标标准和评标委员会名单（共 8 人，其中招标人代表 2 人，招标人上级主管部门代表 1 人，技术专家 3 人，经济专家 2 人），并授权评标委员会直接确定中标人。

在招标过程中共有 6 家公司竞标，其中 A 施工单位的投标文件在招标文件要求提交投标文件的截止时间后半小时送达，C 施工单位的投标文件未密封。

评标时发现，B 施工单位投标报价明显低于其他投标单位报价且未能合理说明理由；D 施工单位投标报价大写金额小于小写金额；E 施工单位投标文件提供的检验标准和方法不符合招标文件的要求；F 施工单位投标文件中某分项工程的报价有个别漏报；其他施工单位的投标文件均符合招标文件要求。

☞问题：

1. 该项目施工招标在哪些方面不符合《中华人民共和国招标投标法》的有关规定？

2. 若某投标人在投标截止日前 2 天将投标文件送达业主。在开标时间前 2 小时，该投标人又递交了一份补充文件，其中声明将原报价降低 1%，招标人该如何处理此事？

3. 评标委员会是否应该对 A、C 这两家公司的投标文件进行评审？为什么？

4. 判别 B、D、E、F 四家施工单位的投标是否为有效标？说明理由。

5. 招标人根据什么确定中标人？中标人的投标应当符合什么条件？

4.1 建设工程招标投标制度

◆◇◆◇◆◇4.1.1 建设工程招标投标概述（立法宗旨和适用范围、调整对象和招标方式）

1. 建设工程招标投标立法的目的和适用范围

《中华人民共和国招标投标法》（以下简称《招标投标法》）是我国市场经济法律体系中的一部重要法律，于 1999 年 8 月 30 日经九届全国人大 11 次会议通过，同日公布，自 2000 年 1 月 1 日起实施。它是一部规范我国招标投标活动的基本法律。

以《招标投标法》为核心，以行政法规、部门规章和地方法律法规为补充，构建了我国建设工程招标投标法律体系。如《评标委员会和评标方法暂行规定》（七部委 12 号令）、《评标专家和评标专家库管理暂行办法》（国家计委令第 29 号）、《招标公告发布暂行办法》（国家发展计划委员会令第 4号）、《工程建设项目招标范围和规模标准规定》（国家发展计划委员会）等。

《招标投标法》第一条规定："为了规范招标投标活动，保护国家利益、社会公共利益和招标投标活动当事人的合法权益，提高经济效益，保证项目质量，制定本法。"同时在第二条规定："在中华人民共和国境内进行招标投标活动，适用本法。"

2. 建设工程招投标

招标投标是一种商品交易行为，包括招标和投标两个方面的内容。建设工程招标与投标（Construction Engineering Tendering and Bidding），就是建设工程的发包方事先标明其拟建工程的内容和要求，由愿意承包的单位递送标书，明确其承包工程的价格、工期、质量等条件，再由发包方从中择优选择工程承包方的一种交易方式。《招标投标法》对我国建设工程的招标项目范围、规模标准、招标方式等都做出了明确规定。

（1）依法必须进行招标项目的范围和规模标准

《招标投标法》规定：在中华人民共和国境内进行下列工程建设项目包括项目的勘察、设计、施工、监理以及与工程建设有关的重要设备、材料等的采购，必须进行招标。

① 大型基础设施、公用事业等关系社会公共利益、公众安全的项目。

② 全部或者部分使用国有资金投资或者国家融资的项目。

③ 使用国际组织或者外国政府贷款、援助资金的项目。

《工程建设项目招标范围和规模标准规定》（发改委，2000）对工程建设项目的招标范围和标准做出了具体解释。

① 项目规模和标准达到下列标准之一的，必须进行招标。

a. 施工单项合同估算价在 200 万元人民币以上的。

b. 重要设备、材料等货物的采购，单项合同估算价在 100 万元人民币以上的。

c. 勘察、设计、监理等服务的采购，单项合同估算价在 50 万元人民币以上的。

d. 单项合同估算价低于第 a、b、c. 项规定的标准，但项目总投资额在 3 000 万元人民币以上的。

② 可以不进行招标的范围。属于下列情形之一的，经项目主管部门批准，可以不进行招标，采用直接委托的方式发包建设任务。

a. 涉及国家安全、国家秘密的工程。

b. 抢险救灾工程。

c. 利用扶贫资金实行以工代赈、需要使用农民工等特殊情况。

d. 建筑造型有特殊要求的设计。

e. 采用特定专利技术、专有技术进行勘察、设计或施工。

f. 停建或者缓建后恢复建设的单位工程，且承包人未发生变更的。

g. 施工企业自建自用的工程，且该施工企业资质等级符合工程要求的。

h. 在建工程追加的附属小型工程或者主体加层工程，且承包人未发生变更的。

i. 法律、法规、规章规定的其他情形。

（2）招标方式

《招标投标法》第十条规定，招标分为公开招标和邀请招标。

公开招标（Public Bidding），是指招标人以招标公告的方式邀请不特定的法人或者其他组织投标。邀请招标（Invitation to Tender），是指招标人以投标邀请书的方式邀请特定的法人或者其他组织投标。两种方式的区别主要在于：

① 发布信息的方式不同。公开招标采用公告的形式发布；邀请招标采用投标邀请书的形式发布。

② 选择的范围不同。公开招标因使用招标公告的形式，针对的是一切潜在的对招标项目感兴趣

技术提示：

不属于强制招标投标的工程项目，可以直接发包，也可以采用招标投标的方式进行发包。当采用招标投标的方式进行发承包时，招标投标程序及招标投标中的相应规定可以参照《招标投标法》的规定执行。

的法人或其他组织，招标人事先不知道投标人的数量；邀请招标针对已经了解的法人或其他组织，而且事先已经知道投标者的数量。

③竞争的范围不同。公开招标使所有符合条件的法人或其他组织都有机会参加投标，竞争的范围较广，竞争性体现得也比较充分，招标人拥有绝对的选择余地，容易获得最佳招标效果；邀请招标中投标人的数量有限，招标人拥有的选择余地相对较小，有可能提高中标的合同价，也有可能将某些在技术上或报价上更有竞争力的承包商遗漏。

④公开程度不同。公开招标中，所有的活动都必须严格按照预先指定并为大家所知的程序和标准公开进行，大大减少了作弊的可能；相比而言，邀请招标的公开程度要逊色一些。

⑤时间和费用不同。由于邀请招标不发公告，招标文件只送几家，使整个招标的时间大大缩短，费用也相应减少。公开招标的程序比较复杂，从发布公告、投标人做出反应、评标，到签订合同，有许多时间上的要求，要准备许多文件，因而耗时较长，费用也比较高。

国家重点项目和地方重点项目应当进行公开招标。重点建设项目至少应具备两个标准：一是在投资规模上达到国家规定的大型或中型标准；二是在实际作用上对国民经济或本地区经济和社会发展有重大影响。这类项目大多属于基础设施、基础产业和支柱产业项目，或是高科技并能带动行业技术进步的项目。为保证对重点建设项目的管理，保证重点建设项目的工程质量和按期竣工，必须采用公开招标方式。

不适宜公开招标的重点项目，经批准可进行邀请招标。在某些特定情况下，如由于项目技术复杂或有特殊要求，涉及专利权保护，受自然资源或环境限制，新技术或技术规格事先难以确定等原因，可供选择的具备资格的投标单位数量有限，实行公开招标不适宜或不可行。招标人可选用邀请招标。

招标人采用邀请招标方式的，应当向3个以上具备承担招标项目的能力、资信良好的特定的法人或者其他组织发出投标邀请书。

（3）招标投标活动应遵循的基本原则

《建筑法》第十六条规定，建筑工程发包与承包的招标投标活动应当遵循公开、公正、平等竞争的原则，择优选择承包单位。《招标投标法》第五条也规定，招标投标活动应当遵循公开、公平、公正和诚实信用的原则。

①公开原则。招标投标活动的公开原则，首先要求招标投标活动的信息要公开。另外，开标的程序、评标的标准、中标的结果都应当公开。

②公平原则。招标投标活动的公平原则，就是要求招标人严格按照规定的条件和程序办事，给予所有投标人平等的机会，使其享有同等的权利并履行相应的义务，不歧视任何一方。

③公正原则。招标投标活动的公正原则包含两方面的含义：一是发包方应当根据公开、公正的招标原则，为承包方创造一个平等的机会，评标时按事先公布的标准对待所有的投标竞争者。发包单位及其工作人员在建设工程发包中不得收受贿赂、回扣或者索取其他好处。二是投标方在投标过程中，都处于平等竞争的地位，不允许任何一方享有在投标中的任何特权。

④诚实信用原则。所谓诚实信用原则，也称诚信原则，是民事活动的基本原则之一。招标投标当事人应以诚实、善意的态度行使权利，履行义务，以维持双方的利益平衡，以及自身利益与社会利益的平衡。

4.1.2 招标基本程序和规定

一个完整的招标投标过程，包括招标、投标、开标、评标和定标五个环节。招标作为起始步骤，其程序是否规范，关系到以后各个环节能否顺利进行，对于整个招标投标过程有着非常重要的意义。

1. 建设工程招标基本程序

建设工程招标按以下程序进行：

①组建招标工作机构；②提出招标申请并进行登记；③准备招标文件（2003版招标文件范本）、编制标底；④发布招标公告（法定有效媒介）；⑤发售、提交资格预审文件；⑥进行投标资格评审；⑦发售招标文件；⑧组织工程投标。

2. 招标人

招标人（The Tenderer）是指依照《招标投标法》规定提出招标项目、进行招标的法人或者其他组织。招标人具有编制招标文件和组织评标能力的，可以自行办理招标事宜。

（1）招标人自行招标应当具备的条件

①必须是法人或者其他组织。

②有与招标工程相适应的经济、技术管理人员。

③有组织编制招标文件的能力。

④有审查投标单位资质的能力。

⑤有组织开标、评标、定标的能力。

（2）招标人必须提出招标项目、进行招标

所谓"提出招标项目"，即根据实际情况和《招标投标法》的有关规定，提出和确定拟定招标的项目，办理有关审批手续，落实项目的资金来源等。"进行招标"，指提出招标方案、拟定或决定招标方式、编制招标文件、发布招标公告、审查潜在投标人资格、主持开标、组建评标委员会、确定中标人、订立书面合同等。

3. 招标项目的审批及资金保障

《招标投标法》第九条规定，招标项目按照国家有关规定需要履行项目审批手续的，应当先履行审批手续，取得批准，否则不得招标。招标人应当有进行招标项目的相应资金或者资金来源已经落实，并应当在招标文件中如实载明。

（1）招标项目的审批

拟招标的项目应当合法，这是开展招标工作的前提。依据国家有关规定应批准而未经批准的项目，或违反审批权限批准的项目均不得进行招标。

（2）招标人必须有招标项目的资金保障

招标人应当有进行招标项目的相应资金或者有确定的资金来源，这是招标人对项目进行招标并最终完成该项目的物质保证。招标人应该将资金数额和资金来源在招标文件中如实载明。

4. 招标代理机构

招标代理机构是依法设立，从事招标代理业务并提供相关服务的社会中介组织。

（1）工程建设项目招标代理的概念

工程建设项目招标代理是指工程招标代理机构接受招标人的委托，从事工程的勘察、设计、施工、监理以及与工程建设有关的重要设备（进口机电设备除外）、材料采购招标的代理业务。

（2）工程招标代理机构资格等级及业务范围

工程招标代理机构资格分为甲级、乙级和暂定级。

①甲级工程招标代理机构可以承担各类工程的招标代理业务。

②乙级工程招标代理机构只能承担工程总投资1亿元人民币以下的工程招标代理业务。

③暂定级工程招标代理机构，只能承担工程总投资6 000万元人民币以下的工程招标代理业务。

工程招标代理机构可以跨省、自治区、直辖市承担工程招标代理业务。任何单位和个人不得限制或者排斥工程招标代理机构依法开展工程招标代理业务。

甲级工程招标代理机构资格由国务院建设主管部门认定。乙级、暂定级工程招标代理机构资格由工商注册所在地的省、自治区、直辖市人民政府建设主管部门认定。

（3）申请工程招标代理资格的机构应当具备的条件

①是依法设立的中介组织，具有独立法人资格。

②与行政机关和其他国家机关没有行政隶属关系或者其他利益关系。

③有固定的营业场所和开展工程招标代理业务所需设施及办公条件。

④有健全的组织机构和内部管理的规章制度。

⑤具备编制招标文件和组织评标的相应专业力量。

⑥具有可以作为评标委员会成员人选的技术、经济等方面的专家库。

⑦法律、行政法规规定的其他条件。

申请甲级工程招标代理资格的机构，除具备上述规定的条件外，还应当具备下列条件：

①取得乙级工程招标代理资格满3年。

②近3年内累计工程招标代理中标金额在16亿元人民币以上（以中标通知书为依据）。

③具有中级以上职称的工程招标代理机构专职人员不少于20人，其中具有工程建设类注册执业资格人员不少于10人（其中注册造价工程师不少于5人），从事工程招标代理业务3年以上的人员不少于10人。

④技术经济负责人为本机构专职人员，具有10年以上从事工程管理的经验，具有高级技术经济职称和工程建设类注册执业资格。

⑤注册资本不少于200万元。

申请乙级工程招标代理资格的机构，除具备上述规定的条件外，还应当具备下列条件：

①已取得暂定级工程招标代理资格满1年。

②近3年内累计工程招标代理中标金额在8亿元人民币以上。

③具有中级以上职称的工程招标代理机构专职人员不少于12人，其中具有工程建设类注册执业资格人员不少于6人（其中注册造价工程师不少于3人），从事工程招标代理业务3年以上的人员不少于6人。

④技术经济负责人为本机构专职人员，具有8年以上从事工程管理的经历，具有高级技术经济职称和工程建设类注册执业资格。

⑤注册资本不少于100万元。

（4）工程招标代理机构禁止行为

①与所代理招标工程的招标投标人有隶属关系、合作经营关系以及其他利益关系。

②从事同一工程的招标代理和投标咨询活动。

③超越资格许可范围承担工程招标代理业务。

④明知委托事项违法而进行代理。

⑤采取行贿、提供回扣或者给予其他不正当利益等手段承接工程招标代理业务。

⑥未经招标人书面同意，转让工程招标代理业务，泄漏应当保密的与招标投标活动有关的情况和资料。

⑦与招标人或者投标人串通，损害国家利益、社会公共利益或他人合法权益。

⑧对有关行政监督部门依法责令改正的决定拒不执行或者以弄虚作假方式隐瞒真相。

⑨擅自修改经招标人同意并加盖了招标人公章的工程招标代理成果文件。

⑩涂改、倒卖、出租、出借或者以其他形式非法转让工程招标代理资格证书，或者法律、法规和规章禁止的其他行为。

（5）工程招标代理机构资信管理

①国务院建设主管部门和省、自治区、直辖市建设主管部门应当通过核查工程招标代理机构从业人员、经营业绩、市场行为、代理质量状况等情况，加强对工程招标代理机构资格的管理工作。

②招标代理机构取得工程招标代理资格后，不再符合相应条件时，建设主管部门可以责令其限期改正；逾期不改的，资格许可机关可以撤回其工程招标代理资格。以欺骗、贿赂等不正当手段取得工程招标代理资格证书的，应予以撤销。

③建设主管部门应当建立工程招标代理机构信用档案，并向社会公示。工程招标代理机构应当按照有关规定，向资格许可机关提供真实、准确、完整的企业信用档案信息。

④工程招标代理机构的信用档案信息应当包括机构基本情况、业绩、工程质量和安全、合同违约等情况。与所代理招标工程的招投标人有隶属关系、合作经营关系以及其他利益关系行为、被投诉举报处理的违法行为、行政处罚等情况应当作为不良行为记入其信用档案。

（6）工程招标代理机构违法责任

①工程招标代理机构隐瞒有关情况或者提供虚假材料申请工程招标代理机构申请资格的，资格许可机关不予受理或者不予行政许可，并给予警告，该机构1年内不得再次申请工程招标代理机构资格。

②工程招标代理机构以欺骗、贿赂等不正当手段取得工程招标代理机构资格的，由资格许可机关给予警告，并处3万元罚款；该机构3年内不得再次申请工程招标代理机构资格。

③工程招标代理机构不及时办理资格证书变更手续的，由原资格许可机关责令限期办理；逾期不办理的，可处1000元以上1万元以下的罚款。

④工程招标代理机构未按规定提供信用档案信息的，由原资格许可机关给予警告，责令限期改正；逾期未改正的，可处1000元以上1万元以下的罚款。

⑤未取得工程招标代理机构资格或者超越资格许可范围承担工程招标代理业务的，该工程招标代理无效，由原资格许可机关处以3万元罚款。

⑥工程招标代理机构涂改、倒卖、出租、出借或者以其他形式非法转让工程招标代理资格证书的，由原资格许可机关处以3万元罚款。

5. 招标公告和招标文件

（1）招标公告

《招标投标法》第十六条第一款规定："招标人采用公开招标方式的，应当发布招标公告。依法必须经招标的项目的招标公告，应当通过国家指定的报刊、信息网络或者其他媒体发布。"

为了规范招标公告发布行为，保证潜在投标人平等、便捷、准确地获取招标信息，根据《招标投标法》，国家计委于2000年7月1日制定第4号令《招标公告发布暂行办法》，对必须招标项目的招标公告发布活动做出如下主要规定：

①指定的媒介。

a. 国家发展计划委员会根据国务院授权，按照相对集中、适度竞争、分布合理的原则，制定发布依法必须招标项目的招标公告的报纸、信息网络等媒体（以下简称指定媒体），并对招标公告发布活动进行监督。指定媒体的名单由国家发展计划委员会另行公告。指定媒体的名称、住所发生变更的，应及时公告并向国家发展计划委员会备案。

b. 依法必须招标项目的招标公告必须在指定媒体发布。招标公告的发布应当充分公开，任何单位和个人不得非法限制招标公告的发布地点和发布范围。

c. 依法必须指定媒体发布招标项目的招标公告，不得收取费用，但发布国际招标公告的例外。

d. 指定报纸和网络应当在收到招标公告文本之日起七日内发布招标公告。指定媒体应与招标人或其委托的招标代理机构就招标公告的内容进行核实，经双方确认无误后在前款规定的时间内发布。拟发布的招标公告文本有该办法第十二条所列情形之一的，有关媒体可以要求招标人或其委托的招标代理机构及时予以改正、补充或调整。指定媒体发布的招标公告的内容与招标人或其委托的招标代理机构提供的招标公告文本不一致，并造成不良影响的，应当及时纠正，重新发布。

②招标公告。

a. 招标公告应当载明招标人的名称和地址、招标项目的性质、数量、实施地点和时间、投标截止日期以及获取招标文件的办法等事项。招标人或其委托的招标代理机构应当保证招标公告内容的真实、准确和完整。

b. 拟发布的招标公告文本应当由招标人或其委托的招标代理机构的主要负责人签名并加盖公

章。招标人或其委托的招标代理机构发布投标公告，应当向指定媒体提供营业执照（或法人证书）、项目批准文件的复印件等证明文件。

c．招标人或其委托的招标代理机构应至少在一家指定的媒体发布招标公告。指定报纸在发布招标公告的同时，应将招标公告如实抄送指定网络。招标人或其委托的招标代理机构在两个以上媒体发布的同一招标项目的招标公告的内容应当相同。

d．指定报纸和网络应当在收到招标公告文本之日起七日内发布招标公告。指定媒体应与招标人或其委托的招标代理机构就招标公告的内容及时核实，经双方确认无误后在前款规定的时间内发布。

《招标投标法》第十七条第一款规定："招标人采用邀请招标方式，应当向3个以上具备承担招标项目的能力、资信良好的特定法人或者其他组织发出投标邀请书。"

③违法责任。招标人或其委托的招标代理机构有下列行为之一的，由国家发展计划委员会和有关行政监督部门视情节依照《招标投标法》有关规定处罚。

（2）招标文件

《招标投标法》第十九条规定，招标人应当根据招标项目的特点和需要编制招标文件。招标文件应当包括招标项目的技术要求、对招标人资格审查的标准、投标报价要求、评标标准和方法以及开标、评标、定标的程序等所有实质性要求和条件以及拟签订合同的主要条款。

招标文件的内容一般包括：

①投标人须知。

②招标项目的性质、数量，技术规格和标准。

③投标价格的要求及其计算方式。

④评标的标准和方法。

⑤交货、竣工或提供服务的时间。

⑥投标人应当提供的有关资格的资信证明文件。

⑦投标保证金的数额或其他形式的担保。

⑧投标文件的编制要求，提供投标文件的方式、地点和截止时间。

⑨开标、评标、定标的日程安排。

⑩主要合同条款。

（3）标底的编制

根据2001年11月5日建设部令第107号发布的《建筑工程施工发包与承包计价管理办法》（2001年12月1日起施行），结合有关标准范本和工程实践，编制工程标底应遵守如下规定：

①标底的价格编制的原则。

a．标底价应由具有编制招标文件能力的招标人或其委托的具有相应资质的工程造价咨询机构、招标代理机构编制。

b．根据国家公布的统一工程项目划分，统一计量单位，统一计算规则及图纸、招标文件，并参照国家制定的基础定额，核报国家的行业、地方规定的技术标准规范（其中国家强制性标准必须遵守），以及市场的价格，确定工程量和编制标底价格。

c．标底的计价内容、计价依据应与招标文件的规定完全一致。

d．标底价格作为招标单位的期望计划价，应力求与市场的实际变化吻合，要有利于竞争和保证工程质量。

e．标底的价格应由成本（直接费、间接费）、利润、税金等组成，一般应控制在批准的总概算

技术提示：

在工程实践中，投标价格是否接近标底价格仍然是投标人能否中标的一个重要的条件。这是由于标底在投标中的重要作用，一些投标人为了中标，想方设法地打听标底，由此产生的违法问题在工程领域屡见不鲜。因此，招标人必须依照法律规定，对标底进行保密。

（或修正概算）及投资包干的限额内。

f. 一个工程只能有一个标底。

②标底的保密。

《招标投标法》第二十二条第二款规定："招标人设有标底的，标底必须保密。"我国工程建设领域，标底仍然得到普遍的应用。

（4）对投标人资格的审查

《招标投标法》第十八条规定，招标人可以根据招标项目本身的要求，在招标公告或者投标邀请书中，要求潜在投标人提供有关资质证明文件和业绩情况，并对潜在投标人进行资格审查。招标人不得以不合理的条件限制或者排斥潜在的投标人，不得对潜在的投标人实行歧视待遇。

所谓潜在投标人，是指在知悉招标人公布的招标项目的有关条件和要求后，有可能愿意参加投标竞争的供应商或者承包商。

①资格审查的内容。资格审查通常主要包括如下内容：

a. 投标人投标合法性审查。包括投标人是否是正式注册的法人或其他组织；是否具有独立订立合同的权利、圆满履行合同的能力；是否处于正常经营状态，有没有处于被责令停业，财产被接管、冻结、破产状态；在最近几年内有没有与骗取合同有关的犯罪或严重违法行为。

b. 对投标人投标能力的审查。包括投标人资质等级、资本、财务状况、以往承担类似项目的业绩、经验与信誉、履约能力、技术和施工方法、人员配备及管理能力等。

②资格审查的方式。招标人对投标人的资格审查可以分为资格预审和资格后审两种方式。

资格预审是指招标人在发出招标公告或招标邀请书以前，先发出资格预审的公告或邀请，要求潜在投标人提交资格预审的申请及有关证明资料，经资格预审合格的，方可参加正式的投标竞争。

资格后审是指招标人在投标人提交投标文件后或经过评标已有中标人选后，再对投标人或中标人选是否有能力履行合同义务进行审查。

（5）招标文件的发售

招标文件、图纸和有关基础资料发放给通过资格预审或投标资格的投标单位。不进行资格预审的，发放给愿意参加投标的单位。投标单位收到招标文件、图纸和有关资料后，应当认真核对，核对无误后以书面形式予以确认。

在工程实践中，经常会出现招标人以不合理的高价发售招标文件的现象。对此，《房屋建筑和市政基础设施工程施工招标投标管理办法》第二十二条规定："招标人对于发出的招标文件可以酌收工本费。"根据该项规定，借发售招标文件的机会谋取不正当利益的行为是法律所禁止的。对于招标文件中的设计文件，《房屋建筑和市政基础设施工程施工招标投标管理办法》第二十二条规定："招标人可以酌收押金，对于开标后将设计文件退还的，招标人应当退还押金。"

（6）招标文件的澄清和更改

招标文件对招标人具有法律约束力，一经发出，不得随意更改。

根据《招标投标法》第二十三条的规定："招标人对已发出的招标文件进行必要的澄清或者修改的，应当在招标文件要求提交的投标文件截止时间至少15日前，以书面形式通知所有招标文件收受人。该澄清或者修改的内容为招标文件的组成部分。"

同时，根据《房屋建筑和市政基础设施工程施工招标投标管理办法》第二十条的规定，招标人对工程施工招标文件进行必要的澄清或者修改的，除应当履行《招标投标法》第二十三条要求的法定义务以外，还应当同时报工程所在地的县级以上地方人民政府建设行政主管部门备案，该澄清或者修改的内容为招标文件的组成部分。

招标人应保管好证明澄清或修改通知已发出的有关文件（如邮件回执等）；投标单位在收到澄清和修改通知后，应书面予以确认，该确认书双方均应妥善保管。

6. 工程招标的其他规定

（1）招标人的保密义务

《招标投标法》第二十二条第一款规定："招标人不得向他人透露已获取招标文件的潜在投标人的名称、数量以及可能影响公平竞争的有关招标投标的其他情况。"同时，《招标投标法》第二十二条第二款规定："招标人设有标底的，标底必须保密。"

（2）现场勘察

招标人根据招标项目的具体情况，可以组织潜在投标人踏勘项目现场。

招标人组织投标人对项目实施现场的经济、地理、地质、气候等客观条件和环境进行的现场调查，以便使投标人了解以下内容：

①施工现场是否达到招标文件规定的条件；②施工的地理位置和地形、地貌；③施工现场的地址、土质、地下水位、水文等情况；④施工现场的气候条件、如气温、湿度、风力等；⑤施工现场的环境，如交通、供水、供电、污水排放等；⑥临时用地、临时设施搭建等。

（3）对政府及其所属部门权力限制的规定

政府及其所属部门不得滥用行政权力，限定发包单位将招标发包的建筑工程发包给指定的承包单位。

（4）投标文件的准备时间

招标人应当确定投标人编制投标文件所需要的合理时间。在工程实践中，利用投标截止时间也是规避招标的常用手段之一。对此，《招标投标法》第24条规定："招标人应当确定投标人编制投标文件所需要的合理时间；但是，依法必须进行招标的项目，招标文件开始发出之日起至投标提交投标文件截止之日止，最短不得少于二十日。"

4.1.3 投标规定

1. 投标人

投标人（the Bidder）是响应招标、参加投标竞争的法人或者其他组织，不包括自然人。但是，自然人可以作为投标主体参加科研项目投标活动。

所谓响应招标，是指获得招标信息或收到投标邀请书后购买投标文件，接受资格审查，编制投标文件等活动。参加投标竞争是指按照招标文件的要求在规定的时间内提交投标文件。

（1）投标人应符合资质等级条件

投标人具备承担招标项目的能力主要表现在企业的资质等级上。资质等级证书就是企业唯一的进

技术提示：

有的地方和部门以加强市场管理之名，通过种种手段设置障碍，以保护本地区、本部门的企业。2001年5月国务院发出了《关于整顿和规范市场秩序的决定》，要求彻底清理并废除各地各部门制定的带有地方封锁和行业垄断内容的规章，禁止任何单位和个人违反法律、行政法规，以任何形式阻止干预工程技术类服务进入本地市场。

入建筑市场的合法证件。禁止任何部门采取资质等级以外的其他任何资信、许可等建筑市场准入限制。

（2）投标人应符合其他条件

招标文件对投标人的资格条件有规定的，投标人应当符合该规定条件，如相应的工作经验与业绩证明。但招标人不得以不合理条件限制或排斥潜在投标人，不得对潜在投标人实行歧视待遇。

（3）联合体投标

所谓联合体投标，是指两个以上法人或者其他组织可以组成一个联合体，以一个投标人的身份共同投标的行为。在工程实践中，尤其是在国际工程承包中，联合投标是实现不同投标人优势互补，跨越地区和国家市场竞争的有效方法。《建筑法》第二十七条规定，大型建筑工程或者结构复杂的建筑工程，可以由两个以上的承包单位联合共同承包。

① 联合投标的含义。根据《招标投标法》第三十一条第一款的规定，联合投标是指"两个以上

法人或者其他组织可以组成一个联合体，以一个投标人的身份共同投标"。

②联合体各方的资格要求。《招标投标法》第三十一条第二款规定的："联合体各方均应当具备承担招标项目的相应能力；国家有关规定或者招标文件对投标人资格条件有规定的，联合体各方均应当具备规定的相应资格条件。由同一专业的单位组成的联合体，按照资质等级较低的单位确定资质等级。"

③联合体的各方的权利和义务。《招标投标法》第三十一条第二款规定："联合体各方应当签订共同投标协议，明确约定各方应承担的工作和责任，并将共同投标协议连同投标文件一并提交招标人。联合体中标的，联合体各方应当共同与招标人签订合同，就中标项目向招标人承担连带责任。"

④投标人的意思自治。《招标投标法》第三十一条第二款规定："招标人不得强制投标人组成联合体，不得限制投标人之间的竞争。"这就是说，投标人是否组成联合体，与谁组成联合体，都由投标人自行决定，任何人不得干涉。

所以，关于投标联合体的定位应该是：

a. 联合体的联合各方为法人或者法人之外的其他组织。

b. 联合体是一个临时性的组织，不具有法人资格。

c. 进行联合承包的工程项目必须是大型或结构复杂的建筑工程。

d. 是否组成联合体由联合体各方自己决定。

e. 联合体对外"以一个投标人的身份共同投标"。

2. 建设工程投标的基本程序

①获得招标信息，接受招标单位的资格审查，提供相应的审查文件。

②通过审查的施工单位，及时购买招标文件、施工图纸和有关的资料。

③组织相关人员研究招标文件，制订工程承包方案，确定投标价格。

④按期参加招标答疑和现场勘察，调整和修改施工方案及报价。

⑤根据要求编制完整的工程投标文件，按规定送达招标文件中指定的时间地点。

⑥按期参加开标会。如果中标，在规定的时间内与招标单位签订工程承包合同。

3. 投标文件的编制与报送

（1）投标文件的编制要求

编制投标文件应当符合下述两项基本要求：

①投标人应当按照招标文件的要求编制投标文件。投标人只有按照招标文件载明的要求编制自己的投标文件，才有中标的可能。

②根据《招标投标法》第二十七条第一款的规定："投标人应当按照招标文件的要求编制投标文件。投标文件应当对招标文件提出的实质性要求和条件做出响应。"第二款规定："招标项目属于建设施工的，投标文件的内容应当包括拟派出的项目负责人与主要技术人员的简历、业绩和拟用于完成招标项目的机械设备等。"

同时，根据《房屋建筑和市政基础设施工程施工招标投标管理办法》第二十五条第二款的规定："招标文件允许投标人提供备选标的，投标人可以按照招标文件的要求提交替代方案，并做出相应报价作备选标。"

投标文件应当对招标文件提出的实质性要求和条件做出响应。这是指投标文件的内容应当对招标文件规定的实质要求和条件（包括招标项目的技术要求、投标报价要求、技术规范、合同的主要条款和评标标准等）做出回答，不能存有遗漏、回避或重大的偏离。否则将被视为废标，失去中标的可能。

（2）投标文件的编制

根据《房屋建筑和市政基础设施工程施工招标投标管理办法》第二十六条的有关规定，投标文件应当包括下列内容：

①投标函：用以证明投标人商业资信、合法性的文件，如营业执照、资质证书、近两年的财务会计报表及下一年的财务预测报告等投标人的财务状况；全体员工人数特别是工程技术人员的数量；现

有的主要施工任务，包括在建或者尚未开工的工程；工程进度等。

②施工组织设计或者施工方案。

③投标报价。

④招标文件要求提供的其他材料。

根据上述规定结合工程实际，招标文件要求提供的其他材料一般应包括以下内容：

①投标保证书或投标保证金。

②法定代表人资格证明书或授权委托书。

③拟派出的项目负责人和主要技术人员的简历。包括项目负责人和主要技术人员姓名、文化程度、专业、职务、职称、参加过的工程业绩等情况。

④拟用于完成招标项目的机械设备。通常应将投标方自有的拟用于完成招标项目的机械设备以表格的形式列出，主要包括机械设备的名称、型号规格、数量、国别产地、制造年份、主要技术性能等内容。

⑤拟分包的工程和分包商的情况。根据《招标投标法》第三十条和《建筑法》的有关规定，分包仅限于非主体、非关键性的工作；施工总承包的，建筑工程主体结构的施工必须由总承包单位自行完成。

（3）投标文件的补充、修改、撤回和报送

投标人在招标文件要求提交投标文件的截止时间前，可以补充、修改或者撤回已提交的投标文件，并书面通知招标人。补充、修改的内容为投标文件的组成部分。

补充是指对投标文件中遗漏和不足的部分进行增补。修改是指对投标文件中已有的内容进行修订。撤回是指收回全部投标文件，或者放弃投标，或者以新的投标文件重新投标。

投标人应当在招标文件要求提交投标文件的截止时间前，将投标文件送达投标地点。招标人收到投标文件后，应当签收保存，不得开启。投标人少于3个的，招标人应当重新招标。

4. 投标担保

（1）投标担保的概念

所谓投标担保，是为防止投标人不审慎进行投标活动而设定的一种担保形式。招标人不希望投标人在投标有效期内随意撤回标书或中标后不能提交履约保证金和签署合同。因此，为了约束投标人的投标行为，保护招标人的利益，维护招标投标活动的正常秩序，《房屋建筑和市政基础设施工程施工招标投标管理办法》第十七条对投标担保制度作了规定，这既是对《招标投标法》的必要补充，也是符合国际惯例的。投标保证金的收取和交纳办法，应在招标文件中说明，并按招标文件的要求进行。

（2）投标担保的形式和有效期限

① 投标担保的形式。《房屋建筑和市政基础设施工程施工招标投标管理办法》第二十七条规定，招标人可以在招标文件中要求投标人提交投标担保。投标担保可以采用投标保函或者投标保证金的方式，其中后者为工程实践中的投标担保的最主要形式。投标保证金可以使用支票、银行汇票等，一般不得超过投标总价的2%，最高不得超过80万元。投标人应当按照招标文件中要求的方式和金额，将投标保函或者投标保证金随投标文件提交招标人。

② 投标保证金的期限。投标保证金有效期为到签订合同或提供履约保函为止，一般为投标有效期截止后的第28天。

③ 投标保证金可能被没收的几种情形：

a. 投标人在有效期内撤回其投标文件。

b. 中标人未能在规定期限内提交履约保证金或签署合同协议。

5. 投标文件的补充、修改和撤回

《招标投标法》第二十九条规定："招标人在招标文件要求提交投标文件的截止时间前，可以补充、修改或者撤回已提交的投标文件，并书面通知招标人。补充、修改的内容为招标文件的组成部分。"

6. 投标的时间要求

投标人应当在招标文件要求提交投标文件的截止时间前，将投标文件送达投标地点。在截止时间后送达的投标文件，招标人应当拒收。如发生地点方面的误送，由投标人自行承担后果。

7. 投标人的禁止行为

①禁止投标人之间串通投标或投标人与招标人之间串通投标。所谓投标人之间串通就是投标人秘密接触，并就投标价格达成协议，或者哄抬投标报价或者故意压低投标报价，以达到排挤其他投标人的目的，从而损害招标人或其他投标人的合法权益。

《招标投标法》规定，投标人不得相互串通投标报价，不得排挤其他投标人的公平竞争，损害招标人或者其他投标人的合法权益。以下行为均属于投标人串通投标报价：

a. 投标人之间相互约定抬高或压低投标报价。

b. 投标人之间相互约定，在招标项目中分别以高、中、低价位报价。

c. 投标人之间先进行内部竞价，内定中标人，然后再参加投标。

d. 投标人之间其他串通投标报价的行为。

《招标投标法》规定，投标人不得与招标人串通投标，损害国家利益，社会公共利益或者他人的合法权益。以下行为均属于招标人与投标人串通投标：

a. 招标人在开标前开启投标文件，并将投标情况告知其他投标人，或者协助投标人撤换投标文件，更改报价。

b. 招标人向投标人泄漏标底。

c. 招标人与投标人商定，投标时压低或者抬高标价，中标后再给投标人或者招标人额外补偿。

d. 招标人预先内定中标人。

e. 其他串通投标行为。

②投标人不得以行贿手段谋取中标。投标人以行贿的手段谋取中标是违背招标投标法基本原则的行为，对其他投标人是不公平的。

《招标投标法》规定：禁止投标人以向招标人或者评标委员会成员行贿的手段谋取中标。投标人以行贿手段谋取中标的法律后果是中标无效，有关责任人和单位应当承担相应的行政责任或刑事责任，给他人造成损失的，还应当承担民事赔偿责任。

③投标人不得以低于成本的报价竞标。《招标投标法》规定，投标人不得以低于成本的价格竞标。

投标人以低于成本的报价竞标，其目的主要是为了排挤其他对手。法律做出这一规定的主要目的：一是为了避免出现投标在以低于成本的报价中标后，再以粗制滥造、偷工减料等违法手段不正当地降低成本，挽回其低价中标的损失，给工程质量造成危害。二是为了维护正常的投标竞争秩序，防止产生投标人以低于成本的报价进行不正当竞争，损害其他以合理报价进行竞争的投标人的利益。

④投标人不得以非法手段骗取中标。《招标投标法》规定，投标人不得以他人名义投标或者以其他方式弄虚作假，骗取中标。在工程实践中，投标人以非法手段骗取中标的现象大量存在，主要表现在以下几个方面：

a. 非法挂靠或借用其他企业的资质证书参加投标。

b. 投标文件中故意在商务上和技术上采用模糊的语言骗取中标，中标后提供低档劣质货物、工程或服务。

c. 投标时递交虚假的业绩证明、资格文件。

d. 假冒法定代表人签名，私刻公章，递交假的委托书等。

❖❖❖❖ 4.1.4　开标、评标、中标规定

建设工程项目的开标、评标、定标由建设单位依法组织实施，并接受有关行政主管部门的监督。在工程招投标的开标、评标、定标的过程中，建设单位是全部活动过程中的组织者，建设单位的权利有：邀请有关部门参加开标会议，当众宣布评标、定标办法，启封投标书及补充函件，公布投标书的主要内容和标底；经建设行政主管部门委托的招投标机构审查批准后组建评标小组；对于评标小组提

出的中标单位的建议有确认权；与中标单位签订工程承包合同。

1. 开标

（1）开标的概念

开标（Opening of Bids）是由投标截止之后，招标人按招标文件所规定的时间和地点，开启投标人提交的投标文件，公开宣布投标人的名称、投标价格及投标文件中的其他主要内容的活动。

（2）开标的时间、地点、主持人和参加人员

招标投标活动经过招标阶段和投标阶段之后，便进入了开标阶段。为了保证招标投标的公平、公正、公开，开标的时间和地点应遵守法律和招标文件中的规定。根据《招标投标法》第三十四条的规定："开标应当在招标文件确定的提交投标文件截止时间的同一时间公开进行；开标地点应当为招标文件中预先确定的地点。"同时，《招标投标法》第三十五条规定："开标由招标人主持，要求所有投标人参加。"

根据这一规定，招标文件的截止时间即是开标时间，这可避免在开标与投标截止时间有时间间隔，从而防止泄漏投标内容等一些不端行为的发生。

开标地点为招标文件预先确定的地点，应该说明这一点，招标活动并不都是必须在有形建筑市场内进行。

开标主持人可以是招标人，也可以是招标人委托的招标代理机构。开标时，除邀请所有投标人参加外，还可邀请招标监督部门、监察部门的有关人员参加，也可委托公证部门参加。

（3）开标应当遵守的法定程序

根据《招标投标办法》的规定，开标应当严格按照法定程序和招标文件载明的规定进行。包括：按照规定的开标时间宣布开标开始；核对出席开标的投标人身份和出席人数；安排投标人或其代表检查投标文件密封情况后指定工作人员监督拆封；组织唱标、记录；维护开标活动的正常秩序等。

①开标前的检查。开标时，由投标人或者其推选的代表检查投标文件的密封情况，也可以由招标人委托的公证机构检查并公证。如投标文件没有密封或有被开启的痕迹，应被认定为无效。

②投标文件的拆封、当众宣读。经确认无误后，投标截止日期前收到的所有投标文件都应当当众拆封，宣读投标人名称、投标价格和投标文件的其他主要内容。

③开标过程的记录和存档。按照《招标投标法》第三十六条的规定，开标过程应当记录，并存档备查。在宣读投标人名称、投标的价格和投标文件的其他主要内容时，招标主持人对公开开标所读的每一页，按照开标时间的先后顺序进行记录。开标机构应当事先准备好开标记录的登记册，开标填写后作为正式记录，保存于开标机构。

开标记录的内容包括：项目名称、投标号、刊登招标公告的日期、发售招标文件的日期，购买招标文件的单位名称、投标人的名称及报价、投标截止后收到投标文件的处理情况，开标时间、开标地点、开标时具体参加单位、人员、唱标的内容等开标过程中的重要事项等。

开标记录有主持人和其他工作人员签字确认后，存档备案。

（4）开标时，无效标书（废标）的认定

根据《房屋建筑和市政基础设施工程施工招标投标管理办法》第三十五条的规定，在开标时，投标文件出现下列情形之一的，应当作为无效投标文件，不得进入评标：

①投标文件未按照招标文件的要求予以密封的。

②投标文件中的投标函未加盖投标人的企业及企业法定代表人印章的，或者企业法定代表人委托代理人没有合格、有效的委托书（原件）及委托代理人印章的。

③投标书未按规定格式填写，内容不全或字迹模糊不清的。

技术提示：

开标的时间、地点、主持人和参加人员，开标的程序、无效标书（废标）的认定等都必须严格按照《招标投标法》的规定执行，在学习中应该熟练掌握。

④投标书逾期送达的。

⑤投标人未按照招标文件的要求提供投标保函或者投标保证金的。

⑥组成联合体投标的，投标文件未附联合体各方共同投标协议的。

⑦投标单位未参加会议的。

2. 评标

（1）评标的概念

评标（Bid Evaluation）就是依据招标文件的要求和规定，在工程开标后，由招标单位组织评标委员会对各投标文件进行审查、评审和比较。评标人评标时应用科学方法，以公正、平等、经济合理、技术先进为原则，并按规定的评标标准进行评标。

（2）评标委员会

①评标委员会的组成。

a. 评标委员会由招标人依法组建，负责评标活动。

b. 评标委员会由招标人或其委托的招标代理机构的代表，以及技术经济等方面的专家组成，成员人数为五人以上单数，其中技术、经济等方面专家不得少于成员总数的 2/3。

c. 委员会设负责人的，可由招标人指定或由评标委员会成员推选。评标委员会负责人与其他成员有同等表决权。

②评标委员会专家的选取。评标委员会的专家成员应当从当地地市级以上人民政府有关部门提供的专家名册或招标代理机构的专家名册中选取。

一般招标项目可采取随机抽取的方式，特殊招标项目因有特殊要求或技术特别复杂，只有少数专家能够胜任的，可由招标人直接确定。

③评标委员会的权利与义务。

技术提示：

当抽取到的评标专家与招标人或投标人有利害关系时，该评标专家必须回避，另行重新抽取。

评标委员会的权利：

a. 独立评审权。评标委员会的独立活动不受外界的非法干预与影响。

b. 澄清权。评标委员会可以要求投标人对投标文件中含义不明确的内容作必要的澄清或者说明，以确认其正确内容，但不得超出投标文件的范围或改变投标文件的实质内容。

c. 推荐权或确定权。评标委员会有推荐中标候选人的权利或根据招标人的授权直接确定中标人。

d. 否决权。评标委员会经评审，认为所有投标都不符合招标文件的要求，可以否决所有投标。

评标委员会的义务：

a. 评标委员会完成评标后，应当向招标人提出书面评标报告，并推荐合格的中标人。

b. 必须严格按照招标文件确定的评标标准和方法评标，不得有任何背离。

c. 评标委员会应当客观、公正地履行职务，遵守职业道德，对所有的评审意见承担个人责任。

d. 评标委员会成员不得私下接触投标人，不得收受投标人的财物或其他好处。

e. 不得透露对投标文件的评审和比较，中标候选人的推荐情况以及与评标有关的其他情况。

（3）评标标准

2001 年 7 月 5 日国家计委、建设部等七部委联合发布了《评标委员会和评标方法暂行规定》。根据该暂行规定及有关规定，评标应遵守如下法律规定：

①评标方法。评标委员会应当根据招标文件规定的评标标准和方法，对投标文件进行系统的评审和比较。招标文件中没有规定的标准和方法不得作为评标的依据。招标文件中规定的评标标准和评标方法应当合理，不得含有倾向或者排斥潜在投标人的内容，不得妨碍或者限制投标人之间的竞争。

评标方法包括经评审的最低投标价法、综合评估法或者法律、行政法规允许的其他评标方法。

②应作为废标处理的几种情况：

a. 以虚假方式谋取中标。在评标过程中，评标委员会发现投标人以他人的名义投标、串通投标、以行贿手段谋取中标或者以其他弄虚作假方式投标的，该投标人的投标应作废标处理。

b. 低于成本报价竞标。在评标过程中，评标委员会发现投标人的报价明显低于其他投标报价或者在设有标底时明显低于标底，使得其投标报价可能低于其个别成本的，应当要求该投标人做出书面说明并提供相关证明材料。投标人不能合理说明或者不能提供相关证明材料的，由评标委员会认定该投标人以低于成本报价竞标，其投标应作废标处理。

c. 不符合资格条件或拒不对投标文件澄清、说明或改正。投标人资格条件不符合国家有关规定和招标文件要求的，或者拒不按照要求对投标文件进行澄清、说明或补正的，评标委员会可以否决其投标。

d. 未能在实质上响应的投标。评标委员会应当审查每一投标文件是否对投标文件提出的所有实质性要求和条件做出响应。未能在实质上响应的投标（或投标发生重大偏差，见下文），应作废标处理。

（4）投标偏差

评标委员会应当根据招标文件，审查并逐项列出投标文件的全部投标偏差。投标偏差分为重大偏差和细微偏差。下列情况属于重大偏差：

①没有按照招标文件要求提供投标担保或者所提供的投标担保有瑕疵。

②投标文件没有投标人授权代表签字或没有加盖公章。

③投标文件载明的招标项目完成期限超过招标文件规定的期限。

④明显不符合技术规格、技术标准的要求。

⑤投标文件载明的货物包装方式、检验标准和方法等不符合招标文件的要求。

⑥投标文件附有招标人不能接受的条件。

⑦不符合招标文件中规定的其他实质性要求。

招标文件有上述情形之一的，为未能对招标文件做出实质性响应，作废标处理。招标文件的重大偏差另有规定的，遵从其规定。

细微偏差（Slight Deviations）是指投标文件在实质上响应招标文件要求，但在个别地方存在漏项或者提供了不完整的技术信息和数据等情况，并且补正这些遗漏或者不完整不会对其他投标人造成不公平的结果。细微偏差不影响投标文件的有效性。评标委员会应当书面要求存在细微偏差的投标人在评标结束前予以补正。拒不补正的，在详细评审时可以对细微偏差作不利于该投标人的量化，量化标准应当在投标文件中规定。

3.定标

定标（Calibration）又称工程决标，是招标单位根据评标委员会评议的结果，择优确定中标单位的过程。

（1）中标条件

①能够最大限度地满足招标文件中规定的各项综合评价标准。

②能够满足招标文件的实质性要求，并且经评审的投标价格最低；但是投标价格低于成本的除外。

（2）发出中标通知书

《招标投标法》第四十五条第一款规定："中标人确定后，招标人应当向中标人发出中标通知书，同时通知未中标人。"中标通知书，是指招标人在确定中标人后向中标人发出的通知其中标的书面凭证。投标人提交的投标属于一种要约，招标人向投标人发出的中标通知书则为对投标人要约的承诺。中标通知书对招标人和投标人都具有法律效力。

（3）中标通知书的法律效力

《招标投标法》第四十五条第二款规定："中标通知书对招标人和中标人具有法律效力。中标通知书发出后，招标人改变中标结果，或者中标人放弃中标项目的，应当依法承担法律责任。"

除不可抗力外，招标人改变中标结果的，应当适用定金罚则双倍返还中标人提交的投标保证金，给中标人造成的损失超过返还的投标保证金数额的，还应当对超出部分予以赔偿；未收取投标保证金的，对中标人的损失承担赔偿责任。如果是中标人放弃中标项目，不与招标人签订合同，则招标人对其已经提交的投标保证金不予退还，给招标人造成的损失超过投标保证金数额的，还应当对超过部分予以赔偿；未提交投标保证金的，对招标人的损失承担赔偿责任。

（4）提供履约担保和付款担保，订立工程合同

中标通知书发出的另一个法律后果是招标人和中标人应当在法律规定的时间内订立书面合同。《招标投标法》第46条规定："招标人和中标人应当自中标通知书发出之日起30日内，按照招标文件和中标人的投标文件订立书面合同。招标人与中标人不得再行订立背离合同实质性内容的其他协议。"

一般情况下，合同自承诺生效时成立，但《合同法》第三十二条规定："当事人采取合同书形式订立合同的，自双方当事人签字或者盖章时合同成立。"建设工程合同的订立就属于这种情况。

建设工程合同订立的依据是招标文件和中标人的投标文件，双方不得再订立有违背合同实质性内容的其他协议。"合同实质性内容"包括投标价格、投标方案等涉及招标人和中标人权利义务关系的实体内容。如果允许招标人和中标人可以再行订立背离合同实质性内容的其他协议，就违背了招标投标活动的初衷，对其他未中标人来讲也是不公正的。因此对于这类行为，法律必须予以严格禁止。

①中标人提供履约担保。提供履约担保是针对中标人而言的。《招标投标法》第四十六条第三款规定："招标文件要求中标人提交履约保证金的，中标人应当提交。"要求中标人提供履约担保，是国际工程惯例。所谓履约担保，是指招标人在招标文件中规定的要求中标的投标人提交的保证履约合同义务的担保。履约担保除可以采用履约保证金这种形式外，还可以采用银行、保险公司或担保公司出具履约保函，通常为建设工程合同金额的10%左右。招标文件中，招标人应当就提交履约担保的方式做出规定，中标人应当按照招标文件中的规定提交履约担保。中标人不按照招标文件的规定提交履约担保的，将失去订立合同的资格，其已提交的投标担保金不予退还。

②招标人提供付款担保。提供付款担保是针对招标人而言的。《房屋建筑和市政基础设施工程施工招标投标管理办法》第四十八条规定："招标文件要求中标人提交履约担保的，中标人应当提交。招标人应当同时向中标人提供工程款支付担保。"

要求招标人提供的付款担保，同样是国际工程惯例。建设工程合同中设立付款担保条款，是为了保证招标人（发包人）按合同约定向中标人（承包人）支付工程款。《合同法》规定，当事人应当遵循公平原则确定双方的权利义务，据此，建设工程合同当事人的权利和义务应当是对等的。工程实践中，工程款拖欠屡禁不止的重要原因之一是缺乏有效的招标人付款担保制度。《建设工程施工合同（示范文本）》（GF—1999—0201）第二部分通用条款第四十一条规定，发包人与承包人为了全面履行合同，应互相提供担保；《工程施工招投标管理办法》则以部门规章的形式确立了付款担保制度，是很有现实意义的。

③退还投标保证金。《评标委员会和评标方法暂行规定》，招标人与中标人签订合同后5个工作日内，应当向中标人和未中标人退还投标保证金。

④招标人和中标人订立合同应遵守的规定：

a. 中标人应当按照合同约定履行义务，完成中标项目。即中标人必须全面履行合同，不得部分履行、拒绝履行、延迟履行、瑕疵履行，不得撕毁合同。

b. 中标人不得向他人转让中标项目，也不得将中标项目肢解后分别向他人转让。

c. 中标人按照合同约定或者经招标人同意，可以将中标项目的部分非主体、非关键性工作分包给他人完成。接受分包的人应当具备相应的资格条件，并不得再次分包。

d. 中标人应当就分包项目向招标人负责，接受分包的人就分包项目承担连带责任。

（5）中标无效的几种情况

①招标代理机构违反招标投标法规定，泄漏应当保密的与招标投标活动有关的情况和资料的，或与招标人、投标人串通损害国家利益、社会公共利益或者他人的合法权益，影响中标结果的，中标无效。

②依法必须进行招标的项目的招标人向他人透露已获取招标文件的潜在投标人的名称、数量或

者可能影响公平竞争的有关招标投标的其他情况的，或者泄漏标底的，影响中标结果的，中标无效。

③投标人相互串通投标或者与招标人串通投标的，投标人以向招标人或者评标委员会成员行贿的手段谋取中标的，中标无效。

④投标人以他人名义投标或者以其他方式弄虚作假，骗取中标的，中标无效。

⑤依法必须进行招标的项目，招标人违反法律规定，与投标人就投标价格、投标方案等实质性内容进行谈判，影响中标结果的，中标无效。

⑥招标人在评标委员会依法推荐的中标候选人以外确定中标人的，或依法必须进行招标的项目的所有投标被评标委员会否决后自行确定中标人的，中标无效。

4.2 建设工程发包与承包 ⫴

4.2.1 建设工程发包与承包的特征与原则

1. 建设工程发包与承包

（1）建设工程发包与承包的概念

建筑工程发包与承包（Contract Awarding and Contracting of Construction Projects）是指建设单位将待完成的建筑勘察、设计、施工等工作的全部或其中一部分委托施工单位、勘察设计单位等，并按照双方约定支付一定的报酬，通过合同明确双方当事人的权利义务的一种法律行为。

建筑工程发包和承包的内容涉及建筑工程的全过程，包括可行性研究的承发包、工程勘察设计的承发包、材料及设备采购的承发包、工程施工的承发包、工程劳务的承发包、工程监理的承发包、工程项目管理的承发包等。但是在实践中，建筑工程承发包的内容较多的是指建筑工程勘察设计、施工的承发包。

（2）建设工程发包与承包的方式

①按获取任务的途径，分为直接发包与招标发包

《建筑法》第十九条规定："建筑工程依法实行招标发包，对不适于招标发包的可以直接发包"。也就是说，建筑工程的发包方式有两种，一种是招标发包，另一种是直接发包。而招标发包是最基本的发包方式。

a. 建设工程招标投标。建设工程招标投标（Construction Project Bidding）是指招标人（发包人）用招标文件将委托的工作内容和要求告知有兴趣参与竞争的投标人，让他们按规定条件提出实施计划和价格，然后通过评审比较选出信誉可靠、技术能力强、管理水平高、报价合理的可信赖单位（设计单位、监理单位、施工单位、供货单位），以合同形式委托其完成。各投标人依据自身能力和管理水平，按照招标文件规定的统一要求投标，争取获得承包资格的交易方式。

b. 建设工程直接发包。对不适用于招标发包的建设工程，或者法律法规未要求招标发包的建设工程，建设单位可以直接与承包单位签订承包合同，而将工程项目委托给承包方的交易方式。建设工程实行直接发包的，发包单位应当将建设工程发包给具有相应资质条件的承包单位。

②按承发包范围（内容）划分承发包方式：分为建设全过程承发包、阶段承发包和专项承发包。

a. 建设全过程承发包。建设全过程承发包又叫一揽子承包。它是指发包人一般只要提出使用要求、竣工期限或对其他重大决策性问题做出决定，承包人就可对项目建议、可行性研究、勘察设计、材料设备采购、建筑安装工程施工、职工培训、竣工验收，直到投产使用和建设后评估等全过程，实行全面总承包，并负责对各项分包任务和必要时被吸收参与工程建设有关工作的发包人的部分力量，进行统一组织、协调和管理。

主要适用于大中型建设项目。大中型建设项目由于工程规模大、技术复杂，要求工程承包公司

必须具有雄厚的技术经济实力和丰富的组织管理经验，通常由实力雄厚的工程总承包公司（集团）承担。这种承包方式的优点是：由专职工程承包公司承包，可以充分利用其丰富的经验，还可进一步积累建设经验，节约投资、缩短建设工期并保障建设项目的质量，提高投资效益。

b. 阶段承发包。它是指发包人、承包人就建设过程中某一阶段或某些阶段的工作，如勘察、设计或施工、材料设备供应等，进行发包承包。例如由设计机构承担勘察设计；由施工企业承担工业与民用建筑施工；由设备安装公司承担设备安装任务。其中，施工阶段承发包，还可依承发包的具体内容，再细分为以下三种方式：

（a）包工包料，即工程施工全部的人工和材料由承包人负责。

（b）包工部分包料，即承包人只负责提供施工的全部人工和一部分材料，其余部分材料由发包人或总承包人负责供应。

（c）包工不包料，又称包清工，实质上是劳务承包，即承包人（大多是分包人）仅提供劳务而不承担任何材料供应的义务。

c. 专项承发包。是指发包人、承包人就某建设阶段中的一个或几个专门项目进行发包承包。专项承发包主要适用于可行性研究阶段的辅助研究项目；勘察设计阶段的工程地质勘察、供水水源勘探，基础或结构工程设计、工艺设计，供电系统、空调系统及防灾系统的设计；施工阶段的深基础施工、金属结构制作和安装、通风阶段和电梯安装；建设准备阶段的设备选购和生产技术人员培训等专门项目。由于专门项目专业性强，常常是由有关专业分包人承包，所以，专项发包承包也称作专业发包承包。

（3）建设工程发包与承包原则

①工程发包规则

a. 发包方式必须合法。

b. 发包行为规范的规定。

c. 禁止肢解发包。

②工程承包规则

a. 承包单位承包工程应当依法取得资质，并在其资质等级许可的范围内从业。

b. 不得超过本企业资质等级许可的业务范围承揽工程。

c. 不得以其他企业名义承揽工程，也不得允许其他单位或个人以本企业名义承揽工程。

d. 关于转包的规定。

工程项目转包（Subcontract）是指承包方不履行承包合同约定的义务，将其承包的工程项目倒手转让给他人，不对工程承担技术、质量、经济等责任的行为。

（a）禁止工程项目转包。工程合同的签订，往往建立在发包人对承包人工作能力的全面考察的基础上，特别是采用招标投标方式签订的合同，发包方是按照公开、公平、公正的原则，经过一系列严格程序后，择优选定中标人作为承包人，与其订立合同的。转包合同的行为，损害了发包人的合法权益。

（b）转包的表现形式。从《建筑法》的规定来看，承包单位转包有两种基本表现形式，一是将全部工程转包；二是将全部工程肢解后以分包名义进行转包。禁止承包单位肢解分包和违法转包。

2. 建设工程发包与承包的一般性规定

建设工程承发包是发包方与承包方之间所进行的交易活动，因此，承发包双方必须共同遵循交易活动的一些基本规则，由此才能确保交易活动顺利、高效、公平地进行。《建筑法》将这些基本规则以法律的形式作了如下规定：

①承发包双方应当依法订立书面合同的义务。

②全面履行合同的义务。

③招标投标应当遵循公开、公平、公正、原则，依法进行。

④禁止承发包双方采用不正当竞争手段。

⑤建筑工程造价依法约定的义务。

⑥工程项目报建制度。

所谓报建制度（Reporting system），是指建设单位在工程立项批准后发包前，向所在地的建设行政主管部门办理拟建工程情况的申报和备案手续，以便建设行政主管部门全面掌握工程建设信息，并事先核定发包方式。

根据规定，建设单位或其代理机构在建筑工程可行性研究报告批准后，在工程勘测、设计发包前，应当持有关批准文件，向建筑工程所在地的省、市、自治区人民政府建设行政主管部门或其授权的机构办理报建手续，其他建设项目按国家和地方的有关规定向相应的建设行政主管部门申请办理报建手续，并交验工程项目立项的批准文件，包括银行出具的资信证明以及批准的建设用地等其他有关文件。

凡未报建的工程项目，不得办理招投标手续和发放施工许可证，设计、施工单位不得承接该项工程的设计和施工任务。

4.2.2 建设工程承包制度

（1）建设工程总承包规定

工程总承包（General Contract）是国际通行的建设工程项目组织实施的方式。国家提倡对建设工程实行总承包，禁止将建设工程肢解发包。建设工程的发包单位可以将建设工程的勘察、设计、施工、设备采购一并发包给一个工程总承包单位，也可以将建设工程勘察、设计、施工、设备采购的一项或者多项发包给一个工程总承包单位。该总承包单位可以将在自己承包范围内的若干专业性工作，再分包给不同的专业承包人去完成，并对其统一协调和监督管理。各专业承包人只同总承包人发生直接关系，不与发包人发生直接关系。

《建筑法》第二十九条规定：建筑工程总承包单位可以将承包工程中的部分工程发包给具有相应资质条件的分包单位；但是，除总承包合同中约定的分包外，必须经建设单位认可。施工总承包的，建筑工程主体结构的施工必须由总承包单位自行完成。

《建筑法》第二十九条还规定：建筑工程总承包单位按照总承包合同的约定对建设单位负责；分包单位按照分包合同的约定对总承包单位负责。总承包单位和分包单位就分包工程对建设单位承担连带责任。

总承包主要有两种情况：

一是建设全过程总承包，即承担从项目可行性研究开始，到勘察、设计、施工、验收交付使用为止的建设项目全过程承包。这样的工程俗称"交钥匙工程"。

二是建设阶段总承包。建设阶段总承包主要分为：

①勘察、设计、施工、设备采购总承包。

②勘察、设计、施工总承包。

③勘察、设计总承包。

④施工总承包。

⑤施工、设备采购总承包。

⑥投资、设计、施工总承包，即建设项目由承包商贷款垫资，并负责规划设计、施工，建成后再转让给发包人。

⑦投资、设计、施工、经营一体化总承包，通称 BOT 方式，即发包人和承包人共同投资，承包人不仅负责项目的可行性研究、规划设计、施工，而且建成后还负责经营几年或几十年，然后再转让给发包人。

（2）建设工程共同承包的规定

①共同承包也称为联合承包，是相对于独立承包而言的，指发包人将一项工程任务发包给两个

以上承包人，由这些承包人联合共同承包。

②联合承包只适用于大中型或结构复杂的工程。《招标投标法》第二十七条规定：大型建筑工程或者结构复杂的建筑工程，可以由两个以上的承包单位联合共同承包。共同承包的各方对承包合同的履行承担连带责任。

③参加联合的各方，通常是采用成立工程项目合营公司、合资公司、联合集团等联营体形式，推选承包代表人，协调承包人之间的关系，统一与发包人签订合同，共同对发包人承担连带责任。联合的各方资质范围和等级范围都必须满足工程项目的要求。《招标投标法》第二十七条规定：两个以上不同资质等级的单位实行联合共同承包的，应当按照资质等级低的单位的业务许可范围承揽工程。

④参加联营的各方仍都是各自独立经营的企业，只是就共同承包的工程项目必须事先达成联合协议，以明确各联合承包人的义务和权利，包括投入的资金数额、工人和管理人员的派遣、机械设备种类、临时设备的费用分摊、利润的分享以及风险的分担等等。并在投标时随投标文件一起提交，中标后共同与招标人签订合同。

⑤是否共同承包由参加联合的各方自己决定。但是在市场竞争日趋激烈的形势下，采取联合承包的方式，优越性十分明显，表现为：

a. 可以有效地减弱多家承包商之间的竞争，化解和防范承包风险。

b. 促进承包商在信息、资金、人员、技术和管理上互相取长补短，有助于充分发挥各自的优势。

c. 增强共同承包大型或结构复杂的工程的能力，增加了中大标、中好标，共同获取更丰厚利润的机会。

（3）建设工程分包的规定

①建设工程分包的定义。建设工程分承包（Construction Engineering Subcontracting）简称分包，有专业工程分包和劳务作业分包两种。

专业工程分包和劳务作业分包是相对于总承包而言，指从总承包人承包范围内分包某一分项工程，如土方、模板、钢筋等分项工程或某种专业工程，如钢结构制作和安装、电梯安装、卫生设备安装等。分承包人不与发包人发生直接关系，而只对总承包人负责，在现场上由总承包人统筹安排其活动。

分承包人承包的工程，不得是总承包范围内的主体结构工程或主要部分（关键性部分），主体结构工程或主要工程必须由总承包人自行完成。

劳务作业分包，是指施工总承包企业或者专业承包企业将其承包工程中的劳务作业发包给劳务分包企业完成的活动。

②关于分包的规定。工程项目分包，是指对工程项目实行总承包的单位，将其中承包的工程项目的某一部分或某几部分，再发包给其他的承包单位，并与其签订分包合同。在分包中，必须遵守以下规则：

a. 总承包单位只能将部分工程分包给具有相应资质条件的单位。

b. 分包必须取得建设单位的同意。

下列情形视为已取得建设单位的同意：

（a）已在总承包合同中约定许可分包的。

（b）履行承包合同中，建设单位认可分包的。

（c）总承包单位在投标文件中已声明中标后准备分包的项目，且该声明未被拒绝而经合法程序中标的。

c. 分包的范围必须合法。《建筑法》规定，实行施工总承包的，建筑工程的主体结构必须由总承包单位自行完成，不得分包。

d. 禁止分包单位再行分包。为避免因层层分包带来的偷工减料、责任不清的现象，所以减少中间层次，《建筑法》规定：禁止分包单位将其承包的工程再分包。

（4）违法行为应承担的法律责任

在工程建设发承包活动中，建设工程主体采用不正常手段规避招标投标；或者在招标投标中相互串通，损害国家利益、社会公共利益或者他人合法权益从而谋取私利的；或者弄虚作假，影响公平竞争；或者肢解发包、转包、违法分包等，按照《招标投标法》的规定，必须承担相应的法律责任。

①招标投标法》第四十九条规定：必须进行招标的项目而不招标的，将必须进行招标的项目化整为零或者以其他任何方式规避招标的，责令限期改正，可以处项目合同金额千分之五以上千分之十以下的罚款；对全部或者部分使用国有资金的项目，可以暂停项目执行或者暂停资金拨付；对单位直接负责的主管人员和其他直接责任人员依法给予处分。

②《招标投标法》第五十条规定：招标代理机构泄露应当保密的与招标投标活动有关的情况和资料的，或者与招标人、投标人串通损害国家利益、社会公共利益或者他人合法权益的，处五万元以上二十五万元以下的罚款；对单位直接负责的主管人员和其他直接责任人员处单位罚款数额百分之五以上百分之十以下的罚款；有违法所得的，并处没收违法所得；情节严重的，暂停直至取消招标代理资格；构成犯罪的，依法追究刑事责任。给他人造成损失的，依法承担赔偿责任。影响中标结果的，中标无效。

③《招标投标法》第五十一条规定：招标人以不合理的条件限制或者排斥潜在投标人的，对潜在投标人实行歧视待遇的，强制要求投标人组成联合体共同投标的，或者限制投标人之间竞争的，责令改正，可以处一万元以上五万元以下的罚款。

④《招标投标法》第五十二条规定：依法必须进行招标的项目的招标人向他人透露已获取招标文件的潜在投标人的名称、数量或者可能影响公平竞争的有关招标投标的其他情况的，或者泄露标底的，给予警告，可以并处一万元以上十万元以下的罚款；对单位直接负责的主管人员和其他直接责任人员依法给予处分；构成犯罪的，依法追究刑事责任。影响中标结果的，中标无效。

⑤《招标投标法》第五十三条规定：投标人相互串通投标或者与招标人串通投标的，投标人以向招标人或者评标委员会成员行贿的手段谋取中标的，中标无效，处中标项目金额千分之五以上千分之十以下的罚款，对单位直接负责的主管人员和其他直接责任人员处单位罚款数额百分之五以上百分之十以下的罚款；有违法所得的，并处没收违法所得；情节严重的，取消其一年至二年内参加依法必须进行招标的项目的投标资格并予以公告，直至由工商行政管理机关吊销营业执照；构成犯罪的，依法追究刑事责任。给他人造成损失的，依法承担赔偿责任。

⑥《招标投标法》第五十四条规定：投标人以他人名义投标或者以其他方式弄虚作假，骗取中标的，中标无效，给招标人造成损失的，依法承担赔偿责任；构成犯罪的，依法追究刑事责任。依法必须进行招标的项目的投标人有前款所列行为尚未构成犯罪的，处中标项目金额千分之五以上千分之十以下的罚款，对单位直接负责的主管人员和其他直接责任人员处单位罚款数额百分之五以上百分之十以下的罚款；有违法所得的，并处没收违法所得；情节严重的，取消其一年至三年内参加依法必须进行招标的项目的投标资格并予以公告，直至由工商行政管理机关吊销营业执照。

⑦《招标投标法》第五十五条规定：依法必须进行招标的项目，招标人违反本法规定，与投标人就投标价格、投标方案等实质性内容进行谈判的，给予警告，对单位直接负责的主管人员和其他直接责任人员依法给予处分。影响中标结果的，中标无效。

⑧《招标投标法》第五十六条规定：评标委员会成员收受投标人的财物或者其他好处的，评标委员会成员或者参加评标的有关工作人员向他人透露对投标文件的评审和比较、中标候选人的推荐以及与评标有关的其他情况的，给予警告，没收收受的财物，可以并处三千元以上五万元以下的罚款，对有所列违法行为的评标委员会成员取消担任评标委员会成员的资格，不得再参加任何依法必须进行招标的项目的评标；构成犯罪的，依法追究刑事责任。

⑨《招标投标法》第五十七条规定：招标人在评标委员会依法推荐的中标候选人以外确定中标人

的，依法必须进行招标的项目在所有投标被评标委员会否决后自行确定中标人的，中标无效。责令改正，可以处中标项目金额千分之五以上千分之十以下的罚款；对单位直接负责的主管人员和其他直接责任人员依法给予处分。

⑩《招标投标法》第五十八条规定：中标人将中标项目转让给他人的，将中标项目肢解后分别转让给他人的，违反本法规定将中标项目的部分主体、关键性工作分包给他人的，或者分包人再次分包的，转让、分包无效，处转让、分包项目金额千分之五以上千分之十以下的罚款；有违法所得的，并处没收违法所得；可以责令停业整顿；情节严重的，由工商行政管理机关吊销营业执照。

⑪《招标投标法》第五十九条规定：招标人与中标人不按照招标文件和中标人的投标文件订立合同的，或者招标人、中标人订立背离合同实质性内容的协议的，责令改正；可以处中标项目金额千分之五以上千分之十以下的罚款。

⑫《招标投标法》第六十二条规定：限制或者排斥本地区、本系统以外的法人或者其他组织参加投标的，为招标人指定招标代理机构的，强制招标人委托招标代理机构办理招标事宜的，或者以其他方式干涉招标投标活动的，责令改正；对单位直接负责的主管人员和其他直接责任人员依法给予警告、记过、记大过的处分，情节较重的，依法给予降级、撤职、开除的处分。个人利用职权进行前款违法行为的，依照规定追究责任。

⑬《招标投标法》第六十三条规定：对招标投标活动依法负有行政监督职责的国家机关工作人员徇私舞弊、滥用职权或者玩忽职守，构成犯罪的，依法追究刑事责任；不构成犯罪的，依法给予行政处分。

案例分析

1. 该工程项目招标在以下几个方面不符合《招标投标法》的有关规定：

（1）该项目招标公告中对本地和外地投标人的资质等级要求不同是错误的，这属于"以不合理条件限制或者排斥潜在投标人"。

（2）要求领取招标文件的投标人在同一张表格上登记并签字是错误的。因为种种原因，按规定，招标人不得向他人透露已获取招标文件的潜在投标人的名称、数量等情况。

（3）投标截止时间过短。按规定，自招标文件发出之日起至投标人提交投标文件截止之日止，最短不得少于20天。

（4）现场踏勘应安排在书面答复投标人提问之前，因为投标人对施工现场条件也可能提出问题。

（5）招标人变更招标范围文件应在投标截止日期至少15日前以书面形式通知所有招标文件的收受人。本项目自4月12日才提出此问题，投标截止日期应相应顺延。

（6）评标标准在开标时宣布，可能涉及两种情况：一是评标标准未包括在招标文件中，开标时才宣布，这是错误的。二是评标标准已包括在招标文件中，开标时已是重申宣布，则不属错误。

（7）评标委员会的名单在中标结果确定之前应当保密，而不应在开标时宣布。评标委员会的人数应是5人以上单数，不应为8人。其中技术、经济专家不得少于总数的2/3，而本案为5/8。

2. 招标人应该接受这份文件，将这份文件作为原投标文件夹的补充文件，共同构成同一份投标文件。

3. 评标委员会应该对A、C这两家公司的投标文件均不予评审。按《招标投标法》的规定，对逾期送达的投标文件、未密封的投标文件视为废标，应予拒收。

4. B、E两家单位的投标不是有效标。B单位的情况可以认定为低于成本，E单位的情况可以认定为是明显不符合技术规格和技术标准的要求，属于重大偏差。D、F两家单位的投标是有效标，他们的情况不属于重大偏差。

5. 招标人根据评标委员会提出的评标报告和推荐的中标候选人确定中标人。中标人的投标应当符合下列条件：

（1）能最大限度地满足招标文件中规定的各项综合评价标准。

（2）能够满足招标文件的实质性要求，并且经评审的投标价格最低，但是投标价格低于成本的除外。

拓展与实训

 基础训练

一、单项选择题

1. 下列工程项目必须实施工程监理的是（　　）。

 A. 1 000 万元的基础设施项目　　　　　　B. 2 000 万元的基础设施项目

 C. 2 500 万元的基础设施项目　　　　　　D. 3 000 万元的基础设施项目

2. 某施工项目招标，招标文件开始出售的时间为 3 月 20 日，停止出售的时间为 3 月 30 日，提交投标文件的截止时间为 4 月 25 日，评标结束的时间为 4 月 30 日，则投标有效期开始的时间为（　　）。

 A. 3 月 20 日　　　　B. 3 月 30 日　　　　C. 4 月 25 日　　　　D. 4 月 30 日

3. 某建设项目招标，采用经评审的最低投标价法评标，经评审的投标价格最低的投标人报价 1 020 万元，评标价 1 010 万元。评标结束后，该投标人向招标人表示，可以再降低报价，报 1 000 万元，与此对应的评标价为 990 万元，则双方订立的合同价应为（　　）。

 A. 1 020 万元　　　　B. 1 010 万元　　　　C. 1 000 万元　　　　D. 990 万元

4. 下列建设单位向施工单位做出的意思表示中，为法律、行政法规所禁止的是（　　）。

 A. 明示报名参加投标的各施工单位低价竞标

 B. 明示施工单位在施工中应优化工期

 C. 暗示施工单位不采用《建设工程施工合同（示范文本）》签订合同

 D. 暗示施工单位在非承重结构部位使用不合格的水泥

5. 下列情况下的投标文件会被视为废标的是（　　）。

 A. 没有法人印章但有法人签名　　　　　　B. 没有法人签名但有授权人签名

 C. 有单位公章但未加盖项目部印章　　　　D. 有项目部印章但未加盖单位公章

6. 某必须招标的建设项目，共有三家单位投标，其中一家未按招标文件要求提交投标保证金，则关于对投标的处理和是否重新发包，下列说法中，正确的是（　　）。

 A. 评标委员会可以否决全部投标，招标人应当重新招标

 B. 评标委员会可以否决全部投标，招标人可以直接发包

 C. 评标委员会必须否决全部投标，招标人应当重新招标

 D. 评标委员会必须否决全部投标，招标人可以直接发包

7. 某工程建设项目招标人在招标文件中规定了只有获得过本省工程质量奖项的潜在投标人才有资格参加该项目的投标。根据《招标投标法》，这个规定违反了（　　）原则。

 A. 公开　　　　　　B. 公平　　　　　　C. 公正　　　　　　D. 诚实信用

8. 依法必须进行招标项目的招标公告,必须通过国家指定报刊、信息网络或其他公共媒介发布,这体现了招标活动的(   )。

    A. 公开原则   B. 公平原则   C. 公正原则   D. 诚实信用原则

9. 根据《工程建设项目招标范围和规模标准规定》,下列说法正确的是(   )。

    A. 如果单项合同估价低于标准,可以对这个单项合同项目不进行招标

    B. 所有设备、材料等货物的采购,只要合同估算价在100万元人民币以上的就必须招标

    C. 属于必须招标的项目范围,监理合同估算价在50万元人民币以上的就必须招标

    D. 是否对设计项目进行招标由招标人根据工程实际需要自行决定

10. 下列评标委员会成员中符合《招标投标法》规定的是(   )。

    A. 某甲,由投标人从省人民政府有关部门提供的专家名册的专家中确定

    B. 某乙,现任某公司法定代表人,该公司常年为某投标人提供建筑材料

    C. 某丙,从事招标工程项目领域工作满10年

    D. 某丁,在开标后,中标结果确定前将自己担任评标委员会成员的事告诉了某投标人

二、多项选择题

1. 招标人应当具备(   )的能力。

    A. 编制标底   B. 组织评标   C. 承担招标项目   D. 融资

    E. 有评标专家库

2. 项目规模和标准达到以下标准必须进行招标(   )。

    A. 施工单项合同估算价在200万元人民币以上的

    B. 设备、材料等货物的采购,单项合同估算价在100万元人民币以上

    C. 监理服务单项合同估算价在50万元人民币以上的

    D. 勘察设计单项合同估算价在30万元人民币以上

    E. 自来水公司的设备安装工程合同价在3 500万元以上

3. 下列各项,属于投标人之间串通投标的行为有(   )。

    A. 投标者之间相互约定,一致抬高或者压低投标价

    B. 投标者之间相互约定,在招标项目中轮流以低价位中标

    C. 两个以上的投标者签订共同投标协议,以一个投标人的身份共同投标

    D. 投标者借用其他企业的资质证书参加投标

    E. 投标者之间进行内部竞价,内定中标人,然后参加投标

4. 招标文件应包括以下内容(   )。

    A. 评标标准和方法   B. 招标项目的性质、数量

    C. 标底价格   D. 提交投标文件的时间、地点

    E. 开标、评标、定标时间

5. 《招标投标法》规定,投标文件有下列情形,招标人不予受理(   )。

    A. 逾期送达的

    B. 未送达指定地点的

    C. 未按规定格式填写的

    D. 无单位盖章并无法定代表人或其授权的代理人签字或盖章的

    E. 未按招标文件要求密封的

6. 根据《合同法》规定,建设工程施工合同生效后,如果当事人就质量、价款或者报酬、履行地点等内容没有约定或者约定不明确的,可以协议补充。不能达成补充协议的,按照(   )确定。

    A. 招标书、投标书、施工图文件、工程会议纪要等相关合同条款

    B. 不利于施工人（要约人）的解释

    C. 建筑工程市场的交易习惯

    D. 总监理工程师的书面意见

    E. 只能提交法院或仲裁机构裁决

7. 关于招标代理机构的说法，正确的有（   ）。

    A. 招标代理机构是社会中介组织

    B. 工程招标代理机构可以参与同一招标工程的招标

    C. 未经招标人同意，招标代理机构不得向他人转让代理业务

    D. 工程招标代理机构不得与招标工程的投标人有利益关系

    E. 由评标委员会制定招标代理机构

8. 关于联合体投标的说法，正确的有（   ）。

    A. 多个施工单位可以组成一个联合体，以一个投标人的身份共同投标

    B. 中标的联合体各方应当就中标项目向投标人承担连带责任

    C. 联合体各方的共同投标协议属于合同关系

    D. 联合体中标的，应当由联合体各方共同与投标人签订合同

    E. 由不同专业的单位组成的联合体，按资质低的一方确定业务许可范围

9. 根据招投标相关法律和司法解释，下列施工合同中，属于无效合同的有（   ）。

    A. 未经发包人同意，承包人将部分非主体工程分包给具有相应自己的施工单位的合同

    B. 招标文件中明确要求投标人垫资并据此与中标人签订的合同

    C. 建设单位直接与专业施工单位签订的合同

    D. 承包人将其承包的工程全部分包给其他有资质的承包人的合同

    E. 投标人串通投标中标后与招标人签订的合同

10. 根据《招标投标法》规定，对评标委员会的组成包括（   ）。

    A. 评标委员会由 5 人以上的单数组成

    B. 评标委员会的成员必须是既懂经济又懂法律的专家

    C. 评标委员会的专家与所有投标人均没有利害关系

    D. 评标专家必须在相关领域工作满 8 年且具有高级职称或同等专业水平

    E. 评标委员会的成员能够认真、公正、廉洁地履行职责

三、简答题

1. 什么是建设工程招标投标？建设工程招标投标活动应遵循的原则是什么？

2. 什么规模和标准的建设项目必须进行招标？

3. 招标方式有哪些？它们的主要区别有哪些？

4. 招标人自行招标应该具备什么条件？招标项目应该具备什么条件？

5. 建设项目施工招标公告或者投标邀请书应当至少载明哪些内容？

6. 什么情形下的施工投标文件按废标处理？

7. 工程项目施工投标中有哪些禁止性的规定？

8. 投标文件的编制要求和内容有哪些？

9. 什么叫开标和评标？开标时间、地点、参加人员、评标委员会的组成及开标过程有哪些规定？

10. 中标通知书的法律效力是什么？

▶ 技能训练

1. 目的

通过此实训项目练习，使学生掌握招投标的主要程序和各环节的要求。主要通过模拟工程实际的招投标活动，从发布招标公告开始，经过评标、公布、签订合同等一系列流程，让学生经历工程招投标活动完整的实际流程和操作方法。

2. 成果

学生通过分组，以本地区实际项目为背景，采用真题假作的形式，由教师组成招标单位，学生分组组成若干个模拟投标单位，进行投标活动。完成的内容主要以学生为主，教师作为指导，内容包括规则制定、招标要求、工程量清单编制、评标办法选择、投标单位组合、报价、调价、投标文件编制、评标过程等。主要检验学生对本模块建设工程承发包过程的理解和掌握情况。

模块5
建设工程合同和劳动合同法律制度

模块概述

建设工程项目是一个极为复杂的社会生产过程，可以分为不同的建设阶段，每一个建设阶段根据其建设内容的不同，参与的主体也不尽相同，各主体之间的经济关系靠合同这一特定的形式维持。

合同是平等主体之间设立、变更、终止民事权利义务关系的协议。本质上，合同制度是社会商品交换的法律表现，商品交换是合同的经济内容。建设工程合同是建设工程法律关系中的当事人为了实现完成建设工程的经济目的，明确相互权利义务关系而达成的协议。劳动合同则是在明确劳动合同双方当事人的权利和义务的前提下，重在对劳动者合法权益的保护，被誉为劳动者的"保护伞"，为构建与发展和谐稳定的劳动关系提供法律保障。

学习目标

1. 了解建设工程合同的特征；
2. 了解企业违规行为的规定及承担的责任；
3. 掌握劳动合同的履行、变更、解除和终止。

能力目标

1. 具备签订建设工程施工合同的能力；
2. 熟练掌握建设工程施工合同文本的具体规定；
3. 针对劳动合同的履行、变更、解除、终止提供合理的分析。

课时建议

8 课时

案例导入

　　某建筑工程，建筑单位将土建工程、安装工程分别发包给甲、乙两家施工单位，在合同履行过程中发生了如下事件：

　　事件1：项目监理机构在审查土建工程施工组织设计时，认为脚手架工程危险性较大，要求甲施工单位编制脚手架工程专项施工方案。甲施工单位项目经理部编制专项施工方案，凭以往经验进行了安全估算，认为方案可行，并安排质量检查员兼施工现场安全员工作，遂将方案报送总监理工程师签认。

　　事件2：开工前，专业监理工程师复核甲施工单位报验的测量结果时，发现对测量控制点的保护措施不当，造成建立的施工测量网失效，随即向甲单位发出监理工程师通知单。

　　事件3：专业监理工程师在检查甲施工单位投入的施工机械设备时，发现数量偏少，即向甲施工单位发出监理工程师通知单要求整改，在巡视时发现乙施工单位已安装的管线存在严重问题，即向乙施工单位发出工程暂停令，要求对该工程部分工程停工整改。

　　1. 指出事件1中脚手架工程专项施工方案和申报过程中的不妥之处，写出正确做法。

　　2. 事件2中专业监理工程师的做法是否妥当？监理工程师通知单中的甲施工单位的要求包括哪些内容？

　　3. 事件3中专业监理工程师的做法是否妥当？不妥之处，说明理由。

5.1　建设工程合同制度

　　合同是平等主体之间设立、变更、终止民事权利义务关系的协议。本质上，合同制度是社会商品交换的法律表现，商品交换是合同的经济内容。建设工程合同是建设工程法律关系中的当事人为了实现完成建设工程的经济目的，明确相互权利义务关系而达成的协议。《建筑法》第十五条规定："建筑工程的发包单位与承包单位应当依法订立书面合同，明确双方的权利和义务。"发包单位和承包单位应当全面履行合同约定的义务。不按照合同约定履行义务的，依法承担违约责任。由于建设工程合同是合同的一种，因此它的签订、履行、变更和消灭除了受到《建筑法》的约束外，也受到《中华人民共和国合同法》（以下简称《合同法》）的约束。

5.1.1　合同的法律特征和订立原则

　　建设工程合同是建设工程法律关系中的当事人为了实现完成建设工程的经济目的，明确相互权利义务关系而达成的协议。与其他合同相比，建设工程合同具有如下特征：

　　1. 合同客体的特殊性

　　建设工程合同的客体是完成建设工程项目的工作或者任务，而建筑活动产出的建筑产品除了与其他产品一样具有性能、寿命、可靠性、安全性、经济性5项质量特征外，还具有与一般产品不同的特征，如建筑产品形成之后，是一个与土地相衔接的不可分割的整体，不能异地交换，每件产品都具有不同的使用价值，与周围环境相协调，同时又影响着周围的景观，这些都使得建设工程合同具有与普通合同不同的法律特征。

　　2. 合同主体的特殊性

　　工程建设技术含量较高，社会影响很大，所以法律对建设工程合同主体的资格有严格的限制，只有经国家主管部门审查，具有相应资质等级，并登记注册，持有营业执照的单位，才具有签约承包的能力。任何不具有签约资格的个人和其他单位不得承包建设工程。

　　3. 合同形式的特殊性

　　工程建设周期长，专业技术性强，涉及因素多，当事人之间的权利义务关系非常复杂，仅有口头约定不足以固定当事人之间的权利义务关系，所以我国法律明文规定建设工程合同必须采用书面的形式。

4.合同监督管理的特殊性

由于建设工程合同本身具有的特殊性，国家对建设工程合同的监督管理也十分严格。如工程承发包双方的资质要接受有关部门的审查；部分建设工程合同签订后，还须经有关建设行政主管部门审查批准后才能生效等。

合同是指平等主体的自然人、法人、其他组织之间设立、变更、终止民事权利义务关系的协议。

合同具有以下特点：

①合同的主体可以是自然人、法人或其他组织。

②合同主体订立合同的目的在于通过双方享受权利、履行义务来实现各自的经济目的。

③合同的内容是有关设立、变更和终止民事权利义务关系的约定，是合同主体协商一致的结果，是通过合同条款来体现、明确双方的权利和义务。

④法律对依法成立的合同有约束力。

合同订立原则：

①合同当事人法律地位平等原则。

②当事人自愿订立合同原则。

③公平原则。

④诚实信用原则。

⑤遵守法律、尊重社会公德、不损害他人及社会公共利益原则。

5.1.2 合同的要约与承诺

1.合同订立与合同成立

合同订立，是指讨价还价的整个动态过程和静态协议。

合同成立，是指当事人就内容主要内容达成了合意。合同成立需具备以下条件：

①存在两方以上的订约当事人。

②订约当事人对合同主要条款达成一致意见。

合同的成立一般要经过要约和承诺两个阶段。《合同法》规定，当事人订立合同，采取要约、承诺方式。

2.要约

《合同法》规定，要约是希望和他人订立合同的意思表示。

（1）要约的构成条件

①内容具体确定。

②表明经受要约人承诺，要约人即受该意思表示约束。

（2）要约的邀请（表5.1）

表 5.1 要约邀请与要约的区别

	要约邀请	要约
目的不同	邀请他人向自己发出要约	希望与对方订立合同
内容不同	寄出的价目表、拍卖公告、招标公告、招股说明书、商业广告等为要约邀请	内容明确具体，包含拟订立合同的主要内容
法律效力不同	不是法律行为。即使对方向自己发出要约，要约邀请人也无须承担任何责任	是法律行为，一旦对方承诺，合同即成立

（3）要约的法律效力

①生效的时间。要约到达受要约人时生效。如投标人向招标人发出的投标文件，自到达招标人起生效。

②要约的撤回。要约的有效期间由要约人在要约中规定。要约人如果在要约中定有存续时间，受要约人必须在此期间内承诺。要约可以撤回，但撤回要约的通知应当在要约到达受要约人之前或者与要约同时到达要约人。

③要约的撤销。要约可以撤销，但撤销要约的通知应当在受要约人发出承诺通知之前到达受要约人。

有下列情形之一的，要约不得撤销：

a. 要约人确定了承诺期限或者以其他形式明示要约不可撤销。

b. 受要约人有理由认为要约是不可撤销的，并已经为履行合同做了准备工作。

3. 承诺

依照我国《合同法》第二十一条规定：承诺是受要约人同意要约的意思表示。有效的承诺应符合以下条件：

①承诺必须由受要约人做出。

②承诺必须向要约人做出。

③承诺的内容必须与要约的内容一致。

④承诺必须在承诺期间内做出。

（1）承诺的生效

承诺的时间是指承诺的意思表示到达要约人支配的范围内时，承诺发生法律效力。承诺不需要通知，根据交易习惯或者要约的要求做出承诺的行为时生效。

（2）承诺的撤回

所谓承诺撤回，指要约人在发出承诺通知后，在承诺正式生效之前撤回承诺。根据《合同法》第二十七条规定："承诺可以撤回。撤回承诺的通知应在承诺通知到达要约人之前或者与承诺通知同时到达要约人。"

5.1.3　建设施工合同的法定形式和内容

1. 建设工程施工合同的法定形式

《合同法》规定，当事人订立合同，有书面形式、口头形式和其他形式。

《合同法》明确规定，建设工程合同应当采用书面形式。

2. 建设工程施工合同的内容

现行建设工程施工合同采用的是 1999 年 12 月 24 日由建设部会同国家工商行政管理局制定发布的《建设工程施工合同（示范文本）》（GF—99—0201）。适用于国内各类公用建筑、民用住宅、工业厂房、交通设施及线路管道的施工和安装工程的合同。该示范文本由《协议书》《通用条款》和《专用条款》组成，都是双方统一意愿的体现，成为合同文件的组成部分。

（1）《协议书》是《施工合同文本》中总纲领性的文件

《协议书》是参照国际惯例新增加的部分，其主要内容包括工程概况、工程承包范围、合同工期、质量标准、合同价款、组成合同的文件、双方对履行合同义务的承诺以及合同生效等。虽然《协议书》文字表述不多，但它规定了合同当事人最主要的义务，经合同当事人签字盖章，就对双方当事人产生法律约束力，而且在所有施工合同文件组成中它具有最优的解释效力。

（2）《通用条款》是根据我国法律的现行规定对承、发包双方权利义务做出的决定

除双方协商一致对其中某些条款可以做出修改、补充和取消外，必须严格执行。《通用条款》共47条，是一般土木工程所共同具备的共性条款，具有规范性、可靠性、完备性和适用性等特点，该

部分可适用于任何工程项目，并可作为招标文件的组成部分而予以直接采用。

（3）《专用条款》是对《通用条款》的修改和补充

由于合同标的，即工程的内容各不相同，工程造价也就随之变动，承发包双方的自身条件、能力，施工现场的环境和条件也都各异，双方的权利、义务也就各有特性。因此《通用条款》也就不可能完全适用于每个具体工程，需要进行必要的修改、补充，即配之以《专用条款》。《专用条款》也有47条，与《通用条款》条款序号一致，主要是为《通用条款》的修改补充和不予采用的一致意见按《专用条款》格式形成协议。

《建设工程施工合同（示范文本）》规定了施工合同文件的组成及解释顺序。组成建设工程施工合同的文件包括以下内容：

①施工合同协议书。

②中标通知书。

③投标书及其附件。

④施工合同专用条款。

⑤施工合同通用条款。

⑥标准、规范及有关技术文件。

⑦图纸。

⑧工程量清单。

⑨工程报价单或预算书。

>>>

技术提示：

上述施工合同文件应能够互相解释、互相说明。当合同文件中出现不一致时，上面的顺序就是合同的优先解释顺序。当合同文件出现含糊不清或者当事人有不同理解时，按照合同争议的解决方式处理。

双方有关工程的洽商、变更等书面协议或文件均视为施工合同的组成部分。

5.1.4 建设工程工期和支付价款的规定

1. 建设工程工期

建设部、国家工商行政管理局《建设工程施工合同（示范文本）》规定，工期指发包人、承包人在协议书中约定，按总日历天数（包括法定节假日）计算的承包天数。

开工及开工日期、工程暂停施工、工期顺延、竣工日期等，直接决定了工期天数。

（1）开工及开工日期

开工日期是指发包人和承包人在协议书中约定，承包人开始施工的绝对或相对的日期。

①承包人应当按照协议书约定的开工日期开工。

②因发包人原因不能按照协议书约定的开工日期开工，工程师应以书面形式通知承包人，推迟开工日期。发包人赔偿承包人因延期开工造成的损失，并相应顺延工期。

（2）暂停施工

①暂停施工的程序。工程师认为确有必要暂停施工时，工程师应当以书面形式通知承包人暂停施工，并在发出暂停施工通知后的48小时内提出书面处理意见。承包人应当按照工程师的要求停止施工，并妥善保护已完工工程。

承包人实施工程师做出的处理意见后，可提出书面复工要求。工程师应当在收到复工通知后的48小时内给予相应的答复。如果工程师未能在规定的时间内提出处理意见，或收到承包人复工要求后48小时内未予答复，承包人可以自行复工。

②暂停施工后的责任承担。

a. 因发包人原因造成停工的，由发包人承担所发生的追加合同价款，赔偿承包人由此造成的损失，相应顺延工期。

b. 因承包人原因造成停工的，由承包人承担发生的费用，工期不予顺延。

（3）工期顺延

因以下原因造成工期延误，经工程师确认，工期相应顺延：

①发包人未能按专用条款的约定提供图纸及开工条件。

②发包人未能按约定日期支付工程预付款、进度款，致使施工不能正常进行。

③工程师未按合同约定提供所需指令、批准等，致使施工不能正常进行。

④设计变更和工程量增加。

⑤一周内非承包人原因停水、停电、停气造成停工累计超过8小时。

⑥不可抗力。

⑦专用条款中约定或工程师同意工期顺延的其他情况。

承包人在工期可以顺延的情况发生后14天内，就延误的工期以书面形式向工程师提出报告。工程师在收到报告后14天内予以确认，逾期不予确认也不提出修改意见，视为同意顺延工期。

总结归纳：凡是需要工程师予以确认的，必须明示确认，默示即推定为同意。

（4）竣工日期

竣工日期是指发包人、承包人在协议书中约定，承包人完成承包范围内工程的绝对或相对的日期。

①因承包人原因不能按期竣工的责任承担。承包人必须按照协议书约定的竣工日期或工程师同意顺延的工期竣工。因承包人原因不能按照协议书约定的竣工日期或工程师同意顺延的工期竣工的，承包人承担违约责任。

②发包人要求提前竣工的处理。施工中发包人如需提前竣工：

a. 双方协商一致后应签订提前竣工协议，作为合同文件组成部分。

b. 提前竣工协议应包括承包人为保证工程质量和安全采取的措施、发包人为提前竣工提供的条件以及提前竣工所需的追加合同价款等内容。

③《最高人民法院关于审理建设工程施工合同纠纷案件适用法律问题的解释》规定，当事人对建设工程实际竣工日期有争议的，按照以下情形分别处理：

a. 建设工程经竣工验收合格的，以竣工验收合格之日为竣工日期。

b. 承包人已经提交竣工验收报告，发包人拖延验收的，以承包人提交验收报告之日为竣工日期。

c. 建设工程未经竣工验收，发包人擅自使用的，以转移占有建设工程之日为竣工日期。

◆◇◆◇◆ 5.1.5　建设工程赔偿损失的规定

1. 赔偿损失的特征

赔偿损失具有以下特征：

①赔偿损失是合同违约方违反合同义务所产生的责任形式。

②赔偿损失具有补偿性，是强制违约方给非违约方所受损失的一种补偿。违约的赔偿损失一般以违约所造成的损失为标准。

③赔偿损失具有一定的任意性。当事人订立合同时，可以预先约定对违约的赔偿损失的计算方法，或者直接约定违约方付给非违约方一定数额的金钱。同时，当事人也可以事先约定免责的条款。

④赔偿损失以赔偿非违约方实际遭受的全部损害为原则。

2. 承担赔偿损失责任的构成要件

承担赔偿损失责任的构成要件是：

①具有违约行为。

②造成损失后果。

③违约行为与财产等损失之间有因果关系。

④违约人有过错，或者虽无过错，但法律规定应当赔偿。

3. 赔偿损失的范围

赔偿损失的范围包括直接损失和间接损失。直接损失是指财产上的直接减少。间接损失（又称所失利益），是指失去的可以预期取得的利益。

4. 约定赔偿损失与法定赔偿损失

（1）约定赔偿损失、约定违约金或赔偿损失的计算方法

《合同法》规定，当事人可以约定一方违约时应当根据违约情况向对方支付一定数额的违约金，也可以约定因违约产生的损失赔偿额的计算方法。约定的违约金低于造成的损失的，当事人可以请求人民法院或者仲裁机构予以增加；约定的违约金过分高于造成的损失的，当事人可以请求人民法院或者仲裁机构予以适当减少。

（2）法定赔偿损失

法定赔偿损失是指根据法律规定的赔偿范围、损失计算原则与标准，确定赔偿损失的金额。

5. 赔偿损失的限制

（1）赔偿损失的可预见性原则

《合同法》规定，赔偿损失不得超过违反合同一方订立合同时预见到或者应当预见到的违反合同可能造成的损失。

（2）采取措施防止损失的扩大

《合同法》规定，当事人一方违约后，对方应当采取适当措施防止损失的扩大；没有采取适当措施致使损失扩大的，不得就扩大的损失要求赔偿。当事人因防止损失扩大而支出的合理费用，由违约方承担。

6. 建设工程施工合同中的赔偿损失

（1）发包人应当承担的赔偿损失

①未及时检查隐蔽工程造成的损失。《合同法》规定，隐蔽工程在隐蔽以前，承包人应当通知发包人检查。发包人没有及时检查的，承包人可以顺延工程日期，并有权要求赔偿停工、窝工等损失。

②未按照约定提供原材料、设备等造成的损失。发包人未按照约定的时间和要求提供原材料、设备、场地、资金、技术资料的，承包人可以顺延工程日期，并有权要求赔偿停工、窝工等损失。

③因发包人原因致使工程中途停建、缓建造成的损失。

④提供图纸或者技术要求不合理且怠于答复等造成的损失。

⑤中途变更承揽工作要求造成的损失。

⑥要求压缩合同约定工期造成的损失。

⑦验收违法行为造成的损失。

《建设工程质量管理条例》规定，建设单位有下列行为之一，造成损失的，依法承担赔偿责任。

a. 未组织竣工验收，擅自交付使用的。

b. 验收不合格，擅自交付使用的。

c. 对不合格的建设工程按照合格工程验收的。

（2）承包人应当承担的赔偿损失（表5.2）

表5.2　承包人应当承担的赔偿损失

违法情形	责任形式
1. 转让、出借资质证书等造成的损失	承担连带赔偿责任
2. 转包、违法分包造成的损失	
3. 偷工减料等造成的损失	
4. 与监理单位串通造成的损失	承包人应当承担损害赔偿责任
5. 不履行保修义务造成的损失	
6. 保管不善造成的损失	
7. 合理使用期限内造成的损失	

❖❖❖ 5.1.6　无效合同和效力待定合同的规定

无效建设工程合同是指虽然建设工程合同已经订立，但不具有法律约束力，不受法律保护。

无效工程合同是相对于有效工程合同而言的，如果当事人签订建设工程合同的行为不符合法律规定的要求，就不能产生设立、变更和终止当事人之间的权利义务关系的效力。无效约定本身不受法律保护，也就不存在违约问题，更不用承担违约责任。因此，这种"不具有法律约束力"的实质是指不发生履行效力，而并不是说无效建设工程合同不引起任何法律后果，只是无效建设工程合同引起的法律后果并非当事人订立建设工程合同时所预期的。

1. 引起建设工程合同无效的原因

①一方以欺诈、胁迫的手段订立建设工程合同，损害国家利益。

②恶意串通，损害国家、集体或者第三人利益。

③以合法形式掩盖非法目的。

④损害社会公共利益。

⑤违反法律、行政法规的强制性规定。

2. 确认建设工程合同无效的规则

导致建设工程合同无效的原因均是建设工程合同违反了法律规定的要求，但是这些原因发生的时间和阶段只能是发生在建设工程合同订立时或建设工程合同订立阶段，即订立建设工程合同时不合法。对于部分无效的建设工程合同则应遵循下列规则：

①建设工程合同中的某些条款无效，与该建设工程合同中的其他条款相比较，无效条款部分是相对独立的，该部分与建设工程合同整体具有可分性，则应认定无效条款不影响其他条款的效力，相反，无效条款部分与建设工程合同整体具有不可分性，则应认定整体建设工程合同无效。

②建设工程合同的目的违法，则应认定整个建设工程合同无效。

3. 确认建设工程合同无效的机构

在我国，建设工程合同的效力由人民法院或仲裁机构确认，其他任何单位和个人都无权宣布建设工程合同有效或无效。

4. 无效建设工程合同的处理方法

建设工程合同被确认无效后、尚未履行的，不得履行；已经履行的，应当立即终止履行。建设工程合同被确认无效后，应视情况做出处理，处理方式一般有下列五种：

（1）返还财产

返还财产是使当事人的财产关系恢复到建设工程合同签订前的状态。这是消除无效建设工程合同造成财产后果的一种法律手段，而非惩罚措施。建设工程合同被确认无效后，当事人依据建设工程合同所取得的财产应返还对方，不能返还或者没有必要返还的，应当折价补偿。

（2）折价补偿

折价补偿是在因无效建设工程合同所取得的对方当事人的财产不能返还或者没有必要返还时，按照所取得的财产价值进行折算，以金钱方式对对方当事人进行补偿的责任形式。

（3）赔偿损失

赔偿损失是过错方给对方造成损失时，应当承担的责任。有过错一方应赔偿对方因此而遭受的损失，如果双方都有过错，各自承担相应责任。

（4）收归国有

收归国有是一种惩罚手段，只适用于恶意串通、损害国家利益的建设工程合同。此类无效建设工程合同的危害较严重，仅以返还、赔偿等方法尚不足以消除其造成的不良后果。如果双方当事人都是故意行为，应追缴双方已经取得的或约定取得的财产，收归国有；如果是由一方故意行为，则故意的一方应将从对方取得的财产返还对方，非故意一方已经取得或约定取得的财产应收归国有。

（5）返还集体或者第三人

恶意串通，损害集体或第三人利益的，应由当事人返还从集体第三人处取得的财产。

5.效力待定的建设工程合同

效力待定的建设工程合同是指建设工程合同已经成立，但是其效力处于不确定状态，尚待第三人同意（追认）或拒绝的意思表示来确定。效力待定的建设工程合同主要有以下四种情形：

①无行为能力人订立的合同。

②限制行为能力人订立的合同。

③无权代理人以被代理人名义订立的合同。

④无权处分人处分他人财产订立的合同。

5.1.7 合同的履行、变更、转让、撤销和终止

1.合同的履行

（1）合同履行的概念

合同履行，是指合同当事人双方依据合同条款的规定，在合同生效后，全面、适当地完成合同义务的行为。

（2）合同履行的原则

只有通过合同的履行，当事人在合同中约定的权利才能实现，从而实现其经济目的。合同的担保、违约责任的规定，都是为了保障合同的履行。为了使合同能够得到很好的履行，我国《合同法》对合同的履行问题做了明确规定。

①全面、适当履行原则。

②诚实信用原则。

③公平合理，促进合同履行的原则。

2.合同的变更

（1）合同变更的概念

合同变更指合同依法订立后，在尚未履行或尚未完全履行时，当事人依法经过协商，对合同的内容进行修订或调整并达成协议。例如对原合同中规定的履行期限进行变更。

当事人对合同内容变更取得一致意见时方为有效。

（2）合同变更的条件

我国《合同法》第七十七条规定："当事人协商一致，可以变更合同。法律、行政法规规定变更合同应当办理批准、登记等手续的，依照其规定。"

第七十八条规定："当事人对合同变更的内容约定不明确的，推定为未变更。"

合同变更需要满足下列条件：

①原合同已生效。

②原合同未履行或未完全履行。

③当事人需要对变更内容协商一致。

④当事人对变更内容约定明确。

⑤遵守法定程序。变更也需要办理批准、登记等手续才能生效。

3.合同的转让

（1）合同转让的含义

合同转让是指合同成立后，当事人依法可以将合同中的全部权利（义务）、部分权利（义务）转让或转移给第三人的法律行为。合同转让可分为权利转让和义务转让。

（2）合同转让的条件

①必须有合法有效的合同关系存在为前提，如果合同不存在或被宣告无效，被依法撤销、解除、转让的行为属无效行为，转让人应对善意的受让人所遭受的损失承担赔偿责任。

②转让人与受让人之间达成协议，该协议应该是平等协商的。

③转让符合法律规定的程序，合同转让人应征得对方同意并尽通知义务。转让合同应经原审批机关批准，否则转让无效。

《合同法》第七十九条规定：债权人可以将合同的权利全部或者部分转让给第三人，但有下列情形之一的除外：

①根据合同性质不得转让。

②按照当事人约定不得转让。

③依照法律规定不得转让。

4. 合同的解除

（1）合同解除的特征

合同解除具有如下特征：

①合同的解除适用于合法有效的合同，而无效合同、可撤销合同不发生合同解除。

②合同解除须具备法律规定的条件。

③合同解除须有解除的行为。

④合同解除使合同关系自始消灭或者向将来消灭，可视为当事人之间未发生合同关系，或者合同尚存的权利义务不再履行。

（2）合同解除的分类

①约定解除。

a. 协商解除。

b. 行使约定解除权的解除。

②法定解除。

《合同法》第九十一条规定：有下列情形之一的，当事人可以解除合同：

a. 因不可抗力致使不能实现合同目的。

b. 在履行期限届满之前，当事人一方明确表示或者以自己的行为表明不履行主要债务。

c. 当事一方迟延履行主要债务，经催告后在合理期限内仍未履行。

d. 当事人一方迟延履行债务或者其他违约行为致使不能实现合同目的。

e. 法律规定的其他情形。

（3）解除合同的程序

《合同法》规定，当事人一方依照本法第九十三条第二款、第九十四条的规定主张解除合同的，应当通知对方。合同自通知到达对方时解除。对方有异议的，可以请求人民法院或者仲裁机构确认解除合同的效力。法律、行政法规规定解除合同应当办理批准、登记等手续的，依照其规定。

当事人对异议期限有约定的依照约定，没有约定的，最长期3个月。

（4）发包人请求解除建设工程施工合同的情形

①承包人明确表示或者以行为表明不履行合同主要义务的——预期违约。

②合同约定的期限内没有完工，且在发包人催告的合理期限内仍未完工的——一般性迟延履约。

③承包人已经完成的建设工程质量不合格，并拒绝修复的——质量不合格。

④承包人将承包的建设工程非法转包、违法分包的。

（5）承包人请求解除建设工程施工合同的情形

发包人具有下列情形之一，致使承包人无法施工，且在催告的合理期限内仍未履行相应义务的，承包人请求解除建设工程施工合同的，应予支持。

①未按约定支付工程价款的。

②提供的主要建筑材料、建筑构配件和设备不符合强制性标准的。

③不履行合同约定的协助义务的。

上述三种情形均属于发包人违约。因此，合同解除后，发包人还要承担违约责任。

（6）合同解除的法律后果

①建设工程施工合同解除后，已经完成的建设工程质量合格的，发包人应当按照约定支付相应的工程价款——只针对未来，不溯及以往。

②已经完成的建设工程质量不合格的：

a.修复后的建设工程经竣工验收合格，发包人请求承包人承担修复费用的，应予支持。

b.修复后的建设工程经竣工验收不合格，承包人请求支付工程价款的，不予支持。

5.合同的终止

《合同法》规定，有下列情形之一的，合同的权利义务终止：①债务已经按照约定履行；②合同解除；③债务相互抵消；④债务人依法将标的物提存；⑤债权人免除债务；⑥债权债务同归于一人；⑦法律规定或者当事人约定终止的其他情形。

5.1.8 建设工程合同的索赔

在建设工程施工当中，由于其投资大、工期长、工序复杂等特点，建设方和施工方在履约过程中为维护自身的利益，必然对工程的技术要求和有关合同文件的解释方面会产生争议和矛盾，这就决定了合同双方之间索赔事件的发生不可避免。

1.索赔时效的法律基础

随着法制的健全和施工企业法律意识的增强，承包商为了取的更大的工程经济利益越来越重视索赔以及索赔时效的问题，从而，索赔时效也几乎成了建筑业的行规，但在现行的法律中，却不像其他民事法律制度一样对索赔时效做出明文的规定（如民法通则中第七章关于诉讼时效的规定），究其性质仍属于当事人的一种合同约定。

2.建设工程合同管理实务中关于索赔时效的规定

索赔是指在建设工程施工合同履行过程中，由于非自己的过错，而是应由对方承担责任的情况造成的实际损失，向对方提出经济补偿和工期顺延的要求。索赔事件主要有业主方不依法履行合同、设计文件的缺陷、工程项目建设承发包管理模式变化、意外风险和不可预见因素等方面。

建设工程合同索赔，包括承包人向发包人的索赔、发包人向承包人的索赔和相互之间的反索赔。这里重点介绍承包人向发包人的索赔。

建设工程施工合同索赔时效，是指建设施工合同履行过程中，索赔方在索赔事件发生后的约定期限内不行使索赔权的，视为放弃索赔权利，其索赔权归于消灭的合同法律制度。约定的期限即索赔时效期间，该种索赔时效，属于消灭时效的一种。

3.索赔时效的效力

索赔时效有两个方面的效力，一是索赔权利的消灭，

技术提示：

在我国司法实践当中，也认定索赔时效的起算应当以索赔事件发生的时间为准。当事人就应该知道其具有了索赔权利，就应该积极行使自己的权利。因为索赔时效属于不变期间，所以不应当适用关于《民法通则》中诉讼时效中断、中止的规定。但是，在实践中如果双方协商一致同意延长索赔期限，则另当别论。索赔时效作为一种合同法律制度，可以平衡业主和建筑承包商的利益，有利于索赔的客观、公正、经济地解决。所以，在工程施工合同管理实践中，施工企业只有熟悉和掌握法律规定和合同约定，注意在约定的索赔时效期间内合理行使索赔权，提高索赔技巧，才能依法维护自身合法权利。

即权利人在双方约定的索赔时效期间没有行使索赔的权利，其相对人可以就其索赔时效届满而拒绝工期或者费用的索赔；二是胜诉权的消灭，即权利人未在约定的索赔时效期间内提出索赔。其不再受法律的约束和保障，并因相对人时效届满的抗辩而成为一种自然之债。但索赔时效和诉讼时效一样，即使时效届满，但权利人的实体权利并未就此丧失，因此，如果相对人放弃索赔时效的抗辩权，给权利人以补偿，则相对人就不得再以其不知道时效届满的事实为由要求索赔方返还。

4. 索赔时效的起算

索赔时效是以索赔事件发生的时间为起算点，还是以索赔事件结束时间为起算点，历来争议较大。尽管任何索赔事件的发生或长或短都有持续时间，但索赔时效期间的起算应该是索赔事件发生的时间。

5.1.9　违约责任及违约责任的免除

1. 违反建设工程合同违约责任的概念及特征

（1）违反建设工程合同的违约责任

违约责任在合同法领域居于核心位置。《合同法》以违约责任作为保护当事人合法权益、维护社会经济、促进社会主义现代化事业发展基本目的的前提和最终保障。正是因为违约责任的存在，建设工程合同的正常秩序才可能正常运转，社会主义现代化的基本价值目标才可能实现。

（2）违约责任的特征

①违约责任是一种财产责任。违约责任作为财产责任，其本质意义不在于对违约方的制裁，而在于对守约方的补偿，违约责任在完成补偿功能的同时，也体现了对违约方行为的否定性评价，同时，违约方须承担违约成本。

②违约责任产生于有效建设工程合同。

③违约责任体现了建设工程合同的效力。

④违约责任有一定的任意性。

⑤违约责任的主体是建设工程合同当事人。

2. 当事人承担违约责任应具备的条件

（1）先期违约（或预期违约）的责任承担

《合同法》规定，当事人一方明确表示或者以自己的行为表明不履行合同义务的，对方可以在履行期限届满之前要求其承担违约责任。

（2）承担违约责任的条件

①合同当事人发生了违约行为，即有违反合同义务的行为。

②非违约方不需要证明其主观上是否具有过错。

③无约定或法定免责事由。

（3）承担违约责任的种类

①继续履行。继续履行是一种违约后的补救方式，是否要求违约方继续履行是非违约方的一项权利。继续履行可以与违约金、定金、赔偿损失并用，但不能与解除合同的方式并用。

②违约金和定金。

a. 违约金的调整。约定的违约金低于造成的损失的，当事人可以请求人民法院或者仲裁机构予以增加；约定的违约金过分高于造成的损失的，当事人可以请求人民法院或者仲裁机构予以适当减少。

b. 定金罚则。当事人可以依照《担保法》约定一方向对方给付定金作为债权的担保。债务人履行债务后，定金应当抵作价款或者收回。给付定金的一方不履行约定的债务的，无权要求返还定金；收受定金的一方不履行约定的债务的，应当双倍返还定金。

（4）承担违约责任的方式

①继续履行。

②采取补偿措施。

③补偿损失。

④违约金。

（5）违约责任的免除

①免责事由——不可抗力。《合同法》规定，因不可抗力不能履行合同的，根据不可抗力的影响，部分或者全部免除责任，但法律另有规定的除外。当事人迟延履行后发生不可抗力的，不能免除责任。本法所称不可抗力，是指不能预见、不能避免并不能克服的客观情况。

②当事人一方因不可抗力不能履行合同的，应当及时通知对方，以减轻可能给对方造成的损失，并应当在合理期限内提供证明。

5.1.10 建设施工合同示范文本的使用与法律地位

《合同法》规定，当事人可以参照各类合同的示范文本订立合同。

合同示范文本对当事人订立合同起参考作用，但不要求当事人必须采用合同示范文本，即合同的成立与生效同当事人是否采用合同示范文本无直接关系。合同示范文本具有引导性、参考性，并无法律强制性。

5.2 劳动合同及劳动关系制度

5.2.1 劳动合同及劳动关系制度

1. 劳动合同的订立

（1）劳动合同

劳动合同是用人单位与劳动者进行双向选择、确定劳动关系、明确双方权利义务的协议。

（2）劳动关系

劳动关系（Labor Relations）指劳动者与用人单位在实现劳动过程中建立的社会经济关系。

（3）劳动合同订立的原则

合法、公平、平等自愿、协商一致、诚实守信。

（4）特别规定

①用人单位不得要求劳动者提供担保或者以其他名义向劳动者收取财物。

②用人单位不得扣押劳动者的居民身份证或者其他证件。

（5）劳动合同的期限

劳动合同期限指劳动合同的有效时间，是劳动关系当事人双方享有权利和履行义务的时间。始于劳动合同的生效之日，终于劳动合同的终止之时，是劳动合同存在的前提条件。

（6）劳动合同的种类

①固定期限劳动合同。

②无固定期限劳动合同。

③以完成一定工作任务为期限的劳动合同。

2. 劳动合同的种类

（1）固定期限劳动合同

①内涵：指用人单位与劳动者约定合同终止时间的劳动合同，当事人在合同中明确规定了合同效力的起始和终止时间。

②特殊规定：超过两次签订固定期限的劳动合同，在劳动者没有《劳动合同法》规定的特定情形下，且劳动者本人又没有提出订立固定期限劳动合同的，用人单位应与劳动者签订无固定期限劳动合同。

（2）无固定期限劳动合同

①内涵：用人单位与劳动者约定无确定终止时间的劳动合同，并非无终止时间，一旦出现了法定解除情形或者双方协商一致，均可解除。

②可以签订无固定期限劳动合同的情形：

a. 劳动者在该用人单位连续工作满 10 年的。

b. 用人单位初次实行劳动合同制度或者国有企业改制重新订立劳动合同时，劳动者在该用人单位连续工作满 10 年且距法定退休年龄不足 10 年的 .

c. 连续订立 2 次固定期限劳动合同，且劳动者没有特殊情况的。

③特殊情况：用人单位自用工之日满 1 年不与劳动者订立书面劳动合同的，视为用人单位与劳动者已订立无固定期限劳动合同。只要职工在本单位工作满 10 年，且没有提出要求签订固定期限合同的，就必须签无固定期限合同，无论单位是否愿意，否则就是违约。

（3）以完成一定工作任务为期限的劳动合同

用人单位与劳动者约定，以某项工作的完成为合同期限的劳动合同。

3. 劳动合同的基本条款

（1）必备条款

①用人单位的情况。

②劳动者的情况。

③劳动合同期限。

④工作内容和工作地点。

⑤工作时间和休息休假。

⑥劳动报酬。

⑦社会保险。

⑧劳动保护、劳动条件和职业危害防护。

⑨其他事项。

（2）可备条款

①试用期；②培训；③保守秘密；④补充保险和福利待遇。

4. 订立劳动合同应注意的事项

（1）建立劳动关系即应订立劳动合同

①用人单位自用工之日起即与劳动者建立劳动关系（无论签订合同是之前、同时还是之后）。

②未同时签订劳动合同的，应自用工之日起 1 个月内订立。

（2）未签订劳动合同，劳动报酬不明确的

①新招用的劳动者，报酬按企业的或者同行业的集体合同规定的标准执行。

②没有集体合同的，用人单位应对劳动者实行同工同酬。

（3）劳动合同的形式

固定期限、无固定期限、以完成一定工作任务为期限。

① 固定期限劳动合同。用人单位与劳动者约定合同终止时间的劳动合同。

② 无固定期限劳动合同。用人单位与劳动者约定无确定终止时间的劳动合同。这是一种长期性的合同，如果出现法律规定或合同约定的解除或终止条件的，双方可以解除或终止。

双方协商一致，可以订立无固定期限劳动合同。

有下列情形之一，劳动者提出或者同意续订、订立劳动合同的，除劳动者提出订立固定期限劳动合同外，应当订立无固定期限劳动合同。

a. 劳动者在该用人单位连续工作满 10 年的。

b. 用人单位初次实行劳动合同制度或者国有企业改制重新订立劳动合同时，劳动者在该用人单位连续工作满10年且距法定退休年龄不足10年的。

c. 连续订立2次固定期限劳动合同，且劳动者没有下述情形，续订劳动合同的。

①严重违反用人单位的规章制度的。

②严重失职，营私舞弊，给用人单位造成重大损害的。

③劳动者同时与其他用人单位建立劳动关系，对完成本单位的工作任务造成严重影响，或者经用人单位提出，拒不改正的。

④以欺诈、胁迫的手段或者乘人之危，使用人单位在违背真实意思的情况下订立或者变更劳动合同，致使劳动合同无效的。

⑤被依法追究刑事责任的。

⑥劳动者患病或者非因工负伤，在规定的医疗期满后不能从事原工作，也不能从事由用人单位另行安排的工作的。

⑦劳动者不能胜任工作，经过培训或者调整工作岗位，仍不能胜任工作的。

注意：

①连续工作满10年的起始时间，应当自用人单位用工之日起计算，包括《劳动合同法》施行前的工作年限。

②劳动者非因本人原因从原用人单位被安排到新用人单位工作的。

a. 劳动者在原用人单位的工作年限合并计算为新用人单位的工作年限。

b. 原用人单位已经向劳动者支付经济补偿的，新用人单位在依法解除、终止劳动合同计算支付经济补偿的工作年限时，不再计算劳动者在原用人单位的工作年限。

③连续订立固定期限劳动合同的次数，应当自《劳动合同法》2008年1月1日施行后，续订固定期限劳动合同时开始计算。

④地方各级人民政府及县级以上地方人民政府有关部门为安置就业困难人员提供的给予岗位补贴和社会保险补贴的公益性岗位，其劳动合同不适用劳动合同法有关无固定期限劳动合同的规定以及支付经济补偿的规定。

⑤以完成一定工作任务为期限的劳动合同。

5.2.2 劳动合同的履行、变更、解除和终止

1. 劳动合同的履行

（1）用人单位与劳动者应当按照劳动合同的约定，全面履行各自的义务

①用人单位应向劳动者及时足额支付劳动报酬。用人单位拖欠或者未足额支付劳动报酬的，劳动者可以依法向当地人民法院申请支付令。

②用人单位不得强迫或者变相强迫劳动者加班。

③劳动者拒绝用人单位管理人员违章指挥、强令冒险作业的，不视为违反劳动合同。

④用人单位变更名称、法定代表人、主要负责人或者投资人等事项，不影响劳动合同的履行。

⑤用人单位发生合并或者分立等情况，原劳动合同继续有效，劳动合同由承继其权利和义务的用人单位继续履行。

技术提示：

用人单位劳动规章制度即内部劳动规则，其内容不能违反劳动法律法规的义务性规范和劳动合同的约定条款。合法有效的劳动规章制度是劳动合同的组成部分，对用人单位和劳动者均有法律约束力。

⑥用人单位应当依法建立和完善劳动规章制度，保障劳动者享有劳动权利、履行劳动义务。

2. 劳动合同的解除

用人单位与劳动者协商一致，可以解除劳动合同。

劳动者提前三十日以书面形式通知用人单位，可以解除劳动合同。劳动者在试用期内提前三日通知用人单位，可以解除劳动合同。

（1）用人单位有下列情形之一的，劳动者可以解除劳动合同

①未按照劳动合同约定提供劳动保护或者劳动条件的。

②未及时足额支付劳动报酬的。

③未依法为劳动者缴纳社会保险费的。

④用人单位的规章制度违反法律、法规的规定，损害劳动者权益的。

⑤因本法第二十六条第一款规定的情形致使劳动合同无效的。

⑥法律、行政法规规定劳动者可以解除劳动合同的其他情形。

用人单位以暴力、威胁或者非法限制人身自由的手段强迫劳动者劳动的，或者用人单位违章指挥、强令冒险作业危及劳动者人身安全的，劳动者可以立即解除劳动合同，不需事先告知用人单位。

（2）劳动者有下列情形之一的，用人单位可以解除劳动合同

①在试用期间被证明不符合录用条件的。

②严重违反用人单位的规章制度的。

③严重失职，营私舞弊，给用人单位造成重大损害的。

④劳动者同时与其他用人单位建立劳动关系，对完成本单位的工作任务造成严重影响，或者经用人单位提出，拒不改正的。

⑤因本法第二十六条第一款第一项规定的情形致使劳动合同无效的。

⑥被依法追究刑事责任的。

（3）有下列情形之一的，用人单位提前三十日以书面形式通知劳动者本人或者额外支付劳动者一个月工资后，可以解除劳动合同

①劳动者患病或者非因工负伤，在规定的医疗期满后不能从事原工作，也不能从事由用人单位另行安排的工作的。

②劳动者不能胜任工作，经过培训或者调整工作岗位，仍不能胜任工作的。

③劳动合同订立时所依据的客观情况发生重大变化，致使劳动合同无法履行，经用人单位与劳动者协商，未能就变更劳动合同内容达成协议的。

3.劳动合同终止

①《劳动合同法》第四十四条规定，有下列情形之一的，劳动合同终止

a.劳动合同期满的。

b.劳动者开始依法享受基本养老保险待遇的。

c.劳动者死亡，或者被人民法院宣告死亡或者宣告失踪的。

d.用人单位被依法宣告破产的。

e.用人单位被吊销营业执照、责令关闭、撤销或者用人单位决定提前解散的。

f.法律、行政法规规定的其他情形。

②在本单位患有职业病或者因工负伤并被确认丧失或者部分丧失劳动能力的劳动者的劳动合同的终止，按照国家有关工伤保险的规定执行。

5.2.3 合法用工方式与违法用工模式的规定

1."包工头"用工模式

"包工头"作为自然人的民事主体，一方面为解决农村富余劳动力就业提供了一个渠道，另一方面也往往扮演了损害农民工利益的重要角色，在建设领域和劳动领域产生了很大的负面影响。2005年8月"包工头"承揽分包业务基本被禁止。

2.劳务派遣

劳务派遣（又称劳动力派遣、劳动派遣或人才租赁），是指依法设立的劳务派遣单位与劳动者订

立劳动合同，依据与接受劳务派遣单位（即实际用工单位）订立的劳务派遣协议，将劳动者派遣到实际用工单位工作，由派遣单位向劳动者支付工资、福利及社会保险费用，实际用工单位提供劳动条件并按照劳务派遣协议支付用工费用的新型用工方式。

①劳务派遣单位。《劳动合同法》规定，劳务派遣单位应当依照公司法的有关规定设立，注册资本不得少于50万元。劳务派遣一般在临时性、辅助性或者替代性的工作岗位上实施。

②劳动合同与劳务派遣协议。劳务派遣单位应当将劳务派遣协议的内容告知被派遣劳动者。劳务派遣单位不得克扣用工单位按照劳务派遣协议支付给被派遣劳动者的劳动报酬。劳务派遣单位和用工单位不得向被派遣劳动者收取费用。

③被派遣劳动者。

④用工单位。《劳动合同法》规定，用工单位应当履行下列义务：a 执行国家劳动标准，提供相应的劳动条件和劳动保护；b 告知被派遣劳动者的工作要求和劳动报酬；c 支付加班费、绩效奖金，提供与工作岗位相关的福利待遇；d 对在岗被派遣劳动者进行工作岗位所必需的培训；e 连续用工的，实行正常的工资调整机制。用工单位不得将被派遣劳动者再派遣到其他用人单位。

5.2.4 劳动保护的规定

1. 劳动者的工作时间和休息休假

（1）工作时间

《劳动法》第三十六条、第三十八条规定，国家实行劳动者每日工作时间不超过8小时、平均每周工作时间不超过44小时的工时制度。

①缩短工作日。《国务院关于职工工作时间的规定》中规定："在特殊条件下从事劳动和有特殊情况，需要适当缩短工作时间的，按照国家有关规定执行"。目前，我国实行缩短工作时间的主要是：从事矿山、高山、有毒、有害、特别繁重和过度紧张的体力劳动职工，以及纺织、化工、建筑冶炼、地质勘探、森林采伐、装卸搬运等行业或岗位的职工；从事夜班工作的劳动者；在哺乳期工作的女职工；16至18岁的未成年劳动者等。

②不定时工作日。原劳动部《关于企业实行不定时工作制和综合计算工时工作制的审批办法》中规定，企业对符合下列条件之一的职工，可以实行不定时工作日制：

a. 企业中的高级管理人员、外勤人员、推销人员、部分值班人员和其他因工作无法按标准工作时间衡量的职工。

b. 企业中的长途运输人员、出租汽车司机和铁路、港口、仓库的部分装卸人员以及因工作性质特殊，需机动作业的职工。

c. 其他因生产特点、工作特殊需要或职责范围的关系，适合实行不定时工时制的职工。

③综合计算工作日，即分别以周、月、季、年等为周期综合计算工作时间。但其平均日工作时间和平均周工作时间应与法定标准工作时间基本相同。按规定，企业对交通、铁路等行业中因工作性质特殊需连续作业的职工，地质及资源勘探、建筑等受季节和自然条件限制的行业的部分职工等，可实行综合计算工作日。

④计件工资时间。对实行计件工作的劳动者，用人单位应当根据《劳动法》第三十六条规定的工时制度合理确定其劳动定额和计件报酬标准。

（2）休息休假

用人单位应当按照下列标准支付高于劳动者正常工作时间工资的工资报酬：安排劳动者延长工作时间的，支付不低于工资的150%的工资报酬；休息日安排劳动者工作又不能安排补休的，支付不低于工资的200%的工资报酬；法定休假日安排劳动者工作的，支付不低于300%的工资报酬。

2. 劳动者的工资

（1）工资基本规定

劳动者基本工资是根据劳动合同约定或国家及企业规章制度规定的工资标准计算的工资，也称标准工资。在一般情况下，基本工资是职工劳动报酬的主要部分。

（2）最低工资保障制度

根据劳动和社会保障部《最低工资规定》，在劳动者提供正常劳动的情况下，用人单位应支付给劳动者的工资在剔除下列各项以后，不得低于当地最低工资标准：

①延长工作时间工资。

②中班、夜班、高温、低温、井下、有毒有害等特殊工作环境、条件下的津贴。

③法律、法规和国家规定的劳动者福利待遇等。实行计件工资或提成工资等工资形式的用人单位，在科学合理的劳动定额基础上，其支付劳动者的工资不得低于相应的最低工资标准。

3. 劳动者的社会保险与福利

《社会保险法》规定，国家建立基本养老保险、基本医疗保险、工伤保险、失业保险、生育保险等社会保险制度，保障公民在年老、疾病、工伤、失业、生育等情况下依法从国家和社会获得物质帮助的权利。

5.2.5 劳动争议的解决

劳动争议发生后，当事人应该按法定程序解决。根据《中华人民共和国企业劳动争议处理条例》（国务院 117 号令）第六条规定："劳动争议发生后，当事人应当协商解决；不愿协商或协商不成的，可以向本企业劳动争议调解委员会申请调解；调解不成的，可以向劳动争议仲裁委员会申请仲裁。对仲裁裁决不服的，可以向人民法院起诉。"但当发生劳动争议后，不是什么时候都可以申请仲裁的。申请仲裁也有一个时效。

劳动争议仲裁时效是指劳动者或用人单位的权利遭到对方侵犯后，在法定期间内不行使权利，即丧失仲裁机构予以保护的权利。也就是说，一旦错过仲裁时效，权利人的胜诉权就被消灭，即丧失了请求仲裁委员会保护的权利。有关法规规定："提出劳动争议的一方应当自劳动争议发生之日起六十日内向劳动争议仲裁委员会提出书面申请。"对于这句话中"争议发生之日"如何理解，是一个十分重要的问题，因为它关系到时效起算日的确定。根据有关法律解释，"争议发生之日"是指"知道或应当知道权利被侵害之日"。也就是说，"争议发生之日"，并不是非得以双方当事人产生正面冲突为标志，而是从当事人知道或应当知道自己的权利被侵害之时，在法律上就被认为是产生"争议"之日，此时也就是仲裁时效的起算之日。

发生了劳动争议，主要解决方法和途径有：

（1）争议解决的主要途径

①调解。劳动争议调解委员会的组成：员工代表、公司代表、工会代表。与员工达成的调解协议必须是自愿执行。这个协议没有法律强制力，不可以向法院申请强制执行。

②仲裁。对于仲裁裁决，当事方均没有反对，应执行。如有一方不服裁决，应在收到裁决书后15 天内向法院提出诉讼。仲裁裁决在做出后 15 天开始生效。仲裁裁决可以向法院申请强制执行。仲裁程序为：

a. 申请仲裁有时效性，要求自争议发生之日起 60 天内。

b. 申请受理时间：7 天。

c. 答辩：被申请人在 15 天内做出答辩。

d. 裁决：仲裁裁决在 60 天内做出。对复杂的申请，可延长 30 天。

③诉讼。劳动争议产生后，员工不能直接向法院提出诉讼，必须先经过劳动争议仲裁程序。法律法规也规定了例外，比如单独订立的保密协议等。

我国实行的二审制。对一审不服可向二审法院上诉。在一审中，对做出的劳动仲裁裁决，如果员工提出支付工资等情况，法院可视情况先予执行仲裁裁决。

（2）发生劳动争议时，主要的证据

①劳动合同。劳动合同是主要证据，合同中双方确定了各方权利义务等内容。因此，劳动合同应该以书面形式做出，对法律规定中不清楚的方面加以填补。

②《员工手册》。尽可能制定比较详细的《员工手册》，与劳动合同相补充，应该包括员工不当行为、工作要求及员工福利等内容。《员工手册》内容要遵守法律法规要求。

③其他证据。

a.《解聘函》——提前30天做出并通知员工。诉讼的时效与《解聘函》有直接关系。

b. 工资签收单。

c. 病假的证明材料及相关资料。

d. 医生的处方等。

5.2.6 工伤处理的规定

1. 工伤认定

（1）应当认定为工伤的情形

①在工作时间和工作场所内，因工作原因受到事故伤害的。

②工作时间前后在工作场所内，从事与工作有关的预备性或者收尾性工作受到事故伤害的。

③在工作时间和工作场所内，因履行工作职责受到暴力等意外伤害的。

④患职业病的。

⑤因工外出期间，由于工作原因受到伤害或者发生事故下落不明的。

⑥在上下班途中，受到非本人主要责任的交通事故或者城市轨道交通、客运轮渡、火车事故伤害的。

⑦法律、行政法规规定应当认定为工伤的其他情形。

（2）视同工伤的情形

职工有下列情形之一的，视同工伤：

①在工作时间和工作岗位，突发疾病死亡或者在48小时之内经抢救无效死亡的。

②在抢险救灾等维护国家利益、公共利益活动中受到伤害的。

③职工原在军队服役，因战、因公负伤致残，已取得革命伤残军人证，到用人单位后旧伤复发的。

2. 劳动能力鉴定

劳动功能障碍分为10个伤残等级，最重的为1级，最轻的为10级。生活自理障碍分为3个等级：生活完全不能自理（1~4级）、生活大部分不能自理（5~6级）和生活部分不能自理（7~10级）。

3. 工伤保险待遇

职工因工作遭受事故伤害或者患职业病进行治疗，享受工伤医疗待遇。

（1）工伤医疗的停工留薪期

停工留薪期一般不超过12个月。伤情严重或者情况特殊，经设区的市级劳动能力鉴定委员会确认，可以适当延长，但延长不得超过12个月。

（2）工伤职工的护理

生活不能自理的工伤职工在停工留薪期需要护理的，由所在单位负责。

工伤职工已经评定伤残等级并经劳动能力鉴定委员会确认需要生活护理的，从工伤保险基金按月支付生活护理费。生活护理费按照生活完全不能自理、生活大部分不能自理或者生活部分不能自理3个不同等级支付，其标准分别为统筹地区上年度职工月平均工资的50%、40%或者30%。

（3）职工因工致残的待遇

①职工因工致残被鉴定为1级至4级伤残的，保留劳动关系，退出工作岗位，从工伤保险基金按伤残等级支付一次性伤残补助金。

②职工因工致残被鉴定为5级、6级伤残的，从工伤保险基金按伤残等级支付一次性伤残补助

金；保留与用人单位的劳动关系，由用人单位安排适当工作，难以安排工作的由用人单位按月发给伤残津贴，并由用人单位按照规定为其缴纳应缴纳的各项社会保险费。经工伤职工本人提出，该职工可以与用人单位解除或者终止劳动关系，由工伤保险基金支付一次性工伤医疗补助金，由用人单位支付一次性伤残就业补助金。

③职工因工致残被鉴定为7级至10级伤残的，从工伤保险基金按伤残等级支付一次性伤残补助金，劳动：聘用合同期满终止，或者职工本人提出解除劳动、聘用合同的，由工伤保险基金支付一次性工伤医疗补助金，由用人单位支付一次性伤残就业补助金。

（4）其他规定

职工因工外出期间发生事故或者在抢险救灾中下落不明的，从事故发生当月起3个月内照发工资，从第4个月起停发工资，由工伤保险基金向其供养亲属按月支付供养亲属抚恤金。生活有困难的，可以预支一次性工亡补助金的50%。

5.2.7　违法行为应承担的法律责任

①《劳动合同法》第九十一条规定，用人单位招用与其他用人单位尚未解除或者终止劳动合同的劳动者，给其他用人单位造成损失的，应当承担连带赔偿责任。

②《劳动合同法》第九十二条规定，劳务派遣单位违反本法规定的，由劳动行政部门和其他有关主管部门责令改正；情节严重的，以每人一千元以上五千元以下的标准处以罚款，并由工商行政管理部门吊销营业执照；给被派遣劳动者造成损害的，劳务派遣单位与用工单位承担连带赔偿责任。

③《劳动合同法》第九十三条规定，对不具备合法经营资格的用人单位的违法犯罪行为，依法追究法律责任；劳动者已经付出劳动的，该单位或者其出资人应当依照本法有关规定向劳动者支付劳动报酬、经济补偿、赔偿金；给劳动者造成损害的，应当承担赔偿责任。

④《劳动合同法》第九十四条规定，个人承包经营违反本法规定招用劳动者，给劳动者造成损害的，发包的组织与个人承包经营者承担连带赔偿责任。

5.3　相关合同

5.3.1　承揽合同的法律规定

《合同法》规定，承揽合同是承揽人按照定作人的要求完成工作，交付工作成果，定作人给付报酬的合同。承揽包括加工、定作、修理、复制、测试、检验等工作。

1. 承揽合同的特征

①承揽合同以完成一定的工作并交付工作成果为标的。

②承揽人须以自己的设备、技术和劳力完成所承揽的工作。

a. 未经定作人的同意，承揽人将承揽的主要工作交由第三人完成的，定作人可以解除合同。

b. 经定作人同意的，承揽人也应就第三人完成的工作成果向定作人负责。

c. 承揽人有权将其承揽的辅助工作交由第三人完成。承揽人将承揽的辅助工作交由第三人完成的，应当就第三人完成的工作成果向定作人负责。

（3）承揽人工作具有独立性

①承揽人的义务。

a. 按照合同约定完成承揽工作的义务。

承揽人应当按照合同的约定，按时、按质、按量等完成工作。

b. 材料检验的义务。

（a）承揽人提供材料的，承揽人应当按照约定选用材料，并接受定作人检验。

（b）如果定作人提供材料的，承揽人应当对定作人提供的材料及时检验。

c．通知和保密的义务。

未经定作人许可，不得留存复制品或者技术资料。

d．接受监督检查和妥善保管工作成果等的义务。

承揽人在工作期间，应当接受定作人必要的监督检验。

e．交付符合质量要求工作成果的义务。

②定作人的义务。

a．按照约定提供材料和协助承揽人完成工作的义务。

b．支付报酬的义务。

除当事人另有约定的外，定作人未向承揽人支付报酬或者材料费等价款的，承揽人对完成的工作成果享有留置权。

c．依法赔偿损失的义务。

d．验收工作成果的义务。

3．承揽合同的解除

（1）承揽人的法定解除权

定作人不履行协助义务致使承揽工作不能完成的，承揽人可以催告定作人在合理期限内履行义务，并可以顺延履行期限；定作人逾期不履行的，承揽人可以依法解除合同。

（2）定作人的法定解除权

承揽人将其承揽的主要工作交由第三人完成的，应当就该第三人完成的工作成果向定作人负责；未经定作人同意的，定作人可以解除合同。

（3）定作人的法定任意解除权

定作人可以随时解除承揽合同，造成承揽人损失的，应当赔偿损失。

5.3.2 买卖合同的法律规定

1．买卖合同的法律特征

①买卖合同是一种转移财产所有权的合同。

②买卖合同是有偿合同。

③买卖合同是双务合同。

④买卖合同是诺成合同。

2．买卖合同当事人的权利义务

（1）出卖人的主要义务

①按照合同约定交付标的物的义务。出卖的标的物，应当属于出卖人所有或者出卖人有权处分——权利担保。

②出卖人应当向买受人交付标的物或者交付提取标的物的单证，并应当按照约定或者交易习惯向买受人交付提取标的物单证以外的有关单证和资料——交单义务。

交付的方式可以是：

a．现实交付。标的物由出卖人直接交付给买受人。

b．简易交付。标的物在订立合同之前已为买受人占有，合同生效即视为完成交付。

c．占有改定。买卖双方特别约定，合同生效后标的物仍然由出卖人继续占有，但其所有权已完成法律上的转移。

d．指示交付。合同成立时，标的物为第三人合法占有，买受人取得了返还标的物请求权。

e．拟制交付。出卖人将标的物的权利凭证（如仓单、提单）交给买受人，以代替标的物的现实交付。

③出卖人应当按照约定的期限交付标的物。对于不能达成补充协议，也不能按照合同有关条款

或者交易习惯确定的，债务人可以随时履行，债权人也可以随时要求履行，但应当给对方必要的准备时间。

④出卖人应当按照约定的地点交付标的物。对于不能达成补充协议，也不能按照合同有关条款或者交易习惯确定的，适用下列规定：

a. 标的物需要运输的，出卖人应当将标的物交付给第一承运人以运交给买受人。

b. 标的物不需要运输，出卖人和买受人订立合同时知道标的物在某一地点的，出卖人应当在该地点交付标的物；不知道标的物在某一地点的，应当在出卖人订立合同时的营业地交付标的物。

⑤出卖人应当按照约定的质量要求交付标的物。对于不能达成补充协议，也不能按照合同有关条款或者交易习惯确定的，按照国家标准、行业标准履行；没有国家标准、行业标准的，按照通常标准或者符合合同目的的特定标准履行。

⑥出卖人应当按照约定的包装方式交付标的物。对于不能达成补充协议，也不能按照合同有关条款或者交易习惯确定的，应当按照通用的方式包装，没有通用方式的，应当采取足以保护标的物的包装方式。

5.3.3　借款合同的法律规定

1. 借款合同的法律特征

一般借款合同的特征	自然人之间的借贷合同的例外
标的物是货币	
（1）一般为要式合同	（1）借款合同不一定采用书面形式，可以灵活约定形式
（2）一般是有偿合同（有息借款）	（2）借款合同未约定利息的，视为无息
（3）一般为诺成合同	（3）自然人之间的借款合同则为实践合同

2. 借款合同当事人的权利义务

（1）贷款人的义务

①提供借款的义务。

②不得预扣利息的义务。

借款的利息不得预先在本金中扣除。利息预先在本金中扣除的，应当按照实际借款数额返还借款并计算利息。

（2）借款人的义务

①提供担保的义务。

②提供真实情况的义务。

③按照约定收取借款的义务。

④按照约定用途使用借款的义务。

⑤按期归还本金和利息的义务。

借款人应当按照约定的期限支付利息。对于不能达成补充协议，也不能按照合同有关条款或者交易习惯确定的，借款期间不满1年的，应当在返还借款时一并支付；借款期间1年以上的，应当在每届满1年时支付，剩余期间不满1年的，应当在返还借款时一并支付。

5.3.4　租赁合同的法律规定

租赁合同是出租人将租赁物交付承租人使用、收益，承租人支付租金的合同。

1. 租赁合同的法律特征

①租赁合同是转移租赁物使用收益权的合同。

②租赁合同是诺成、双务、有偿合同。

2. 租赁合同的内容和类型

①租赁合同的内容。租赁合同的内容包括租赁物的名称、数量、用途、租赁期限、租金及其支付期限和方式、租赁物维修等条款。

②租赁合同的类型

a. 定期租赁。租赁合同可以约定租赁期限，但租赁期限不得超过20年。超过20年的，超过部分无效。租赁期间届满，当事人可以续订租赁合同，但约定的租赁期限自续订之日起不得超过20年。

租赁期限6个月以上的，应当采用书面形式。当事人未采用书面形式的，视为不定期租赁。

b. 不定期租赁。不定期租赁分为两种情形：一种是当事人没有约定租赁期限；另一种是定期租赁合同期限届满，承租人继续使用租赁物；出租人没有提出异议的，原租赁合同继续有效，但租赁期限为不定期。

此外，当事人对租赁期限没有约定或者约定不明确，可以协议补充；不能达成补充协议的，按照合同有关条款或者交易习惯确定。对于不能达成补充协议，也不能按照合同有关条款或者交易习惯确定的，视为不定期租赁。当事人可以随时解除合同，但出租人解除合同应当在合理期限之前通知承租人。

技术提示：

不定期租赁的四种情况：①未采用书面形式的；②租赁期满，承租人继续使用租赁物，出租人没有提出异议的；③当事人没有约定租赁期限的；④对租赁期限没有约定或者约定不明确的。其法律后果即当事人可以随时解除合同。

3. 租赁合同当事人的权利义务

①出租人的义务。

a. 交付出租物的义务。出租人应当按照约定将租赁物交付承租人，并在租赁期间保持租赁物符合约定的用途。

b. 维修租赁物的义务（区别于融资租赁合同）。

（a）除当事人另有约定的外，出租人应当履行租赁物的维修义务。

（b）出租人不履行维修义务，承租人可以自行维修，维修费用由出租人负担。

c. 权利瑕疵担保的义务。

d. 租赁物的瑕疵担保义务。

出租人应当担保租赁物质量完好，不存在影响承租人正常使用的瑕疵。当然，若承租人在签订合同时知悉某瑕疵存在，则不应受此约束。

当租赁物危及承租人的安全或者健康时，即使承租人订立合同时明知该租赁物质量不合格，承租人仍然可以随时解除合同——承租人的随时解除权。

e. 保证承租人优先购买权的义务。出租人出卖租赁房屋的，应当在出卖之前的合理期限内通知承租人，承租人享有以同等条件优先购买的权利。租赁物在租赁期间发生所有权变动的，不影响租赁合同的效力——买卖不破租赁原则。

f. 保证共同居住人继续承租的义务。承租人在房屋租赁期间死亡的，与其生前共同居住的人可以按照原租赁合同租赁该房屋。生前共同居住的人不以与承租人是否有继承关系、亲属关系为限。

②承租人的义务。

a. 支付租金的义务。

承租人应当按照约定的期限支付租金。对支付期限没有约定或者约定不明确，可以协议补充；不能达成补充协议的，按照合同有关条款或者交易习惯确定。对于不能达成补充协议，也不能按照合同有关条款或者交易习惯确定的，租赁期间不满1年的，应当在租赁期间届满时支付；租赁期间1年以上的，应当在每届满1年时支付，剩余期间不满1年的，应当在租赁期间届满时支付。

b. 按照约定使用租赁物的义务。

c. 妥善保管租赁物的义务。

d. 有关事项通知的义务。

e. 返还租赁物的义务。

f. 损失赔偿的义务。

承租人经出租人同意，可以将租赁物转租给第三人。承租人转租的，承租人与出租人之间的租赁合同继续有效，第三人对租赁物造成损失的，承租人应当赔偿损失。承租人未经出租人同意转租的，出租人可以解除合同。

> **技术提示：**
>
> 因不可归责于承租人的事由，致使租赁物部分或者全部毁损、灭失的，承租人可以要求减少租金或者不支付租金；因租赁物部分或者全部毁损、灭失，致使不能实现合同目的的，承租人可以解除合同。

4. 租赁合同的其他规定

在租赁期间因占有、使用租赁物获得的收益，归承租人所有，但当事人另有约定的除外。

5.3.5　融资合同的法律规定

1. 融资租赁合同的法律特征

融资租赁是将融资与融物结合在一起的特殊交易方式。融资租赁合同涉及出租人、出卖人和承租人三方主体。通常的做法是，承租人要求出租人为其融资购买所需的租赁物，由出租人向出卖人支付价款，并由出卖人向承租人交付租赁物及承担瑕疵担保义务，而承租人仅向出租人支付租金而无需向出卖人承担义务。

①出租人身份的二重性。出租人是租赁行为的出租方，但在承租人选择承租物和出卖人后，出租人与出卖人之间构成了法律上的买卖关系，因而又是买受人。

②出卖人权利与义务相对人的差异性。

a. 融资租赁合同不同于买卖合同。即承租人享有买受人的权利但不承担买受人的义务。

b. 融资租赁合同也不同于租赁合同。融资租赁合同的出租人不负担租赁物的维修与瑕疵担保义务，但承租人须向出租人履行交付租金义务。

③融资租赁合同是要式合同。

2. 融资租赁合同当事人的权利义务

①出租人的义务。

a. 向出卖人支付价金的义务。

b. 保证承租人对租赁物占有和使用的义务——买卖不破租赁。

c. 协助承租人索赔的义务。

d. 出租人、出卖人、承租人可以约定，出卖人不履行买卖合同义务的，由承租人行使索赔的权利。承租人行使索赔权利的，出租人应当协助。

e. 尊重承租人选择权的义务。

租赁物不符合约定或者不符合使用目的的，出租人不承担责任，但承租人依赖出租人的技能确定租赁物或者出租人干预选择租赁物的除外。

5.3.6　运输合同的法律规定

1. 货运合同的法律特征

货运合同具有以下法律特征：

①货运合同是双务、有偿合同。

②货运合同的标的是运输行为。

③货运合同是诺成合同。

④货运合同当事人的特殊性。

货运合同的收货人和托运人可以是同一人，但在大多数情况下不是同一人。在第三人为收货人的情况下，收货人虽不是订立合同的当事人，但却是合同的利害关系人。

2. 货运合同当事人的权利义务

（1）承运人的权利义务

①承运人的权利

a. 求偿权。因托运人申报不实或者遗漏重要情况，造成承运人损失的，托运人应当承担损害赔偿责任。

b. 特殊情况下的拒运权。托运人应当按照约定的方式包装货物。对包装方式没有约定或者约定不明确的，适用《合同法》第一百五十六条的规定。托运人违反包装的规定的，承运人可以拒绝运输。

c. 留置权。托运人或者收货人不支付运费、保管费以及其他运输费用的，承运人对相应的运输货物享有留置权，但当事人另有约定的除外。

（2）承运人的义务

①运送货物的义务。

②及时通知提领货物的义务。

③按指示运输的义务。

在承运人将货物交付收货人之前，托运人可以要求承运人中止运输、返还货物、变更到达地或者将货物交给其他收货人，但应当赔偿承运人因此受到的损失。

④货物毁损灭失的赔偿义务。

承运人对运输过程中货物的毁损、灭失承担损害赔偿责任，但承运人证明货物的毁损、灭失是a. 因不可抗力。b. 货物本身的自然性质。c. 合理损耗。d. 托运人、收货人的过错造成的，不承担损害赔偿责任。

⑤因不可抗力灭失货物不得要求支付运费的义务。

货物在运输过程中因不可抗力灭失，未收取运费的，承运人不得要求支付运费；已收取运费的，托运人可以要求返还。

❖❖❖ 5.3.7 仓储合同的法律规定

1. 仓储合同的法律特征

仓储合同是一种特殊的保管合同，具有如下法律特征：

（1）仓储合同是诺成合同

仓储合同自成立时生效，不以仓储物是否交付为要件。这是区别于保管合同的显著特征。

（2）仓储合同的保管对象是动产

仓储合同保管的对象必须是动产，不动产不能作为仓储合同的保管对象。这是区别于保管合同的又一显著特征。

（3）仓储合同是双务合同、有偿合同

2. 仓储合同当事人的权利义务

（1）保管人的义务

①验收的义务。

②出具仓单的义务。

存货人交付仓储物的，保管人应当给付仓单，并在仓单上签字或者盖章。

仓单是提取仓储物的凭证。存货人或者仓单持有人在仓单上背书并经保管人签字或者盖章的，可以转让提取仓储物的权利。

③允许检查或者提取样品的义务。

④通知的义务。

⑤催告或做出必要处置的义务。

⑥损害赔偿的义务。

储存期间，因保管人保管不善造成仓储物毁损、灭失的，保管人应当承担损害赔偿责任。因仓储物的性质、包装不符合约定或者超过有效储存期造成仓储物变质、损坏的，保管人不承担损害赔偿责任。

（2）存货人的义务

①支付仓储费用的义务。

②说明的义务。

③按时提取仓储物。

储存期间届满，存货人或者仓单持有人应当凭仓单提取仓储物。存货人或者仓单持有人逾期提取的，应当加收仓储费；提前提取的，不减收仓储费。

5.3.8　委托合同的法律规定

1. 委托合同的法律特征

（1）委托合同的目的是为他人处理或管理事务

委托合同是一种典型的提供劳务的合同。合同订立后，受托人在委托的权限内所实施的行为，等同于委托人自己的行为；委托的事务可以是法律行为，也可以是事实行为。它不同于民事代理，后者委托的只能是法律行为。它也不同于行纪合同，后者委托的仅是商事贸易行为。

（2）委托合同的订立以双方相互信任为前提

（3）委托合同未必是有偿合同

委托合同可以是有偿合同，也可以是无偿合同。

2. 委托合同当事人的权利义务

（1）委托人的义务

①支付费用的义务。

无论委托合同是否有偿，委托人都有义务提供或偿还委托事务的必要费用。

②支付报酬的义务。

受托人完成委托事务的，委托人应当向其支付报酬。

③赔偿损失的义务。

（2）受托人的义务

①按指示处理委托事务的义务。

②亲自处理委托事务的义务。

受托人应当亲自处理委托事务。经委托人同意，受托人可以转委托。转委托经同意的，委托人可以就委托事务直接指示转委托的第三人，受托人仅就第三人的选任及其对第三人的指示承担责任。转委托未经同意的，受托人应当对转委托的第三人的行为承担责任，但在紧急情况下受托人为维护委托人的利益需要转委托的除外。

③委托事务报告和转交财产的义务。

④披露委托人或第三人的义务。

⑤承担赔偿的义务。

有偿的委托合同，因受托人的过错给委托人造成损失的，委托人可以要求赔偿损失。无偿的委托合同，因受托人的故意或者重大过失给委托人造成损失的，委托人可以要求赔偿损失。

受托人超越权限给委托人造成损失的，应当赔偿损失。

案例分析

☞**问题1：**

（1）施工方案不是项目经理编写，应该由相关技术负责人编写，由于监理机构认为此脚手架存在较大安全隐患，故施工单位的相关技术负责人应将此脚手架专项施工方案进行安全验算，而不能进行安全估算。

（2）施工现场的质检员不能兼任施工现场的安全员，因为质检员存在无证上岗的情况；施工现场的安全员必须是专职的，不能兼任。

☞**问题2：**

（1）事件2中的专业监理工程师做法正确。

（2）监理工程师通知单应说明此次测量数据无效，并要求甲施工单位负责联系规划局重新放出控制点，并说明由此产生的费用全部由甲施工单位负责。

☞**问题3：**

（1）专业监理工程师发现甲施工单位投入的施工机械设备数量偏少，发出监理工程师通知单的做法正确。

（2）专业监理工程师发现乙施工单位已安装的管线存在严重问题时，向乙施工单位发出监理工程师通知单的做法错误；正确做法是应立即通知建设单位，在与建设单位协商同意的情况下再向乙施工单位发出监理工程师通知单。如果此管线存在严重的安全隐患，专业监理工程师在发出监理工程师通知单前，应及时通知建设单位。

拓展与实训

▶ 基础训练

一、单项选择题

1. 在合同订立的原则中，能体现民事合同的基本特征，是民事法律关系区别于行政法律体系、刑事法律关系的特有原则是（　　　）。

    A.平等原则　　　　　B.自愿原则　　　　　C.公平原则　　　　　D.诚实信用原则

2. 不属于合同订立所需要遵循的原则是（　　　）。

    A.平等自愿原则　　　B.等价有偿原则　　　C.诚实信用原则　　　D.合法原则

3. 将（　　　）作为合同当事人的行为准则，可以防止当事人滥用权力，有利于保护当事人的合法权益，维护和平衡当事人之间的利益。

    A.平等原则　　　　　B.自愿原则　　　　　C.公平原则　　　　　D.诚实信用原则

4. 下列属于双务合同的是（　　　）。

    A.买卖合同　　　　　B.赠与合同　　　　　C.租赁合同　　　　　D.加工承揽合同

5. 根据合同的分类，下列合同属于无偿合同的是（　　　）。

    A.买卖合同　　　　　B.赠与合同　　　　　C.租赁合同　　　　　D.加工承揽合同

6. 下列关于合同自愿原则的表述，错误的是（　　）。

A. 自愿就是绝对的合同自由　　　　　B. 自愿是在法定范围内的自由

C. 自愿不得损害公共利益　　　　　　D. 自愿不能危急社会公共安全

7. 下列选项中属于要约的是（　　）。

A. 投标书　　　　　B. 招标公告　　　　　C. 招股说明书　　　　　D. 商业广告

8. 工期是指发包人承包人在协议书中约定，按总（　　）计算的承包天数。

A. 阳历天数　　　　　　　　　　　　B. 阴历天数

C. 含法定节假日日历天数　　　　　　D. 除法定节假日以外的日历天数

9. 合同成立的根本标志是（　　）。

A. 存在订约当事人　　　　　　　　　B. 当事人具有相应民事权利能力和民事行为能力

C. 订约当事人对主要条款达成一致　　D. 经历要约与承诺的阶段

10. 采用欺诈、威胁等手段订立的劳动合同为（　　）劳动合同。

A. 有效　　　　　B. 无效　　　　　C. 可变更　　　　　D. 可撤销

二、多项选择题

1. 下列表述中，符合自愿原则的有（　　）。

A. 当事人自主决定是否签订合同

B. 当事人自主决定与谁签订合同

C. 当事人在不违反双方利益的情况下自主约定合同内容

D. 当事人的权利、义务要平等

E. 当事人自主选择解决争议的方式

2. 根据合同的分类，赠与合同属于（　　）。

A. 单务合同　　　　　B. 双务合同　　　　　C. 有偿合同

D. 无偿合同　　　　　E. 要式合同

3. 当事人订立合同，经历（　　）阶段。

A. 要约　　　　　B. 要约邀请　　　　　C. 承诺

D. 成立　　　　　E. 生效

4. 施工合同履行过程中的合同变更通常包括（　　）。

A. 工期改变　　　　　B. 承包人变更　　　　　C. 工程量的变更

D. 施工方法的改变　　　　　E. 工程技术规格改变

5. 合同权利转让的要件有（　　）。

A. 须有有效存在的合同权利，且转让不改变该权利的内容

B. 转让人与受让人须就合同权利的转让达成协议

C. 被转让的合同权利须具有让与性

D. 转让合同须采用书面合同形式

E. 按照法律、行政法规规定需要办理批准、登机等手续的，应该办妥这些手续

6. 合同解除的主要要件有（　　）。

A. 合同有效　　　　　B. 合同未曾履行　　　　　C. 合同未完全履行

D. 合同具备解除的条件　　E. 经对方当事人同意

7. 施工合同可撤销的情形有（　　）。

A. 在订立合同时显失公平　　　　　B. 施工单位以欺诈手段订立，且损害了国家利益

C. 违反了《建筑法》的强制性规定　　D. 订立合同时，建设单位存在重大误解

E. 损害公共利益

8.（　　）属于违约事实。

A. 迟延履行　　　　　　B. 不适当履行　　　　　　C. 不完全履行

D. 因行使抗辩权而暂未履行　　　　　　E. 因债务人原因不能履行

9. 劳动合同应当以书面形式订立，并具备（　　）条款。

A. 劳动合同期限　　　B. 工作内容　　　　　C. 劳动保护和劳动条件

D. 劳动形式　　　　　E. 劳动合同终止的条件

10. 用人单位不得解除劳动合同的情形有（　　）。

A. 女职工在孕期、产假、哺乳期内的

B. 患病或者负伤，在规定的医疗期内的

C. 法律行政法规规定的其他情形

D. 劳动合同订立时所依据的客观情况发生重大变化，致使原劳动合同无法履行

E. 患职业病或者因工负伤并被确认丧失或者部分丧失劳动能力的

三、简答题

1. 建设工程法规体系包括哪些方面的内容？

2. 怎样判断一个建设工程合同是否成立？

3. 如何区别附期限和附条件的建设工程合同？

4. 违反建设工程合同应当承担何种法律责任？

5. 承包合同中常见的风险及施工合同的风险有哪些？

6. 简述合同交底的重要性。

7. 作为承包商，在报价中如何考虑不可预见风险费？

8. 简述最低工资的特点及立法意义。

9. 简述劳动合同经济补偿金与赔偿金的区别。

10. 简述解除劳动争议各种方式之间的关系及其法律效力。

▶ 技能训练

1. 目的

通过此实训项目练习让学生了解建设工程合同的特征，了解企业违规行为的规定和承担的责任，让学生熟悉合同的订立、生效、履行、变更、解除和终止，掌握建筑工程合同及劳动合同的形式及其应用过程，能够利用合同的法律效力解决建设工程活动中的实际问题。

2. 成果

1）学生通过分组，主要以学生为主，教师为辅，学生通过收集本地区的不同形式和内容的合同，结合课堂中关于合同相关内容的学习，通过具体情境、图片展示等方式互相介绍合同的内容及应用情况。

2）采用真题假作的形式，主要以学生为主，教师为辅，分组后分别担任建设单位、施工单位，开展建设工程施工合同的签订，以真实建设工程施工合同文本为基础，以本地区实际项目为背景，双方按照施工合同签订的程序，按照公平、公正、自愿的原则，按照双方对条款同意的基础上签订合同，感受订立合同的过程和程序，认识合同订立以后的法律意义和法律环境。使学生对合同增加理论与情境相结合的感性认识，同时对合同中的内容产生理解，从而对实际建设活动中的建设行为起到指导作用。最终形成一份完整的施工合同。

模块6
建筑工程安全生产法律制度

模块概述

由于建筑工程施工项目的"高、大、露天作业多、工期长"等方面的特点，施工中发生安全生产事故的机率一直比较高，建筑工程施工安全直接关系到公众生命财产安全，关系到社会稳定、和谐发展。为了加强建筑施工安全生产管理，预防和减少建筑业事故的发生，保障建筑职工及他人的人身安全和财产安全，国务院建设行政主管部门制定了一系列的工程建设安全生产法规和规范性文件，如《中华人民共和国建筑法》《中华人民共和国安全生产法》《建设工程安全生产管理条例》等，加大了建筑安全生产管理方面的立法力度。

建筑工程项目施工全面贯彻落实"安全第一、预防为主"的方针，对预防和减少安全生产事故的发生起到至关重要的作用。本模块主要针对安全生产方针、安全生产许可证的要求、安全生产责任制、安全生产培训教育、安全生产事故应急救援预案机制和建筑施工项目建设中各参建单位的安全责任进行阐述，是作为建筑施工管理者必备的知识。

学习目标

1. 掌握安全生产管理的方针和原则；
2. 了解安全生产许可证的要求；
3. 掌握安全生产责任制的制定和要求；
4. 掌握安全生产培训教育的要求；
5. 了解生产事故应急救援预案机制；
6. 熟悉建筑施工项目建设中各参建单位的安全责任。

能力目标

1. 掌握针对当前建筑施工安全生产管理的要求和方针，制定安全生产责任制的能力；
2. 熟悉施工单位和施工项目的安全生产责任；
3. 掌握开展安全生产教育培训的要求；
4. 熟悉施工现场安全防护的规定和违法行为应承担的责任；
5. 掌握编制安全技术措施、专项方案和技术交底开展的要求；
6. 具备施工安全事故的应急救援与调查处理的能力。

课时建议

6 课时

案例导入

　　某市在建高层建筑，总建筑面积约 4 000 平方米，地下 2 层，地上 18 房，建设单位与施工单位签订了施工总承包合同，并委托监理单位进行工程监理，开工前，施工单位对工人进行了三级安全教育。在基础工程施工中，由于是深基坑工程，项目经理部按照设计文件和施工技术标准编制了基坑支护及降水工程专项施工组织方案，经项目经理签字后组织施工。同时，项目经理安排负责质量检查的人员兼任安全工作。当土方开挖至坑底设计标高时，监理工程师发现基坑四周地表出现大量裂纹，坑边部分土石有滑落现象，即向现场作业人员发出口头通知，要求停止施工，撤离相关作业人员。但施工作业人员担心拖延施工进度，对监理通知不予理睬，继续施工。随后，基坑发生大面积坍塌，基坑下 6 名作业人员被埋，该建筑公司项目经理部向有关部门紧急报告事故情况，闻讯赶到的有关领导，指挥公安民警、武警战士和现场工人实施了紧急抢险工作，将伤者立即送往医院进行救治，事故共造成 3 人死亡、2 人重伤、1 人轻伤。事故发生后，经查施工单位未办理意外伤害保险。

　　试对以上资料进行分析：

　　1. 本事件有哪些不妥？

　　2. 本案中的施工安全事故应定为哪种等级的事故？

　　3. 事故发生后，施工单位应采取哪些措施？

6.1 建筑安全生产管理的方针和原则

　　建筑安全生产管理（Construction Safety Production Management），是指建设行政主管部门、建筑安全监督管理机构，建筑施工企业及有关单位对建筑生产过程中的安全工作，进行计划、组织、指挥、控制、监督等一系列的管理活动。

　　安全与生产的关系是一种辩证统一的关系。安全与生产的统一性表现在：一方面指生产必须安全。安全是生产的前提条件，不安全就无法生产；另一方面，安全可以促进生产，抓好安全，为员工创造一个安全、卫生、舒适的工作环境，可以更好地调动员工的积极性，提高劳动生产率和减少因事故带来的不必要损失。

　　建筑安全生产管理主要有三个方面的管理内容。第一，主要是指建设行政主管部门及其授权的建筑安全监督管理机构对建筑安全生产的行业监督管理；第二，主要是指建筑生产有关各方如建设单位、设计单位、监理单位和建筑施工企业等的安全责任和义务；第三，主要是指在生产中，严格控制人的不安全行为和物的不安全状态两个方面的因素。

　　制定建筑安全生产管理的方针和原则，主要目的在于保证建筑工程安全和建筑职工的人身安全，也是建筑安全生产管理的关键和集中体现。

6.1.1 建筑安全生产管理的方针

　　《建筑法》第三十六条、《安全生产法》第三条和《建设工程安全生产管理条例》第三条规定，建筑安全生产管理的方针是"安全第一，预防为主"，这是我国多年来安全生产工作长期经验的总结。安全生产关系到人民群众生命和财产安全，关系到社会稳定和经济健康发展，建设工程安全生产管理必须坚持"安全第一，预防为主"的方针。

　　安全第一，是从保护和发展生产力的角度，表明在生产范围内安全与生产的关系，肯定安全在建筑生产活动中的首要位置和重要性。

　　预防为主（Giving Priority to Prevention），是指在建设工程生产活动中，针对建设工程生产的特点，对生产要素采取管理措施，有效地控制不安全因素的发展与扩大，把可能发生的事故消灭在萌芽状态，以保证生产活动中人的安全与健康。

安全第一还反映了当安全与生产发生矛盾的时候，应该服从安全，消灭隐患，保证建设工程在安全的条件下生产。预防为主则体现在事先策划、事中控制、事后总结。通过信息收集，归类分析，制定预案，控制防范。安全第一、预防为主的方针，体现了国家在建设工程安全生产过程中"以人为本"的思想，也体现了国家对保护劳动者权利、保护社会生产力的高度重视。

要做好安全生产工作必须做到：坚持"安全第一，预防为主"方针，树立以人为本的思想，不断提高安全生产素质；加强安全生产法制建设，有法可依，有法必依，执法必严，违法必究，严格落实安全生产责任制；加大安全生产投入，依靠科技进步，标本兼治，全面改善安全生产基础设施和提高管理水平，提高本质安全度；建立完善的安全生产管理体制，强化执法监察力度；突出重点，专项整治，遏制重特大事故。

6.1.2　建筑安全生产管理的原则

建筑安全生产管理原则虽然在《建筑法》中没有明确规定，但是在其具体条文中已经包含。在我国长期的安全生产管理中形成的、国务院有关规定中明确的建筑安全生产管理原则主要是管生产必须管安全和谁主管谁负责。

①管生产必须管安全是指安全寓于生产之中，把安全和生产统一起来。生产中人、物、环境都处于危险状态，则生产无法进行；有了安全保障，生产才能持续、稳定发展。安全管理是生产管理的重要组成部分，安全与生产在实施过程中，两者存在着密切的联系，有共同进行管理的基础。

②谁主管谁负责是指主管建筑生产的单位和人员应对建筑生产的安全负责。安全生产第一责任人制度正是这一原则的体现。各级建设行政主管部门的行政一把手是本地区建筑安全生产的第一责任人，对所辖区域建筑安全生产的行业管理负全面责任；企业法定代表人是本企业安全生产的第一责任人，对本企业的建筑安全生产负全面责任；项目经理是本项目的安全生产第一责任人，对项目施工中贯彻落实安全生产的法规、标准负全面责任。

这两项原则是建筑安全生产应遵循的基本原则，是建筑安全生产的重要保证。

技术提示：
　　"安全第一"是安全生产方针的基础；"预防为主"是安全生产方针的核心和具体体现，是实现安全生产的根本途径，生产必须安全，安全促进生产。

6.2　施工安全生产许可证制度 ‖

6.2.1　申请领取安全生产许可证的条件

《安全生产许可证条例》规定，企业取得安全生产许可证应当具备 13 项安全生产条件，据此，建设部结合建筑施工企业的特点，于 2004 年 7 月发布施行了《建筑施工企业安全生产许可证管理规定》。

该规定所称建筑施工企业，是指从事土木工程、建筑工程、线路管道和设备安装工程及装修工程的新建、扩建、改建和拆除等有关活动的企业。

《建筑施工企业安全生产许可证管理规定》中将建筑施工企业取得安全生产许可证应当具备的安全生产条件具体规定为：

①建立、健全安全生产责任制，制定完备的安全生产规章制度和操作规程。

②保证本单位安全生产条件所需资金的投入。

③设置安全生产管理机构，按照国家有关规定配备专职安全生产管理人员。

④主要负责人、项目负责人、专职安全生产管理人员经建设主管部门或者其他有关部门考核合格。

⑤特种作业人员经有关业务主管部门考核合格，取得特种作业操作资格证书。

⑥管理人员和作业人员每年至少进行一次安全生产教育培训并考核合格。

⑦依法参加工伤保险，依法为施工现场从事危险作业的人员办理意外伤害保险，为从业人员交纳保险费。

⑧施工现场的办公、生活区及作业场所和安全防护用具、机械设备、施工机具及配件符合有关安全生产法律、法规、标准和规程的要求。

⑨有职业危害防治措施，并为作业人员配备符合国家标准或者行业标准的安全防护用具和安全防护服装。

⑩有对危险性较大的分部分项工程及施工现场易发生重大事故的部位、环节的预防、监控措施和应急预案。

> **技术提示：**
>
> 施工企业安全生产责任制的内容一般包括：安全生产责任的负责人包括第一责任人、直接管理责任人、具体岗位责任人的责任目标；责任人（岗位）职责范围和内容；责任评价与考核办法；问责与奖惩措施；责任档案。
>
> 施工企业的安全投入一般应当满足如下安全生产支出：完善、改造和维护安全设施、设备支出；配备应急救援器材、设备支出；作业人员劳动防护用品支出；安全生产检查与评价支出；重大危险源、重大事故隐患的评估、整改、监控支出；安全技能培训支出；应急救援演练支出；其他与安全生产相关支出。
>
> 建筑施工企业特种作业人员（Construction Enterprises of Special Operations Personnel），是指建筑电工、电焊工、建筑架子工、建筑起重工、建筑起重机械司机、建筑起重机械安装拆卸工、高处作业吊篮安装拆卸工、爆破工等工种。

⑪有生产安全事故应急救援预案、应急救援组织或者应急救援人员，配备必要的应急救援器材、设备。

⑫法律、法规规定的其他条件。

6.2.2 安全生产许可证的有效期和政府监管的规定

1. 安全生产许可证的申请

建筑施工企业从事建筑施工活动前，应当依法申请领取安全生产许可证。建筑施工企业向企业注册所在地省、自治区、直辖市人民政府建设主管部门申请领取安全生产许可证。

建筑施工企业申请安全生产许可证时，应当向建设主管部门提供下列材料：

①建筑施工企业安全生产许可证申请表。

②企业法人营业执照。

③与申请安全生产许可证应当具备的安全生产条件相关的文件、材料。

建筑施工企业申请安全生产许可证，应当对申请材料实质内容的真实性负责，不得隐瞒有关情况或者提供虚假材料。

2. 安全生产许可证的有效期

按照《安全生产许可证条例》的规定：安全生产许可证的有效期为3年。安全生产许可证有效期满需要延期的，企业应当于期满前3个月向原安全生产许可证颁发管理机关办理延期手续。企业在安全生产许可证有效期内，严格遵守有关安全生产的法律法规，未发生死亡事故的，安全生产许可证有效期届满时，经原安全生产许可证颁发管理机关同意，不再审查，安全生产许可证有效期延期3年。

3. 政府监管

根据《安全生产许可证条例》和《建筑施工企业安全生产许可证管理规定》，建筑施工企业未取得安全生产许可证的，不得从事建筑施工活动。

建设主管部门在审核发放施工许可证时，应当对已经确定的建筑施工企业是否有安全生产许可证进行审查，对没有取得安全生产许可证的，不得颁发施工许可证。企业不得转让、冒用安全生产许可证或者使用伪造的安全生产许可证。企业取得安全生产许可证后，不得降低安全生产条件，并应当加强日常安全生产管理，接受安全生产许可证颁发管理机关的监督检查。安全生产许可证颁发管理机构发现企业不再具备安全生产条件的，应当暂扣或者吊销安全生产许可证。

安全生产许可证颁发管理机关或者其上级行政机关发现有下列情形之一的可以撤销已经颁发的安全生产许可证。

①安全生产许可证颁发管理机关工作人员滥用职权、玩忽职守颁发安全生产许可证的。

②超越法定职权颁发安全生产许可证的。

③违反法定程序颁发安全生产许可证的。

④对不具备安全生产条件的建筑施工企业颁发安全生产许可证的。

⑤依法可以撤销已经颁发的安全生产许可证的其他情形。

技术提示：

如建筑施工企业变更名称、地址、法定代表人等，应当在变更后日10内到原安全生产许可证颁发管理机关办理安全生产许可证变更手续。如建筑施工企业破产、倒闭、撤销的，应当将安全生产许可证交回原安全生产许可证颁发管理机关予以注销。建筑施工企业遗失安全生产许可证，应当立即向原安全生产许可证颁发管理机关报告，并在公众媒体上声明作废后，方可申请补办。

6.2.3　违法行为应承担的法律责任

安全生产许可证违法行为主要有以下几种：

1.未取得安全生产许可证擅自从事施工活动应承担的法律责任

《安全生产许可证条例》规定，未取得安全生产许可证擅自进行生产的，责令停止生产，没收违法所得，并处10万元以上50万元以下的罚款；造成重大事故或者其他严重后果，构成犯罪的，依法追究刑事责任。

《建筑施工企业安全生产许可证管理规定》进一步规定，建筑施工企业未取得安全生产许可证擅自从事建筑施工活动的，责令其在建项目停止施工，没收违法所得，并处10万元以上50万元以下的罚款；造成重大安全事故或者其他严重后果，构成犯罪的，依法追究刑事责任。

2.安全生产许可证有效期满未办理延期手续继续从事施工活动应承担的法律责任

《安全生产许可证条例》规定.安全生产许可证有效期满未办理延期手续，继续进行生产的，责令停止生产，限期补办延期手续，没收违法所得，并处5万元以上10万元以下的罚款；逾期仍不办理延期手续，继续进行生产的，依照未取得安全生产许可证擅自进行生产的规定处罚。

《建筑施工企业安全生产许可证管理规定》进一步规定，安全生产许可证有效期满未办理延期手续，继续从事建筑施工活动的，责令其在建项目停止施工，限期补办延期手续，没收违法所得，并处5万元以上10万元以下的罚款；逾期仍不办理延期手续，继续从事建筑施工活动的，依照未取得安全生产许可证擅自从事建筑施工活动的规定处罚。

3.转让安全生产许可证等应承担的法律责任

《安全生产许可证条例》规定，转让安全生产许可证的，没收违法所得，处10万元以上50万元以下的罚款，并吊销其安全生产许可证；构成犯罪的，依法追究刑事责任；接受转让的，依照未取得安全生产许可证擅自进行生产的规定处罚。冒用安全生产许可证或者使用伪造的安全生产许可证的，依照未取得安全生产许可证擅自进行生产的规定处罚。

《建筑施工企业安全生产许可证管理规定》进一步规定，建筑施工企业转让安全生产许可证的，没收违法所得，处10万元以上50万元以下的罚款，并吊销安全生产许可证；构成犯罪的，依法追究刑事责任；接受转让的，依照未取得安全生产许可证擅自从事建筑施工活动的规定处罚。冒用安全生产许可证或者使用伪造的安全生产许可证的，依照未取得安全生产许可证擅自从事建筑施工活动的规定处罚。

4. 以不正当手段取得安全生产许可证应承担的法律责任

《建筑施工企业安全生产许可证管理规定》中规定，建筑施工企业隐瞒有关情况或者提供虚假材料申请安全生产许可证的，不予受理或者不予颁发安全生产许可证，并给予警告，1年内不得申请安全生产许可证。

建筑施工企业以欺骗、贿赂等不正当手段取得安全生产许可证的，撤销安全生产许可证，3年内不得再次申请安全生产许可证；构成犯罪的，依法追究刑事责任。

5. 暂扣安全生产许可证并限期整改的规定

《建筑施工企业安全生产许可证管理规定》中规定，取得安全生产许可证的建筑施工企业，发生重大安全事故的，暂扣安全生产许可证并限期整改。

建筑施工企业不再具备安全生产条件的，暂扣安全生产许可证并限期整改；情节严重的，吊销安全生产许可证。

6. 颁证机关工作人员违法行为应承担的法律责任

《安全生产许可证条例》规定，安全生产许可证颁发管理机关工作人员有下列行为之一的，给予降级或者撤职的行政处分，构成犯罪的，依法追究刑事责任：

①向不符合本条例规定的安全生产条件的企业颁发安全生产许可证的。

②发现企业未依法取得安全生产许可证擅自从事生产活动，不依法处理的。

③发现取得安全生产许可证的企业不再具备本条例规定的安全生产条件，不依法处理的。

④接到对违反本条例规定行为的举报后，不及时处理的。

⑤在安全生产许可证颁发、管理和监督检查工作中，索取或者接受企业的财物，或者谋取其他利益的。

6.3 施工安全生产责任和安全生产教育培训制度

《建筑法》规定，建筑工程安全生产管理必须坚持"安全第一、预防为主"的方针，建立健全安全生产的责任制度和群防群治制度。建筑施工企业应当建立健全劳动安全生产教育培训制度，加强对职工安全生产的教育培训；未经安全生产教育培训的人员，不得上岗作业。

《建设工程程安全生产管理条例》进一步规定，施工单位应当建立健全安全生产责任制度和安全生产教育培训制度，制定安全生产规章制度和操作规程，保证本单位安全生产条件所需资金的投入，对所承担的建设工程进行定期和专项安全检查，并做好安全检查记录。

安全生产责任制度（The System of Responsibility for Production Safety），是将企业各级负责人、各职能机构及其工作人员和各岗位作业人员在安全生产方面应做的工作及应负的责任加以明确规定的一种制度。通过制定安全生产责任制，建立一种分工明确，运行有效、责任落实、能够充分发挥作用的、长效的安全生产机制，把安全生产工作落到实处。认真落实安全生产责任制，不仅是为了保证在发生生产安全事故时，可以追究责任，更重要的是通过日常或定期检查、考核，奖优罚劣，提高全体从业人员执行安全生产责任制的自觉性，使安全生产责任制真正落实到安全生产工作中去。施工单位的安全生产责任制主要包括企业各级领导人员的安全职责、企业各有关职能部门的安全生产职责以及施工现场管理人员及作业人员的安全职责三个方面。

建筑施工企业是建筑活动的主体，是企业生产经营的主体，在施工安全生产中处于核心地位。由于建筑工程生产的主要特点决定了施工环境和作业条件差，不安全因素随着工程的进度变化而变化，事故隐患较多。近年来建设工程中发生的重、特大生产安全事故分析表明，施工单位是绝大多数安全事故的直接责任方，究其主要原因：一是施工单位的市场行为不规范；二是施工单位安全生产观念淡薄；三是必要的安全生产资金投入不足，致使其不具备基本的安全生产条件；四是安全生产责任制不健全，安全管理不到位；五是作业人员未经培训或培训不合格上岗，违章指挥、违章操作、违反劳动纪律等等。为遏止安全事故的发生，确保建设工程安全生产，法律法规对施工单位的市场准入、施工单位的安全生产行为规范和安全生产条件以及施工单位主要负责人、项目负责人、安全管理人员、作业人员的安全责任等方面，做出了明确的规定。因此，建立健全施工安全生产责任制和安全生产教育培训制度，是建设工程施工活动应该贯彻始终的法定基本制度。

6.3.1 施工单位的安全生产责任

安全第一、预防为主的方针，体现了国家对在施工安全生产过程中"以人为本"，保护劳动者权利和保护社会生产力的高度重视。《建筑法》规定，建筑施工企业必须依法加强对建筑安全生产的管理，执行安全生产责任制度，采取有效措施，防止伤亡和其他安全生产事故的发生。安全生产责任制度是施工单位最基本的安全管理制度，是施工单位安全生产的核心和中心环节。

1. 不具备安全生产条件的施工单位，不得颁发资质证书

《安全生产法》第十六条规定："生产经营单位应当具备本法和有关法律、行政法规和国家标准或者行业标准规定的安全生产条件；不具备安全生产条件的，不得从事生产经营活动。"

《安全生产管理条例》第二十条规定："施工单位从事建设工程的新建、扩建、改建和拆除等活动，应当具备国家规定的注册资本、专业技术人员、技术装备和安全生产等条件，依法取得相应等级的资质证书，并在其资质等级许可的范围内承揽工程。"

从对近年来发生的安全事故来看，导致其发生的原因虽然是多方面的，但其中不容忽视的一个重要原因是，很多施工单位不具备安全生产条件，为了最大限度地追求经济利益，胡干蛮干；还有的施工单位因生产经营困难，长期没有安全生产投入或者安全生产投入严重不足，欠账太多，技术装备落后，致使工程施工存在严重安全隐患。因此，在对施工单位进行资质条件的审查时，除强调具备法律规定的注册资本、专业技术人员和技术装备外，还必须具备基本的安全生产条件。

安全生产条件（The conditions for safe production），是指施工单位能够满足保障生产经营安全的需要，在正常情况下不会导致人员伤亡和财产损失所必需的各种系统、设施和设备以及与施工相适应的管理组织、制度和技术措施等。具体包括以下内容：

①具备安全生产的管理制度。

②有负责安全生产的机构和人员。

③对于施工单位的管理人员和其他作业人员进行安全培训的制度。

④对已经发生的安全事故的处理情况及整改情况。

2. 施工单位主要负责人对安全生产工作全面负责

《建筑法》第四十四条规定，"建筑施工企业的法定代表人对本企业的安全生产负责"；《建设工

技术提示：

施工单位具备了相应的安全生产条件，发生安全生产事故的可能性就会大大降低，相反，施工单位如果不具备相应的安全生产条件，就会存在安全事故隐患，甚至发生安全生产事故。因此，对于不具备安全生产条件的施工单位，不得颁发资质证书，以从根本上防止安全事故的发生。

技术提示：

对于主要负责人的理解，应当依据施工单位的性质，以及不同施工单位的实际情况确定。总的原则是，对施工单位全面负责，有生产经营决策权的人，即为主要负责人。就是说，施工单位主要负责人可以是董事长，也可以是总经理或总裁等。

程安全生产管理条例》第二十一条规定，"施工单位主要负责人依法对本单位的安全生产工作全面负责"。明确施工单位主要负责人的安全生产责任制，是贯彻"安全第一、预防为主"方针的基本要求，也是被实践证明行之有效的"管生产必须同时管安全"原则的具体体现。

施工单位的主要负责人在本单位安全生产工作的主要职责包括：

①建立、健全本单位安全生产责任制。

②组织制定本单位安全生产规章制度和操作规程。

③保证本单位安全生产投入的有效实施。

④督促本单位的安全生产工作，及时消除生产安全事故隐患。

⑤组织制定并实施本单位的生产安全事故应急救援预案。

⑥及时、如实报告生产安全事教。

3. 施工单位安全生产管理机构和专职安全生产管理人员的责任

《建设工程安全生产管理条例》规定，施工单位应当设立安全生产管理机构，配备专职安全生产管理人员。专职安全生产管理人员负责对安全生产进行现场监督检查。发现安全事故隐患，应当及时向项目负责人和安全生产管理机构报告；对违章指挥、违章操作的，应当立即制止。

安全生产管理机构（The safety in production management），是指施工单位设置的负责安全生产管理工作的独立职能部门。专职安全生产管理人员（Professional safety production management personnel），是指经建设主管部门或者其他有关部门安全生产考核合格取得安全生产考核合格证书，并在施工单位及其项目从事安全生产管理工作的专职人员。

施工单位应当依法设置安全生产管理机构，在企业主要负责人的领导下开展本单位的安全生产管理工作。其主要职责是：

①宣传和贯彻国家有关安全生产法律法规和标准。

②编制并适时更新安全生产管理制度并监督实施。

③组织或参与企业生产安全事故应急救援预案的编制及演练。

④组织开展安全教育培训与交流。

⑤协调配备项目专职安全生产管理人员。

⑥制定企业安全生产检查计划并组织实施。

⑦监督在建项目安全生产费用的使用。

⑧参与危险性较大工程安全专项施工方案专家论证会。

⑨通报在建项目违规违章查处情况。

⑩组织开展安全生产评优评先进表彰工作。

⑪建立企业在建项目安全生产管理档案。

⑫考核评价分包企业安全生产业绩及项目安全生产管理情况。

⑬参加生产安全事故的调查和处理工作。

⑭企业明确的其他安全生产管理职责。

专职安全生产管理人员在施工现场检查过程中具有以下职责：

①查阅在建项目安全生产有关资料、核实有关情况。

②检查危险性较大工程安全专项施工方案落实情况。

③监督项目专职安全生产管理人员履责情况。

④监督作业人员安全防护用品的配备及使用情况。

⑤对发现的安全生产违章违规行为或安全隐患，有权当场予以纠正或做出处理决定。

⑥对不符合安全生产条件的设施、设备、器材，有权当场做出查封的处理决定。

⑦对施工现场存在的重大安全隐患有权越级报告或直接向建设主管部门报告。

⑧企业明确的其他安全生产管理职责。

建设部《建筑施工企业安全生产管理机构设置及专职安全生产管理人员配备办法》规定，建筑施工企业安全生产管理机构专职安全生产管理人员的配备应满足下列要求，并应根据企业经营规模、设备管理和生产需要予以增加：

①建筑施工总承包资质序列企业：特级资质不少于 6 人；一级资质不少于 4 人；二级和二级以下资质企业不少于 3 人。

②建筑施工专业承包资质序列企业：一级资质不少于 3 人；二级和二级以下资质企业不少于 2 人。

③建筑施工劳务分包资质序列企业：不少于 2 人。

④建筑施工企业的分公司、区域公司等较大的分支机构应依据实际生产情况配备不少于 2 人的专职安全生产管理人员。

4. 制定安全生产规章制度和操作规程

严格的规章制度和操作规程是安全生产的重要保障，只有通过规章制度和操作规程，才能将安全生产责任落实到基层，落实到每个岗位和每个职工。因此，施工单位应当根据本单位的实际情况，按照法律、法规，规章和工程建设标准强制性条文的要求，制定有关施工安全生产的具体规章制度，如安全生产责任制度、安全技术措施制度、安全检查制度等，并针对每一个具体工艺、工种和岗位制定具体的操作规程，形成有效的督促、检查和贯彻落实机制。施工单位对所承担的建设工程要进行定期和专项安全检查，并做好安全检查记录。

技术提示：

安全生产的资金投入是保障施工单位具备安全生产条件的必要物质基础，大量建设工程生产安全事故表明，安全生产的资金投入不足是导致事故发生的重要原因之一。因此，建筑施工企业必须保证安全生产必要的资金投入，否则，应当承担相应的法律责任。

5. 保证本单位安全生产条件所需资金的投入

《建设工程安全生产管理条例》规定，施工单位对列入建设工程概算的安全作业环境及安全施工措施所需费用，应当制定资金使用计划，并加强对资金使用情况的监督检查，用于施工安全防护用具及设施的采购和更新、安全施工措施的落实、安全生产条件的改善，不得挪作他用。

✿✿✿ 6.3.2 施工项目的安全生产责任

1. 施工项目负责人的安全生产责任

《建设工程安全生产管理条例》规定，施工单位的项目负责人应当由取得相应执业资格的人员担任，对建设工程项目的安全施工负责，落实安全生产责任制度、安全生产规章制度和操作规程，确保安全生产费用的有效使用，并根据工程的特点组织制定安全施工措施，消除安全事故隐患，及时、如实报告生产安全事故。

项目负责人一般为项目经理，即取得建造师执业资格人员经注册后担任施工项目负责人，经施工单位法定代表人授权，选调技术、生产、材料、成本等管理人员组成项目管理班子，代表施工单位在本工程项目上履行管理职责。

项目负责人的安全生产责任主要是：

①对建设工程项目的安全施工负责。

②落实安全生产责任制度、安全生产规章制度和操作规程。

③确保安全生产费用的有效使用。

④根据工程的特点组织制定安全施工措施，消除安全事故隐患。

⑤及时、如实报告生产安全事故情况。

2. 施工总承包和分包单位的安全生产责任

《建筑法》规定，施工现场安全由建筑施工企业负责。实行施工总承包的由总承包单位负责，分包单位向总承包单位负责，服从总承包单位对施工现场的安全生产管理。

（1）分包合同应当明确总分包双方的安全生产责任

《建设工程安全生产管理条例》规定，总承包单位依法将建设工程分包给其他单位的，分包合同中应当明确各自的安全生产方面的权利、义务。

施工总承包单位与分包单位的安全生产责任，可以分为法定责任和约定责任两种表现形式。所谓法定的安全生产责任，即法律、法规中明确规定的总承包单位、分包单位各自的安全生产责任。所谓约定的安全生产责任，即总承包单位与分包单位在分包合同中通过协商，约定各自应当承担的安全生产责任。但是，这种约定不能违反法律、法规的强制性规定。

（2）统一组织编制建设工程生产安全应急救援预案

《建设工程安全生产管理条例》规定，施工单位应当根据建设工程施工的特点、范围，对施工现场易发生重大事故的部位、环节进行监控，制定施工现场生产安全事故应急救援预案。实行施工总承包的，由总承包单位统一组织编制建设工程生产安全事故应急救援预案，工程总承包单位和分包单位按照应急救援预案，各自建立应急救援组织或者配备应急救援人员，配备救援器材、设备，并定期组织演练。

（3）负责向有关部门上报生产安全事故

《建设工程安全生产管理条例》规定，实行施工总承包的建设工程由总承包单位负责上报事故。据此，一旦发生施工安全事故，施工总承包单位应当依法担负起及时报告的义务。

（4）自行完成建设工程主体结构的施工

为了防止因转包和违法分包等行为导致安全事故的发生，真正落实施工总承包单位的安全生产责任，《建设工程安全生产管理条例》在"施工单位的安全责任"中特别规定，总承包单位应当自行完成建设工程主体结构的施工。

（5）承担连带责任

《建设工程安全生产管理条例》规定，总承包单位和分包单位对分包工程的安全生产承担连带责任。

> **技术提示：**
>
> 实际中，安全生产管理经常由于分包单位多、指定分包商的存在导致不服从安全生产管理的现象较多，引发安全生产事故。《建筑法》规定，分包单位向总承包单位负责，服从总承包单位对施工现场的安全生产管理。《建设工程安全生产管理条例》进一步规定，分包单位应当服从总承包单位的安全生产管理，分包单位不服从管理导致生产安全事故的，由分包单位承担主要责任。

3. 施工作业人员安全生产的权利和义务

《建筑法》规定，建筑施工企业和作业人员在施工过程中，应当遵守有关安全生产的法律、法规和建筑行业安全规章、规程，不得违背指挥或者违章作业。作业人员有权对影响人身健康的作业程序和作业条件提出改进意见，有权获得安全生产所需的防护用品。作业人员对危及生命安全和人身健康的行为有权提出批评、检举和控告。

施工作业人员应当依法享受其安全生产的权利，也应依法履行安全生产的义务。

（1）施工作业人员应当享有的安全生产权利

按照《建筑法》《安全生产法》《建设工程安全生产管理条例》等法律、行政法规的规定，施工作业人员主要享有如下的安全生产权利：

①施工安全生产的知情权和建议权。《安全生产法》规定，生产经营单位的从业人员有权了解其作业场所和工作岗位存在的危险因素、防范措施及事故应急措施，有权对本单位的安全生产工作提出建议。《建筑法》则规定，作业人员有权对影响人身健康的作业程序和作业条件提出改进意见。《建设工程安全生产管理条例》进一步规定，施工单位应当向作业人员提供安全防护用具和安全防护服装，并书面告知危险岗位的操作规程和违章操作的危害。同时应当享有改进工作的建议权。

②施工安全防护用品的获得权。施工安全防护用品是保护施工作业者在施工过程中安全健康所

必需的防御性装备。《建筑法》规定，作业人员有权获得安全生产所需的防护用品。《安全生产法》规定，生产经营单位必须为从业人员提供符合国家标准或者行业标准的劳动防护用品，并监督、教育从业人员按照使用规则佩戴、使用。《建设工程安全生产管理条例》进一步规定，施工单位应当向作业人员提供安全防护用具和安全防护服装。施工单位必须按规定发放，施工安全防护用品，一般包括安全帽、安全带、安全网、安全绳及其他个人防护用品（如防护鞋、防护服装、防护口罩）等。

③批评、检举、控告权及拒绝违章指挥权。《建筑法》规定，作业人员对危及生命安全和人身健康的行为有权提出批评、检举和控告。《安全生产法》还规定，从业人员有权对本单位安全生产工作中存在的问题提出批评、检举、控告；有权拒绝违章指挥和强令冒险作业。生产经营单位不得因从业人员对本单位安全生产工作提出批评、检举、控告或者拒绝违章指挥、强令冒险作业而降低其工资、福利等待遇或者解除与其订立的劳动合同。《建设工程安全生产管理条例》进一步规定，作业人员有权对施工现场的作业条件、作业程序和作业方式中存在的安全问题提出批评、检举和控告，有权拒绝违章指挥和强令冒险作业。

技术提示：

违章指挥、违章作业、违反劳动纪律是发生安全生产事故的主要原因，法律赋予从业人员有拒绝违章指挥和强令冒险作业的权利，不仅是为了保护作业人员的人身安全，也是为了警示施工单位负责人和现场管理人员必须按照有关规章制度和操作规程进行指挥，并不得因作业人员拒绝违章指挥和强令冒险作业而对其进行打击报复。

作业人员的批评权（Workers the Right to Criticize），是指作业人员对施工单位的现场管理人员实施的危及生命安全和身体健康的行为提出批评的权利。检举和控告权（The Right to Impeach and Accuse），是指作业人员对施工单位的现场管理人员实施的危及生命安全和身体健康的行为，有向政府主管部门和司法机关进行检举和控告的权利。违章指挥（Illegal command），是指强迫作业人员违反法律、法规或者规章制度、操作规程进行作业的行为。

④紧急避险权。《安全生产法》规定，从业人员发现直接危及人身安全的紧急情况时，有权停止作业或者在采取可能的应急措施后撤离作业场所。生产经营单位不得因从业人员在前款紧急情况下停止作业或者采取紧急撤离措施而降低其工资，福利等待遇或者解除与其订立的劳动合同。《建设工程安全生产管理条例》也规定，在施工中发生危及人身安全的紧急情况时，作业人员有权立即停止作业或者在采取必要的应急措施后撤离危险区域。

⑤获得意外伤害保险赔偿的权利。《建筑法》规定，建筑施工企业必须为从事危险作业的职工办理意外伤害保险，支付保险费。《建设工程安全生产管理条例》进一步规定，施工单位应当为施工现场从事危险作业的人员办理意外伤害保险。意外伤害保险费由施工单位支付。

这项规定既是施工单位必须履行的义务，也是施工作业人员安全生产应当享有的权利。

⑥请求民事赔偿权。《安全生产法》规定，因生产安全事故受到损害的从业人员，除依法享有工伤社会保险外，依照有关民事法律尚有获得赔偿的权利的，有权向本单位提出赔偿要求。

（2）施工作业人员应当履行的安全生产义务

①守法遵章和正确使用安全防护用具等的义务。《建筑法》规定，建筑施工企业和作业人员在施工过程中，应当遵守有关安全生产的法律、法规和建筑行业安全规章、规程，不得违章指挥或者违章作业。《安全生产法》规定，从业人员在作业过程中，应当遵守本单位的安全生产规章制度和操作规程，服从管理，正确佩戴和使用劳动防护用品。《建设工程安全生产管理条例》进一步规定，作业人员应当遵守安全施工的强制性标准、规章制度和操作规程，正确使用安全防护用具、机械设备等。

②接受安全生产教育培训的义务。《安全生产法》规定，从业人员应当接受安全生产教育和培训，掌握本职工作所需的安全生产知识，提高安全生产技能，增强事故预防和应急处理能力。《建设工程安全生产管理条例》也规定，作业人员进入新的岗位或者新的施工现场前，应当接受安全生产教

育培训。未经教育培训或者教育培训考核不合格的人员，不得上岗作业。

施工单位加强安全教育培训，提高从业人员素质，是控制和减少安全事故的关键措施。通过安全教育培训，必须使作业人员具备必要的安全生产知识，熟悉有关的安全生产规章制度和安全操作规程，掌握本岗位的安全操作技能。

③安全事故隐患报告的义务。《安全生产法》规定，从业人员发现事故隐患或者其他不安全因素，应当立即向现场安全生产管理人员或者本单位负责人报告；接到报告的人员应当及时予以处理。

安全事故的发生通常都是由事故隐患或者其他不安全因素所酿成的。所以，作业人员一旦发现事故隐患或者其他不安全因素，应当立即报告，以便及时采取措施，防患于未然。

技术提示：

施工单位要保障作业人员的安全，作业人员也必须遵守有关的规章制度，做到不违章作业。从已发生的施工生产安全事故分析，很多是不执行安全生产的规章制度和操作规程导致的。实践证明，作业人员严格遵守规章制度和操作规程，就能够大大减少事故隐患，降低事故的发生率；而如果作业人员无视这些规章制度和操作规程，就会导致安全事故的发生，造成人员伤亡和财产损失。

6.3.3 施工管理人员、作业人员安全生产教育培训的规定

安全生产教育培训制度（Safety education and training system），是指对从业人员进行安全生产的教育和安全生产技能的培训，并将这种教育和培训制度化、规范化，以提高全体人员的安全意识和安全生产的管理水平，减少和防止生产安全事故的发生。

《建筑法》规定，建筑施工企业应当建立健全劳动安全生产教育培训制度，加强对职工安全生产的教育培训；未经安全生产教育培训的人员，不得上岗作业。

1. 施工单位三类管理人员的考核

《建设工程安全生产管理条例》规定，施工单位的主要负责人、项目负责人、专职安全生产管理人员应当经建设行政主管部门或者其他部门考核合格后方可任职。这三类人员在施工安全方面的知识水平和管理能力直接关系到本单位、本项目的安全生产管理水平。由于这三类人员缺乏基本的安全生产知识，安全生产管理和组织能力不强，甚至违章指挥，是导致事故发生的重要原因之一。因此，这三类人员必须经安全生产知识和管理能力考核合格后方可任职。

2. 每年至少进行一次全员安全生产教育培训

《建设工程安全生产管理条例》规定，施工单位应当对管理人员和作业人员每年至少进行一次安全生产教育培训，其教育培训情况记入个人工作档案。安全生产教育培训考核不合格的人员，不得上岗。

安全教育主要包括安全思想教育、安全知识教育、安全技能教育、安全法制教育和事故案件教育等。安全教育培训可采取多种形式，包括安全报告会、事故分析会、安全技术交流会、安全奖惩会、安全竞赛及安全日（周、月）活动等。同时，必须严肃处理每个违章指挥、违章作业的人员，决不姑息迁就。

3. 进入新的岗位或者新的施工现场前的安全生产教育培训

《建设工程安全生产管理条例》规定，作业人员进入新的岗位或者新的施工现场前，应当接受安全生产教育培训。未经教育培训或者教育培训考核不合格的人员，不得上岗作业。

进入新岗位、新工地的作业人员往往是安全生产的薄弱环节，施工单位必须对新录用的职工和转场的职工进行安全教育培训，包括安全生产重要意义、施工工地特点及危险因素、有关法律法规及施工单位规章制度、安全技术操作规程、机械设备电气及高处作业安全知识、防火防毒防尘防爆知识、紧急情况安全处置与安全疏散知识、防护用品使用知识以及发生事故时自救、排险、抢救伤员、保护现场和及时报告等。

4. 采用新技术、新工艺、新设备、新材料前的安全生产教育培训

《建设工程安全生产管理条例》规定，施工单位在采用新技术、新工艺、新设备、新材料时，应当对作业人员进行相应的安全生产教育培训。让其了解不安全因素，学会危险辨识，并采取保证安全的防护措施，以防止事故发生。

5. 特种作业人员的安全培训考核

《建设工程安全生产管理条例》规定，垂直运输机械作业人员，安装拆卸工、爆破作业人员、起重信号工、登高架设作业人员等特种作业人员，必须按照国家有关规定经过专门的安全作业培训，并取得特种作业操作资格证书后，方可上岗作业。

特种作业（Special operations）是指容易发生事故，对操作者本人、他人的安全健康及设备、设施的安全可能造成重大危害的作业。特种作业人员则是指直接从事特种作业的从业人员。对于特种作业人员，必须经过专门的安全作业培训，取得特种作业操作资格证书后，方可上岗作业。

6. 消防安全教育培训

公安部、住房和城乡建设部等9部委联合颁布的《社会消防安全教育培训规定》中规定，在建工程的施工单位应当开展下列消防安全教育工作：

①建设工程施工前应当对施工人员进行消防安全教育。

②在建设工地醒目位置、施工人员集中住宿场所设置消防安全宣传栏，悬挂消防安全挂图和消防安全警示标识。

③对明火作业人员进行经常性的消防安全教育。

④组织灭火和应急疏散演练。

◦◦◦◦◦ 6.3.4　违法行为应承担的法律责任

对于施工安全生产责任和安全生产教育培训违法行为应承担的主要法律责任如下：

1. 施工单位违法行为应承担的法律责任

《建筑法》规定，建筑施工企业违反本法规定，对建筑安全事故隐患不采取措施予以消除的，责令改正，可以处以罚款；情节严重的，责令停业整顿、降低资质等级或者吊销资质证书；构成犯罪的，依法追究刑事责任。

《建设工程安全生产管理条例》规定，违反本条例的规定，施工单位有下列行为之一的，责令限期改正；逾期未改正的，责令停业整顿，依照《中华人民共和国安全生产法》的有关规定处以罚款；造成重大安全事故，构成犯罪的，对直接责任人员，依照刑法有关规定追究刑事责任：

①未设立安全生产管理机构、配备专职安全生产管理人员或者分部分项工程施工项目时无专职安全生产管理人员现场监督的。

②施工单位的主要负责人、项目负责人、专职安全生产管理人员、作业人员或者特种作业人员，未经安全教育培训或者经考核不合格即从事相关工作的。

③未在施工现场的危险部位设置明显的安全警示标志，或者未按照国家有关规定在施工现场设置消防通道、消防水源、配备消防设施和灭火器材的。

④未向作业人员提供安全防护用具和安全防护服装的。

⑤未按照规定在施工起重机械和整体提升脚手架、模板等自升式架设设施验收合格后登记的。

⑥使用国家明令淘汰、禁止使用的危及施工安全的工艺、设备、材料的。

施工单位取得资质证书后，降低安全生产条件的，责令限期改正；经整改仍未达到与其资质等级相适应的安全生产条件的，责令停业整顿，降低其资质等级直至吊销资质证书。

施工单位挪用列入建设工程概算的安全生产作业环境及安全施工措施所需费用的，责令限期改正，处挪用费用20%以上50%以下的罚款；造成损失的，依法承担赔偿责任。

《刑法》第一百三十七条规定，建设单位、设计单位、施工单位、工程监理单位违反国家规定，

降低工程质量标准，造成重大安全事故的，对直接责任人员，处5年以下有期徒刑或者拘役，并处罚金；后果特别严重的，处5年以上10年以下有期徒刑，并处罚金。

2. 施工管理人员违法行为应承担的法律责任

《建筑法》规定，建筑施工企业的管理人员违章指挥、强令职工冒险作业，因而发生重大伤亡事故或者造成其他严重后果的，依法追究刑事责任。

《建设工程安全生产管理条例》规定，施工单位的主要负责人、项目负责人未履行安全生产管理职责的，责令限期改正；逾期未改正的，责令施工单位停业整顿；造成重大安全事故、重大伤亡事故或者其他严重后果，构成犯罪的，依照刑法有关规定追究刑事责任。

施工单位的主要负责人、项目负责人有以上违法行为，尚不够刑事处罚的，处2万元以上20万元以下的罚款或者按照管理权限给予撤职处分；自刑罚执行完毕或受处分之日起，5年内不得担任任何施工单位的主要负责人、项目负责人。

注册执业人员未执行法律、法规和工程建设强制性标准的，责令停止执业3个月以上1年以下；情节严重的，吊销执业资格证书，5年内不予注册；造成重大安全事故的，终身不予注册；构成犯罪的，依照刑法有关规定追究刑事责任。

《刑法》第一百三十四条第二款规定，强令他人违章冒险作业，因而发生重大伤亡事故或者造成其他严重后采的，处5年以下有期徒刑或者拘役；情节特别恶劣的，处5年以上有期徒刑（《刑法修正案（六）》）。

《刑法》第一百三十五条第一款规定，安全生产设施或者安全生产条件不符合国家规定，因而发生重大伤亡事故或者造成其他严重后果的，对直接负责的主管人员和其他直接责任人员，处3年以下有期徒刑或者拘役；情节特别恶劣的，处3年以上7年以下有期徒刑（《刑法修正案（六）》）。

3. 施工作业人员违法行为应承担的法律责任

《建设工程安全生产管理条例》规定，作业人员不服管理、违反规章制度和操作规程冒险作业造成重大伤亡事故或者其他严重后果，构成犯罪的，依照刑法有关规定追究刑事责任。

《刑法》第一百三十四条第一款规定，在生产、作业中违反有关安全管理的规定，因而发生重大伤亡事故或者造成其他严重后果的，处3年以下有期徒刑或者拘役；情节特别恶劣的，处3年以上7年以下有期徒刑。

6.4 施工现场安全防护制度

保障建设工程施工安全生产，除了要建立健全施工安全生产责任和安全生产教育培训制度外，还应当针对建设工程施工的特点，加强安全技术管理工作。具体从以下几方面阐述。

6.4.1 编制安全技术措施、专项施工方案和安全技术交底的规定

《建筑法》第三十八条规定，"建筑施工企业在编制施工组织设计时，应当根据建筑工程的特点制定相应的安全技术措施；对专业性较强的工程项目，应当编制专项安全施工组织设计，并采取安全技术措施"。

1. 编制安全技术措施和施工现场临时用电方案

《建设工程安全生产管理条例》规定，施工单位应当在施工组织设计中编制安全技术措施和施工现场临时用电方案。

施工组织设计是规划和指导施工全过程的综合性技术经济文件，是施工准备工作的重要组成部分。它要保证施工准备阶段各项工作的顺利远行，各分包单位、各工种的有序衔接，以及各类材料、构件、机具等供应时间和顺序，并对一些关键部位和需要控制的部位提出相应的安全技术措施。

（1）安全技术措施

安全技术措施是为了实现安全生产，在防护上、技术上和管理上采取的措施。具体来说，就是在建设工程施工中，针对工程特点、施工现场环境、施工方法、劳动组织、作业方法、使用机械、动力设备、变配电设施、架设工具以及各项安全防护设施等制定的确保安全施工的措施。

安全技术措施通常包括：根据基坑、地下室深度和地质资料，保证土石方边坡稳定的措施；脚手架、吊篮、安全网、各类洞口防止人员坠落的技术措施；外用电梯、井架以及塔吊等垂直运输机具的拉结要求及防倒塌的措施；安全用电和机电防短路、防触电的措施；有毒有害、易燃易爆作业的技术措施；施工现场周围通行道路及居民防护隔离等措施。

安全技术措施可分为防止事故发生的安全技术措施和减少事故损失的安全技术措施。常用的防止事故发生的安全技术措施有：消除危险源、限制能量或危险物质、隔离、故障安全设计、减少故障和失误等。减少事故损失的安全技术措施是在事故发生后，迅速控制局面，防止事故扩大，避免引起二次事故发生，从而减少事故造成的损失。常用的减少事故损失的安全技术措施有隔离、个体防护、设置薄弱环节、避难与救援等。

（2）施工现场临时用电方案

施工组织设计中还应当包括施工现场临时用电方案，防止施工现场人员触电和电气火灾事故发生，临时用电方案不仅直接关系到用电人员的安全，也关系到施工进度和工程质量。

《施工现场临时用电安全技术规范》（JGJ 46—2005）规定，施工现场临时用电设备在5台及以上或设备总容量在50千瓦及以上者，应编制临时用电组织设计。

施工现场临时用电设备在5台以下或设备总容量在50千瓦以下者，应制定安全用电和电气防火措施。

临时用电组织设计及变更时，必须履行"编制、审核、批准"程序，由电气工程技术人员组织编制，经相关部门审核及具有法人资格企业的技术负责人批准后实施。变更用电组织设计时应补充有关图纸资料。临时用电工程必须经编制、审核、批准部门和使用单位共同验收，合格后方可投入使用。

2. 编制安全专项施工方案

《建设工程安全生产管理条例》规定，对下列达到一定规模的危险性较大的分部分项工程编制专项施工方案，并附具安全验算结果，经施工单位技术负责人、总监理工程师签字后实施，由专职安全生产管理人员进行现场监督：①基坑支护与降水工程；②土方开挖工程；③模板工程；④起重吊装工程；⑤脚手架工程；⑥拆除、爆破工程；⑦国务院建设行政主管部门或者其他有关部门规定的其他危险性较大的工程。对以上所列工程 中涉及深基坑、地下暗挖工程、高大模板工程的专项施工方案，施工单位还应当组织专家进行论证、审查。

危险性较大的分部分项工程（High Risk project），是指建筑工程在施工过程中存在的、可能导致作业人员群死群伤或造成重大不良社会影响的分部分项工程。危险性较大的分部分项工程安全专项施工方案，是指施工单位在编制施工组织（总）设计的基础上，针对危险性较大的分部分项工程单独编制的安全技术措施文件。

3. 安全施工技术交底

《建设工程安全生产管理条例》规定，建设工程施工前，施工单位负责项目管理的技术人员应当对有关安全施工的技术要求向施工作业班组、作业人员做出详细说明，并由双方签字确认。

安全技术交底通常包括：施工工种安全技术交底，分部分项工程施工安全技术交底、大型特殊工程单项安全技术交底、设备安装工程技术交底以及

▶▶▶

技术提示：

施工前对有关安全施工的技术要求做出详细说明，就是通常说的安全技术交底。这项制度有助于作业班组和作业人员尽快了解工程概况、施工方法、安全技术措施等具体情况，掌握操作方法和注意事项，保护作业人员的人身安全，减少因安全事故导致的经济损失。

使用新工艺、新技术、新材料施工层的安全技术交底等。

6.4.2 施工现场安全防护的规定

《建筑法》规定，建筑施工企业应当在施工现场采取维护安全、防范危险、预防火灾等措施；有条件的，应当对施工现场实行封闭管理。施工现场对毗邻的建筑物、构筑物和特殊作业环境可能造成损害的，建筑施工企业应当采取安全防护措施。

1. 危险部位设置安全警示标志

《建设工程安全生产管理条例》规定，施工单位应当在施工现场入口处、施工起重机械、临时用电设施、脚手架、出入通道口、楼梯口、电梯井口、孔洞口、桥梁口、隧道口、基坑边沿、爆破物及有害危险气体和液体存放处等危险部位，设置明显的安全警示标志。安全警示标志必须符合国家标准。

安全警示标志是指提醒人们注意的各种标牌、文字、符号以及灯光等，一般由安全色、几何图形和图形符号构成。如在孔洞口、桥梁口、隧道口、基坑边沿等处，设立红灯警示；在施工起重机械、临时用电设施等处设置警戒标志，并保证充足的照明等。安全警示标志应当设置于明显的地点，让作业人员和其他进入施工现场的人员易于看到。安全警示标志如果是文字，应当易于人们读懂；如果是符号，则应当易于人们理解；如果是灯光，则应当明亮显眼。安全警示标志必须符合国家标准，即《安全标志》（GB2894—1996）《安全标志使用导则》（GB16719—1996）。各种安全警示标志设置后，未经施工单位负责人批准，不得擅自移动或者拆除。

2. 根据不同施工阶段等采取相应的安全施工措施

《建设工程安全生产管理条例》规定，施工单位应当根据不同施工阶段和周围环境及季节、气候的变化，在施工现场采取相应的安全施工措施。施工现场暂时停止施工的，施工单位应当做好现场防护，所需费用由责任方承担，或者按照合同约定执行。由于施工作业有一定的时限，且又是露天作业较多，在不同的施工阶段如地下施工、高处施工等，应当采取不同的安全措施，并要根据周围环境和季节、气候变化，加强季节性安全防护措施。

3. 施工现场临时设施的安全卫生要求

《建设工程安全生产管理条例》规定，施工单位应当将施工现场的办公、生活区与作业区分开设置，并保持安全距离；办公、生活区的选址应当符合安全性要求。职工的膳食、饮水、休息场所等应当符合卫生标准。施工单位不得在尚未竣工的建筑物内设置员工集体宿舍。施工现场临时搭建的建筑物应当符合安全使用要求。施工现场使用的装配式活动房屋应当具有产品合格证。

4. 对施工现场周边的安全防护措施

《建设工程安全生产管理条例》规定，施工单位对因建设工程施工可能造成损害的毗邻建筑物、构筑物和地下管线等，应当采取专项防护措施。在城市市区内的建设工程，施工单位应当对施工现场实行封闭围挡。

5. 危险作业的施工现场安全管理

《安全生产法》规定，生产经营单位进行爆破、吊装等危险作业，应当安排专门人员进行现场安全管理，确保操作规程的遵守和安全措施的落实。爆破、吊装等作业具有较大危险性，容易发生事故。因此，作业人员必须严格按照操作规程进行操作，施工单位也应当采取必要的防范措施，安排专门人员进行作业现场的安全管理。

6. 安全防护设备、机械设备等的安全管理

《建设工程安全生产管理条例》规定，施工单位采购、租赁的安全防护用具、机械设备、施工机具及配件，应当具有生产（制造）许可证、产品合格证，并在进入施工现场前进行查验。施工现场的安全防护用具、机械设备、施工机具及配件必须由专人管理，定期进行检查、维修和保养，建立相应的资料档案，并按照国家有关规定及时报废。

7. 施工起重机械设备等的安全使用管理

《建设工程安全生产管理条例》规定，施工单位在使用施工起重机械和整体提升脚手架、模板等

自升式架设设施前，应当组织有关单位进行验收，也可以委托具有相应资质的检验检测机构进行验收；使用承租的机械设备和施工机具及配件的，由施工总承包单位、分包单位、出租单位和安装单位共同进行验收，验收合格的方可使用。

6.4.3　施工现场消防安全职责和应采取的消防安全措施

《消防法》规定，机关、团体、企业、事业等单位应当履行下列消防安全职责：

①落实消防安全责任制，制定本单位的消防安全制度、消防安全操作规程，制定灭火和应急疏散预案。

②按照国家标准、行业标准配置消防设施、器材.设置消防安全标志，并定期组织检验、维修，确保完好有效。

③对建筑消防设施每年至少进行一次全面检测，确保完好有效，检测记录应当完整准确，存档备查。

④保障疏散通道、安全出口、消防车通道畅通，保证防火防烟分区、防火间距符合消防技术标准。

⑤组织防火检查，及时消除火灾隐患。

⑥组织进行有针对性的消防演练。

⑦法律、法规规定的其他消防安全职责。单位的主要负责人是本单位的消防安全责任人。

《建设工程安全生产管理条例》规定，施工单位应当在施工现场建立消防安全责任制度，确定消防安全责任人，制定用火、用电、使用易燃易爆材料等各项消防安全管理制度和操作规程，设置消防通道、消防水源，配备消防设施和灭火器材，并在施工现场入口处设置明显标志。

1. 在施工现场建立消防安全责任制，确定消防安全责任人

施工单位的主要负责人是本单位的消防安全责任人；项目负责人则应是本项目施工现场的消防安全责任人。同时，要在施工现场实行和落实逐级防火责任制、岗位防火责任制。

2. 制定各项消防安全管理制度和操作规程

近年来，施工现场的火灾时有发生，甚至出现了特大恶性火灾事故。其原因主要是施工单位的消防安全管理制度和消防安全操作规程不健全，或者是形同虚设。因此，施工单位必须制定消防安全管理制度和操作规程，如用火用电制度、易燃易爆危险物品管理制度、消防安全检查制度、消防设施维护保养制度、消防值班制度、消防教育培训制度等。同时，要结合施工现场的实际，制定施工过程中预防火灾的操作规程，确保消防安全。

3. 设置消防通道、消防水源，配备消防设施和灭火器材

消防通道，是指供消防人员和消防车辆等消防装备进入施工现场能够通行的道路。消防通道应当保证道路的宽度、限高和道路的设置，满足消防车通行和灭火作业需要的基本要求。消防水源，是指市政消火栓、天然水源取水设施、消防蓄水池和消防供水管网等消防供水设施。消防供水设施应当保证设施数量、水量，水压等满足灭火需要，保证消防车到达火场后能够就近利用消防供水设施，及时扑救火灾，控制火势蔓延的基本要求。消防设施，一般是指固定的消防系统和设备，如火灾自动报警系统、各类自动灭火系统、消火栓、防火门等。消防器材，是指可移动的灭火器材、自救逃生器材，如灭火器、防烟面罩、缓降器等。

4. 在施工现场入口处设置明显标志

消防安全标志（Fire Safety Signs），是指用以表达与消防有关的安全信息的图形符号或者文字标志，包括火灾报警和手动控制标志、火灾时疏散途径标志、灭火设备标志、具有火灾爆炸危险的物质或场所标志等。消防安全标志应当按照《消防安全标志设置要求》（GB 15630—1995）、《消防安全标志》（GB 13495—1992）设置。

6.4.4　办理意外伤害保险的规定

《建筑法》规定，建筑施工企业必须为从事危险作业的职工办理意外伤害保险，支付保险费。

《建设工程安全生产管理条例》进一步规定，施工单位应当为施工现场从事危险作业的人员办理意外伤害保险。意外伤害保险费由施工单位支付。实行施工总承包的，由总承包单位支付意外伤害保险费。意外伤害保险期限自建设工程开工之日起至竣工验收合格止。

1. 建筑职工意外伤害保险是法定的强制性保险

施工单位对施工现场从事危险作业的人员办理意外伤害保险是法定的强制性保险，是由施工单位作为投保人直接或者通过保险经纪公司与保险公司订立保险合同，支付保险费，以本单位从事危险作业的人员作为被保险人，当被保险人在施工作业中发生意外伤害事故时，保险公司须依照合同约定向被保险人或者受益人支付保险金。

《安全生产法》规定，生产经营单位必须依法参加工伤社会保险，为从业人员缴纳保险费。2003年，建设部《关于加强建筑意外伤害保险工作的指导意见》中指出，建筑施工企业应当为施工现场从事施工作业和管理的人员，在施工活动过程中发生的人身意外伤亡事故提供保障，办理建筑意外伤害保险、支付保险费。范围应当覆盖工程项目。已在企业所在地参加工伤保险的人员，从事现场施工时仍可参加建筑意外伤害保险。

2. 意外伤害保险的保险期限和最低保险金额

保险期限应涵盖工程项目开工之日到工程竣工验收合格日。提前竣工的，保险责任自行终止。因延长工期的，应当办理保险顺延手续。各地建设行政主管部门要结合本地区实际情况，确定合理的最低保险金额。最低保险金额要能够保障施工伤亡人员得到有效的经济补偿。施工企业办理建筑意外伤害保险时，投保的保险金额不得低于此标准。保险费应当列入建筑安装工程费用。保险费由施工企业支付，施工企业不得向职工摊派。

3. 意外伤害保险的投保

施工企业应在工程项目开工前，办理完投保手续。鉴于工程建设项目施工工艺流程中各工种调动频繁、用工流动性大，投保应实行不记名和不计人数的方式。工程项目中有分包单位的由总承包施工企业统一办理，分包单位合理承担投保费用。业主直接发包的工程项目由承包企业直接办理。

4. 意外伤害保险的索赔和安全服务

建筑意外伤害保险应规范和简化索赔程序，搞好索赔服务。各地建设行政主管部门要积极创造条件，引导投保企业在发生意外事故后即向保险公司提出索赔，使施工伤亡人员能够得到及时、足额的赔付。各级建设行政主管部门应设置专门电话接受举报，凡被保险人发生意外伤害事故，企业和工程项目负责人隐瞒不报、不索赔的，要严肃查处。

施工企业应当选择能提供建筑安全生产风险管理、事故防范等安全服务和有保险能力的保险公司，以保证事故后能及时补偿与事故前能主动防范。安全服务内容可包括施工现场风险评估、安全技术咨询、人员培训、防灾防损设备配置、安全技术研究等。施工企业在投保时可与保险机构商定具体服务内容。

6.4.5 违法行为应承担的法律责任

施工现场安全防护违法行为应承担的主要法律责任如下：

1. 施工现场安全防护违法行为应承担的法律责任

《建筑法》规定，建筑施工企业违反本法规定，对建筑安全事故隐患不采取措施予以消除的，责令改正，可以处以罚款；情节严重的，责令停业整顿，降低资质等级或者吊销资质证书；构成犯罪的，依法追究刑事责任。

《建设工程安全生产管理条例》规定，施工单位有下列行为之一的，责令限期改正；逾期未改正的，责令停业整顿，并处5万元以上10万元以下的罚款；造成重大安全事故，构成犯罪的，对直接责任人员依照刑法有关规定追究刑事责任：

①施工前未对有关安全施工的技术要求做出详细说明的。

②未根据不同施工阶段和周围环境及季节气候的变化,在施工现场采取相应的安全施工措施,或者在城市市区内的建设工程的施工现场未实行封闭围挡的。

③在尚未竣工的建筑物内设置员工集体宿舍的。

④施工现场临时搭建的建筑物不符合安全使用要求的。

⑤未对因建设工程施工可能造成损害的毗邻建筑物、构筑物和地下管线等采取专项防护措施的。

施工单位有以上规定第④项、第⑤项行为造成损失的,依法承担赔偿责任。

施工单位有下列行为之一的,责令限期改正,逾期未改正的,责令停业整顿,并处10万元以上30万元以下的罚款;情节严重的,降低资质等级,直至吊销资质证书;造成重大安全事故,构成犯罪的,对直接责任人员,依照刑法有关规定追究刑事责任;造成损失的,依法承担赔偿责任:

①安全防护用具、机械设备、施工机具及配件在进入施工现场前未经检验或者查验不合格即投入使用的。

②使用未经验收或者验收不合格的施工起重机械和整体提升脚手架、模板等自升式架设设施的。

③委托不具有相应资质的单位承担施工现场安装、拆卸施工起重机械和整体提升脚手架、模板等自升式架设设施的。

④在施工组织设计中未编制安全技术措施、施工现场临时用电方案或者专项施工方案的。

2.施工现场消防安全违法行为应承担的法律责任

《消防法》规定,违反本法规定有下列行为的,责令改正或者停止施工,并处1万元以上10万元以下罚款:建筑施工企业不按照消防设计文件和消防技术标准施工,降低消防施工质量的。

单位违反本法规定,有下列行为之一的,责令改正,处5 000元以上5万元以下罚款:

①消防设施、器材或者消防安全标志的配置、设置不符合国家标准、行业标准,或者未保持完好有效的。

②损坏、挪用或者擅自拆除、停用消防设施、器材的。

③占用、堵塞、封闭疏散通道、安全出口或者有其他妨碍安全疏散行为的。

④埋压、圈占、遮挡消火栓或者占用防火间距的。

⑤占用、堵塞、封闭消防车通道,妨碍消防车通行的。

⑥人员密集场所在门窗上设置影响逃生和灭火救援的障碍物的。

⑦对火灾隐患经公安机关消防机构通知后不及时采取措施消除的。

有下列行为之一,尚不构成犯罪的,处10日以上15日以下拘留,可以并处500元以下罚款;情节较轻的,处警告或者500元以下罚款:

①指使或者强令他人违反消防安全规定,冒险作业的。

②过失引起火灾的。

③在火灾发生后阻拦报警,或者负有报告职责的人员不及时报警的。

④扰乱火灾现场秩序,或者拒不执行火灾现场指挥员指挥,影响灭火救援;故意破坏或者伪造火灾现场的。

⑤擅自拆封或者使用被公安机关消防机构查封的场所、部位的。

3.施工现场食品安全违法行为应承担的法律责任

《食品安全法》规定,违反本法规定,存在下列情形之一的,由有关主管部门按照各自职责分工,责令改正,给予警告;拒不改正的,处2 000元以上2万元以下罚款;情节严重的,责令停产停业、直至吊销许可证:

技术提示:

　　建筑施工现场食品安全,关系到建筑工人身体健康和生命安全,关系到社会稳定和经济发展,保障建筑从业人员的身体健康和饮食安全,改善作业人员生活条件,防治施工从业人员各类疾病的发生,切实提高建筑施工现场餐饮和食品卫生条件。

①未对采购的食品原料和生产的食品、食品添加剂、食品相关产品进行检验。

②未按规定要求储存、销售食品或者清理库存食品。

③进货时未查验许可证和相关证明文件。

④安排患有痢疾、伤寒、病毒性肝炎等消化道传染病的人员，以及患有活动性肺结核、化脓性或者渗出性皮肤病等有碍食品安全的疾病的人员从事接触直接入口食品的工作。

6.5 施工安全事故的应急救援与调查处理

施工现场一旦发生生产安全事故，应当立即实施抢险救援特别是抢救人员，迅速控制事态，防止事故进一步扩大，并依法向有关部门报告事故。事故调查处理应当坚持实事求是、尊重科学的原则，及时、准确地查清事故经过、事故原因和事故损失，查明事故性质，认定事故责任，总结事故教训，提出整改措施，并对事故责任者依法追究责任。

6.5.1 生产安全事故的等级划分标准

国务院《生产安全事故报告和调查处理条例》规定，根据生产安全事故（以下简称事故）造成的人员伤亡或者直接经济损失，事故一般分为以下等级：

①特别重大事故，是指造成30人以上死亡，或者100人以上重伤（包括急性工业中毒，下同），或者1亿元以上直接经济损失的事故。

②重大事故，是指造成10人以上30人以下死亡，或者50人以上100人以下重伤，或者5 000万元以上1亿元以下直接经济损失的事故。

③较大事故，是指造成3人以上10人以下死亡，或者10人以上50人以下重伤，或者1 000万元以上5 000万元以下直接经济损失的事故。

④一般事故，是指造成3人以下死亡，或者10人以下重伤，或者1 000万元以下直接经济损失的事故。

所称的"以上"包括本数，所称的"以下"不包括本数。

技术提示：

事故等级划分考虑的三个要素：

（1）人员伤亡的数量（人身要素）。安全生产和事故调查处理都要以人为本，最大限度地保护从业人员和其他人员的生命安全。生产安全事故危害的最严重后果就是造成人员的死亡、重伤（中毒）。因此，人员伤亡数量应当列为事故分级的第一要素。

（2）直接经济损失的数额（经济要素）。生产安全事故不仅造成人员伤亡，还经常造成直接经济损失。要保护国家、单位和人民群众的财产权，还应根据造成直接经济损失的多少来划分事故等级。

（3）社会影响（社会要素）。有些生产安全事故的伤亡人数、直接经济损失数额虽然达不到法定标准，但是造成了恶劣的社会影响、政治影响和国际影响，也应当列为特殊事故进行调查处理，这是维护社会稳定的需要。

6.5.2 施工生产安全事故应急救援预案的规定

施工单位应当根据建设工程施工的特点、范围，对施工现场易发生重大事故的部位、环节进行监控，制定施工现场生产安全事故应急救援预案。实行施工总承包的，由总承包单位统一组织编制建设工程生产安全事故应急救援预案，工程总承包单位和分包单位按照应急救援预案，各自建立应急救援组织或者配备应急救援人员，配备救援器材、设备，并定期组织演练。

1. 施工生产安全事故应急救援预案的主要作用

施工生产安全事故应急救援预案主要有以下作用：

①事故预防。通过危险辨识、事故后果分析，采用技术和管理手段降低事故发生的可能性，使可能发生的事故控制在局部，防止事故蔓延。

②应急处理。一旦发生事故，有应急处理程序和方法，能快速反应处理故障或将事故消除在萌芽状态。

③抢险救援。采用预定现场抢险和抢救的方式，控制或减少事故造成的损失。

2. 施工生产安全事故应急救援预案的编制、评审

《突发事件应对法》规定，应急预案应当根据本法和其他有关法律、法规的规定，针对突发事件的性质、特点和可能造成的社会危害，具体规定突发事件应急管理工作的组织指挥体系与职责和突发事件的预防与预警机制、处置程序、应急保障措施以及事后恢复与重建措施等内容。

生产经营单位的应急预案按照针对情况的不同，分为综合应急预案、专项应急预案和现场处置方案。生产经营单位编制的综合应急预案、专项应急预案和现场处置方案之间应当相互衔接，并与所涉及的其他单位的应急预案相互衔接。

综合应急预案，应当包括本单位的应急组织机构及其职责、预案体系及响应程序、事故预防及应急保障、应急培训及预案演练等主要内容；专项应急预案，应当包括危险性分析、可能发生的事故特征、应急组织机构与职责、预防措施、应急处置程序和应急保障等内容；现场处置方案，应当包括危险性分析、可能发生的事故特征、应急处置程序、应急处置要点和注意事项等内容。

应急预案的编制应当符合下列基本要求：

①符合有关法律、法规、规章和标准的规定。

②结合本地因、本部门、本单位的安全生产实际情况。

③结合本地区、本部门、本单位的危险性分析情况。

④应急组织和人员的职责分工明确，并有具体的落实措施。

⑤有明确、具体的事故预防措施和应急程序，并与其应急能力相适应。

⑥有明确的应急保障措施，并能满足本地区、本部门、本单位的应急工作要求。

⑦预案基本要素齐全、完整，预案附件提供的信息准确。

⑧预案内容与相关应急预案相互衔接。应急预案应当包括应急组织机构和人员的联系方式、应急物资储备清单等附件信息。

此外，《消防法》《职业病防治法》《特种设备安全监察条例》《使用有毒物品作业场所劳动保护条例》等法规都规定了应当制定应急救援预案，并能根据实际情况变化对应急救援预案适时进行修订，定期组织演练。

《生产安全事故应急预案管理办法》规定，建筑施工单位应当组织专家对本单位编制的应急预案进行评审。评审应当形成书面纪要并附有专家名单。应急预案的评审应当注重应急预案的实用性、基本要素的完整性、预防措施的针对性、组织体系的科学性、响应程序的操作性、应急保障措施的可行性、应急预案的衔接性等内容。施工单位的应急预案经评审后，由施工单位主要负责人签署公布。

技术提示：

生产经营单位应当组织开展本单位的应急预案培训、演练等活动，使有关人员了解应急预案内容，熟悉应急职责、应急程序和岗位应急处置方案。普及生产安全事故预防、避险、自救和互救知识，提高从业人员安全意识和应急处置技能。同时，应当制定本单位的应急预案演练计划，根据本单位的事故预防重点，每年至少组织一次综合应急预案演练或者专项应急预案演练，每半年至少组织一次现场处置方案演练。应急预案的要点和程序应张贴在应急地点和应急指挥场所，并设有明显的标志。

❖❖❖ 6.5.3 施工生产安全事故报告及采取相应措施的规定

《建筑法》规定，施工中发生事故时，建筑施工企业应当采取紧急措施减少人员伤亡和事故损失，并按照国家有关规定及时向有关部门报告。《建设工程安全生产管理条例》进一步规定，施工单位发生生产安全事故，应当按照国家有关伤亡事故报告和调查处理的规定，及时、如实地向负责安全生产监督管理的部门、建设行政主管部门或者其他有关部门报告；特种设备发生事故的，还应当同时向特种设备安全监督管理部门报告。实行施工总承包的建设工程，由总承包单位负责上报事故。

1. 事故报告的基本要求

《安全生产法》规定，生产经营单位发生生产安全事故后，事故现场有关人员应当立即报告本单位负责人。单位负责人接到事故报告后，应当迅速采取有效措施，组织抢救，防止事故扩大，减少人员伤亡和财产损失，并按照国家有关规定立即如实报告当地负有安全生产监督管理职责的部门，不得隐瞒不报、谎报或者拖延不报，不得故意破坏事故现场、毁灭有关证据。

（1）事故报告的时间要求

《生产安全事故报告和调查处理条例》规定，事故发生后，事故现场有关人员应当立即向本单位负责人报告；单位负责人接到报告后，应当于1小时内向事故发生地县级以上人民政府安全生产监督管理部门和负有安全生产监督管理职责的有关部门报告，情况紧急时，事故现场有关人员可以直接向事故发生地县级以上人民政府安全生产监督管理部门和负有安全生产监督管理职责的有关部门报告。事故报告应当及时、准确、完整，任何单位和个人对事故不得迟报、漏报、谎报或者瞒报。

所谓事故现场（The Scene of The Accident），是指事故具体发生地点及事故能够影响和波及的区域，以及该区域内的物品、痕迹等所处的状态。所谓有关人员（Relevant Personnel），主要是指事故发生单位在事故现场的有关工作人员，可以是事故的负伤者，或是在事故现场的其他工作人员。对于发生人员死亡或重伤无法报告，且事故现场又没有其他工作人员时，任何首先发现事故的人都负有立即报告事故的义务。所谓立即报告，是指在事故发生后的第一时间用最快捷的报告方式进行报告。所谓单位负责人，可以是事故发生单位的主要负责人，也可以是事故发生单位主要负责人以外的其他分管安全生产工作的副职领导或其他负责人。

（2）事故报告的内容要求

事故报告应当包括下列内容：

①事故发生单位概况。

②事故发生的时间、地点以及事故现场情况。

③事故的简要经过。

④事故已经造成或者可能造成的伤亡人数（包括下落不明的人数）和初步估计的直接经济损失。

⑤已经采取的措施。

⑥其他应当报告的情况。

2. 发生事故后应采取的相应措施

《建设工程安全生产管理条例》规定，发生生产安全事故后，施工单位应当采取措施防止事故扩大，保护事故现场。需要移动现场物品时，应当做出标记和书面记录，妥善保管有关证物。

（1）组织应急抢救工作

《生产安全事故报告和调查处理条例》规定，事故发生单位负责人接到事故报告后，应当立即启动事故相应应急预案，或者采取有效措施，组织抢救，防止事故扩大，减少人员伤亡和财产损失。

事故发生后，生产经营单位应当立即启动相关应急预案，采取有效处置措施，组织开展先期应急工作，控制事态发展。对危险化学品泄漏等可能对周边群众和环境产生危害的事故，生产经营单位应当在向地方政府及有关部门进行报告的同时，及时向可能受到影响的单位、职工、群众发出预警信息，标明危险区域，组织、协助应急救援队伍和工作人员救助受害人员，疏散、撤离、安置受到威胁的人员，并采取必要措施防止发生次生、衍生事故。应急处置工作结束后，各企业应尽快组织恢复生产、生活秩序，配合事故调查组进行调查。

（2）妥善保护事故现场

事故发生后，有关单位和人员应当妥善保护事故现场以及相关证据，任何单位和个人不得破坏事故现场、毁灭相关证据。因抢救人员、防止事故扩大以及疏通交通等原因，需要移动事故现场物件的，应当做出标志，绘制现场简图并做出书面记录，妥善保存现场重要痕迹、物证。

事故现场是追溯判断发生事故原因和事故责任人责任的客观物质基础。从事故发生到事故调查组赶赴现场，往往需要一段时间，而在这段时间里，许多外界因素，如对伤员救护、险情控制、周围群众围观等都会给事故现场造成不同程度的破坏，甚至还有故意破坏事故现场的情况。事故现场保护的好坏，将直接决定和影响事故现场勘查。如果事故现场保护不好，一些与事故有关的证据就难于找到，不便于查明事故的原因，从而影响事故调查处理的进度和质量。

3.事故的调查

《安全生产法》规定，事故调查处理应当按照实事求是、尊重科学的原则，及时、准确地查清事故原因，查明事故性质和责任，总结事故教训，提出整改措施，并对事故责任者提出处理意见。

（1）事故调查的管辖

《生产安全事故报告和调查处理条例》规定，特别重大事故由国务院或者国务院授权有关部门组织事故调查组进行调查。

重大事故、较大事故、一般事故分别由事故发生地省级人民政府、设区的市级人民政府、县级人民政府负责调查。省级人民政府、设区的市级人民政府、县级人民政府可以直接组织事故调查组进行调查，也可以授权或者委托有关部门组织事故调查组进行调查。未造成人员伤亡的一般事故，县级人民政府也可以委托事故发生单位组织事故调查组进行调查。上级人民政府认为必要时，可以调查由下级人民政府负责调查的事故。

特别重大事故以下等级事故，事故发生地与事故发生单位不在同一个县级以上行政区域的，由事故发生地人民政府负责调查，事故发生单位所在地人民政府应当派人参加。

（2）事故调查组的组成与职责

根据事故的具体情况，事故调查组由有关人民政府、安全生产监督管理部门、负有安全生产监督管理职责的有关部门、监察机关、公安机关以及工会派人组成，并应当邀请人民检察院派人参加。事故调查组可以聘请有关专家参与调查。

事故调查组成员应当具有事故调查所需要的知识和专长，并与所调查的事故没有直接利害关系。事故调查组组长由负责事故调查的人民政府指定。事故调查组组长主持事故调查组的工作。

事故调查组履行下列职责：

①查明事故发生的经过、原因、人员伤亡情况及直接经济损失。

②认定事故的性质和事故责任。

③提出对事故责任者的处理建议。

④总结事故教训，提出防范和整改措施。

⑤提交事故调查报告。

技术提示：

事故调查报告应当附具有关证据材料，事故调查组成员应当在事故调查报告上签名。查清事故发生的经过和事故原因，是事故调查的首要任务。事故原因有可能是自然原因，也有可能是人为原因；更多情况下则是自然原因和人为原因共同造成的。事故性质则是指事故是人为事故还是自然事故，是意外事故还是责任事故。如果纯属自然事故或者意外事故，则不需要认定事故责任。如果是人为事故和责任事故，就应当查明哪些人员对事故负有责任，并确定其责任程度。事故责任分为直接责任、间接责任以及主要责任、次要责任。

（3）事故调查报告的期限与内容

事故调查组应当自事故发生之日起60日内提交事故调查报告；特殊情况下，经负责事故调查的人民政府批准，提交事故调查报告的期限可以适当延长，但延长的期限最长不超过60日，事故调查报告应当包括下列内容：

①事故发生单位概况。

②事故发生经过和事故救援情况。

③事故造成的人员伤亡和直接经济损失。

④事故发生的原因和事故性质；事故责任的认定以及对事故责任者的处理建议。

⑤事故防范和整改措施。

（4）事故的处理

《生产安全事故报告和调查处理条例》规定，重大事故、较大事故、一般事故，负责事故调查的人民政府应当自收到事故调查报告之日起15日内做出批复；特别重大事故，30日内做出批复，特殊情况下，批复时间可以适当延长，但延长的时间最长不超过30日。

有关机关应当按照人民政府的批复，依照法律、行政法规规定的权限和程序，对事故发生单位和有关人员进行行政处罚，对负有事故责任的国家工作人员进行处分。

事故调查处理采用"四不放过"的原则，即事故原因未查清不放过，事故责任若未受到处理不放过，事故责任人和周围群众未受到教育不放过，防范措施未落实不放过。

6.5.4 违法行为应承担的法律责任

1. 制定事故应急救援预案违法行为应承担的法律责任

《生产安全事故应急预案管理办法》规定，生产经营单位应急预案未按照本办法规定备案的，由县级以上安全生产监督管理部门给予警告，并处3万元以下罚款。

2. 事故报告及采取相应措施违法行为应承担的法律责任

《安全生产法》规定，生产经营单位主要负责人在本单位发生重大生产安全事故时，不立即组织抢救或者在事故调查处理期间擅离职守或者逃匿的，给予降职、撤职的处分，对逃匿的处15日以下拘留；构成犯罪的，依照刑法有关规定追究刑事责任。生产经营单位主要负责人对生产安全事故隐瞒不报、谎报或者拖延不报的，依照以上规定处罚。

《生产安全事故报告和调查处理条例》规定，事故发生单位主要负责人有下列行为之一的，处上一年年收入40%至80%的罚款；属于国家工作人员的，并依法给予处分；构成犯罪的，依法追究刑事责任：

①不立即组织事故抢救的。

②迟报或者漏报事故的。

③在事故调查处理期间擅离职守的。

事故发生单位及其有关人员有下列行为之一的，对事故发生单位处100万元以上500万元以下的罚款；对主要负责人、直接负责的主管人员和其他直接责任人员处上一年年收入60%至100%的罚款；属于国家工作人员的，并依法给予处分；构成违反治安管理行为的，由公安机关依法给予治安管理处罚；构成犯罪的，依法追究刑事责任：

①谎报或者瞒报事故的。

②伪造或者故意破坏事故现场的。

③转移、隐匿资金、财产，或者销毁有关证据、资料的。

④拒绝接受调查或者拒绝提供有关情况和资料的。

⑤在事故调查中作伪证或者指使他人作伪证的。

⑥事故发生后逃匿的。

3.事故调查违法行为应承担的法律责任

《生产安全事故报告和调查处理条例》规定，参与事故调查的人员在事故调查中有下列行为的，依法给予处分；构成犯罪的，依法追究刑事责任：

①对事故调查工作不负责任，致使事故调查工作有重大疏漏的。

②包庇、袒护负有事故责任的人员或者借机打击报复的。

4.事故责任单位及主要负责人应承担的法律责任

《安全生产法》规定，生产经营单位发生生产安全事故造成人员伤亡、他人财产损失的，应当依法承担赔偿责任；拒不承担或者其负责人逃匿的，由人民法院依法强制执行。生产安全事故的责任人未依法承担赔偿责任，经人民法院依法采取执行措施后，仍不能对受害人给予足额赔偿的，应当继续履行赔偿义务；受害人发现责任人有其他财产的，可以随时请求人民法院执行。

《生产安全事故报告和调查处理条例》规定，事故发生单位对事故发生负有责任的，依照下列规定处以罚款：

①发生一般事故的，处10万元以上20万元以下的罚款。

②发生较大事故的，处20万元以上50万元以下的罚款。

③发生重大事故的，处50万元以上200万元以下的罚款。

④发生特别重大事故的，处200万元以上500万元以下的罚款。

事故发生单位主要负责人未依法履行安全生产管理职责，导致事故发生的，依照下列规定处以罚款；属于国家工作人员的，并依法给予处分；构成犯罪的，依法追究刑事责任：

①发生一般事故的，处上一年年收入30外的罚款。

②发生较大事故的，处上一年年收入40%的罚款。

③发生重大事故的，处上一年年收入60%的罚款。

④发生特别重大事故的，处上一年年收入80%的罚款。

事故发生单位对事故发生负有责任的，由有关部门依法暂扣或者吊销其有关证照；对事故发生单位负有事故责任的有关人员，依法暂停或者撤销其与安全生产有关的执业资格、岗位证书；事故发生单位主要负责人受到刑事处罚或者撤职处分的，自刑罚执行完毕或者受处分之日起，5年内不得担任任何生产经营单位的主要负责人。

6.6 建设单位和相关单位的建设工程安全责任制度

建筑工程施工项目在建设中参建的单位主要有建设单位、勘察单位、设计单位、施工单位、工程监理单位及其他有关的单位，《建设工程安全生产管理条例》规定，参建单位必须遵守安全生产法律、法规的规定，保证建设工程安全生产，依法承担建设工程安全生产责任。

6.6.1 建设单位相关的安全责任

建设单位是建设工程项目的投资方或建设方，在整个工程建设中居于主导地位。但长期以来，对建设单位的监督管理不够重视，对其安全责任也没有明确规定，由于建设单位的行为不规范，直接或者间接导致安全事故的发生是有着不少惨痛教训的。因此，《建设工程安全生产管理条例》中明确规定，建设单位必须遵守安全生产法律、法规的规定，保证建设工程安全生产，依法承担建设工程安全生产责任。

技术提示：

上述活动不仅涉及工程建设的顺利进行和施工现场作业人员的安全，也会影响到周边区域人们的安全或是正常的工作生活，还需要有关方面给予支持和配合，为避免因建设工程施工影响正常的社会生活秩序，建设单位应当向有关部门申请办理批准手续。

1. 依法办理有关批准手续

《建筑法》规定，有下列情形之一的，建设单位应当按照国家有关规定办理申请批准手续：

①需要临时占用规划批准范围以外场地的。

②可能损坏道路、管线、电力、邮电、通信等公共设施的。

③需要临时停水、停电、中断道路交通的。

④需要进行爆破作业的。

⑤法律、法规规定需要办理报批手续的其他情形。

2. 向施工单位提供真实、准确和完整的有关资料

《建筑法》规定，建设单位应当向建筑施工企业提供与施工现场相关的地下管线资料，建筑施工企业应当采取措施加以保护。

《建设工程安全生产管理条例》进一步规定，建设单位应当向施工单位提供施工现场及毗邻区域内供水、排水、供电，供气、供热、通信、广播电视等地下管线资料，气象和水文观测资料，相邻建筑物和构筑物、地下工程的有关资料，并保证资料的真实、准确、完整。

3. 不得提出违法要求和随意压缩合同工期

《建设工程安全生产管理条例》规定，建设单位不得对勘察、设计、施工、工程监理等单位提出不符合建设工程安全生产法律、法规和强制性标准规定的要求，不得压缩合同约定的工期。

合理工期（Reasonable Time Limit for a Project），是指在正常建设条件下，采取科学合理的施工工艺和管理方法，以现行国家颁布的工期定额为基础，结合项目建设的具体情况而确定的使投资方与各参建单位均能获得满意的经济效益的工期。

4. 编制工程概算时应当确定建设工程安全费用

建设单位在编制工程概算时，应当确定建设工程安全作业环境及安全施工措施所需费用。

工程概算（Project Budget），是指在初步设计阶段，根据初步设计的图纸、概算定额或概算指标、费用定额及其他有关文件，概略计算的拟建工程费用。建设单位在编制工程概算时，应当确定建设工程安全作业环境及安全施工措施所需费用，并向施工单位提供相应的费用。

5. 不得要求购买、租赁和使用不符合安全施工要求的用具设备等

建设单位不得明示或者暗示施工单位购买、租赁、使用不符合安全施工要求的安全防护用具、机械设备，施工机具及配件、消防设施和器材。

6. 申领施工许可证时应当提供有关安全施工措施的资料

按照《建筑法》的规定，申请领取施工许可证应当具备的条件之一，就是"有保证工程质量和安全的具体措施"。

技术提示：

建设工程施工前，弄清施工现场及毗邻区域内地下管线的详细情况、本地区气象和场地的水文观测资料等，是保证施工项目正常、安全施工的必要条件。

技术提示：

建设单位不能片面为了早日发挥项目的效益，迫使施工单位大量增加人力、物力投入，或是简化施工程序，随意压缩合同约定的工期。在符合有关法律、法规和强制性标准的规定，并编制了赶工技术措施等前提下，建设单位与施工单位就提前工期的技术措施费和提前工期奖等协商一致后，是可以对合同工期进行适当调整的。

技术提示：

多年的实践表明，忽略安全投入成本、淡化安全经济现是导致建设工程安全生产事故的重要原因之一，一些地方政府和建设单位、施工单位没有充分认识到安全投入成本与经济效益之间的关系，单纯追求经济效益，置安全生产于不顾。有研究成果显示，安全保障措施的预防性投入效果与事故整改效果的关系比是1:5的关系。安全就是效益，这是所有企业管理者都应该建立的安全经济观。

《建设工程安全生产管理条例》进一步规定，建设单位在领取施工许可证时，应当提供建设工程有关安全施工措施的资料。依法批准开工报告的建设工程，建设单位应当自开工报告批准之日起15日内，将保证安全施工的措施报送建设工程所在地的县级以上地方人民政府建设行政主管部门或者其他有关部门备案。

7. 依法实施装修工程和拆除工程

《建筑法》规定，涉及建筑主体和承重结构变动的装修工程，建设单位应当在施工前委托原设计单位或者具有相应资质条件的设计单位提出设计方案；没有设计方案的，不得施工。《建筑法》还规定，房屋拆除应当由具备保证安全条件的建筑施工单位承担。

《建设工程安全生产管理条例》进一步规定，建设单位应当将拆除工程发包给具有相应资质等级的施工单位。建设单位应当在拆除工程施工15日前，将下列资料报送建设工程所在地的县级以上地方人民政府建设行政主管部门或者其他有关部门备案：

①施工单位资质等级证明。

②拟拆除建筑物、构筑物及可能危及毗邻建筑的说明。

③拆除施工组织方案。

④堆放、清除废弃物的措施。

8. 建设单位违法行为应承担的法律责任

《建设工程安全生产管理条例》规定，建设单位未提供建设工程安全生产作业环境及安全施工措施所需费用的，责令限期改正；逾期未改正的，责令该建设工程停止施工。

建设单位未将保证安全施工的措施或者拆除工程的有关资料报送有关部门备案的，责令限期改正，给予警告。

建设单位有下列行为之一的，责令限期改正，处20万元以上50万元以下的罚款；造成重大安全事故，构成犯罪的，对直接责任人员，依照刑法有关规定追究刑事责任；造成损失的，依法承担赔偿责任：

①对勘察、设计、施工、工程监理等单位提出不符合安全生产法律、法规和强制性标准规定的要求的。

②要求施工单位压缩合同约定的工期的。

③将拆除工程发包给不具有相应资质等级的施工单位的。

❖❖❖❖ 6.6.2　勘察、设计单位相关的安全责任

1. 勘察单位的安全责任

《建设工程安全生产管理条例》规定，勘察单位应当按照法律、法规和工程建设强制性标准进行勘察，提供的勘察文件应当真实、准确，满足建设工程安全生产的需要。勘察单位在勘察作业时，应当严格执行操作规程，采取措施保证各类管线、设施和周边建筑物、构筑物的安全。

2. 设计单位的安全责任

在建设工程项目确定后，工程设计就成为工程建设中最重要、最关键的环节，对安全施工项目有着重要影响。

（1）按照法律、法规和工程建设强制性标准进行设计

《建设工程安全生产管理条例》规定，设计单

> **技术提示：**
> 　　我国长期建设中，总结的建设客观规律是"先勘察、后设计、再施工"。工程勘察是工程项目建设的基础，勘察资料的真实性、准确性是保证后续建设的先决条件。另外，勘察单位在进行勘察作业时，也易发生安全事故，为了保证勘察作业人员的安全，要求勘察人员必须严格执行操作规程。同时，还应当采取措施保证各类管线、设施和周边建筑物、构筑物的安全，这也是保证施工作业人员和相关人员安全的需要。

位应当按照法律、法规和工程建设强制性标准进行设计，防止因设计不合理导致生产安全事故的发生。

（2）提出防范生产安全事故的指导意见和措施建议

设计单位应当考虑施工安全操作和防护的需要，对涉及施工安全的重点部位和环节在设计文件中注明，并对防范生产安全事故提出指导意见。采用新结构、新材料、新工艺的建设工程和特殊结构的建设工程，设计单位应当在设计中提出保障施工作业人员安全和预防生产安全事故的措施建议。

（3）对设计成果承担责任

"谁设计，谁负责"，设计单位和注册建筑师等注册执业人员应当对其设计成果负责。

> >>>
技术提示：
设计单位的工程设计文件对保证建设工程结构安全非常重要，严格按照法律、法规和工程建设强制性标准进行设计、对设计项目中存在的新工艺、新结构、新材料、新设备等要进行严格控制，防止设计的不合理导致施工过程中发生安全事故。另外，在施工单位作业前，设计单位还应当就设计意图、设计文件向施工单位做出说明和技术交底，并对防范生产安全事故提出指导意见。

3. 勘察、设计单位应承担的法律责任

《建设工程安全生产管理条例》规定，勘察单位、设计单位有下列行为之一的，责令限期改正，处10万元以上30万元以下的罚款；情节严重的，责令停业整顿，降低资质等级，直至吊销资质证书；造成重大安全事故，构成犯罪的，对直接责任人员，依照刑法有关规定追究刑事责任；造成损失的，依法承担赔偿责任：

①未按照法律、法规和工程建设强制性标准进行勘察、设计的。

②采用新结构、新材料、新工艺的建设工程和特殊结构的建设工程，设计单位未在设计中提出保证生产安全事故的措施建议的。

注册执业人员未执行法律、法规和工程建设强制性标准的，责令停止执业3个月以上1年以下；情节严重的，吊销执业资格证书，5年内不予注册；造成重大安全事故的，终身不予注册；构成犯罪的，依照刑法有关规定追究刑事责任。

6.6.3 工程监理、设备检验检测单位相关的安全责任

1. 工程监理单位的安全责任

工程监理是监理单位受建设单位的委托，依照法律、法规和建设工程监理规范的规定，对工程建设实施的监督管理。监理单位在施工合同签订前，主要是协助建设单位做好施工招标准备的各项工作；在施工合同签订后，监理单位则在建设单位的委托和授权范围内，以施工承包合同为依据，对工程的施工进行全面的监督和管理。工程监理单位主要的安全责任有：

（1）对安全技术措施或专项施工方案进行审查

《建设工程安全生产管理条例》规定，工程监理单位应当审查施工组织设计中的安全技术措施或者专项施工方案是否符合工程建设强制性标准。

（2）依法对施工安全事故隐患进行处理

工程监理单位在实施监理过程中，发现存在安全事故隐患的，应当要求施工单位整改；情况严重的，应当要求施工单位暂时停止施工，并及时报告建设单位。施工单位拒不整改或者不停止施工的，工程监理单位应当及时向有关主管部门报告。

（3）对建设工程安全生产承担监理责任

工程监理单位和监理工程师应当按照法律、法规和工程建设强制性标准实施监理，并对建设工程安全生产承担监理责任。

工程监理单位有下列行为之一的，责令限期改正；逾期未改正的，责令停业整顿，并处10万元

以上 30 万元以下的罚款；情节严重的，降低资质等级，直至吊销资质证书；造成重大安全事故，构成犯罪的，对直接责任人员，依照刑法有关规定追究刑事责任；造成损失的，依法承担赔偿责任：

①未对施工组织设计中的安全技术措施或者专项施工方案进行审查的。

②发现安全事故隐患未及时要求施工单位整改或者暂时停止施工的。

③施工单位拒不整改或者不停止施工，未及时向有关主管部门报告的。

④未依照法律、法规和工程建设强制性标准实施监理的。

2. 设备检验检测单位的安全责任

检验检测机构对检测合格的施工起重机械和整体提升脚手架、模板等自升式架设设施，应当出具安全合格证明文件，并对检测结果负责。

技术提示：

一些监理单位只注重对施工质量、进度和投资的监控，不重视对施工安全的监督管理，往往也未配备安全专业人员，只是由监控质量的工程师代管。这就使得施工现场因违章指挥、违章作业而发生的伤亡事故局面未能得到有效控制。因此，需要依法加强施工项目安全监理工作，进一步提高工程监理的水平。

《特种设备安全监察条例》规定，特种设备的监督检验、定期检验、型式试验和无损检测应当由经核准的特种设备检验检测机构进行。特种设备检验检测机构，应当依照规定进行检验检测工作，对其检验检测结果、鉴定结论承担法律责任。

特种设备检验检测机构和检验检测人员，出具虚假的检验检测结果、鉴定结论或者检验检测结果、鉴定结论严重失实的，由特种设备安全监督管理部门对检验检测机构没收违法所得，处 5 万元以上 20 万元以下罚款，情节严重的，撤销其检验检测资格；对检验检测人员处 5 000 元以上 5 万元以下罚款，情节严重的，撤销其检验检测资格，触犯刑法的，依照刑法关于中介组织人员提供虚假证明文件罪、中介组织人员出具证明文件重大失实罪或者其他罪的规定，依法追究刑事责任。

6.6.4　机械设备等单位相关的安全责任

1. 提供机械设备和配件单位的安全责任

《建设工程安全生产管理条例》规定，为建设工程提供机械设备和配件的单位，应当按照安全施工的要求配备齐全有效的保险、限位等安全设施和装置。

2. 出租机械设备和施工机具及配件单位的安全责任

出租的机械设备和施工机具及配件，应当具有生产（制造）许可证、产品合格证。出租单位应当对出租的机械设备和施工机具及配件的安全性能进行检测，在签订租赁协议时，应当出具检测合格证明。禁止出租检测不合格的机械设备和施工机具及配件。

3. 施工起重机械和自升式架设设施安装、拆卸单位的安全责任

施工起重机械，是指施工中用于垂直升降或者垂直升降并水平移动重物的机械设备，如塔式起重机、施工外用电梯、物料提升机等。自升式架设设施，是指通过自有装置可将自身升高的架设设施，如整体提升脚手架、模板等。

（1）安装，拆卸施工起重机械和自升式架设设施必须具备相应的资质

《建设工程安全生产管理条例》规定，在施工现场安装、拆卸施工起重机械和整体提升脚手架、模板等自升式架设设施，必须由具有相应资质的单位承担。

（2）编制拆装方案、制定安全措施和现场监督

《建设工程安全生产管理条例》规定，安装、拆卸施工起重机械和整体提升脚手架、模板等自升式架设设施，应当编制拆装方案、制定安全施工措施，并由专业技术人员现场监督。起重机械和自升式架设设施施工方案，应当在安装拆卸前向全体作业人员按照施工方案要求进行安全技术交底。安

装、拆卸单位专业技术人员应按照自己的职责，在作业现场实行全过程监控。

（3）出具自检合格证明、进行安全使用说明、办理验收手续的责任

施工起重机械和整体提升脚手架、模板等自升式架设设施安装完毕后，安装单位应自检，出具自检合格证明，并向施工单位进行安全使用说明，办理验收手续并签字。

（4）依法对施工起重机械和自升式架设设施进行检测

施工起重机械和整体提升脚手架、模板等自升式架设设施的使用达到国家规定的检验检测期限的，必须经具有专业资质的检验检测机构检测，经检测不合格的，不得继续使用。

（5）机械设备等单位违法行为应承担的法律责任

《建设工程安全生产管理条例》规定，为建设工程提供机械设备和配件的单位，未按照安全施工的要求配备齐全有效的保险、限位等安全设施和装置的，责令限期改止，处合同价款1倍以上3倍以下的罚款；造成损失的，依法承担赔偿责任。

出租单位出租未经安全性能检测或者经检测不合格的机械设备和施工机具及配件的，责令停业整顿，并处5万元以上10万元以下的罚款；造成损失的，依法承担赔偿责任。

施工起重机械和整体提升脚手架、模板等自升式架设设施安装、拆卸单位有下列行为之一的，责令限期改正，处5万元以上10万元以下的罚款；情节严重的，责令停业整顿，降低资质等级，直至吊销资质证书；造成损失的，依法承担赔偿责任：

①未编制拆装方案、制定安全施工措施的。

②未由专业技术人员现场监督的。

③未出具自检合格证明或者出具虚假证明的。

④未向施工单位进行安全使用说明，办理移交手续的。

技术提示：

目前的施工项目中，施工单位通过租赁方式获取所需的机械设备和施工机具及配件越来越多，这对于降低施工成本、提高机械设备等使用率是有着积极作用的，但也存在着出租的机械设备等安全责任不明确，造成生产安全事故无法追究有关单位责任的问题。因此，明确出租单位的安全责任是必要的，这对于保障出租产品的安全性能，以及发生生产安全事故的责任追究，都是至关重要的。

6.6.5 政府部门安全监督管理的相关规定

1. 建设工程安全生产的监督管理体制

《建设工程安全生产管理条例》规定，国务院负责安全生产监督管理的部门依照《中华人民共和国安全生产法》的规定，对全国安全生产工作实施综合监督管理。县级以上地方各级人民政府负责安全生产监督管理的部门，依照《中华人民共和国安全生产法》的规定，对本行政区域内安全生产工作实施综合监督管理；

国务院建设行政主管部门对全国的建设工程安全生产实施监督管理。国务院铁路、交通、水利等有关部门按照国务院规定的职责分工，负责有关专业建设工程安全生产的监督管理；

县级以上地方人民政府建设行政主管部门对本行政区域内的建设工程安全生产实施监督管理。县级以上地方人民政府交通、水利等有关部门在各自的职责范围内，负责本行政区域内的专业建设工程安全生产的监督管理。

建设行政主管部门或者其他有关部门可以将施工现场的监督检查委托给建设工程安全监督机构具体实施。

2. 审核发放施工证应当对安全施工措施进行审查

①建设行政主管部门在审核发放施工许可证时，应当对建设工程是否有安全施工措施进行审查，对没有安全施工措施的，不得颁发施工许可证。

②建设行政主管部门或者其他有关部门对建设工程是否有安全施工措施进行审查时，不得收取

费用。

3.履行安全监督检查职责时有权采取的措施

县级以上人民政府负有建设工程安全生产监督管理职责的部门在各自的职责范围内履行安全监督检查职责时，有权采取下列措施：

①要求被检查单位提供有关建设工程安全生产的文件和资料。

②进入被检查单位施工现场进行检查。

③纠正施工中违反安全生产要求的行为。

④对检查中发现的安全事故隐患，责令立即排除，重大安全事故隐患排除前或者排除过程中无法保证安全的，责令从危险区域内撤出作业人员或者暂时停止施工。

4.组织制定特大事故应急救援预案和重大生产安全事故的抢救工作

《安全生产法》规定，县级以上地方各级人民政府应当组织有关部门制定本行政区域内特大生产安全事故应急救援预案，建立应急救援体系。

有关地方人民政府和负有安全生产监督管理职责的部门负责人接到重大生产安全事故报告后，应当立即赶到事故现场，组织事故抢救。

5.淘汰严重危及施工安全的工艺设备材料及受理检举、控告和投诉

《建设工程安全生产管理条例》规定，国家对严重危及施工安全的工艺、设备、材料实行淘汰制度，具体目录由国务院建设行政主管部门会同国务院其他有关部门制定并公布。

县级以上人民政府建设行政主管部门和其他有关部门应当及时受理对建设工程生产安全事故及安全事故隐患的检举、控告和投诉。

案例分析

1.分析本案中，施工单位存在如下违法问题：

①专项施工方案审批程序错误。《建设工程安全生产管理条例》第二十六条规定，施工单位对达到一定规模的危险性较大的分部分项工程编制专项施工方案后，须经施工单位技术负责人、总监理工程师签字后实施。而本案中的基坑支护和降水工程专项施工方案仅由项目经理签字后即组织施工，是违法的。

②安全生产管理环节严重缺失。《建设工程安全生产管理条例》第二十三条规定，"施工单位应当设立安全生产管理机构，配备专职安全生产管理人员。"第二十六条还规定，对分部分项工程专项施工方案的实施，"由专职安全生产管理人员进行现场监督，本案中，项目经理部安排质量检查人员兼任安全管理人员，明显违反了上述规定。

③施工作业人员安全生产自我保护意识不强。《建设工程安全生产管理条例》第三十二条规定："作业人员有权对施工现场的作业条件、作业程序和作业方式中存在的安全问题提出批评、检举和控告，有权拒绝违章指挥和强令冒险作业。在施工中发生危及人身安全的紧急情况时，作业人员有权立即停止作此或者采取必要的应急措施后撤离危险区域"。本案中，施工作业人员迫于施工进度压力冒险作业，也是造成安全事故的重要原因。

④施工单位未办理意外伤害保险。《建设工程安全生产管理条例》第三十八条规定："施工单位应当为施工现场从事危险作业的人员办理意外伤害保险。意外伤害保险费由施工单位支付。"意外伤害保险属于强制性保险，必须依法办理。

2.应定为较大事故。《生产安全事故报告和调查处理条例》第三条规定，较大事故，是指造成3人以上10人以下死亡，或者10人以上50人以下重伤，或者1 000万元以上5 000万元以下直接经济损失的事故。

3.事故发生后，依据《生产安全事故报告和调查处理条例》第九条、第十四条、第十六条的规

定，施工单位应采取下列措施：

①报告事故。事故发生后，事故现场有关人员应当立即向本单位负责人报告；单位负责人接到报告后，应当于1小时内向事故发生地县级以上人民政府安全生产监督管理部门和负有安全生产监督管理职责的有关部门报告。情况紧急时，事故现场有关人员可以直接向事故发生地县级以上人民政府安全生产监督管理部门和负有安全生产监督管理职责的有关部门报告。

②启动事故应急预案，组织抢救。事故发生单位负责人接到事故报告后，应当立即启动事故相应应急预案或者采取有效措施，组织抢救，防止事故扩大，减少人员伤亡和财产损失。

③事故现场保护。有关单位和人员应当妥善保护事故现场以及相关证据，任何单位和个人不得破坏事故现场、毁灭相关证据。因抢救人员、防止事故扩大以及疏通交通等原因，需要移动事故现场物件的，应当做出标志，绘制现场简图并做出书面记录，妥善保存现场重要痕迹、物证。

拓展与实训

基础训练

一、单项选择题

1. 发生下列（　　）情形的，安全生产许可证颁发管理机关应当暂扣或吊销企业的安全生产许可证。

A. 主管部门发现企业不再具备安全生产条件的

B. 超越法定职权颁发安全生产许可证的

C. 违反法定程序颁发安全生产许可证的

D. 工作人员滥用职权、玩忽职守颁发安全生产许可证的

2. 建筑施工总承包特级资质企业，应至少配备（　　）名专职安全生产管理人员。

A. 8　　　　　　　　B. 6　　　　　　　　C. 4　　　　　　　　D. 3

3. 在建设工程施工前，应由（　　）将工程概况、施工方法、安全技术措施等向作业班组、作业人员进行交底。

A. 项目负责人　　　　　　　　　B. 安全生产管理机构

C. 安全生产管理员　　　　　　　D. 负责项目管理的技术人员

4. 某办公楼项目实行施工总承包，装饰部分施工实行专业分包，在装饰施工中发生重大安全生产事故，则应由（　　）将事故情况上报安全监督部门。

A. 建设单位　　　　　　　　　　B. 施工总承包单位

C. 分包单位　　　　　　　　　　D. 现场监理单位

5. 某总包单位与分包单位在分包合同中约定，分包单位自行负责分包工程的安全生产。工程施工中，分包工程发生安全事故，则该事故（　　）。

A. 按照约定分包单位自行承担责任

B. 分包单位承担主要责任，总包单位承担次要责任

C. 总包单位承担责任

D. 总包单位与分包单位承担连带责任

6. 某施工现场所需临时用电设备总容量经测算达到 75 千瓦，则施工单位应当（　　）。

    A. 单独设计配电系统　　　　　　　　　　B. 编制用电组织设计

    C. 制定安全用电措施和电气防火措施　　　D. 确定用电安全防护措施

7. 建筑职工意外伤害险的投保人是（　　）。

    A. 建设单位　　　　　B. 施工单位　　　　　C. 保险经纪公司　　　　D. 保险公司

8. 下列对工程监理单位安全责任的表述中，正确的是（　　）。

    A. 监理单位应当以监理合同为依据对施工进行监管

    B. 监理单位负责施工的质量、进度和费用控制，不负责安全监管

    C. 监理单位安全人员可由质量工程师兼任

    D. 施工合同签订前，主要是协助建设单位做好施工招标准备的各项工作

9. 在施工现场安装、拆卸施工起重机械和整体提升脚手架、模板等自升式架设设施，必须由（　　）单位承担。

    A. 施工单位　　　　　B. 出租单位　　　　　C. 具有相应资质的　　　D. 检验机构

10. 下列不属于建筑施工企业的特种作业人员的是（　　）。

    A. 建筑电工　　　　　B. 架子工　　　　　　C. 起重机械司机　　　　D. 钢筋工

二、多项选择题

1. 根据《建筑施工企业安全生产许可证管理规定》要求，下列属于建筑施工企业取得安全生产许可证条件的是（　　）。

    A. 有保证本单位安全生产条件所需资金的投入

    B. 特种作业人员经有关部门考核合格并取得资格证书

    C. 全员参加意外伤害保险

    D. 设置安全生产管理机构

    E. 有生产安全事故应急救援预案

2. 在建设工程施工活动中应当贯彻始终的法定安全生产基本制度是（　　）。

    A. 安全生产责任制度　　　　　　　　　　B. 安全责任追究制度

    C. 群防群治制度　　　　　　　　　　　　D. 安全生产检查制度

    E. 安全生产教育培训制度

3. 施工单位的项目负责人的安全生产责任包括（　　）。

    A. 落实安全生产责任制度、安全生产规章制度和操作规程

    B. 制订资金使用计划，保证安全生产所需资金的投入和使用

    C. 编制并适时更新安全生产管理制度并监督实施

    D. 及时、如实报告生产安全事故

    E. 组织制定安全施工措施，消除安全事故隐患

4. 施工作业人员享有的安全生产权利包括（　　）。

    A. 获得安全生产所需的防护用品

    B. 了解其作业场所和工作岗位存在的危险因素、防范措施及事故应急措施

    C. 安全事故隐患报告

    D. 拒绝加班连续作业

    E. 获得意外伤害保险赔偿

5. 在建工程的施工单位开展消防安全教育工作的表述中错误的是（　　）。

    A. 在施工中应当对施工人员进行消防安全教育

    B. 在建设工地醒目位置、施工人员集中住宿场所设置消防安全宣传栏，悬挂消防安全挂图和消防安全警示标识

C. 对明火作业人员在工程施工前进行一次消防安全教育

D. 组织救火演练

E. 组织应急疏散演练

6. 重点工程的施工现场应当履行的消防安全责任包括（　　　）。

A. 确定消防安全管理人　　　　　　　　B. 建立消防档案

C. 实行每周防火巡查，并建立巡查记录　　D. 对职工进行岗前消防安全培训

E. 定期组织消防演练

7. 生产安全事故调查"四不放过"的内容包括（　　　）。

A. 事故责任人未受到教育不放过　　　　B. 事故责任人未受到处理不放过

C. 防范措施未落实不放过　　　　　　　D. 事故原因未查明不放过

E. 全体员工未受到教育不放过

8. 某建设项目由于涉及深基坑工程，总包单位依法分包给专业工程公司，对于编制专项施工方案，下列说法中正确的是（　　　）。

A. 该专项方案应当由施工总包单位组织编制

B. 该专项方案可由专业工程公司组织编制

C. 该专项方案应当由总包单位项目技术负责人签字

D. 该专项方案应当组织专家论证

E. 该专项方案经现场监理工程师确认后方可实施

9. 在工程建设项目中，建设单位的安全责任包括（　　　）。

A. 编制安全技术措施的责任

B. 统一协调总、分包单位安全生产的责任

C. 对拆除工程进行备案的责任

D. 确定建设工程安全作业环境及安全施工措施所需费用的责任

E. 需要进行爆破作业的办理报批手续的责任

10. 下列关于相关单位的安全责任的表述中，正确的是（　　　）。

A. 为建设工程提供机械设备和配件的单位，应当按照安全施工的要求配备齐全有效的保险、限位等安全设施和装置

B. 安装、拆卸施工起重机械和整体提升脚手架、模板等自升式架设设施，应当编制拆装方案、制定安全施工措施，并由检验机构人员现场监督

C. 施工起重机械和整体提升脚手架、模板等自升式架设设施的使用达到国家规定的检验检测期限的，必须经具有专业资质的检验检测机构检测

D. 出租的机械设备和施工机具及配件，应当具有生产（制造）许可证、产品合格证，在设备交付使用时，应当出具检测合格证明

E. 设备检验检测机构进行设备检验检测时发现严重事故隐患，应当及时告知施工单位，并立即向特种设备安全监督管理部门报告

三、简答题

1. 简述建筑安全生产管理的方针和原则。

2. 安全生产许可证违法行为主要有哪些？

3. 简述施工单位的施工安全生产责任。

4. 建筑施工企业安全教育培训考核如何规定？

5. 安全技术措施一般包括哪些内容？安全技术交底一般包括哪些内容？

6. 施工现场安全防护都有哪些内容？

7. 简述施工现场应采取的消防安全措施。

8. 简述生产安全事故的等级划分标准。

9. 简述施工生产安全事故应急救援预案的主要作用和事故报告的主要内容。

10. 工程监理单位的安全责任有哪些？

▶ 技能训练 》》》

1. 目的

通过此实训项目练习，使学生掌握建筑施工安全生产管理的要求、施工单位和施工项目的安全生产责任、开展安全生产教育培训的要求、施工现场安全防护的规定、编制安全技术措施、专项方案和技术交底开展的要求和初步具备施工安全事故的应急救援与调查处理的能力。

2. 成果

学生通过观看一些建筑施工安全生产管理的相关视频，掌握开展安全生产管理的重要性。通过以本地区实际项目为背景展开的分小组讨论，以预先收集有关建筑施工安全生产的相关资料，最终完成一篇切合本地区实际情况，以如何更好地开展建筑施工安全生产管理、安全生产教育、施工现场安全防护、安全技术交底和如何开展施工安全生产事故的应急救援等为议题内容的论文，字数要求 3 000 字以上。

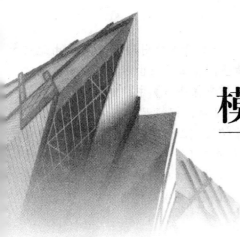

模块7

建设工程质量法律制度

模块概述

建设工程作为一种特殊产品，是人们日常生活和生产、经营、工作等的主要场所，是人类赖以生存和发展的重要物质基础。建设工程一旦发生质量事故，特别是重大垮塌事故，将危及人民生命财产安全，甚至造成无可估量的损失。因此，"百年大计，质量第一"，必须进一步提高建设工程质量水平，确保建设工程的安全可靠。

《建筑法》《建设工程质量管理条例》均详细规定了施工单位、建设单位、勘察设计单位和监理单位等建设行为主体的质量责任。建设工程质量责任制涵盖了多方主体的质量责任制，除施工单位外，还有建设单位，勘察、设计单位，工程监理单位的质量责任制。工程实体质量的好坏是建设行为各方主体工作质量的综合反映。

国家计委颁发的《建设项目（工程）竣工验收办法》规定，凡新建、扩建、改建的基本建设项目（工程）和技术改造项目，按批准的设计文件所规定的内容建成，符合验收标准的必须及时组织验收，办理固定资产移交手续。工程项目的竣工验收是施工全过程的最后一道工序，也是工程项目管理的最后一项工作。它是建设投资成果转入生产或使用的标志，也是全面考核投资效益、检验设计和施工质量的重要环节。

《建筑法》《建设工程质量管理条例》均规定，建设工程实行质量保修制度。建设工程质量保修制度对于促进建设各方加强质量管理，保护用户及消费者的合法权益可起到重要的保障作用。

学习目标

1. 了解工程标准的分类及各类工程标准的审批发布；
2. 了解工程建设标准强制性条文的实施；
3. 掌握施工单位的质量责任和义务；
4. 掌握建设单位、勘察设计单位和工程监理单位等的质量责任和义务；
5. 了解政府部门工程质量监督管理的相关规定；
6. 掌握建设工程竣工验收制度；
7. 了解建设工程质量保修制度。

能力目标

1. 具备识别工程标准类型的能力；
2. 能熟练掌握建设行为各方主体质量责任和义务的具体规定；
3. 能了解建设工程竣工验收制度的具体应用；
4. 能进行建设工程质量保修制度的具体应用。

课时建议

6课时

案例导入

某建设单位投资 3 100 万元建疗养院，该工程框架结构 5 层，设计合理使用年限 50 年，由北京某设计院设计，施工图已通过北京某施工图设计文件审查机构审查。施工阶段由甲监理公司负责监理。建设单位与乙施工单位签订施工合同，其中乙起草的《工程质量保修书》中约定卫生间防水工程：6 年，供热系统工程：2 年，轻钢结构工程：35 年，装修工程：2 年，钢筋混凝土主体结构工程：50 年。并约定铝合金窗和电梯由建设单位供应。施工中发生了未按图施工，漏设旋转楼梯下一根柱子的质量事故，且进场的铝合金窗质量不合格。甲公司和乙公司出现责任推诿，乙公司认为是由甲监理公司同意后使用的，监理公司是由于自身的原因导致质量问题。装修时，建设单位提出在顶层增加一层轻钢结构层，并办理了规划等相关手续。建设单位为了加速施工周期直接委托当地某甲级设计院出变更图纸，送当地审图机构审查合格后进行施工。

☞ 问题：

1. 以上案例中有哪些不妥之处？

2. 柱子漏设的质量事故、铝合金窗质量不合格的问题责任应由哪方承担？

3. 乙起草的《工程质量保修书》中，哪些保修期限不符合《建设工程质量管理条例》要求？

7.1 工程建设标准

标准是指对重复性事物和概念所做的统一性规定。它以科学技术和实践经验的综合成果为基础，经有关方面协商一致，由主管机构批准，以特定形式发布，作为共同遵守的准则和依据。

工程建设标准（Engineering Construction Standards）是指为在工程建设领域内获得最佳秩序，对建设工程的勘察、设计、施工、安装、验收、运营维护及管理等活动和结果需要协调统一的事项所制定的共同的、重复使用的技术依据和准则。制定和实施各项工程建设标准，并逐步使其各系统的标准形成相辅相成、共同作用的完整体系，实现工程建设标准化既是实现现代化建设的重要手段，也是我国建设领域现阶段一项重要的经济、技术政策。它可保证工程建设的质量及安全生产，全面提高工程建设的经济效益、社会效益和环境效益。

工程建设标准通过行之有效的标准规范，特别是工程建设强制性标准，为建设工程实施安全防范措施、消除安全隐患提供统一的技术要求，以确保在现有的技术、管理条件下尽可能地保障建设工程质量安全，从而最大限度地保障建设工程的建造者、使用者和所有者的生命财产安全以及人身健康安全。

7.1.1 工程建设标准的分类

按照《标准化法》的规定，我国的标准按级别分为国家标准、行业标准、地方标准和企业标准；国家标准、行业标准按约束性分为强制性标准和推荐性标准。

保障人体健康，人身、财产安全的标准和法律、行政法规规定强制执行的标准是强制性标准，其他标准是推荐性标准。强制性标准一经颁布，必须贯彻执行，否则对造成恶劣后果和重大损失的单位和个人，要受到经济制裁或承担法律责任。

1. 工程建设国家标准

《标准化法》规定，对需要在全国范围内统一的技术要求，应当制定国家标准。

（1）工程建设国家标准的类型

工程建设国家标准分为强制性标准和推荐性标准。下列标准属于强制性标准：

①工程建设勘察、规划、设计、施工（包括安装）及验收等通用的综合标准和重要的通用的质量标准。

②工程建设通用的有关安全、卫生和环境保护的标准。

③工程建设重要的通用的术语、符号、代号、量与单位、建筑模数和制图方法标准。

④工程建设重要的通用的试验、检验和评定方法等标准。

⑤工程建设重要的通用的信息技术标准。

⑥国家需要控制的其他工程建设通用的标准。

强制性标准以外的标准是推荐性标准。

（2）工程建设国家标准的制订原则

制订国家标准应当遵循下列原则：

①必须贯彻执行国家的有关法律、法规和方针、政策，密切结合自然条件，合理利用资源，充分考虑使用和维修的要求，做到安全适用、技术先进、经济合理。

②对需要进行科学试验或测试验证的项目，应当纳入各级主管部门的科研计划，认真组织实施，写出成果报告。

③纳入国家标准的新技术、新工艺、新设备、新材料，应当经有关主管部门或受委托单位鉴定，且经实践检验行之有效。

④积极采用国际标准和国外先进标准，并经认真分析论证或测试验证，符合我国国情。

⑤国家标准条文规定应当严谨明确，文句简练，不得模棱两可，其内容深度、术语、符号、计量单位等应当前后一致。

⑥必须做好与现行相关标准之间的协调工作。

（3）工程建设国家标准的审批发布和编号

工程建设国家标准由国务院工程建设行政主管部门审查批准，由国务院标准化行政主管部门统一编号，由国务院标准化行政主管部门和国务院工程建设行政主管部门联合发布。

工程建设国家标准的编号由国家标准代号、发布标准的顺序号和发布标准的年号组成。强制性国家标准的代号为"GB"，推荐性国家标准的代号为"GB/T"。例如：《建筑工程施工质量验收统一标准》（GB. 50300—2001），其中GB表示为强制性国家标准，50300表示标准发布顺序号，2001表示是2001年批准发布；《工程建设施工企业质量管理规范》（GB/T 50430—2007），其中GB/T表示为推荐性国家标准，50430表示标准发布顺序号，2007表示是2007年批准发布。

2. 工程建设行业标准

《标准化法》规定，对没有国家标准而又需要在全国某个行业范围内统一的技术要求，可以制定行业标准。在公布国家标准之后，该项行业标准即行废止。

（1）工程建设行业标准的类型

工程建设行业标准也分为强制性标准和推荐性标准。下列标准属于强制性标准：

①工程建设勘察、规划、设计、施工（包括安装）及验收等行业专用的综合性标准和重要的行业专用的质量标准。

②工程建设行业专用的有关安全、卫生和环境保护的标准。

③工程建设重要的行业专用的术语、符号，代号、量与单位和制图方法标准。

④工程建设重要的行业专用的试验、检验和评定方法等标准。

⑤工程建设重要的行业专用的信息技术标准。

⑥行业需要控制的其他工程建设标准。

强制性标准以外的标准是推荐性标准。

（2）工程建设行业标准的审批发布

工程建设行业标准由国务院有关行政主管部门审批、颁行，并报国务院建设行政主管部门备案。

3. 工程建设地方标准

我国幅员辽阔，各地的自然环境差异较大，而工程建设在许多方面要受到自然环境的影响。例如，我国的黄土地区、冻土地区以及膨胀土地区，对建筑技术的要求有很大区别。因此，工程建设标准除国家标准、行业标准外，还需要有相应的地方标准。

《标准化法》规定，对没有国家标准和行业标准而又需要在省、自治区、直辖市范围内统一的工业产品的安全、卫生要求，可以制定地方标准，在公布国家标准或者行业标准之后，该项地方标准即行废止。

工程建设地方标准在省、自治区、直辖市范围内由省、自治区、直辖市建设行政主管部门统一计划、统一审批、统一发布、统一管理。

工程建设地方标准不得与国家标准和行业标准相抵触。对与国家标准或行业标准相抵触的工程建设地方标准的规定，应当自行废止。工程建设地方标准应报国务院建设行政主管部门备案。未经备案的工程建设地方标准，不得在建设活动中使用。

工程建设地方标准中，对直接涉及人民生命财产安全、人体健康、环境保护和公共利益的条文，经国务院建设行政主管部门确定后，可作为强制性条文。在不违反国家标准和行业标准的前提下工程建设地方标准可以独立实施。

4. 工程建设企业标准

《标准化法》规定，企业生产的产品没有国家标准和行业标准的，应当制定企业标准，作为组织生产的依据。已有国家标准或者行业标准的，国家鼓励企业制定严于国家标准或者行业标准的企业标准，在企业内部适用。

建设部《关于加强工程建设企业标准化工作的若干意见》指出，工程建设企业标准一般包括企业的技术标准、管理标准和工作标准。

企业技术标准（Enterprise Technical Standards），是指对本企业范围内需要协调和统一的技术要求所制定的标准。如施工过程中的质量、方法或工艺的要求，安全、卫生和环境保护的技术要求以及试验、检验和评定方法等做出规定。对已有国家标准、行业标准或地方标准的，企业可以按照国家标准、行业标准或地方标准的规定执行，也可以根据本企业的技术特点和实际需要制定优于国家标准、行业标准或地方标准的企业标准；对没有国家标准、行业标准或地方标准的，企业应当制定企业标准。国家鼓励企业积极采用国际标准或国外先进标准。

企业管理标准（Enterprise Management Standards），是指对本企业范围内需要协调和统一的管理要求所制定的标准。如企业的组织管理、计划管理、技术管理、质量管理和财务管理等。

> **技术提示：**
>
> 标准、规范、规程都是标准的表现方式，习惯上统称为标准。当针对产品、方法、符号、概念等基础标准时，一般采用"标准"，如《道路工程标准》《建筑抗震鉴定标准》等；当针对工程勘察、规划、设计、施工等通用的技术事项做出规定时，一般、采用"规范"，如《混凝土结构设计规范》《住宅建筑设计规范》《建筑设计防火规范》等；当针对操作、工艺、管理等专用技术要求时，一般采用"规程"，如《建筑安装工程工艺及操作规程》《建筑机械使用安全操作规程》等。

企业工作标准（Enterprise Work Standards），是指对本企业范围内需要协调和统一的工作事项要求所制定的标准。重点应围绕工作岗位的要求，对企业各个工作岗位的任务、职责、权限、技能、方法、程序、评定等做出规定。如施工企业的泥工工作标准、木工翻样工工作标准、钢筋翻样工工作标准、钢筋工工作标准、混凝土工工作标准、架子工工作标准、防水工工作标准、油漆玻璃工工作标准、中心试验室试验工工作标准、安装电工工作标准、吊装起重工工作标准等。

工程建设企业标准由企业组织制定，并按国务院有关行政主管部门或省、自治区、直辖市人民政府的规定报送备案。

7.1.2　工程建设强制性标准实施的规定

工程建设标准制定的目的在于实施。否则，再好的标准也是一纸空文。我国工程建设领域所出现的各类工程质量事故，大都是没有贯彻或没有严格贯彻强制性标准的结果。因此，《标准化法》规定，强制性标准，必须执行。对于工程建设推荐性标准，国家鼓励自愿采用。采用何种推荐性标准，由当事人在工程合同中予以确认。《建筑法》规定，建筑活动应当确保建筑工程质量和安全，符合国家的建设工程安全标准。

工程建设标准的实施，不仅关系建设工程的经济效益、社会效益和环境效益，而且直接关系到工程建设者、所有者和使用者的人身安全及国家、集体和公民的财产安全。因此，必须严格执行，认真监督。

1. 工程建设各方主体实施强制性标准的法律规定

《建筑法》和《建设工程质量管理条例》规定，建设单位不得以任何理由，要求建筑设计单位或者建筑施工企业在工程设计或者施工作业中，违反法律、行政法规和建筑工程质量、安全标准，降低工程质量。建设单位不得明示或者暗示设计单位或者施工单位违反工程建设强制性标准，降低建设工程质量。建筑设计单位和建筑施工企业对建设单位违反规定提出的降低工程质量的要求，应当予以拒绝。

勘察、设计单位必须按照工程建设强制性标准进行勘察、设计，并对其勘察、设计的质量负责。建筑工程设计应当符合按照国家规定制定的建筑安全规程和技术规范，保证工程的安全性能。勘察、设计文件应当符合有关法律、行政法规的规定和建筑工程质量、安全标准、建筑工程勘察、设计技术规范以及合同的约定。设计文件选用的建筑材料、建筑构配件和设备，应当注明其规格、型号、性能等技术指标，其质量要求必须符合国家规定的标准。

施工单位必须按照工程设计图纸和施工技术标准施工，不得擅自修改工程设计，不得偷工减料。施工单位必须按照工程设计要求、施工技术标准和合同约定，对建筑材料、建筑构配件、设备和商品混凝土进行检验，检验应当有书面记录和专人签字；未经检验或者检验不合格的，不得使用。

建筑工程监理应当依照法律、行政法规及有关的技术标准、设计文件和建筑工程承包合同，对承包单位在施工质量、建设工期和建设资金使用等方面，代表建设单位实施监督。工程监理人员认为工程施工不符合工程设计要求、施工技术标准和合同约定的，有权要求建筑施工企业改正。工程监理人员发现工程设计不符合建筑工程质量标准或者合同约定的质量要求的，应当报告建设单位要求设计单位改正。

2. 工程建设标准强制性条文的实施

在工程建设标准的条文中，使用"必须""严禁""应""不应""不得"等属于强制性标准的用词，而使用"宜""不宜""可"等一般不是强制性标准的规定。但在工作实践中，强制性标准与推荐性标准的划分仍然存在一些困难。

《实施工程建设强制性标准监督规定》规定，在中华人民共和国境内从事新建、扩建、改建等工程建设活动，必须执行工程建设强制性标准。工程建设强制性标准是指直接涉及工程质量、安全、卫生及环境保护等方面的工程建设标准强制性条文。国家工程建设标准强制性条文由国务院建设行政主管部门会同国务院有关行政主管部门确定。

在对工程建设强制性标准实施改革后，我国目前实行的强制性标准包含三部分：

①批准发布时已明确为强制性标准的。

②批准发布时虽未明确为强制性标准，但其编号中不带"/T"的，仍为强制性标准。

③自2000年后批准发布的标准，批准时虽未明确为强制性标准，但其中有必须严格执行的强制性条文（黑体字），编号也不带"/T"的，也应视为强制性标准。

3. 对工程建设强制性标准的监督检查

《实施工程建设强制性标准监督规定》规定，国务院建设行政主管部门负责全国实施工程建设强制性标准的监督管理工作。国务院有关行政主管部门按照国务院的职能分工负责实施工程建设强制性标准的监督管理工作。县级以上地方人民政府建设行政主管部门负责本行政区域内实施工程建设强制性标准的监督管理工作。

建设项目规划审查机关应当对工程建设规划阶段执行强制性标准的情况实施监督；施工图设计文件审查单位应当对工程建设勘察、设计阶段执行强制性标准的情况实施监督；建筑安全监督管理机构应当对工程建设施工阶段执行施工安全强制性标准的情况实施监督；工程质量监督机构应当对工程建设施工、监理、验收等阶段执行强制性标准的情况实施监督。

7.2 施工单位的质量责任和义务 ‖

施工单位是工程建设的重要责任主体之一。施工阶段是建设工程实物质量形成的阶段，勘察、设计工作质量均要在这一阶段得以实现。由于施工阶段影响质量稳定的因素和涉及的责任主体均较多，协调管理的难度较大，施工阶段的质量责任制度尤为重要。

7.2.1 遵守执业资质等级制度的责任

施工单位必须在其资质等级许可的范围内承揽工程施工任务，不得超越本单位资质等级许可的业务范围或以其他施工单位的名义承揽工程。禁止施工单位允许其他单位或个人以本单位的名义承揽工程。施工单位也不得将自己承包的工程再进行转包或非法分包。

7.2.2 对施工质量负责

《建筑法》规定，建筑施工企业对工程的施工质量负责。《建设工程质量管理条例》进一步规定，施工单位对建设工程的施工质量负责。施工单位应当建立质量责任制，确定工程项目的项目经理、技术负责人和施工管理负责人。

施工单位的质量责任制，是其质量保证体系的一个重要组成部分，也是施工质量目标得以实现的重要保证。建立质量责任制，主要包括制定质量目标计划，建立考核标准，并层层分解落实到具体的责任单位和责任人，特别是工程项目的项目经理、技术负责人和施工管理负责人。落实质量责任制，不仅是为了在出现质量问题时可以追究责任，更重要的是通过层层落实质量责任制，做到事事有人管、人人有职责，加强对施工过程的全面质量控制，保证建设工程的施丁质量。

7.2.3 总分包单位的质量责任

《建筑法》规定，建筑工程实行总承包的，工程质量由工程总承包单位负责，总承包单位将建筑工程分包给其他单位的，应当对分包工程的质量与分包单位承担连带责任。分包单位应当接受总承包单位的质量管理。

《建设工程质量管理条例》进一步规定，建设工程实行总承包的，总承包单位应当对全部建设工程质量负责；建设工程勘察、设计、施工、设备采购的一项或者多项实行总承包的，总承包单位应当对其承包的建设工程或者采购的设备的质量负责。总承包单位依法将建设工程分包给其他单位的，分包单位应当按照分包合同的约定对其分包工程的质量向总承包单位负责，接受总承包单位的质量管理，总承包单位与分包单位对分包工程的质量承担连带责任。当分包工程发生质量问题时，建设单位或其他受害人既可以向分包单位请求赔偿，也可以向总承包单位请求赔偿；进行赔偿的一方，有权依据分包合同的约定，对不属于自己责任的那部分赔偿向对方追偿。

7.2.4 按照工程设计图纸和施工技术标准施工的规定

《建筑法》规定，建筑施工企业必须按照工程设计图纸和施工技术标准施工，不得偷工减料。工程设计的修改由原设计单位负责，建筑施工企业不得擅自修改工程设计。

《建设工程质量管理条例》进一步规定，施工单位必须按照工程设计图纸和施工技术标准施工，不得擅自修改工程设计，不得偷工减料。施工单位在施工过程中发现设计文件和图纸有差错的，应当及时提出意见和建议。

这是对施工单位的施工依据以及有义务对设计文件和图纸及时提出意见和建议的规定。

1. 按图施工，遵守标准

按图施工、不擅自修改设计，是施工单位保证工程质量的最基本要求。

施工技术标准是工程建设过程中规范施工行为的技术依据。如前所述，工程建设国家标准、行业标准均分为强制性标准和推荐性标准。施工单位只有按照施工技术标准，特别是强制性标准的要求施工，才能保证工程的施工质量。偷工减料则属于一种非法牟利的行为。如果在工程的一般部位，施工工序不严格按照标准要求，减少工料投入，简化操作程序，将会产生一般性的质量通病，影响工程外观质量或一般使用功能；但在关键部位，如结构中使用劣质钢筋、水泥，或是让不具备资格的人上特殊岗位如充当电焊工等，将给工程留下严重的结构隐患。

此外，从法律的角度来看，工程设计图纸和施工技术标准都属于合同文件的组成部分，如果施工单位不按照工程设计图纸和施工技术标准施工，则属于违约行为，应该对建设单位承担违约责任。

2. 防止设计文件和图纸出现差错

由于工程项目的设计涉及多个专业，还需要同有关方面进行协调，设计文件和图纸也有可能会出现差错。这些差错通常会在图纸会审或施工过程中被逐渐发现。施工人员特别是施工管理负责人、技术负责人以及项目经理等，均为有丰富实践经验的专业人员，对设计文件和图纸中存在的差错是有能力发现的。因此，如果施工单位在施工过程中发现设计文件和图纸中确实存在差错，有义务及时向设计单位提出，避免造成不必要的损失和质量问题。这是施工单位应具备的职业道德，也是履行合同应尽的基本义务。

7.2.5 对建筑材料、设备等进行检验检测的规定

《建设工程质量管理条例》规定，施工单位必须按照工程设计要求、施工技术标准和合同的约定，对建筑材料、建筑构配件、设备和商品混凝土进行检验，检验应当有书面记录和专人签字；未经检验或者检验不合格的，不得使用。

由于建设工程属于特殊产品，其质量隐蔽性强、终检局限性大，在施工全过程质量控制中，必须严格执行法定的检验、检测制度。否则，将给建设工程造成难以逆转的先天性质量隐患，甚至导致质量安全事故。依法对建筑材料、设备等进行检验检测，是施工单位的一项重要法定义务。

1. 建筑材料、建筑构配件、设备和商品混凝土的检验制度

施工单位对进入施工现场的建筑材料、建筑构配件、设备和商品混凝土实行检验制度，是施工单位质量保证体系的重要组成部分，也是保证施工质量的重要前提。施工单位应当严把两道关：一是谨慎选择生产供应厂商；二是实行进场二次检验。

对于未经检验或检验不合格的，不得在施工中用于工程上。否则，将是一种违法行为，要追究擅自使用或批准使用人的责任。此外，对于混凝土构件和商品混凝土的生产厂家，还应当按照《混凝土构件和商品混凝土生产企业资质管理规定》的要求，如果没有资质或相应资质等级的，其提供的产品应视为不合格产品。

2. 施工检测的见证取样和送检制度

《建设工程质量管理条例》规定，施工人员对涉及结构安全的试块、试件以及有关材料，应当在建设单位或者工程监理单位监督下现场取样，并送具有相应资质等级的质量检测单位进行检测。

（1）见证取样和送检

所谓见证取样和送检（Witness Sampling and Submittal for Inspection），是指在建设单位或工程监理单位人员的见证下，由施工单位的现场试验人员对工程中涉及结构安全的试块、试件和材料在现场

取样，并送至具有法定资格的质量检测单位进行检测的活动。

建设部《房屋建筑工程和市政基础设施工程实行见证取样和送检的规定》中规定，涉及结构安全的试块、试件和材料见证取样和送检的比例不得低于有关技术标准中规定应取样数量的30%。下列试块、试件和材料必须实施见证取样和送检：

①用于承重结构的混凝土试块。

②用于承重墙体的砌筑砂浆试块。

③用于承重结构的钢筋及连接接头试件。

④用于承重墙的砖和混凝土小型砌块。

⑤用于拌制混凝土和砌筑砂浆的水泥。

⑥用于承重结构的混凝土中使用的掺加剂。

⑦地下、屋面、厕浴间使用的防水材料。

⑧国家规定必须实行见证取样和送检的其他试块、试件和材料。

见证人员应由建设单位或该工程的监理单位中具备施工试验知识的专业技术人员担任，并由建设单位或该工程的监理单位书面通知施工单位、检测单位和负责该项工程的质量监督机构。

在施工过程中，见证人员应按照见证取样和送检计划，对施工现场的取样和送检进行见证。取样人员应在试样或其包装上做出标识、封志。标识和封志应标明工程名称、取样部位、取样日期，样品名称和样品数量，并由见证人员和取样人员签字。见证人员和取样人员应对试样的代表性和真实性负责。

（2）工程质量检测单位的资质和检测规定

建设部《建设工程质量检测管理办法》规定，工程质量检测机构是具有独立法人资格的中介机构。按照其承担的检测业务内容分为专项检测机构资质和见证取样检测机构资质。检测机构未取得相应的资质证书，不得承担本办法规定的质量检测业务。

质量检测业务由工程项目建设单位委托具有相应资质的检测机构进行检测。委托方与被委托方应当签订书面合同。

检测机构完成检测业务后，应当及时出具检测报告。检测报告经检测人员签字、检测机构法定代表人或者其授权的签字人签署，并加盖检测机构公章或者检测专用章后方可生效。检测报告经建设单位或者工程监理单位确认后，由施工单位归档。任何单位和个人不得明示或者暗示检测机构出具虚假检测报告，不得篡改或者伪造检测报告。如果检测结果利害关系人对检测结果发生争议的，由双方共同认可的检测机构复检，复检结果由提出复检方报当地建设主管部门备案。

检测机构应当将检测过程中发现的建设单位、监理单位、施工单位违反有关法律、法规和工程建设强制性标准的情况，以及涉及结构安全检测结果的不合格情况，及时报告工程所在地建设主管部门。检测机构应当建立档案管理制度，并应当单独建立检测结果不合格项目台账。

检测人员不得同时受聘于两个或者两个以上的检测机构。检测机构和检测人员不得推荐或者监制建筑材料、构配件和设备。检测机构不得与行政机关，法律、法规授权的具有管理公共事务职能的组织以及所检测工程项目相关的设计单位、施工单位、监理单位有隶属关系或者其他利害关系。

检测机构不得转包检测业务。检测机构应当对其检测数据和检测报告的真实性和准确性负责。检测机构违反法律、法规和工程建设强制性标准，给他人造成损失的，应当依法承担相应的赔偿责任。

7.2.6　施工质量检验和返修的规定

1. 施工质量检验制度

《建设工程质量管理条例》规定，施工单位必须建立、健全施工质量的检验制度，严格工序管理，作好隐蔽工程的质量检查和记录。隐蔽工程在隐蔽前，施工单位应当通知建设单位和建设工程质量监督机构。

施工质量检验，通常是指工程施工过程中工序质量检验（或称为过程检验），包括预检、自检、交接检、专职检、分部工程中间检验以及隐蔽工程检验等。

（1）严格工序质量检验和管理

施工工序也可以称为过程。各个工序或过程之间横向和纵向的联系形成了工序网络或过程网络。任何一项工程的施工，都是通过一个由许多工序或过程组成的工序（或过程）网络来实现的。网络上的关键工序或过程都有可能对工程最终的施工质量产生决定性的影响。如焊接节点的破坏，就可能引起桁架破坏，从而导致屋面坍塌。所以，施工单位要加强对施工工序或过程的质量控制，特别是要加强影响结构安全的地基和结构等关键施工过程的质量控制。

完善的检验制度和严格的工序管理是保证工序或过程质量的前提。只有工序或过程网络上的所有工序或过程的质量都受到严格控制，整个工程的质量才能得到保证。

（2）强化隐蔽工程质量检查

隐蔽工程（Concealed engineering），是指在施工过程中某一道工序所完成的工程实物，被后一工序形成的工程实物所隐蔽，而且不可以逆向作业的那部分工程。例如，钢筋混凝土工程施工中，钢筋为混凝土所覆盖，前者即为隐蔽工程。

按照《建设工程施工合同文本》的规定，工程具备隐蔽条件或达到专用条款约定的中间验收部位，施工单位进行自检，并在隐蔽或中间验收前48小时以书面形式通知监理工程师验收。验收不合格的，施工单位在监理工程师限定的时间内修改并重新验收。如果工程质量符合标准规范和设计图纸等要求，验收24小时后，监理工程师不在验收记录上签字的，视为已经批准，施工单位可继续进行隐蔽或施工。

建设工程质量监督机构接到施工单位隐蔽验收的通知后，可以根据工程的特点和隐蔽部位的重要程度以及工程质量监督管理规定，确定是否监督该部位的隐蔽验收。对于整个工程所有隐蔽工程的验收活动，建设工程质量监督机构要保持一定的抽检频率。对于工程关键部位的隐蔽工程验收通常要到场，并对参加隐蔽工程验收的各方人员资格、验收程序以及工程实物进行监督检查，发现问题及时责成责任方予以纠正。

2. 建设工程的返修

《建筑法》规定，对已发现的质量缺陷，建筑施工企业应当修复。《建设工程质量管理条例》进一步规定，施工单位对施工中出现质量问题的建设工程或者竣工验收不合格的建设工程，应当负责返修。

《合同法》也作了相应规定，因施工人的原因致使建设工程质量不符合约定的，发包人有权要求施工人在合理期限内无偿修理或者返工、改建。

返修作为施工单位的法定义务，其返修包括施工过程中出现质量问题的建设工程和竣工验收不合格的建设工程两种情形。

所谓返工（Rework），是指工程质量不符合规定的质量标准，而又无法修理的情况下重新进行施工；修理（Repair）则是指工程质量不符合标准，而又有可能修复的情况下，对工程进行修补，使其达到质量标准的要求。不论是施工过程中出现质量问题的建设工程，还是竣工验收时发现质量问题的工程，施工单位都要负责返修。

对于非施工单位原因造成的质量问题，施工单位也应当负责返修，但是因此而造成的损失及返修费用由责任方负责。

7.2.7 建立健全职工教育培训制度的规定

《建设工程质量管理条例》规定，施工单位应当建立、健全教育培训制度，加强对职工的教育培训；未经教育培训或者考核不合格的人员，不得上岗作业。

施工单位建立健全教育培训制度，加强对职工的教育培训，是企业重要的基础工作之一。由于施工单位从事一线施工活动的人员大多来自农村，教育培训的任务十分艰巨。施工单位的教育培训通常包括各类质量教育和岗位技能培训等。

先培训、后上岗。特别是与质量工作有关的人员，如总工程师、项目经理、质量体系内审员、质量检查员．施工人员、材料试验及检测人员，关键技术工种如焊工、钢筋工、混凝土工等，未经培训或者培训考核不合格的人员，不得上岗工作或作业。

7.2.8　违法行为应承担的法律责任

施工单位质量违法行为应承担的主要法律责任如下：

1. 违反资质管理规定和转包、违法分包造成质量问题应承担的法律责任

《建筑法》规定，建筑施工企业转让、出借资质证书或者以其他方式允许他人以本企业的名义承揽工程的，责令改正，没收违法所得，并处罚款，可以责令停业整顿，降低资质等级；情节严重的，吊销资质证书。对因该项承揽工程不符合规定的质量标准造成的损失，建筑施工企业与使用本企业名义的单位或者个人承担连带赔偿责任。

承包单位将承包的工程转包的，或者违反本法规定进行分包的，责令改正，没收违法所得，并处罚款，可以责令停业整顿，降低资质等级；情节严重的，吊销资质证书。对因转包工程或者违法分包的工程不符合规定的质量标准造成的损失，与接受转包或者分包的单位承担连带赔偿责任。

2. 偷工减料等违法行为应承担的法律责任

《建设工程质量管理条例》规定，施工单位在施工中偷工减料的，使用不合格的建筑材料、建筑构配件和设备的，或者有不按照工程设计图纸或者施工技术标准施工的其他行为的，责令改正，处以工程合同价款 2% 以上 4% 以下的罚款；造成建设工程质量不符合规定的质量标准的，负责返工、修理，并赔偿因此造成的损失；情节严重的，责令停业整顿，降低资质等级或者吊销资质证书。

3. 检验检测违法行为应承担的法律责任

《建设工程质量管理条例》规定，施工单位未对建筑材料、建筑构配件、设备和商品混凝土进行检验，或者未对涉及结构安全的试块、试件以及有关材料取样检测的，责令改正，处 10 万元以上 20 万元以下的罚款；情节严重的，责令停业整顿，降低资质等级或者吊销资质证书；造成损失的，依法承担赔偿责任。

4. 构成犯罪的追究刑事责任

《刑法》第一百三十七条规定："建设单位、设计单位、施工单位、工程监理单位违反国家规定，降低工程质量标准，造成重大安全事故的，对直接责任人员处 5 年以下有期徒刑或者拘役，并处罚金；后果特别严重的，处 5 年以上 10 年以下有期徒刑，并处罚金。"

7.3　建设单位及相关单位的质量责任和义务 ⫼

建设工程质量责任制涵盖了多方主体的质量责任制，除施工单位外，还有建设单位，勘察、设计单位，工程监理单位的质量责任制。

7.3.1　建设单位相关的质量责任和义务

建设单位（国外称业主）是投资建设工程，并对工程项目享有所有权的主体。按理说，它对建设工程质量应最为关心，也最为精心。但在我国，工程建设的投资者主要还是国家及一些开发商，代表建设单位直接参与工程管理的人并不是工程最后的所有人和使用者，建设工程质量的好坏与其自身利益并无十分密切的关系，他们享有建设单位的权利，但不承担工程质量低劣的后果。另外，我国建筑行业竞争十分激烈，基本处于僧多粥少的局面，承包方与建设单位处于不平等的地位，建设单位的压造价、压工期等一些不合理要求得不到抵制，使得工程建设中建设单位的行为没有多少约束，其主

观随意性很大，大量工程在建设单位恣意干涉下，以违背正常建设规律的方式建成，造成建设工程质量事故层出不穷。鉴于此，国务院于 2000 年 1 月 30 日颁发的《建设工程质量管理条例》特别对建设单位的质量责任和义务做出了明确规定。

1. 依法发包工程

《建设工程质量管理条例》规定，建设单位应当将工程发包给具有相应资质等级的单位。建设单位不得将建设工程肢解发包。建设单位应当依法对工程建设项目的勘察、设计、施工、监理以及与工程建设有关的重要设备、材料等的采购进行招标。

工程建设活动不同于一般的经济活动，从业单位的素质高低直接影响着建设工程质量。企业资质等级反映了企业从事某项工程建设活动的资格和能力，是国家对建设市场准入管理的重要手段。将工程发包给具有相应资质等级的单位来承担，是保证建设工程质量的基本前提。因此，从事工程建设活动必须符合严格的资质条件。建设部颁布的《工程勘察和工程设计单位资格管理办法》、《建筑业企业资质管理规定》、《工程建设监理单位资质管理试行办法》等，对工程勘察单位、工程设计单位、施工企业和工程监理单位的资质等级、资质标准、业务范围等做出了明确规定。如果建设单位将工程发包给没有资质等级或资质等级不符合条件的单位，不仅扰乱了建设市场秩序，更重要的将会因为承包单位不具备完成建设工程的技术能力、专业人员和资金，造成工程质量低劣，甚至使工程项目半途而废。

建设单位发包工程时，应该根据工程特点，以有利于工程的质量、进度、成本控制为原则，合理划分标段，但不得肢解发包工程。如果将应当由一个承包单位完成的工程肢解成若干部分，分别发包给不同的承包单位，将使整个工程建设在管理和技术上缺乏应有的统筹协调，从而造成施工现场秩序的混乱，责任不清，严重影响建设工程质量，一旦出现问题也很难找到责任方。

建设单位还要依照《招标投标法》等有关规定，对必须实行招标的工程项目进行招标，择优选定工程勘察、设计、施工、监理单位以及采购重要设备、材料等。

2. 依法向有关单位提供原始资料。

《建设工程质量管理条例》规定，建设单位必须向有关的勘察、设计、施工、工程监理等单位提供与建设工程有关的原始资料。原始资料必须真实、准确、齐全。

原始资料是工程勘察、设计、施工、监理等单位赖以进行相关工程建设的基础性材料。建设单位作为建设活动的总负责方，向有关单位提供原始资料。并保证这些资料的真实、准确、齐全，是其基本的责任和义务。

工程实践中，建设单位根据委托任务必须向勘察单位提供如勘察任务书、项目规划总平面图、地下管线、地形地貌等在内的基础资料；向设计单位提供政府有关部门批准的项目建议书、可行性研究报告等立项文件，设计任务书，有关城市规划、专业规划设计条件，勘察成果及其他基础资料；向施工单位提供概算批准文件，建设项目正式列入国家、部门或地方的年度固定资产投资计划，建设用地的征用资料，施工图纸及技术资料，建设资金和主要建筑材料、设备的来源落实资料，建设项目所在地规划部门批准文件，施工现场完成"三通一平"的平面图等资料；向工程监理单位提供的原始资料，除包括给施工单位的资料外，还要有建设单位与施工单位签订的承包合同文本。

3. 限制不合理的干预行为

《建筑法》规定，建设单位不得以任何理由，要求建筑设计单位或者建筑施工企业在工程设计或者施工作业中，违反法律、行政法规和建筑工程质量、安全标准，降低工程质量。

《建设工程质量管理条例》进一步规定，建设工程发包单位，不得迫使承包方以低于成本的价格竞标，不得任意压缩合理工期。建设单位不得明示或者暗示设计单位或者施工单位违反工程建设强制性标准，降低建设工程质量。

成本是构成价格的主要部分，是承包方估算投标价格的依据和最低的经济底线。如果建设单位一味强调降低成本、节约开支而压级压价，迫使承包方互相压价，以低于成本的价格中标，势必会导致中标单位在承包工程后，为了减少开支、降低成本而采取偷工减料、以次充好、粗制滥造等手段，最终导致建设工程出现质量问题，影响投资效益的发挥。

建设单位也不得任意压缩合理工期。因为，合理工期是指在正常建设条件下，采取科学合理的施工工艺和管理方法，以现行的工期定额为基础，结合工程项目建设的实际，经合理测算和平等协商而确定的使参与各方均获满意的经济效益的工期。如果盲目要求赶工期，势必会简化工序，不按规程操作，从而导致建设工程出现质量等诸多问题。

建设单位更不得以任何理由，诸如建设资金不足、工期紧等，违反强制性标准的规定，要求设计单位降低设计标准，或者要求施工单位采用建设单位采购的不合格材料设备等。这种行为是法律决不允许的。因为，强制性标准是保证建设工程结构安全可靠的基础性要求，违反了这类标准，必然会给建设工程带来重大质量隐患。

4. 依法报审施工图设计文件

《建设工程质量管理条例》规定，建设单位应当将施工图设计文件报县级以上人民政府建设行政主管部门或者其他有关部门审查。施工图设计文件未经审查批准的，不得使用。

施工图设计文件是设计文件的重要内容，是编制施工图预算、安排材料、设备订货和非标准设备制作，进行施工、安装和工程验收等工作的依据。施正图设计文件一经完成，建设工程最终所要达到的质量，尤其是地基基础和结构的安全性就有了约束。因此，施工图设计文件的质量直接影响建设工程的质量。

建立和实施施工图设计文件审查制度，是许多发达国家确保建设工程质量的成功做法。我国于1998 年开始进行建筑工程项目施工图设计文件审查试点工作，在节约投资、发现设计质量隐患和避免违法违规行为等方面都有明显的成效。通过开展对施工图设计文件的审查，既可以对设计单位的成果进行质量控制，也能纠正参与建设活动各方特别是建设单位的不规范行为。

5. 依法实行工程监理

《建设工程质量管理条例》规定，实行监理的建设工程，建设单位应当委托具有相应资质等级的工程监理单位进行监理，也可以委托具有工程监理相应资质等级并与被监理工程的施工承包单位没有隶属关系或者其他利害关系的该工程的设计单位进行监理。

监理工作要求监理人员具有较高的技术水平和较丰富的工程经验，因此国家对开展工程监理工作的单位实行资质许可。工程监理单位的资质反映了该单位从事某项监理工作的资格和能力。为了保证监理工作的质量，建设单位必须将需要监理的工程委托给具有相应资质等级的工程监理单位进行监理。

目前、我国的工程监理主要是对工程的施工过程进行监督，而该工程的设计人员对设计意图比较理解，对设计中各专业如结构、设备等在施工中可能发生的问题也比较清楚，因此由具有监理资质的设计单位对自己设计的工程进行监理，对保证工程质量是十分有利的。但是，设计单位与承包该工程的施工单位不得有行政隶属关系，也不得存在可能直接影响设计单位实施监理公正性的非常明显的经济或其他利益关系。

《建设工程质量管理条例》还规定，下列建设工程必须实行监理：

①国家重点建设工程。

②大中型公用事业工程。

③成片开发建设的住宅小区工程。

④利用外国政府或者国际组织贷款援助资金的工程。

⑤国家规定必须实行监理的其他工程。

6. 依法办理工程质量监督手续

《建设工程质量管理条例》规定，建设单位在领取施工许可证或者开工报告前，应当按照国家有关规定办理工程质量监督手续。

办理工程质量监督手续是法定程序，不办理质量监督手续的，不发施工许可证，工程不得开工。因此，建设单位在领取施工许可证或者开工报告之前，应当依法到建设行政主管部门或铁路、交通、水利等有关管理部门，或其委托的工程质量监督机构办理工程质量监督手续，接受政府主管部门的工程质量监督。

建设单位办理工程质量监督手续，应提供以下文件和资料：

①工程规划许可证。

②设计单位资质等级证书。

③监理单位资质等级证书，监理合同及《工程项目监理登记表》。

④施工单位资质等级证书及营业执照副本。

⑤工程勘察设计文件。

⑥中标通知书及施工承包合同等。

7. 依法保证建筑材料等符合要求

《建设工程质量管理条例》规定，按照合同约定，由建设单位采购建筑材料、建筑构配件和设备的，建设单位应当保证建筑材料、建筑构配件和设备符合设计文件和合同要求。建设单位不得明示或者暗示施工单位使用不合格的建筑材料、建筑构配件和设备。

在工程实践中，根据工程项目设计文件和合同要求的质量标准，哪些材料和设备由建设单位采购，哪些材料和设备由施工单位采购，应该在合同中明确约定，并且是谁采购、谁负责。所以，由建设单位采购建筑材料、建筑构配件和设备的，建设单位必须保证建筑材料、建筑构配件和设备符合设计文件和合同要求。对于建设单位负责供应的材料设备，在使用前施工单位应当按照规定对其进行检验和试验，如果不合格，不得在工程上使用，并应通知建设单位予以退换。

有些建设单位为了赶进度或降低采购成本，常常以各种明示或暗示的方式，要求施工单位降低标准而在工程上使用不合格的建筑材料、建筑构配件和设备。此类行为不仅严重违法，而且危害极大。

8. 依法进行装修工程

随意拆改建筑主体结构和承重结构等，会危及建设工程安全和人民生命财产安全。因此，《建设工程质量管理条例》规定，涉及建筑主体和承重结构变动的装修工程，建设单位应当在施工前委托原设计单位或者具有相应资质等级的设计单位提出设计方案；没有设计方案的，不得施工。房屋建筑使用者在装修过程中，不得擅自变动房屋建筑主体和承重结构。

建筑设计方案是根据建筑物的功能要求，具体确定建筑标准、结构形式、建筑物的空间和平面布置以及建筑群体的安排。对于涉及建筑主体和承重结构变动的装修工程，设计单位会根据结构形式和特点，对结构受力进行分析，对构件的尺寸、位置、配筋等重新进行计算和设计。因此，建设单位应当委托该建筑工程的原设计单位或者具有相应资质条件的设计单位提出装修工程的设计方案。如果没有设计方案就擅自施工，则将留下质量隐患甚至造成质量事故，后果严重。

房屋使用者在装修过程中，也不得擅自变动房屋建筑主体和承重结构，如拆除隔墙、窗洞改门洞等，都是不允许的。

9. 提供资料、组织验收的责任

在收到工程竣工报告后，建设单位应负责组织设计、施工、工程监理等有关单位对工程进行验收，并应按国家有关档案管理的规定，及时收集、整理建设项目各环节的文件资料，在工程验收后，负责及时向建设行政主管部门或其他有关部门移交建设项目档案。

10. 建设单位质量违法行为应承担的法律责任

《建筑法》规定，建设单位违反本法规定，要求建筑设计单位或者建筑施工企业违反建筑工程质量、安全标准，降低工程质量的，责令改正，可以处以罚款；构成犯罪的，依法追究刑事责任。

《建设工程质量管理条例》规定，建设单位有下列行为之一的，责令改正，处20万元以上50万元以下的罚款：

①迫使承包方以低于成本的价格竞标的。

②任意压缩合理工期的。

③明示或者暗示设计单位或者施工单位违反工程建设强制性标准，降低工程质量的。

④施工图设计文件未经审查或者审查不合格，擅自施工的。

⑤建设项目必须实行工程监理而未实行工程监理的。

⑥未按照国家规定办理工程质量监督手续的。

⑦明示或者暗示施工单位使用不合格的建筑材料、建筑构配件和设备的。

⑧未按照国家规定将竣工验收报告、有关认可文件或者准许使用文件报送备案的。

7.3.2　勘察、设计单位相关的质量责任和义务

《建筑法》规定，建筑工程的勘察、设计单位必须对其勘察、设计的质量负责。勘察、设计文件应当符合有关法律、行政法规的规定和建筑工程质量、安全标准、建筑工程勘察、设计技术规范以及合同的约定。

《建设工程质量管理条例》进一步规定，勘察、设计单位必须按照工程建设强制性标准进行勘察、设计，并对其勘察、设计的质量负责。注册建筑师、注册结构工程师等注册执业人员应当在设计文件上签字，对设计文件负责。

"谁勘察设计谁负责，谁施工谁负责"，这是国际上通行的做法。勘察、设计单位和执业注册人员是勘察设计质量的责任主体，也是整个工程质量的责任主体之一。勘察、设计质量实行单位与执业注册人员双重责任，即勘察、设计单位对其勘察、设计的质量负责，注册建筑师、注册结构工程师等专业人士对其签字的设计文件负责。

1. 依法承揽工程的勘察、设计业务

《建设工程质量管理条例》规定，从事建设工程勘察、设计的单位应当依法取得相应等级的资质证书，并在其资质等级许可的范围内承揽工程。禁止勘察、设计单位超越其资质等级许可的范围或者以其他勘察、设计单位的名义承揽工程。禁止勘察、设计单位允许其他单位或者个人以本单位的名义承揽工程。勘察、设计单位不得转包或者违法分包所承揽的工程。

勘察、设计作为一个特殊行业，有着严格的市场准入条件。勘察、设计单位只有具备了相应的资质条件，才有能力保证勘察、设计质量。如果超越资质等级许可的范围承揽工程，就超越了其勘察设计能力，也就不能保证勘察设计的质量。在实践中，超越资质等级许可范围承接工程的行为，大多是通过借用、有偿使用其他有资质单位的资质证书、印章来进行的，因而被借用者、出卖者也负有不可推卸的责任。此外，与施工一样，勘察、设计也不允许转包和违法分包。

2. 勘察、设计必须执行强制性标准

《建设工程质量管理条例》规定，勘察、设计单位必须按照工程建设强制性标准进行勘察、设计，并对其勘察、设计的质量负责。

强制性标准是工程建设技术和经验的积累，是勘察、设计工作的技术依据。只有满足工程建设强制性标准才能保证质量，才能满足工程对安全、卫生、环保等多方面的质量要求，因而勘察、设计单位必须严格执行。

3. 勘察单位提供的勘察成果必须真实、准确

《建设工程质量管理条例》规定，勘察单位提供的地质、测量、水文等勘察成果必须真实、准确。

工程勘察工作是建设工作的基础工作，工程勘察成果文件是设计和施工的基础资料和重要依据。其真实准确与否直接影响到设计、施工质量，因而工程勘察成果必须真实准确、安全可靠。

4. 设计依据和设计深度

《建设工程质量管理条例》规定，设计单位应当根据勘察成果文件进行建设工程设计。设计文件应当符合国家规定的设计深度要求，注明工程合理使用年限。

勘察成果文件是设计的基础资料，是设计的依据。因此，先勘察、后设计是工程建设的基本做法，也是基本建设程序的要求。我国对各类设计文件的编制深度都有规定，在实践中应当贯彻执行。

工程合理使用年限是指从工程竣工验收合格之日起，工程的地基基础、主体结构能保证在正常情况下安全使用的年限。它与《建筑法》中的"建筑物合理寿命年限"、《合同法》中的"工程合理使用期限"等在概念上是一致的。

5. 依法规范设计对建筑材料等的选用

《建筑法》、《建设工程质量管理条例》都规定，设计单位在设计文件中选用的建筑材料、建筑构配件和设备，应当注明规格、型号、性能等技术指标，其质量要求必须符合国家规定的标准。除有特殊要求的建筑材料、专用设备、工艺生产线等外，设计单位不得指定生产厂、供应商。

为了使建设工程的施工能准确满足设计意图，设计文件中必须注明所选用的建筑材料、建筑构配件和设备的规格、型号、性能等技术指标。这也是设计文件编制深度的要求。但是，在通用产品能保证工程质量的前提下，设计单位不可故意选用特殊要求的产品，也不能滥用权力限制建设单位或施工单位在材料等采购上的自主权。

6. 依法对设计文件进行技术交底

《建设工程质量管理条例》规定，设计单位应当就审查合格的施工图设计文件向施工单位做出详细说明。设计文件的技术交底，通常的做法是设计文件完成后，通过建设单位发给施工单位，再由设计单位将设计的意图，特殊的工艺要求，以及建筑、结构、设备等各专业在施工中的难点、疑点和容易发生的问题等向施工单位作详细说明，并负责解释施工单位对设计图纸的疑问。

对设计文件进行技术交底是设计单位的重要义务，对确保工程质量有重要的意义。

7. 依法参与建设工程质量事故分析

《建设工程质量管理条例》规定，设计单位应当参与建设工程质量事故分析，并对因设计造成的质量事故，提出相应的技术处理方案。工程质量的好坏，在一定程度上就是工程建设是否准确贯彻了设计意图。因此，一旦发生了质量事故，该工程的设计单位最有可能在短时间内发现存在的问题，对事故的分析具有权威性。这对及时进行事故处理十分有利。对因设计造成的质量事故，原设计单位必须提出相应的技术处理方案，这是设计单位的法定义务。

8. 勘察、设计单位质量违法行为应承担的法律责任

《建设工程质量管理条例》规定，有下列行为之一的，责令改正，处10万元以上30万元以下的罚款：

①勘察单位未按照工程建设强制性标准进行勘察的。

②设计单位未根据勘察成果文件进行工程设计的。

③设计单位指定建筑材料、建筑构配件的生产厂、供应商的。

④设计单位未按照工程建设强制性标准进行设计的。

有以上所列行为，造成工程质量事故的，责令停业整顿，降低资质等级；情节严重的，吊销资质证书；造成损失的，依法承担赔偿责任。

7.3.3　工程监理单位相关的质量责任和义务

工程监理单位接受建设单位的委托，代表建设单位，对建设工程进行管理。因此，工程监理单位也是建设工程工程质量的责任主体之一。

1. 依法承担工程监理业务

《建设工程质量管理条例》规定，工程监理单位应当依法取得相应等级的资质证书，并在其资质等级许可的范围内承担工程监理业务。禁止工程监理单位超越本单位资质等级许可的范围或者以其他工程监理单位的名义承担工程监理业务。禁止工程监理单位允许其他单位或者个人以本单位的名义承担工程监理业务。工程监理单位不得转让工程监理业务。

监理单位按照资质等级承担工程监理业务，是保证监理工作质量的前提。越级监理、允许其他单位或者个人以本单位的名义承担监理业务等，将使工程监理变得有名无实，最终会对工程质量造成

危害。监理单位转让工程监理业务，与施工单位转包工程有着同样的危害性。

2. 对有隶属关系或其他利害关系的回避

《建筑法》《建设工程质量管理条例》都规定，工程监理单位与被监理工程的施工承包单位以及建筑材料、建筑构配件和设备供应单位有隶属关系或者其他利害关系的，不得承担该项建设工程的监理业务。

由于工程监理单位与被监理工程的承包单位以及建筑材料、建筑构配件和设备供应单位之间，是一种监督与被监督的关系，为了保证客观、公正执行监理任务，工程监理单位与上述单位不能有隶属关系或者其他利害关系。如果有这种关系，工程监理单位在接受监理委托前，应当自行回避；对于没有回避而被发现的，建设单位可以依法解除委托关系。

3. 监理工作的依据和监理责任

《建设工程质量管理条例》规定，工程监理单位应当依照法律、法规以及有关技术标准、设计文件和建设工程承包合同。代表建设单位对施工质量实施监理，并对施工质量承担监理责任。

工程监理的依据是：

①法律、法规，如《建筑法》《合同法》《建设工程质量管理条例》等。

②有关技术标准，如《工程建设标准强制性条文》以及建设工程承包合同中确认采用的推荐性标准等。

③设计文件、施工图设计等设计文件既是施工的依据，也是监理单位对施工活动进行监督管理的依据。

④建设工程承包合同，监理单位据此监督施工单位是否全面履行合同约定的义务。

监理单位对施工质量承担监理责任，包括违约责任和违法责任两个方面：

①违约责任。如果监理单位不按照监理合同约定履行监理义务，给建设单位或其他单位造成损失的，应当承担相应的赔偿责任。

②违法责任。如果监理单位违法监理，或者降低工程质量标准，造成质量事故的，要承担相应的法律责任。

4. 工程监理的职责和权限

《建设工程质量管理条例》规定，工程监理单位应当选派具备相应资格的总监理工程师和监理工程师进驻施工现场。未经监理工程师签字，建筑材料、建筑构配件和设备不得在工程上使用或者安装，施工单位不得进行下一道工序的施工。未经总监理工程师签字，建设单位不拨付工程款，不进行竣工验收。

监理单位应根据所承担的监理任务，组建驻工地监理机构，监理机构一般由总监理工程师、监理工程师和其他监理人员组成。监理工程师拥有对建筑材料、建筑构配件和设备以及每道施工工序的检查权，对检查不合格的，有权决定是否允许在工程上使用或进行下一道工序的施工。工程监理实行总监理工程师负责制。总监理工程师依法和在授权范围内可以发布有关指令，全面负责受委托的监理工程。

5. 工程监理的形式

《建设工程质量管理条例》规定，监理工程师应当按照工程监理规范的要求，采取旁站、巡视和平行检验等形式，对建设工程实施监理。

所谓旁站（Side Monitor），是指对工程中有关地基和结构安全的关键工序和关键施工过程，连续不断地进行监督检查或检验的监理活动，有时甚至要连续跟班监理。所谓巡视（Patrol），主要是强调除了关键点的质量控制外，监理工程师还应对施工现场进行面上的巡查监理。所谓平行检验（Parallel Check），主要是强调监理单位对施工单位已经检验的工程应及时进行检验。对于关键性、较大体量的工程实物，采取分段后平行检验的方式，有利于及时发现质量问题，及时采取措施予以纠正。

6. 工程监理单位质量违法行为应承担的法律责任

《建筑法》规定，工程监理单位与建设单位或者建筑施工企业串通、弄虚作假、降低工程质量的，责令改正，处以罚款，降低资质等级或者吊销资质证书；有违法所得的，予以没收；造成损失的，承担连带赔偿责任；构成犯罪的，依法追究刑事责任。

《建设工程质量管理条例》规定，工程监理单位有下列行为之一的，责令改正，处50万元以上100万元以下的罚款，降低资质等级或者吊销资质证书；有违法所得的，予以没收；造成损失的，承担连带赔偿责任。

①与建设单位或者施工单位串通、弄虚作假、降低工程质量的。

②将不合格的建设工程、建筑材料、建筑构配件和设备按照合格签字的。

•:•:•:• 7.3.4 政府部门工程质量监督管理的相关规定

为了确保建设工程质量，保障公共安全和人民生命财产安全，政府必须加强对建设工程质量的监督管理。因此，《建设工程质量管理条例》规定，国家实行建设工程质量监督管理制度。

1. 我国的建设工程质量监督管理体制

《建设工程质量管理条例》规定，国务院建设行政主管部门对全国的建设工程质量实施统一监督管理。国务院铁路、交通、水利等有关部门按照国务院规定的职责分工，负责对全国的有关专业建设工程质量的监督管理。

国务院发展计划部门按照国务院规定的职责，组织稽查特派员，对国家出资的重大建设项目实施监督检查。国务院经济贸易主管部门按照国务院规定的职责，对国家重大技术改造项目实施监督检查。

县级以上地方人民政府建设行政主管部门对本行政区域内的建设工程质量实施监督管理。县级以上地方人民政府交通、水利等有关部门在各自的职责范围内，负责对本行政区域内的专业建设工程质量的监督管理。

建设工程质量监督管理，可以由建设行政主管部门或者其他有关部门委托的建设工程质量监督机构具体实施。从事房屋建筑工程和市政基础设施工程质量监督的机构，必须按照国家有关规定经国务院建设行政主管部门或者省、自治区、直辖市人民政府建设行政主管部门考核；从事专业建设工程质量监督的机构，必须按照国家有关规定经国务院有关部门或者省、自治区、直辖市人民政府有关部门考核。经考核合格后，方可实施质量监督。

在政府加强监督的同时，还要发挥社会监督的巨大作用，即任何单位和个人对建设工程的质量事故、质量缺陷都有权检举、控告、投诉。

2. 政府监督检查的内容和有权采取的措施

《建设工程质量管理条例》规定，国务院建设行政主管部门和国务院铁路、交通、水利等有关部门以及县级以上地方人民政府建设行政主管部门和其他有关部门，应当加强对有关建设工程质量的法律、法规和强制性标准执行情况的监督检查。

县级以上人民政府建设行政主管部门和其他有关部门履行监督检查职责时，有权采取下列措施：

①要求被检查的单位提供有关工程质量的文件和资料。

②进入被检查单位的施工现场进行检查。

③发现有影响工程质量的问题时，责令改正。

有关单位和个人对县级以上人民政府建设行政主管部门和其他有关部门进行的监督检查应当支持与配合，不得拒绝或者阻碍建设工程质量监督检查人员依法执行职务。

3. 禁止滥用权力的行为

《建设工程质量管理条例》规定，供水、供电、供气、公安消防等部门或者单位不得明示或者暗示

技术提示：

目前，有关部门或单位利用其管理职能或垄断地位指定生产厂家或产品的现象较多，如果建设单位或施工单位不采用，就在竣工验收时故意刁难或不予验收，不准投入使用。政府有关部门这种滥用职权的行为，是法律所不允许的。

建设单位、施工单位购买其指定的生产供应单位的建筑材料、建筑构配件和设备。

4. 建设工程质量事故报告制度

《建设工程质量管理条例》规定，建设工程发生质量事故，有关单位应当在 24 小时内向当地建设行政主管部门和其他有关部门报告。对重大质量事故，事故发生地的建设行政主管部门和其他有关部门应当按照事故类别和等级向当地人民政府和上级建设行政主管部门和其他有关部门报告。特别重大质量事故的调查程序按照国务院有关规定办理。

根据国务院《生产安全事故报告和调查处理条例》的规定，特别重大事故，是指造成 30 人以上死亡，或者 100 人以上重伤，或者 1 亿元以上直接经济损失的事故。特别重大事故、重大事故逐级上报至国务院安全生产监督管理部门和负有安全生产监督管理职责的有关部门。每级上报的时间不得超过 2 小时。必要时，安全生产监督管理部门和负有安全生产监督管理职责的有关部门可以越级上报事故情况。

5. 有关质量违法行为应承担的法律责任

《建设工程质量管理条例》规定，发生重大工程质量事故隐瞒不报、谎报或者拖延报告期限的，对直接负责的主管人员和其他责任人员依法给予行政处分。

供水、供电、供气、公安消防等部门或者单位明示或者暗示建设单位或者施工单位购买其指定的生产供应单位的建筑材料、建筑构配件和设备的，责令改正。

国家机关工作人员在建设工程质量监督管理工作中玩忽职守、滥用职权、徇私舞弊，构成犯罪的，依法追究刑事责任；尚不构成犯罪的，依法给予行政处分。

7.4 建设工程竣工验收制度

工程项目按设计文件规定的内容和标准全部建成，并按规定将工程内外全部清理完毕后称为竣工。国家计委颁发的《建设项目（工程）竣工验收办法》规定，凡新建、扩建、改建的基本建设项目（工程）和技术改造项目，按批准的设计文件所规定的内容建成，符合验收标准的必须及时组织验收，办理固定资产移交手续。

建筑工程项目的竣工验收（Completion Acceptance of Construction Project），指在建筑工程已按照设计要求完成全部施工任务，准备交付给建设单位投入使用时，由建设单位或有关主管部门依照国家关于建筑工程竣工验收制度的规定，对该项工程是否符合设计要求和工程质量标准所进行的检查、考核工作。工程项目的竣工验收是施工全过程的最后一道工序，也是工程项目管理的最后一项工作。它是建设投资成果转入生产或使用的标志，也是全面考核投资效益、检验设计和施工质量的重要环节。认真做好工程项目的竣工验收工程，对保证工程项目的质量具有重要意义。

7.4.1 竣工验收的主体和法定条件

1. 建设工程竣工验收的主体

《建设工程质量管理条例》规定，建设单位收到建设工程竣工报告后，应当组织设计、施工、工程监理等有关单位进行竣工验收。

对工程进行竣工检查和验收，是建设单位法定的权利和义务。在建设工程完工后，承包单位应当向建设单位提供完整的竣工资料和竣工验收报告，提请建设单位组织竣工验收。建设单位收到竣工验收报告后，应及时组织由设计、施工、工程监理等有关单位参加的竣工验收，检查整个工程项目是否已按照设计要求和合同约定全部建设完成，并符合竣工验收条件。

2. 竣工验收应当具备的法定条件

《建筑法》规定，交付竣工验收的建筑工程，必须符合规定的建筑工程质量标准，有完整的工程技术经济资料和经签署的工程保修书，并具备国家规定的其他竣工条件。建筑工程竣工经验收合格后，方可交付使用；未经验收或者验收不合格的，不得交付使用。

《建设工程质量管理条例》进一步规定，建设工程竣工验收应当具备下列条件：

（1）完成建设工程设计和合同约定的各项内容

建设工程设计和合同约定的内容，主要是指设计文件所确定的以及承包合同"承包人承揽工程项目一览表"中载明的工作范围，也包括监理工程师签发的变更通知单中所确定的工作内容。承包单位必须按合同的约定，按质、按量、按时完成上述工作内容，使工程具有正常的使用功能。

（2）有完整的技术档案和施工管理资料

工程技术档案和施工管理资料是工程竣工验收和质量保证的重要依据之一，主要包括以下档案和资料：

①工程项目竣工验收报告。

②分项、分部工程和单位工程技术人员名单。

③图纸会审和技术交底记录。

④设计变更通知单，技术变更核实单。

⑤工程质量事故发生后调查和处理资料。

⑥隐蔽验收记录及施工日志。

⑦竣工图。

⑧质量检验评定资料等。

⑨合同约定的其他资料。

（3）有工程使用的主要建筑材料、建筑构配件和设备的进场试验报告

对建设工程使用的主要建筑材料、建筑构配件和设备，除须具有质量合格证明资料外，还应当有进场试验、检验报告，其质量要求必须符合国家规定的标准。

（4）有勘察、设计、施工、工程监理等单位分别签署的质量合格文件

勘察、设计、施工、工程监理等有关单位要依据工程设计文件及承包合同所要求的质量标准，对竣工工程进行检查评定，符合规定的，应当签署合格文件。

（5）有施工单位签署的工程保修书

施工单位同建设单位签署的工程保修书，也是交付竣工验收的条件之一。

凡是没有经过竣工验收或者经过竣工验收确定为不合格的建设工程，不得交付使用。如果建设单位为提前获得投资效益，在工程未经验收时就提前投产或使用，由此而发生的质量等问题，建设单位要承担责任。

7.4.2 工程竣工验收的程序

根据建筑部颁布的《建设项目（工程）竣工验收办法》《工程建设监理规定》和《建设工程质量监督管理规定》及其他相关法律规范的规定，建筑工程竣工验收的具体程序如下：

①施工单位作竣工预验。竣工预验是指工程项目完工后，要求监理工程师验收前，由施工单位自行组织的内部模拟验收。预验是顺利通过正式验收的可靠保证，一般也邀请监理工程师参加。

②施工单位提交验收申请报告。施工单位决定正式提请验收后向监理单位送交验收申请报告，监理工程师收到验收申请报告后参照工程合同要求、验收标准等进行仔细审查。

③根据申请报告做现场实验。监理工程师审查完验收申请报告后，若认为可以验收，则应由监理人员组成验收班子对竣工的工程项目进行初验，在初验中发现的质量问题，应及时以书面或备忘录的形式通知施工单位，并令其按有关的质量要求进行修理甚至返工。

④正式竣工验收。在监理工程师初验合格的基础上，应由建设单位牵头，组织设计、施工、监理单位及质量监督站、消防、环保等行政部门参加，在规定的时间内正式验收，正式的竣工验收书必

须有建设单位、施工单位、监理单位等各方签字方为有效。

工程竣工验收合格后，建设单位应当及时提出工程竣工验收报告。工程竣工验收报告主要包括工程概况，建设单位执行基本建设程序情况，对工程勘察、设计、施工、监理等方面的评价，工程竣工验收时间、程序、内容和组织形式，工程竣工验收意见等内容。同时，竣工验收报告还应附有施工许可证、施工图设计文件审查意见、验收组人员签署的工程竣工验收意见、必要的质量检测和功能性试验资料、施工单位签署的工程质量保修书等文件。

7.4.3 施工单位应提交的档案资料

《建设工程质量管理条例》规定，建设单位应当严格按照国家有关档案管理的规定，及时收集、整理建设项目各环节的文件资料，建立健全建设项目档案，并在建设工程竣工验收后，及时向建设行政主管部门或者其他有关部门移交建设项目档案。

建设工程是百年大计。一般的建筑物设计年限都在 50～70 年之间，重要的建筑物达百年以上。在建设工程投入使用之后，还要进行检查、维修、管理，还可能会遇到改建、扩建或拆除活动，以及在其周围进行建设活动。这些都需要参考原始的勘察、设计、施工等资料。建设单位是建设活动的总负责方，应当在合同中明确要求勘察、设计、施工、监理等单位分别提供工程建设各环节的文件资料，及时收集整理，建立健全建设项目档案。

按照建设部《城市建设档案管理规定》的规定，建设单位应当在工程竣工验收后 3 个月内，向城建档案馆报送一套符合规定的建设工程档案。凡建设工程档案不齐全的，应当限期补充。对改建、扩建和重要部位维修的工程，建设单位应当组织设计、施工单位据实修改、补充和完善原建设工程档案。

施工单位应当按照归档要求制定统一目录，有专业分包工程的，分包单位要按照总承包单位的总体安排做好各项资料整理工作，最后再由总承包单位进行审核、汇总。施工单位一般应当提交的档案资料是：

①工程技术档案资料。
②工程质量保证资料。
③工程检验评定资料。
④竣工图。

7.4.4 竣工验收报告备案的规定

《建设工程质量管理条例》规定，建设单位应当自建设工程竣工验收合格之日起 15 日内，将建设工程竣工验收报告和规划、公安消防、环保等部门出具的认可文件或者准许使用文件报建设行政主管部门或者其他有关部门备案。建设行政主管部门或者其他有关部门发现建设单位在竣工验收过程中有违反国家有关建设工程质量管理规定行为的，责令停止使用，重新组织竣工验收。

1. 竣工验收备案的时间及须提交的文件

住房和城乡建设部《房屋建筑工程和市政基础设施工程竣工验收备案管理暂行办法》规定，建设单位应当自工程竣工验收合格之日起 15 日内，依照本办法规定，向工程所在地的县级以上地方人民政府建设主管部门（以下简称备案机关）备案。

建设单位办理工程竣工验收备案应当提交下列文件：

①工程竣工验收备案表。
②工程竣工验收报告，应当包括工程报建日期，施工许可证号，施工图设计文件审查意见，勘察、设计、施工、工程监理等单位分别签署的质量合格文件及验收人员签署的竣工验收原始文件，市政基础设施的有关质量检测和功能性试验资料以及备案机关认为需要提供的有关资料。
③法律、行政法规规定应当由规划、环保等部门出具的认可文件或者准许使用文件。
④法律规定应当由公安消防部门出具的对大型的人员密集场所和其他特殊建设工程验收合格的

证明文件。

⑤施工单位签署的工程质量保修书。

⑥法规、规章规定必须提供的其他文件。

住宅工程还应当提交《住宅质量保证书》和《住宅使用说明书》。

2. 竣工验收备案文件的签收和处理

备案机关收到建设单位报送的竣工验收备案文件，验证文件齐全后，应当在工程竣工验收备案表上签署文件收讫。工程竣工验收备案表一式两份，一份由建设单位保存，一份留备案机关存档。

工程质量监督机构应当在工程竣工验收之日起 5 日内，向备案机关提交工程质量监督报告。

备案机关发现建设单位在竣工验收过程中有违反国家有关建设工程质量管理规定行为的，应当在收讫竣工验收备案文件 15 日内，责令停止使用，重新组织竣工验收。

3. 竣工验收备案违反规定的处罚

住房和城乡建设部《房屋建筑工程和市政基础设施工程竣工验收备案管理暂行办法》规定，建设单位在工程竣工验收合格之日起 15 日内未办理工程竣工验收备案的，备案机关责令限期改正，处 20 万元以上 50 万元以下罚款。

建设单位将备案机关决定重新组织竣工验收的工程，在重新组织竣工验收前，擅自使用的，备案机关责令停止使用，处工程合同价款 2% 以上 4% 以下罚款。

建设单位采用虚假证明文件办理工程竣工验收备案的，工程竣工验收无效，备案机关责令停止使用，重新组织竣工验收，处 20 万元以上 50 万元以下罚款；构成犯罪的，依法追究刑事责任。

备案机关决定重新组织竣工验收并责令停止使用的工程，建设单位在备案之前已投入使用或者建设单位擅自继续使用造成使用人损失的，由建设单位依法承担赔偿责任。

7.5 建设工程质量保修制度

《建筑法》《建设工程质量管理条例》均规定，建设工程实行质量保修制度。

建设工程质量保修制度（Quality Guarantee Systems of Building Engineering），是指建设工程竣工经验收后，在规定的保修期限内，因勘察、设计、施工、材料等原因造成的质量缺陷，应当由施工承包单位负责维修、返工或更换，由责任单位负责赔偿损失的法律制度。建设工程质量保修制度对于促进建设各方加强质量管理，保护用户及消费者的合法权益可起到重要的保障作用。

7.5.1 建设工程质量保修书

《建设工程质量管理条例》规定，建设工程承包单位在向建设单位提交工程竣工验收报告时，应当向建设单位出具质量保修书。质量保修书中应当明确建设工程的保修范围、保修期限和保修责任等。

建设工程质量保修的承诺，应当由承包单位以建设工程质量保修书这一书面形式来体现。建设工程质量保修书是一项保修合同，是承包合同所约定双方权利义务的延续，也是施工单位对竣工验收的建设工程承担保修责任的法律文本。人们在日常生活中购买几十元、数百元的商品，生产供应厂商往往都须出具质量保修书，而建设工程造价动辄几十万元、数百万元、数亿元甚至更多，如果没有保修的书面约定，那么对投资人和用户是不公平的，

技术提示：

施工单位在建设工程质量保修书中，应当对建设单位合理使用建设工程有所提示。如果是因建设单位或用户使用不当或擅自改动结构、设备位置以及不当装修等造成质量问题的，施工单位不承担保修责任；由此而造成的质量受损或其他用户损失，应当由责任人承担相应的责任。

也不符合权利义务对等的市场经济准则。

建设工程承包单位应当依法在向建设单位提交工程竣工验收报告资料时，向建设单位出具工程质量保修书。工程质量保修书包括如下主要内容：

（1）质量保修范围

《建筑法》规定，建筑工程的保修范围应当包括地基基础工程、主体结构工程、屋面防水工程和其他土建工程，以及电气管线、上下水管线的安装工程，供热、供冷系统工程等项目。当然，不同类型的建设工程，其保修范围有所不同。

（2）质量保修期限

《建筑法》规定，保修的期限应当按照保证建筑物合理寿命年限内正常使用，维护使用者合法权益的原则确定。具体的保修范围和最低保修期限由国务院规定。据此，国务院在《建设工程质量管理条例》中作了明确规定。

（3）承诺质量保修责任

主要是施工单位向建设单位承诺保修范围、保修期限和有关具体实施保修的措施，如保修的方法、人员及联络办法，保修答复和处理时限，不履行保修责任的罚则等。

7.5.2　建设工程质量的最低保修期限

《建设工程质量管理条例》规定，在正常使用
条件下，建设工程的最低保修期限为：

基础设施工程、房屋建筑的地基基础工程和主体结构工程，为设计文件规定的该工程的合理使用年限；屋面防水工程、有防水要求的卫生间、房间和外墙面的防渗漏，为5年；供热与供冷系统，为2个采暖期、供冷期；电气管线、给排水管道、设备安装和装修工程，为2年。其他项目的保修期限由发包方与承包方约定。

7.5.3　工程质量保修的实施

建筑工程在保修期内出现质量缺陷，建设单位或者房屋建筑所有人应当向施工单位发出保修通

技术提示：

建设工程保修期的起始日是竣工验收合格之日。按照《建设工程质量管理条例》的规定，"建设行政主管部门或者其他有关部门发现建设单位在竣工验收过程中有违反国家有关建设工程质量管理规定行为的，责令停止使用，重新组织竣工验收"。对于重新组织竣工验收的工程，其保修期为各方都认可的重新组织竣工验收的日期。

知。如果发生涉及结构安全的质量缺陷，建设单位或者房屋建筑所有人还应立即向当地建设行政主管部门报告，并采取安全防范措施。

对于一般的质量缺陷，施工单位接到保修通知后，应当到现场核查情况，在保修书约定的时间内予以保修；对于涉及结构安全或者严重影响使用功能的紧急抢修事故，施工单位接到保修通知后，应当立即到达现场抢修；对其他涉及结构安全的无须紧急抢修的质量缺陷，应由原设计单位或者具有相应资质等级的设计单位提出保修方案，施工单位实施保修，原工程质量监督机构负责监督。

保修完成后，由建设单位或者房屋建筑所有人组织验收。涉及结构安全的，应当报告当地建设行政主管部门备案。

施工单位不按工程质量保修书约定保修的，建设单位或房屋建筑所有人可以另行委托其他单位保修，由原施工单位承担相应责任。

7.5.4　质量责任的损失赔偿

《建设工程质量管理条例》规定，建设工程在保修范围和保修期限内发生质量问题的，施工单位应当履行保修义务，并对造成的损失承担赔偿责任。

1. 保修义务的责任落实与损失赔偿责任的承担

《最高人民法院关于审理建设施工合同适用法律问题的解释》规定，因保修人未及时履行保修义务，导致建筑物损毁或者造成人身、财产损害的，保修人应当承担赔偿责任。保修人与建筑物所有人或者发包人对建筑物毁损均有过错的，各自承担相应的责任。

建设工程保修的质量问题是指在保修范围和保修期限内的质量问题。对于保修义务的承担和维修的经济责任承担应当按下述原则处理：

①施工单位未按照国家有关标准规范和设计要求施工所造成的质量缺陷，由施工单位负责返修并承担经济责任。

②由于设计问题造成的质量缺陷，先由施工单位负责维修，其经济责任按有关规定通过建设单位向设计单位索赔。

③因建筑材料、构配件和设备质量不合格引起的质量缺陷，先由施工单位负责维修。其经济责任属于施工单位采购的或经其验收同意的，由施工单位承担经济责任；属于建设单位采购的，由建设单位承担经济责任。

④因建设单位（含监理单位）错误管理而造成的质量缺陷，先由施工单位负责维修，其经济责任由建设单位承担；如属监理单位责任，则由建设单位向监理单位索赔。

⑤因使用单位使用不当造成的损坏问题，先由施工单位负责维修，其经济责任由使用单位自行负责。

⑥因地震、台风、洪水等自然灾害或其他不可抗拒原因造成的损坏问题，先由施工单位负责维修，建设参与各方再根据国家具体政策分担经济责任。

2. 建设工程质量保证金

建设部、财政部《建设工程质量保证金管理暂行办法》规定，建设工程质量保证金（保修金）（以下简称保证金）是指发包人与承包人在建设工程承包合同中约定，从应付的工程款中预留，用以保证承包人在缺陷责任期内对建设工程出现的缺陷进行维修的资金。

（1）缺陷责任期的确定

所谓缺陷（Defect），是指建设工程质量不符合工程建设强制性标准、设计文件，以及承包合同的约定。缺陷责任期一般为6个月、12个月或24个月，具体可由发承包双方在合同中约定。

缺陷责任期从工程通过竣（交）工验收之日起计。由于承包人原因导致工程无法按规定期限进行竣（交）工验收的，缺陷责任期从实际通过竣（交）工验收之日起计。由于发包人原因导致工程无法按规定期限进行竣（交）工验收的，在承包人提交竣（交）工验收报告90天后，工程自动进入缺陷责任期。

（2）预留保证金的比例

全部或者部分使用政府投资的建设项目，按工程价款结算总额5%左右的比例预留保证金。社会投资项目采用预留保证金方式的，预留保证金的比例可参照执行。

（3）质量保证金的返还

缺陷责任期内，承包人认真履行合同约定的责任，到期后，承包人向发包人申请返还保证金。

发包人在接到承包人返还保证金申请后，应于14日内会同承包人按照合同约定的内容进行核实。如无异议，发包人应当在核实后14日内将保证金返还给承包人，逾期支付的，从逾期之日起，按照同期银行贷款利率计付利息，并承担违约责任。发包人在接到承包人返还保证金申请后14日内不予答复，经催告后14日内仍不予答复，视同认可承包人的返还保证金申请。

发包人和承包人对保证金预留、返还以及工程维修质量、费用有争议，按承包合同约定的争议和纠纷解决程序处理。

❖❖❖ 7.5.5 违法行为应承担的法律责任

建设工程质量保修违法行为应承担的主要法律责任如下：

《建筑法》规定，建筑施工企业违反本法规定，不履行保修义务的责令改正，可以处以罚款，并对在保修期内因屋顶、墙面渗漏、开裂等质量缺陷造成的损失，承担赔偿责任。

《建设工程质量管理条例》规定，施工单位不履行保修义务或者拖延履行保修义务的责令改正，处 10 万元以上 20 万元以下的罚款，并对在保修期内因质量缺陷造成的损失承担赔偿责任。

《建设工程质量保证金管理暂行办法》规定，缺陷责任期内，由承包人原因造成的缺陷，承包人应负责维修，并承担鉴定及维修费用。如承包人不维修也不承担费用，发包人可按合同约定扣除保证金，并由承包人承担违约责任。承包人维修并承担相应费用后，不免除对工程的一般损失赔偿责任。由他人原因造成的缺陷，发包人负责组织维修，承包人不承担费用，且发包人不得从保证金中扣除费用。

《建筑业企业资质管理规定》规定，建筑业企业申请晋升资质等级或者主项资质以外的资质，在申请之日前 1 年内有未履行保修义务，造成严重后果的情形的，建设行政主管部门不予批准。

案例分析

1. 设计文件的修改只能由原设计单位或经原设计单位同意后建设单位选择的其他设计单位完成。

☞原因分析：

根据《建设工程勘察设计管理条例》第二十八条规定，"确需修改建设工程设计文件的，应当由原建设工程设计单位修改，经原建设工程设计单位书面同意，建设单位也可以委托其他具有相应资质的建设工程设计单位修改"。建设单位为了加速施工周期直接委托当地某甲级设计院出变更图纸，未经原设计单位（北京某设计院）同意的做法不妥。

2. 根据《建设工程质量管理条例》的规定，施工单位未按图施工，监理公司未尽到对施工质量的监督管理责任，二者应当对柱子漏设这一质量问题各自承担相应的法律责任；铝合金窗是由建设单位提供的，其质量不合格的问题应当由建设单位承担。

3. 工程质量保修书中约定的保修期限必须长于法律规定的最低保修期限，轻钢结构工程的保修期限应为其设计年限，应当等于主体结构的设计年限 50 年。

☞原因分析：

根据《建设工程质量管理条例》第三十九条建设工程最低保修期限的规定，"主体结构为设计文件规定的该工程的合理使用年限"。轻钢结构工程也是该工程的主体结构工程，故其保修期限应为其设计年限，应当等于主体结构的设计年限 50 年。

拓展与实训

▶ 基础训练

一、单项选择题

1. 在《工程建设施工企业质量管理规范》（GB/T 50430—2007）中，其中 GB/T 符号表示此规范为（　　）。

  A. 强制性国家标准   B. 推荐性国家标准   C. 强制性行业标准   D. 推荐性行业标准

2. 某住宅工程，总承包单位经建设单位同意将装修工程分包给某分包单位施工。工程竣工验收发现，混凝土基础工程出现渗漏，部分房间地面石材出现大面积花斑。对上述质量问题的责任承担说法正确的是（　　）。

    A. 由总承包单位对上述两个问题承担责任，分包单位不承担责任

    B. 由总承包单位与分包单位承担连带责任

    C. 总承包单位对基础混凝土问题承担责任，分包单位对地面石材问题承担责任

    D. 总承包单位对基础混凝土问题承担责任，总承包单位与分包单位对地面石材问题承担连带责任

3. 某住宅小区分期开工建设，其中二期5号楼建设单位仍然复制使用一期工程施工图纸。施工时承包方发现图纸使用的02标准图集现已作废，承包方正确的做法是（　　）。

    A. 因为图纸已经施工图审查合格，按图施工即可   B. 按现行图集套改后继续施工

    C. 由施工单位技术人员修改图纸   D. 向相关单位及时提出修改建议

4. 关于施工图报审和审核合格的时间，应为（　　）。

    A. 基础及结构部分在开工前报审及完成审核   B. 建筑部分开始施工前完成报审

    C. 根据工程进度可以边报审边施工   D. 设计文件应在开工前完成报审和审核

5. 依法为建设工程办理质量监督手续，是（　　）的法定义务。

    A. 建设单位   B. 施工单位   C. 监理单位   D. 质量监督机构

6. 某设计单位对承接的设计任务采用了如下做法，其中符合法律规定的是（　　）。

    A. 将主要设计任务交由合作单位完成

    B. 由其他事务所设计人员设计，图纸上使用本单位印章

    C. 将设计的现场服务委托其他单位完成

    D. 将全部任务转包

7. 按照《建设工程质量管理条例》规定，工程建设过程有关主体的下列行为中，除（　　）外都是违法的。

    A. 为保证工程质量，设计单位对某重要设备指定了生产商

    B. 建设单位装修过程中指令拆除承重墙

    C. 施工单位项目经理暗自修改了水泥混凝土的配合比，提高了混凝土强度

    D. 监理工程师采用旁站、巡视、平行检测的方法实施监理

8. 某工程承包单位完成了设计图纸和合同规定的施工任务，建设单位欲组织竣工验收，按照《建设工程质量管理条例》规定的工程竣工验收必备条件不包括的是（　　）。

    A. 完整的技术档案和施工管理资料

    B. 工程使用的主要建筑材料、建筑构配件和设备的进场试验报告

    C. 勘察、设计、施工、工程监理等单位共同签署的质量合格文件

    D. 施工单位签署的工程保修书

9.《建设工程质量管理条例》中要求，施工单位向建设单位提交《工程质量保修书》的时间是（　　）。

    A. 工程竣工验收合格后   B. 工程竣工同时

    C. 提交工程竣工验收报告时   D. 工程竣工结算后

10. 根据《建设工程质量管理条例》的规定，《工程质量保修书》应当明确保修的范围、期限和责任。其中保修范围和最低期限是（　　）。

    A. 双方约定的   B. 法定的   C. 设计文件确定的   D. 业主方规定的

二、多项选择题

1. 按照标准的级别，我国将标准划分为（　　）。

    A. 国家标准   B. 行业标准   C. 地方标准

D. 企业标准　　　　　E. 推荐性标准

2. 工程建设企业标准一般包括企业的（　　）。

A. 技术标准　　　　　B. 管理标准　　　　　C. 组织标准

D. 工作标准　　　　　E. 操作标准

3. 工程建设的强制性标准是指直接涉及工程（　　）方面的工程建设标准强制性条文。

A. 质量　　　　　B. 安全　　　　　C. 环保

D. 造价　　　　　E. 性能

4. 施工单位在现场取样时，应在（　　）的见证下进行。

A. 政府质量监督人员　　　　　　　　　B. 施工单位项目技术负责人

C. 材料供应商技术负责人　　　　　　　D. 监理工程师

E. 建设单位代表

5. 下列建设工程项目，必须实施工程监理的是（　　）。

A. 某住宅小区建筑工程　　　　　　　　B. 世界银行贷款建设卫生设施

C. 合资开发的生物制药产业园区　　　　D. 合资建设的城市污水处理厂

E. 南水北调工程

6. 下列选项中，属于设计单位应履行的质量义务的是（　　）。

A. 提供项目规划总平面图、地下管线、地形地貌等基础资料

B. 对设计文件进行技术交底

C. 依法办理工程质量监督手续

D. 见证取样和送检

E. 参与建设工程质量事故分析

7. 根据《建设工程质量管理条例》规定，工程监理单位与（　　）有隶属关系或者其他利害关系的，不得承担该项建设工程的监理业务。

A. 该工程的建设单位　　　　　　　　　B. 该工程的勘察设计单位

C. 该工程的施工承包单位　　　　　　　D. 该工程的建筑材料、建筑构配件供应商

E. 该工程的设备供应商

8. 下列关于工程监理的质量责任中，说法正确的是（　　）。

A. 工程监理业务可以依法转让

B. 监理工程师应当采取旁站、巡视和平行检验等形式，对建设工程实施监理

C. 工程监理单位应当依法取得相应等级的资质证书

D. 未经监理工程师签字，建筑材料、建筑构配件和设备不得在工程上使用或者安装

E. 未经总监理工程师签字，施工单位不得进行下一道工序的施工，不得拨付工程款

9. 某住宅楼工程设计合理使用年限为 50 年。以下是该工程施工单位和建设单位签订的《工程质量保修书》关于工程保修期的条款，其中符合《建设工程质量管理条例》规定合法有效的是（　　）。

A. 地基基础和主体结构工程为 50 年

B. 屋面防水工程、卫生间防水为 8 年

C. 电气管线、给排水管道为 2 年

D. 供热与供冷系统为 2 年

E. 装饰装修工程为 1 年

10. 某工程公司由于建设单位一直拖欠工程款，近 2 年拒绝履行保修工作，则工程公司应承担的法律责任包括（　　）。

A. 处以罚款

B. 被扣除保证金

C. 申请晋升资质等级不予批准

D. 申请主项资质以外的资质不予批准

E. 追究刑事责任

三、简答题

1. 我国的标准是如果分类的？

2. 总、分包单位的质量责任是什么？

3. 施工单位的质量责任有哪些？

4. 施工单位违反资质管理规定和转包、违法分包造成质量问题应承担哪些法律责任？

5. 建设、监理单位的质量责任有哪些？

6. 勘察、设计单位的质量责任有哪些？

7. 政府监督检查的内容和有权采取的措施有哪些？

8. 建设工程竣工验收的主体是什么单位？竣工验收应当具备哪些法定条件？

9. 应何时进行竣工验收备案？须提交哪些文件？

10. 建设工程的保修期限从何时算起？我国现行规定的最低保修期限是多长时间？

 技能训练

1. 目的

通过此实训项目练习，使学生掌握建设行为各方主体质量责任和义务的具体规定，尤其是施工单位的质量责任和义务，掌握建设工程竣工验收制度和质量保修制度的具体应用。

2. 成果

1）学生主要通过分组讨论，以本地区实际项目为背景，采用真题假作的形式，主要以学生为主，教师为辅，分组后分别担任建设单位、施工单位、监理单位、设计单位、勘察单位，以预先收集有关本单位的资料责任和义务，由指导老师提出问题、小组答辩的方式完成，最终形成答辩纪要。

2）以分成小组的形式，以本地区实际项目为背景，采用真题假作的形式，主要以学生为主，教师为辅，分组后分别担任建设单位、施工单位、监理单位、设计单位、勘察单位，开展建筑工程竣工验收，严格按照本地区建设行政主管部门的要求和程序开展验收和备案，并在验收合格后签署建筑工程质量保修书。

模块8
建设工程监理法规

模块概述

　　建设监理法规，按照其调整对象和主要作用进行分类，包括两个方面：一方面是以监理作为对象，明确监理者与被监理者的行为准则，主要规定监理的性质、目的、对象、范围、各方责权利以及有关人员和单位的资质条件、处罚原则等，这一类法规称为建设监理法；另一方面是以建设工程为对象，明确监理工作的依据，主要包括各种技术规范标准、有关建设行为的管理法令以及各有关方面确认的合同等，这一类法规称为建设监理依据性法规。

　　建设监理立法与监理制度的产生、演进和发展相伴随，并逐步走向完善。建设监理制的经济法律关系，实质上是委托协作性的经济法律关系和管理性经济法律关系的统一。具体来说就是业主委托监理单位去监督承包商执行过程，并达到与业主形成良好的契约关系。

　　建设监理要规范各个建设主体的行为。从管理关系来看，它包括建设行政主管部门对建设单位和承建单位、对监理工程师的管理；从合同和工作关系来讲，它包括建设单位与监理工程师、承建单位的关系，监理工程师与承建单位的关系；从内容上讲，它包括建设主体为实现建设目的所进行的一切工作。这就需要建立一个相互联系、相互补充、相互协调、多层次的完整统一的法规体系，它既包含了管理性法规，也包括了依据性法规。只有这样，才能做到行为有准则，也才能达到规范行为的目的。

学习目标

1. 掌握建设工程监理法规的含义和概念；
2. 了解建设工程监理的范围和任务；
3. 了解工程建设监理单位的义务、权利和责任；
4. 掌握监理委托合同的履行签订和履行。

能力目标

1. 能准确地把握建设工程监理的工作要求；
2. 能掌握建设工程委托监理合同的签订程序；
3. 有具备运用法律法规规范监理行为的能力。

课时建议

4 课时

案例导入

业主计划将拟建的建设工程项目在实施阶段委托我市的某一家监理公司进行监理。业主在合同草案中提出的部分内容如下：

1. 除非因业主原因发生时间延误外，任何时间延误监理单位应付相当于施工单位罚款的20%给业主，如工期提前，监理单位可得到相当于施工单位工期提前奖励的20%的奖金。

2. 工程图纸出现设计质量问题，监理单位应付给业主相当于设计单位设计费的5%的赔偿。

3. 施工期间发生一起施工人员重伤事故，监理单位应受罚款1.5万元；发生一起死亡事故，监理单位应受罚款3万元。

4. 凡由于监理工程师发生差错、失误而造成重大的经济损失，监理单位应付给业主一定比例的赔偿费，如不发生差错、失误，则监理单位可得到全部监理费。

监理单位认为上述条款有不妥之处。

经过双方的商讨，对合同的全部内容进行了调整与完善，最后确定了建设工程监理合同的主要条款包括：监理的范围和内容、双方的权利和义务、监理费的计取与支付、违约责任和双方约定的其他事项等。

☞ 问题：

1. 在该监理合同草案中拟定的部分条款中有哪些不妥？为什么？

2. 经过双方商讨后的监理合同是否已包括了主要的条款内容？

3. 如果该合同是一个有效的经济合同，它应具备什么条件？

8.1 建设工程监理概述

8.1.1 建设工程监理依据

1. 建设监理制度

按照我国有关规定，在工程建设中应当实行项目法人责任制、工程招标投标制、建设工程监理制、合同管理制等主要制度。这些制度相互关联、相互支持，共同构成了建设工程管理制度体系。项目法人责任制是实行建设工程监理制的必要条件，建设工程监理制是实行项目法人责任制的基本保障。

建设部于1988年发布了"关于开展建设监理工作的通知"，明确提出要建立建设监理制度。建设工程监理制于1988年开始试点，5年后逐步推广。1997年，《中华人民共和国建筑法》（以下简称《建筑法》）以法律制度的形式做出规定，国家推行建设工程监理制度，从而使建设工程监理在全国范围内进入全面推行阶段。

2. 建设监理基本概念

自1988年以来，我国的工程监理制度先后经历了试点、稳步发展和全面推行三个阶段。1988～1992年，重点在北京、上海、天津等8个城市和交通、水电两个行业开展试点工作；1993～1995年，全国地级以上城市稳步开展了工程监理工作；1995年全国第六次建设工程监理工作会议明确提出，从1996年开始，在建设领域全面推行工程监理制度。

1995年，我国制定的《工程建设监理规定》第三条指明：本规定所称工程建设监理是指具有相应资质的监理单位受工程项目建设单位的委托，依托国家有关工程建设的法律、法规，经建设主管部门批准的工程项目建设文件、建设工程委托监理合同及其他建设工程合同，对工程建设实施的专业化的监督管理。

建设单位也可称为业主或项目法人，它是委托监理的一方。建设单位在工程建设中拥有确定建设工程规模、标准和功能，以及选择勘察、设计、施工和监理单位等工程建设中重大问题的决定权。工程监理企业（Engineering Supervision Enterprises）是指取得企业法人营业执照，具有监理资质证书的依法从事建设工程监理业务活动的经济组织。承建单位（Construction Unit）主要是指直接与建设单位签订咨询合同、建设工程勘察合同、设计合同、材料设备供应合同或施工合同的单位。实行监理的建设工程由建设单位委托具有相应资质条件的工程监理企业实施监理。建设工程监理只能由具有相应资质的工程监理企业来承担，建设工程监理的行为主体是工程监理企业。

建设单位与其委托的工程监理企业应当订立书面监理合同。也就是说，建设工程监理的实施需要建设单位的委托和授权，工程监理的监理内容和范围应根据监理合同来确定。

3. 建设工程监理的依据

建设工程监理的依据包括工程建设文件，有关的法律、法规和规范，建设工程委托监理合同和有关的建设工程合同。其中，建设工程委托监理合同和有关的建设工程合同是建设工程监理的最直接依据。工程监理企业只能在监理合同委托的范围内监督管理承建单位，履行其与建设单位所签订的有关建设工程合同。

8.1.2 建设工程强制监理的范围

建设工程监理范围可以分为监理的工程范围和监理的阶段范围。

（1）工程范围

根据《建筑法》和国务院公布的《建设工程质量管理条例》，对实行强制性监理的工程范围作了原则性的规定，建设部在《建设工程监理范围和规模标准规定》中对实行强制性监理的工程范围作了具体规定，在本教材模块二中已叙述。

（2）阶段范围

建设工程监理适用于建设工程投资决策阶段和实施阶段，但目前主要是建设工程施工阶段。

8.1.3 建设工程监理的任务和内容

1. 建设工程监理的性质

建设工程监理是建筑领域的三大主体之一。自我国强制推行建设工程监理制度以来，极大地提高了工程建设的投资效益和社会效益。我国在1995年印发的《工程建设监理规定》中的第四条规定，"从事建设工程监理活动，应当遵循守法、诚信、公正、科学的准则"，也明确界定了建设工程监理的性质，可以将建设工程监理的性质概括为公正性、独立性、服务性和科学性。

（1）公正性

在工程项目建设中，建设工程监理单位及其监理工程师是为业主提供服务的，需要处理建设单位和承包单位的关系并解决他们之间的矛盾冲突。公正性是解决问题的基本原则，国家的法律也授权监理站在公正的立场行使处理权，维护双方的合法权益。

①公正性是指建设工程监理单位和监理工程师在实施建设工程监理活动中，排除各种干扰，以公正的态度对待委托方和被监理方，以有关法律、法规和双方所签订的工程建设合同为准绳，站在第三方的立场上公正地加以解决和处理，做到公正地证明、决定和行使自己的处理权。

②公正性是监理单位和监理工程师顺利实施其职能的重要条件。监理成败的关键在很大程度上取决于能否与承包商以及业主进行良好的合作、相互支持、相互配合。这是监理公正性的基础。

③公正性是建筑市场对建设工程监理进行约束的条件。实施建设监理制的基本宗旨是建立适合市场经济的工程建设新秩序，为开展工程建设创造安定、协调的环境，为承包商提供公平竞争的条件。建设监理制的实施使监理单位和监理工程师在工程建设项目中具有重要地位。因此，为保证建设监理制的实施，就必须对监理单位和监理工程师制定约束条件。公正性要求就是重要的约束条件之一。

④公正性是监理制度实施的必然要求，是社会公认的职业准则，也是监理单位和监理工程师的基本职业道德准则。我国建设监理制把"公正"作为从事建设监理活动应当遵循的重要原则。

（2）独立性

独立性是建设工程监理的一个重要特征，是客观工作的需要，是保持监理单位公正性的先决条件。

①从事工程建设的监理活动的监理单位是直接参与工程项目建设"三方当事人"之一，与建设单位、承包商之间的关系是一种平等的主体关系。在人际、业务和经济关系上必须独立，监理单位和从事监理工作的个人不得参与和工程建设的各方发生利益关系的活动，避免监理单位与其他单位之间产生利益牵制，从而保证监理单位的公正性。

②监理单位应当按照独立自主的原则开展监理活动，监理单位与业主的关系是平等的合同契约关系。在管理活动中要依据监理合同来履行自己的权利和义务，承担相应的职业道德责任和法律责任，不能片面地迁就业主的不正当要求。

③监理单位在开展监理工作时要依据自己的技术、经验以及业主认可的监理大纲，自主地组建现场的监理机构，确定内部的工作制度和监理工作准则。在监理合同履行过程中，为业主服务时要有自己的工作原则，不能由于业主的干涉而丧失原则，侵害承包商的合法利益。监理单位在实施监理的过程中，是独立于建设单位和承包商之外的第三方，应独立行使监理委托合同所确认的职权。

（3）服务性

服务性是建设工程监理的另一重要特征。

①监理单位提供的是高智能、有偿技术服务活动。监理单位一般是智力密集型的企业，拥有一批多学科、多行业且具有长期从事工程建设工作实践经验、精通技术与管理、通晓经济与法规的高层次专业人才，它为业主提供的是智能服务，但本身不是建设产品的直接生产者和经营者。一方面，监理单位的监理工程师通过工程建设活动进行组织、协调、监督和控制，保证建设合同的实施，达到业主的建设意图；另一方面，监理工程师在工程建设合同的实施过程中有权监督建设单位和承包商的建设行为，贯彻国家的建设方针和政策，维护国家利益和公众利益。监理工程师在工程建设过程中，利用自己的工程建设知识、技能和经验，为建设单位提供管理服务，并不直接参与建设活动。

②监理单位的劳动与获得的相应报酬是技术服务性的。监理单位不同于业主直接的投资活动，不参与投资的利润分成；也不同于工程承包公司、建筑施工企业承包工程施工，不参与工程承包的盈利分配。监理单位的利润和报酬是按其付出脑力劳动量的多少而获取的监理报酬，是技术服务性质的报酬。这种服务型的活动是严格按照监理合同约定实施的，受法律的约束和保护。

（4）科学性

科学性是监理单位区别于其他一般服务性组织的重要特征。

①监理是为工程管理、工程施工提供知识的服务，必须以监理人员的高素质为前提，按照国际惯例的要求，监理单位的监理工程师都必须具有相当的学历，并具有长期从事工程建设的丰富经验，精通技术与管理，通晓经济与法律，经权威机构考核合格并经政府主管部门登记注册、发给证书后，才能取得监理的合法资格。监理单位的高素质人员是发现和解决工程设计和承建商所存在的技术与管理方面问题的保障，是提供高水平专业服务的前提。

②由于建设工程项目具有生产周期长、制约因素多、一次性和单件性、技术含量趋于复杂等特征，客观上要求监理单位能够提供解决高难度和高科技含量问题的咨询服务能力。

③现在的工程项目建设规模越来越大，对社会、环境的影响也越来越大。为了维护公众利益和国家利益，也要求监理单位和监理人员能够提供多学科、全方位的服务，使工程建设项目发挥最大的经济效益和社会效益，避免出现重大事故。

④科学性的主要表现在工程监理企业应当由组织管理能力强、工程建设经验丰富的人员担任领导，应该有足够数量的有丰富管理经验和应变能力的监理工程师组成团队，要有一套健全的管理制度，有现代化的管理手段，掌握先进的管理理论、方法和手段，要积累足够的技术、经济资料，要有

科学的工作态度和严谨的工作作风，实事求是、创造性地开展工作。

2.建设工程监理的作用

我国实施建设工程监理的时间虽然不长，但它已经发挥出明显的作用，主要表现在以下几方面。

（1）有利于规范工程建设参与各方的建设行为

虽然工程监理企业是受建设单位委托来代表建设单位进行科学管理的，但是，工程监理企业在监督管理承建单位履行建设工程合同的同时，也要求建设单位履行合同，从而使建设工程监理制在客观上起到一种约束机制的作用，起到规范工程建设参与各方建设行为的作用。

（2）有利于提高建设工程投资决策的科学水平

在投资决策阶段引入建设工程监理，工程监理企业通过专业化的决策阶段管理服务，建设单位可以更好地选择工程咨询机构，并由工程监理企业监控工程咨询合同的实施，对咨询报告进行评估。因此，可以提高建设工程投资决策的科学化水平，避免项目投资决策的失误。

（3）有利于控制建设工程的功能和使用价值

在设计阶段引入建设工程监理，通过工程监理企业专业化的科学管理，可以更准确地提出建设工程的功能和使用价值质量要求，并通过设计阶段的监理活动，选择更符合建设单位要求的设计方案，实现建设单位所需的建设工程的功能和使用价值。

（4）有利于促使承建单位保证建设工程的质量和使用安全

由于工程监理企业是由既懂技术又懂经济管理的专业监理工程师组成的企业，因此，如果在设计和施工阶段引入建设工程监理，监理工程师采取科学的管理方式对工程质量进行控制，使承建单位建立完善的质量保证体系并在工程中切实落实，就可以最大限度地避免工程质量隐患。

（5）有利于实现建设工程投资效益的最大化

在建设工程全过程引入建设工程监理，也就是由专家参与决策和实施过程，通过监理工程师的科学管理，就可能实现投资效益最大化的目标，在满足建设工程预定功能和质量标准的前提下，实现建设投资额最少，或者建设工程全寿命周期费用最少；或者实现建设工程本身的投资效益、环境与社会效益的综合效益最大化。

3.监理委托前的工作

（1）制定监理大纲

监理大纲是社会监理单位为了获得监理任务，在投标前由监理单位编制的项目监理方案性文件，它是投标书的重要组成部分。其目的是要使业主信服，采用本监理单位制定的监理方案，能实现业主的投资目标和建设意图，进而赢得竞争，赢得监理任务。可见，监理大纲的作用是为社会监理单位经营目标服务的，起着承揽监理任务和保证监理中标的作用。

（2）签订监理合同

建设监理的委托与被委托实质上是一种商业性行为，是为委托双方的共同利益服务的。它用文字明确了合同的双方所要考虑的问题及想达到的目标，包括实施服务的具体内容，它所需支付的费用以及工作需要的条件等。在监理委托合同中，还必须确认签约双方对所讨论问题的认识，以及在执行合同过程中由于认识上的分歧而能导致的各种合同纠纷，或者因为理解和认识上的不一致而出现争议时的解决方式，更换工作人员或者发生了其他不可预见事件的处理方法等。依法订立的合同对双方都有法律约束力。

4.监理委托后的准备工作

（1）决定项目总监理工程师，组建项目监理组织

在工程监理准备阶段，监理单位就应根据工程项目的规模、性质、业主对监理的要求，委托具有相应职称和能力的总监理工程师代表监理单位全面负责该项目的监理工作。总监理工程师对内向监理单位负责，对外向业主负责。

在总监理工程师的具体领导下，组建项目的监理班子，根据签订的监理合同制定监理规划和具

体的实施计划，开展监理工作。

一般情况下，监理单位在承接项目监理任务，以及在参与项目监理的投标、拟订监理方案（大纲）、与业主商签监理委托合同时，应选派相应称职的人员主持该项工作。在监理任务确定并签订监理委托合同后，该主持人即可作为项目总监理工程师。这样，项目的总监理工程师在承接任务阶段即早已介入，从而更能了解业主的建设意图和对监理工作的要求，并更好地与后续工作衔接。

（2）熟悉工程情况，收集有关资料

反映工程项目特征的资料主要有：工程项目的批文，规划部门关于规划红线范围和设计条件的通知，土地管理部门关于准予用地的批文，批准的工程项目可行性研究报告或设计任务书，工程项目地形图，工程项目勘测、设计图纸及有关说明。

反映当地工程建设政策、法规的有关资料有：关于工程建设报建程序的有关规定，当地关于拆迁上的有关规定，当地关于工程建设应交纳有关税费的规定，当地关于工程项目建设管理机构资质管理的有关规定，当地关于工程项目建设实行建设监理的有关规定，当地关于工程建设招标制的有关规定，当地关于工程造价管理的有关规定等。

反映工程所在地区技术经济状况等建设条件的资料有：气象资料，工程地质及水文地质资料，交通运输（包括铁路、公路、航运）有关的可提供的能力、时间及价格等的资料，供水、供电、供热、供燃气、电信有关的可提供的容（用）量、价格等的资料，勘测设计单位状况，土建、安装施工单位状况，建筑材料、构件、半成品的生产及供应情况，进口设备及材料的有关到货门岸、运输方式的情况等。

5. 施工阶段的监理工作

工程监理单位应当审查施工组织设计中的安全技术措施或者专项施工方案是否符合工程建设强制性标准。工程监理单位在实施监理过程中，发现存在安全事故隐患的，应当要求施工单位整改；情况严重的，应当要求施工单位暂时停止施工，并及时报告建设单位。施工单位拒不整改或者不停止施工的，工程监理单位应当及时向有关主管部门报告。工程监理单位和监理工程师应当按照法律、法规和工程建设强制性标准实施监理，并对建设工程安全生产承担监理责任。

（1）建设工程项目实施阶段建设监理工作的主要任务

①施工准备阶段建设监理工作的主要任务：

a. 审查施工单位提交的施工组织设计中的质量安全技术措施、专项施工方案与工程建设强制性标准的符合性。

b. 参与设计单位向施工单位的设计交底。

c. 检查施工单位工程质量、安全生产管理制度及组织机构和人员资格。

d. 检查施工单位专职安全生产管理人员的配备情况。

e. 审核分包单位资质条件。

f. 检查施工单位的试验室。

g. 查验施工单位的施工测量放线成果。

h. 审查工程开工条件，签发开工令。

②工程施工阶段建设监理工作的主要任务：

a. 施工阶段的质量控制：

（a）核验施工测量放线，验收隐蔽工程、分部分项工程，签署分项、分部工程和单位工程质量评定表。

（b）进行巡视、旁站和抽检，对发现的质量问题应及时通知施工单位整改，并做监理记录。

（c）审查施工单位报送的工程材料、构配件、设备的质量证明资料，抽检进场工程材料、构配件的质量。

（d）审查施工单位提交的采用新材料、新工艺、新技术、新设备的论证材料及相关验收标准。

（e）检查施工单位的测量、检测仪器设备、度量衡定期检验的证明文件。

（f）监督施工单位对各类土木和混凝土试件按规定进行检查和抽查。

（g）施工单位认真处理施工中发生的一般质量事故，并认真做好记录。

（h）对大和重大质量事故以及其他紧急情况报告业主。

b．施工阶段的进度控制：

（a）监督施工单位严格按照施工合同规定的工期组织施工。

（b）审查施工单位提交的施工进度计划，核查施工单位对施工进度计划的调整。

（c）建立工程进度台账，核对工程形象进度，按月、季和年度向业主报告工程执行情况、工程进度以及存在的问题。

c．施工阶段的投资控制：

（a）审核施工单位提交的工程款支付申请，签发或出具工程款支付证书，并报业主审核、批准。

（b）建立计量支付签证台账，定期与施工单位核对清算。

（c）审查施工单位提交的工程变更申请，协调处理施工费用索赔、合同争议等事项。

（d）审查施工单位提交的竣工结算申请。

d．施工阶段的安全生产管理：

（a）依照法律法规和工程建设强制性标准，对施工单位安全生产管理进行监督。

（b）编制安全生产事故的监理应急预案，并参加业主组织的应急预案的演练。

（c）审查施工单位的工程项目安全生产规章制度、组织机构的建立及专职安全生产管理人员的配备情况。

（d）督促施工单位进行安全自查工作，巡视检查施工现场安全生产情况，对实施监理过程中，发现存在安全事故隐患的，应签发监理工程师通知单，要求施工单位整改；情况严重的，总监理工程师应及时下达工程暂停指令，要求施工单位暂时停止施工，并及时报告业主。施工单位拒不整改或者不停止施工的，应通过业主及时向有关主管部门报告。

③竣工验收阶段建设监理工作的主要任务：

a．督促和检查施工单位及时整理竣工文件和验收资料，并提出意见。

b．审查施工单位提交的竣工验收申请，编写工程质量评估报告。

c．组织工程预验收，参加业主组织的竣工验收，并签署竣工验收意见。

d．编制、整理工程监理归档文件并提交给业主。

④施工合同管理方面的工作：

a．拟订合同结构和合同管理制度，包括合同草案的拟订、会签、协商、修改、审批、签署和保管等工作制度及流程。

b．协助业主拟订工程的各类合同条款，并参与各类合同的商谈。

c．合同执行情况的分析和跟踪管理。

d．协助业主处理与工程有关的索赔事宜及合同争议事宜。

（2）建设工程监理规划的内容

①建设工程概况包括：建设工程名称、地点、工程组成及建筑规模、主要建筑结构类型、预计工程投资总额、计划工期期、工程质量要求、设计单位及施工单位名称、项目结构图与编码系统。其中，预计工程投资总额可以按建设工程投资总额和建设工程投资组成简表编列；建设工程计划工期以建设工程的计划持续时间或以开、竣工的具体日历时间表示。

②监理工作范围：是指监理单位所承担的监理任务的工程范围。

③监理工作内容：可按建设工程的阶段编写。

④监理工作目标：通常以建设工程的投资、进度、质量三大目标的控制值来表示。

⑤监理工作依据：包括工程建设方面的法律、法规、政府批准的工程建设文件、建设工程监理合同、其他建设工程合同。

⑥项目监理机构的组织形式：应根据建设工程监理要求选择，用组织结构图表示。

⑦项目监理机构的人员配备计划：应根据建设工程监理的进程合理安排。

⑧项目监理机构的人员岗位职责。

⑨监理工作程序可对不同的监理工作内容分别制定监理工作程序。

⑩监理工作方法及措施：建设工程监理控制目标的方法与措施应重点围绕投资控制、进度控制、质量控制这三大控制任务展开。三大目标控制的共同内容有：风险分析、工作流程与措施、动态比较（或分析）、控制表格；合同管理与信息管理的共同内容是分类、工作流程与措施以及有关表格。

投资控制要按建设工程的投资费用组成，按年度、季度，按建设工程实施阶段，按建设工程组成分解投资目标并编制投资计划。进度控制还要编制建设工程总进度计划并将总进度目标分解为年度、季度进度目标，各阶段的进度目标和各子项目进度目标。质量控制要对设计质量、材料质量、设备质量、土建施工质量、设备安装质量等的控制目标进行描述。合同管理要用图的形式表示合同结构，明确对合同执行状况的动态分析，制定合同争议调解与索赔处理程序。管理要明确机构内部的信息流程。组织协调主要是明确需要协调的有关单位和协调工作程序。

⑪监理工作制度：应对施工招标阶段和施工阶段的经常性工作制定相应的制度并制定项目监理机构内部工作制度。

⑫监理设施：应明确规定由业主提供的满足监理工作需要的设施以及由监理单位配备的满足监理工作需要的常规检测设备和工具。

6. 保修阶段的监理工作

①定期对工程进行回访，发现问题、确定缺陷责任并督促维修。

②责任期结束时全面检查。

③协助建设单位与施工单位办理合同终止手续。

8.1.4 建设工程监理的原则

监理企业受项目业主委托对工程项目实施监理时，应遵守下面的基本原则。

1. 公正、独立、自主的原则

监理工程师在建设工程监理中必须尊重科学，尊重事实，组织各方协同配合，维护有关各方的合法权益。为此，必须坚持公正、独立、自主的原则。项目业主与承包商虽然都是独立运行的经济主体，但它们追求的经济目标有差异，各自的行为也有差别，监理工程师应在按委托监理合同约定的权、责、利关系的基础上，协调各方的一致性，只有按合同的约定建成工程项目，项目业主才能实现投资的目的，承包商也才能实现自己生产的价值，获取工程款和实现盈利。

2. 权责一致原则

监理工程师履行其职责而从事的监理活动，是根据建设工程监理有关规定和受项目业主的委托和授权而进行的。监理工程师承担的职责应与项目业主授予的权限相一致。项目业主向监理工程师的授权应以能保证其正常履行监理职责为原则。

建设工程监理活动的客观主体是承包商的活动，但监理工程师与承包商之间并无经济合同关系。监理工程师之所以能行使监理权，主要依赖业主的授权。这种权利的授予，除体现在业主与监理企业之间签订的建设监理合同中外，还应作为项目业主与承包商之间工程承包合同的合同条件。因此，监理工程师在明确业主提出的监理目标和监理工作内容的要求后，应与业主协商相应的授权，达成共识后，明确反映在委托监理合同和工程项目的承包合同中。据此，监理工程师才能开展监理活动。

总监理工程师代表监理企业全面履行建设工程监理合同，承担合同中确定的监理企业向业主所承担的义务和责任。因此，在监理合同实施中，监理企业应给予总监理工程师充分的授权。

3. 总监理工程师负责制的原则

《建设工程监理规范》规定，建设工程监理实行总监理工程师负责制。因此，总监理工程师是项目监理机构的核心，其工作的好坏直接影响项目监理目标的实现。总监理工程师负责制的内涵包括如下内容。

①总监理工程师是工程项目监理的责任主体。

②总监理工程师是工程项目监理的权利主体。

③总监理工程师是工程项目监理的利益主体。

4. 严格监理、热情服务的原则

处理监理工程师与承包商的关系以及项目业主与承包商之间的利益关系时，一方面应坚持严格按合同办事，严格监理；另一方面，也应当立场公正，为项目业主提供热情服务。

①严格监理，就是监理人员严格按照国家政策、法规、规范、标准和合同控制项目的目标，严格把关，依照既定的程序和制度，认真履行职责，建立良好的工作作风。所以监理工程师要不断地提高自身素质和监理水平。

② FIDIC 指出："监理（咨询）工程师必须为业主提供热情的服务，并应运用合理的技能，谨慎而勤奋地工作。"由于项目业主对工程建设业务不可能完全精通，监理工程应按委托监理合同的要求多方位、多层次地为业主提供良好的服务，维护业主的正当权益。但是，不顾承包商的正当经济利益，一味地向承包商转嫁风险，也非明智之举。

5. 综合效益原则

建设工程监理活动既要考虑业主的经济效益，也必须考虑与社会效益和环境效益的有机统一。建设工程监理活动虽经业主的委托和授权才能进行，但监理工程师应首先严格遵守国家的建设管理法律、法规、标准等，以高度负责的态度和责任感，既要对业主负责，谋求最大的经济利益，又要对国家和社会负责，取得最佳的综合效益。只有在符合宏观经济效益、社会效益和环境效益的条件下，业主投资项目的微观经济效益才能得以实现。

监理是一种有偿的工程咨询服务；是受项目法人委托进行的；其主要依据是法律、法规、技术标准、相关合同及文件；其准则是守法、诚信、公正和科学。

8.2 合同订立双方的义务、权利和责任

建设工程委托监理合同是我国实行建设监理制后出现的一种新型的技术性委托服务合同形式。合同当事人双方是委托方（项目法人）和被委托方（监理单位）。通过委托监理合同，项目法人委托监理单位对工程建设合同进行管理，对与项目法人签订工程建设合同的当事人履行合同进行监督、协调和评价，并应用科学的技能为项目的发包、合同的签订与实施等提供规定的技术服务。委托监理合同与勘察设计合同、施工承包合同、物资采购合同、运输合同等的最大区别，表现在标的的性质上的差异。监理合同的标的是监理单位凭借自己的知识、经验和技能，为所监理的工程建设合同的实施，向项目法人提供服务从而获取报酬。在参与工程建设的过程中，监理单位与勘测、设计、施工、设备供应等单位存在根本的区别，它不直接从事生产活动，也不承包项目建设生产任务。

委托监理合同是指委托人与监理人就委托的工程项目和管理内容签订的明确双方的权利、义务的协议，是委托合同的一种。监理合同的特点有：

①监理合同的当事人双方应当是具有民事行为能力、取得法人资格的企事业单位，其他社会组织、个人在法律允许的范围内也可以成为合同当事人。

②监理合同委托的工作内容必须符合工程项目建设程序，遵循有关法律、行政法规。

③委托监理合同的标的是服务。

建设监理的委托与被委托关系是项目法人与监理单位之间建立的一种法律权利义务关系。因此，在事前通过书面形式明确规定下来是十分必要的。

第一，通过合同明确规定合同双方的权利和义务，是合同双方履行合同的基本依据和条件。如监理的范围和内容、工作条件、双方的权利和职责、服务期限、监理酬金及其支付等。合同当事人必须全面履行合同，如果任何一方不履行或不完全履行合同义务，都应承担违约责任。尤其是监理委托合同中必须明确项目法人授予监理单位的权限，这是监理单位开展工作的重要依据。责与权在监理工作中是一致的，监理单位不行使合同赋予的权利，可能会大大影响监理工作的顺利开展；但任何权力的超越都有可能给项目法人造成不能忽视的利益损失。

第二，依法成立的监理合同对合同当事人具有法律约束力，任何一方不得擅自变更或解除合同。

第三，在履行合同过程中发生的任何影响合同变更的事件和风险事件，都应依据合同规定的原则进行处理。

第四，合同是一种具有法律效力的文书，合同当事人在履行合同过程中发生的任何争议，不论采取协商、调解还是仲裁或诉讼方式，都应以合同规定为依据。

第五，明确规定项目法人与监理单位之间的合同关系，增强合同当事人的合同意识，有利于培养和维护良性的监理市场秩序，适应社会主义市场经济的发展。

8.2.1 合同双方的义务

1. 委托人的义务

①委托人在监理人开展监理业务之前应向监理人支付预付款。

②委托人应当负责工程建设的所有外部关系的协调，为监理工作提供外部条件。如将部分或全部协调工作委托监理人承担，则应在专用条款中明确委托的工作和相应的报酬。

③委托人应当在双方约定的时间内免费向监理人提供与工程有关的为监理工作所需要的工程资料。

④委托人应当在专用条款约定的时间内就监理人书面提交并要求做出决定的一切事宜做出书面决定。

⑤委托人应当授权一名熟悉工程情况、能在规定时间内做出决定的常驻代表（在专用条款中约定），负责与监理人联系。更换常驻代表，要提前通知监理人。

⑥委托人应当将授予监理人的监理权利，以及监理人主要成员的职能分工、监理权限及时书面通知已选定的合同承包人，并在与第三人签订的合同中予以明确。

⑦委托人应当在不影响监理人开展监理工作的时间内提供如下资料：

a. 与本工程合作的原材料、购配件、设备等生产厂家名录。

b. 提供与本工程有关的协作单位、配合单位的名录。

⑧委托人应免费向监理人提供办公用房、通讯设施、监理人员工地住房及合同专用条件约定的设施。对监理人自备的设施给予合理的经济补偿（补偿金额＝设施在工程使用时间占折旧年限的比例 × 设施原值＋管理费）

⑨根据情况需要，如果双方约定，由委托人免费向监理人提供其他人员，应在监理合同专用条件中予以明确。

2. 监理人义务

①监理人按合同约定派出监理工作需要的监理机构及监理人员。向委托人报送委派的总监理工程师及其监理机构的主要成员名单、监理规划，完成监理合同专用条件中约定的监理工程范围内的监理业务。在履行合同义务期间，应按合同约定定期向委托人报告监理工作。

②监理人在履行本合同的义务期间，应认真勤奋地工作，为委托人提供与其水平相适应的咨询意见，公正维护各方面的合法利益。

③监理人使用委托人提供的设施和物品属委托人的财产。在监理工作完成或中止时，应将其设

施和剩余的物品按合同约定的时间和方式移交委托人。

④在合同期内和合同终止后，未征得有关方同意，不得泄漏与本工程、本合同业务有关的保密资料。

8.2.2 合同双方的权利

1. 委托人的权利

①委托人有选定工程总承包人，以及与其订立合同的权利。

②委托人有对工程规模、设计标准、规划设计、生产工艺设计和设计使用功能要求的认定权，以及对工程设计变更的审批权。

③监理人调换总监理工程师需事先经委托人同意。

④委托人有权要求监理人提供监理工作月报及监理业务范围内的专项报告。

⑤当委托人发现监理人员不按监理合同履行监理职责，或与承包人串通给委托人或工程造成损失的，委托人有权要求监理人更换监理人员，直到解除合同并要求监理人承担相应的赔偿责任或连带赔偿责任。

2. 监理人的权利

①监理人在委托人委托的工程范围内，享有以下权利：

a. 选择工程总承包人的建议权。

b. 选择工程分包人的认可权。

c. 对工程建设有关事项，包括工程规模、设计标准、规划设计、生产工艺设计和使用功能要求，向委托人的建议权。

d. 对工程设计中的技术问题，按照安全和优化的原则，向设计人提出建议，如果提出的建议可能会提高工程造价，或延长工期，应当事先征得委托人的同意。当发现工程设计不符合国家颁布的设计工程质量标准或设计合同约定的质量标准时，监理人应当书面报告委托人并要求设计人更正。

e. 审批工程施工组织设计和技术方案，按照保质量、保工期和降低成本的原则，向承包人提出建议，并向委托人提出书面报告。

f. 主持工程建设有关协作单位的组织协调，重要协调事项应当事先向委托人报告。

g. 征得委托人同意，监理人有权发布开工令、停工令、复工令，但应当事先向委托人报告。如在紧急情况下未能事先报告时，则应在24小时内向委托人做出书面报告。

h. 工程上使用的材料和施工质量的检验权。对于不符合设计要求和合同约定及国家质量标准的材料、构配件、设备，有权通知承包人停止使用。对于不符合规范和质量标准的工序、分部、分项工程和不安全施工作业，有权通知承包人停工整改、返工。承包人得到监理机构复工令后才能复工。

i. 工程施工进度的检查、监督权，以及工程实际竣工日期提前或超过工程施工合同规定的竣工期限的签认权。

j. 在工程施工合同约定的工程价格范围内，工程款支付的审核和签认权，以及工程结算的复核确认权与否决权。未经总监理工程师签字确认，委托人不支付工程款。

②监理人在委托人授权下可对任何承包人合同规定的义务提出变更。如果由此严重影响了工程费用、质量或进度，则这种变更须经委托人事先批准。在紧急情况下未能事先报委托人批准时，监理人所作的变更也应尽快通知委托人。在监理过程中如发现工程承包人员工作不力，监理机构可要求承包人调换有关人员。

③在委托的工程范围内，委托人或承包人对对方的任何意见和要求（包括索赔要求），均必须首先向监理机构提出，由监理机构研究处置意见，再同双方协商确定。当委托人和承包人发生争执时，监理机构应根据自己的职能，以独立的身份判断，公正地进行调解。当双方的争议由政府建设行政主管部门调解或仲裁机构仲裁时，应当提供做证的事实材料。

8.2.3 合同双方的责任

1. 监理人责任

①责任期即合同有效期。

②履行责任期内约定的义务，因过失使委托人受到损失应赔偿，赔偿累计总额不大于监理报酬的总额（税金之外）。

③对承包人违反合同规定质量及完工时限不承担责任，对不可抗力导致监理合同不能履行不承担责任，对违反义务的应承担赔偿责任；向委托人索赔不成立时，由此引起委托人的费用，应给予补偿。

2. 委托人责任

①履行监理委托合同，违约承担责任。

②非监理方原因使监理方因业务工作受损失，可予补偿。

③委托人索赔不成立时，应补偿因之引起的监理方有关费用支出。

8.3 建设工程委托监理合同的订立和履行 ⫼

8.3.1 建设工程委托监理合同签订前的准备工作

在业主具备了与监理单位签订监理合同条件的情况下，业主方主要是针对监理单位的资格、资信和履约能力进行预审。预审的主要内容如下。

①必须有经建设主管部门审查并签发的、具有承担建设监理合同内规定的建设工程资格的资质等级证书。

②必须是经过工商行政管理机关审查注册、取得营业执照、具有独立法人资格的正式企业。

③具有对拟委托的建设工程监理的实际能力，包括监理人员的素质、主要检测设备的情况。

④财务情况，包括资金情况和近几年的经营效益。

⑤社会信誉，包括已承接的监理任务的完成情况，承担类似业务的监理业绩、经验及合同的履行情况。

业主只有经过上述几个方面的预审，对监理单位有了充分了解后，签订的监理合同才有可靠的保障。对监理单位的资格预审，可以通过招标预审进行，也可以通过社会调查进行。

8.3.2 建设工程委托监理合同的谈判与签订

在谈判前，业主提出监理合同的各项条款，招标工程应将合同的主要条款包括在招标文件内作为要约。不论是直接委托还是招标中标，业主和监理方都要对监理合同的主要条款和应负责人具体谈判，如业主对工程的工期、质量的具体要求必须具体提出。在使用《示范文本》时，要依据"标准条件"结合"专用条件"逐条加以谈判，对"标准条件"的哪些条款要进行修改，哪些条款不采用，还应补充哪些条款，以及"标准条件"内需要在"专用条件"内加以具体规定的，如拟委托监理的工程范围、业主为监理单位提供的外部条件的具体内容、业主提供的工程资料及具体时间等，都要提出具体的要求或建议。在谈判时，合同内容要具体、责任要明确，对谈判内容双方达成一致意见的，要有准确的文字记载。作为业主，切忌以手中有工程的委托权，而以不平等的原则对待监理方。

经过谈判后，双方对监理合同内容取得完全一致意见后，即可正式签订监理合同文件。经双方签字、盖章后，监理合同即正式签订完毕。

8.3.3 建设工程委托监理合同的履行

①严格按照监理合同的规定履行应尽义务。监理合同内规定的应由业主方负责的工作是使合同最终实现的基础，如外部关系的协调，为监理工作提供外部条件，为监理单位提供获取本工程使用的原材料、构配件、机械设备等生产厂家名录等都是监理方做好工作的先决条件，业主方必须严格按照监理合同的规定，履行应尽的义务，才有权要求监理方履行合同。

②按照监理合同的规定行使权利，即业主有权行使对设计、施工单位工程的发包权；对工程规模、设计标准的认定权及设计变更的审批权；对监理方履行合同的监督管理权。

③业主的档案管理：在全部工程项目竣工后，业主应将全部合同文件，包括完整的工程竣工资料加以系统整理，按照国家《档案法》及有关规定，建档保管。为了保证监理合同档案的完整性，业主对合同文件及履行中与监理单位之间进行的签证、记录协议、补充合同备忘录、函件、电报、电传等都应系统地妥善保管，认真整理。

8.3.4 违约责任

1. 双方的违约责任

合同履行过程中，由于当事人一方的过错，造成合同不能履行或者不能完全履行时，由有过错的一方承担违约责任；如属双方的过错，应根据实际情况，由双方分别承担各自应负的违约责任。为保证监理合同规定的各项权利义务的顺利实现，在《委托监理合同示范文本》中制定了约束双方行为的条款。这些规定归纳起来有如下几点。

①在合同责任期内，如果乙方未按合同中要求的职责勤恳认真地服务，或甲方违背了他对乙方的责任时，均应向对方承担赔偿责任。

②任何一方对另一方负有责任时的赔偿原则如下。

a. 甲方违约应承担违约责任，赔偿给乙方造成的经济损失。

b. 因乙方过失造成经济损失时，应向甲方进行赔偿，累计赔偿总额不应超出监理酬金总额（除去税金）。

c. 当一方向另一方的索赔要求不成立时，提出索赔的一方应补偿由此所导致的对方各种费用的支出。

由于建设工程监理以乙方向甲方提供技术服务为特性，在服务过程中，乙方主要凭借自身的知识、技术和管理经验向甲方提供咨询、服务，替甲方管理工程。同时，在工程项目的建设过程中，会受到多方面因素的限制。鉴于上述情况，在乙方责任方面作了如下规定。

监理工作的责任期即监理合同的有效期。乙方在责任期内，如果因过失而造成了经济损失，要负监理失职的责任。在监理过程中，如果完成全部议定监理任务时，因工程进展的推迟或延误而超过议定的日期，双方应进一步商定相应延长的责任期，乙方不对责任期以外发生的任何事件所引起的损失或损害负责，也不对第三方违反合同规定的质量要求和完工（交图、交货）时限承担责任。

2. 协调双方关系条款

委托监理合同中对合同履行期间甲乙双方的有关联系、工作程序都作了严格周密的规定，便于双方协调有序地履行合同。

①生效：自合同签字之日起生效。

②开始和完成：在专用条件中订明监理准备工作开始和完成的时间。如果合同履行过程中双方商定延期时间时，完成时间相应顺延。

③变更：任何一方申请并经双方书面同意时，可对合同进行变更。

如果甲方要求，乙方可提出更改监理工作的建议，这类建议的工作和移交应看作一次附加的工作。

④延误：如果由于甲方或第三方的原因使监理工作受到阻碍或延误，以致增加了工程量或持续时间，则乙方应将此情况与可能产生的影响及时通知甲方。增加的工作量应视为附加的工作，完成监理

业务的时间应相应延长，并得到附加工作酬金。

⑤情况的改变：如果在监理合同签订后，出现了不应由乙方负责的情况，而致使他不能全部或部分执行监理任务时，乙方应立即通知甲方。在这种情况下，如果不得不暂停执行某些监理任务，则该项服务的完成期限应予以延长，直到这种情况不再持续。当恢复监理工作时，还应增加不超过42天的合理时间，用于恢复执行监理业务，并按双方约定的数量支付监理酬金。

⑥合同的暂停或终止。

乙方向甲方办理完成竣工验收或工程移交手续，承建商和甲方已签订工程保修合同，乙方收到监理酬金尾款、甲方结清监理酬金后，本合同即告终止。

当事人一方要求变更或解除合同时，应当在56日前通知对方，因变更或解除合同使一方遭受损失的，除依法可以免除责任者外，应由责任方负责赔偿。

变更或解除合同的通知或协议必须采取书面形式，协议未达成之前，原合同仍然有效。

如果甲方认为乙方无正当理由而又未履行监理义务时，可向乙方发出指明其未履行义务的通知。若甲方在21日内没收到答复，可在第一个通知发出后35日内发出终止监理合同的通知，合同即行终止。

乙方在应当获得监理酬金之日起30日内仍未收到支付单据，而甲方又未对乙方提出任何书面解释，或暂停监理业务期限已超过半年时，乙方可向甲方发出终止合同的通知。如果14日内未得到甲方答复，可进一步发出终止合同的通知。如果第二份通知发出后42日内仍未得到甲方答复，乙方可终止合同，也可自行暂停履行部分或全部监理业务。

合同协议的终止并不影响各方应有的权利和应承担的责任。

当甲方在议定的支付期限内未予支付监理酬金时，自规定之日起向乙方补偿应支付酬金和利息。利息按规定支付期限最后一日银行贷款利息率乘以拖欠酬金时间计算。

如果甲方对乙方提交的支付通知书中酬金或部分酬金项目提出异议，应在收到支付通知书24小时内向乙方发出表示异议的通知，但不得拖延其他无异议酬金项目的支付。

案例分析

1.合同草案中拟定的部分条款：

第一条和第二条均不妥。因为建设工程监理是监理单位接受项目业主的委托而开展的技术服务性活动，监理单位和监理工程师"将不是，也不能成为任何承包商的工程的承保人或保证人"，将设计、施工出现的问题与监理单位直接挂钩，与监理工作的性质不适宜。这是一个原因。其次，监理单位是与项目业主和承包商相互独立、平等的第三方，为了保证其独立性和公正性，我国建设监理法规明文规定监理单位不得与施工、设备制造、材料供应等单位有隶属关系或经济效益关系，在合同中若写入背景材料中的条款，势必将监理单位的经济利益与承建商的利益联系起来，不利于监理工作的公正性。

第三条不妥。对于施工期间施工单位的施工人员的伤亡，业主方并不承担任何责任。因为监理单位的责权利主要来源于业主的委托与授权，业主并不承担的责任在合同中要求监理单位承担也是不妥的。

第四条不妥。虽然在《建设工程监理规范》中规定"监理单位在监理过程中因过错造成重大经济损失的，应承担一定的经济责任和法律责任"，但按合同规定，如果因监理人员过失而造成了委托人的经济损失，应当向委托人赔偿。累计赔偿总额不应超过监理报酬总额（除去税金）。

2.在背景资料中给出，双方对合同内容商讨后，约定合同中包括了监理的范围和内容、双方的权利和义务、监理费的计取与支付、违约责任和双方约定的其他事项内容。根据《建设工程监理规范》中（第十一条）对监理合同内容的要求，该合同包括了应有的主要条款。

3.若该合同是一个有效的经济合同，应满足以下基本条件：

（1）主体资格合法。业主和监理单位作为合同双方当事人，应当具有合法的资格。

（2）合同的内容合法。内容应符合国家法律、法规，真实表达双方当事人的意思。

拓展与实训

▶ 基础训练

一、单项选择题

1. 工程建设监理的基本目的是（　　　）。

A. 控制工程项目目标　　　　　　　　　B. 对工程项目进行规划、控制、协调

C. 做好信息管理、合同管理　　　　　　D. 协助业主在计划目标内建成工程项目

2.《中华人民共和国建筑法》规定，实行监理的建筑工程，由建设单位委托（　　　）的工程监理单位监理。

A. 具有相应资质条件　　B. 信誉卓著　　　　C. 具有法人资格　　　　D. 专业化、社会化

3. 根据我国建筑法的规定，在建的建筑工程因故中止施工的，建设单位应当自中止施工之日起（　　　）内，向发证机关报告。

A. 15 日　　　　　　　B. 1 个月　　　　　C. 2 个月　　　　　　　D. 3 个月

4. 根据我国工程建设监理程序规定，项目监理组织开展监理工作的第一步是（　　　）。

A. 制定监理大纲　　　　　　　　　　　B. 制定监理规划

C. 确定项目总监理工程师　　　　　　　D. 签订监理合同

5. 某在建的建筑工程，因建设单位资金的原因于 2010 年 4 月 15 日中止施工，该建设单位应在（　　　）之前向发证机关报告。

A. 2010 年 4 月 30 日　　　　　　　　B. 2010 年 5 月 15 日

C. 2010 年 6 月 15 日　　　　　　　　D. 2010 年 7 月 15 日

6. 按照《建筑法》的有关规定，凡应该公开招标的工程不公开招标的，建设行政主管部门不予颁发（　　　）。

A. 建设用地许可证　　B. 规划许可证　　　C. 施工许可证　　　　　D. 工程质量监督手续

7. 下列有关联合体共同投标的说法正确的是（　　　）。

A. 为了发挥各投标方的优势，招标人可以强制投标人组成联合体共同投标

B. 由同一专业的单位组成的联合体，按照资质等级较高的单位确定资质等级

C. 联合体中标的，联合体各方应当共同与招标人签订合同并承担连带责任

D. 就中标项目而言，应由承包额最大的一方向招标人承担责任

8. 总承包单位依法将建设工程分包给其他单位的，下列叙述正确的是（　　　）。

A. 分包工程现场的安全生产由建设单位负全面责任

B. 分包单位可以不接受总承包单位的安全生产管理

C. 总承包单位和分包单位对分包工程的安全生产承担连带责任

D. 分包工程的生产安全事故由分包单位独自承担责任

9. 安全生产的"三同时"制度是指（　　　）。

A. 配套工程与主体工程同时设计、同时审查、同时施工

B. 安全设施与主体工程同时设计、同时施工、同时投入生产和使用

C. 消防设施与主体工程同时设计、同时施工、同时使用

D. 安全设施与主体工程同时设计、同时施工、同时验收

10. 在建设工程项目的整个建设过程中（　　）作为责任主体，负责对工程建设各个环节的综合管理工作。

  A. 设计单位   B. 监理单位   C. 建设单位   D. 施工单位

二、多项选择题

1. 申请领取施工许可证时，下列（　　）条件必须具备。

  A. 已经办理用地批准手续   B. 施工现场全部拆迁工作完毕

  C. 施工人员、施工设备及部分建筑材料已经进场   D. 建设资金已经落实

  E. 有保证工程质量和安全的具体措施

2. 施工招标中作为一个独立合同，招标单位依据工程的具体内容，可区分不同情况，在（　　）范围内进行招标。

  A. 全部工程   B. 单位工程   C. 特殊工程

  D. 分部分项工程   E. 土建工程和安装工程

3. 《合同法》规定，下列经济合同中属于无效的有（　　）。

  A. 违反法律的合同   B. 欺诈、胁迫订立的合同

  C. 恶意串通订立的合同   D. 乘人之危订立的合同

  E. 双方自愿公平签订的合同

4. 监理单位的投标书由（　　）组成。

  A. 技术标   B. 监理规划   C. 商务标

  D. 监理细则   E. 资质资格证书

5. 依据《建设工程质量管理条例》的规定，在实行监理的工程中，项目监理机构要对（　　）进行约束和协调，以使建设主体各尽其责。

  A. 政府建设主管部门   B. 建设单位   C. 勘察单位

  D. 施工单位   E. 设计单位

6. 我国《建筑法》规定，工程监理单位（　　）的，应当承担连带赔偿责任。

  A. 与承包单位串通

  B. 与建设单位串通，造成损失

  C. 与施工单位串通，降低工程质量造成损失

  D. 与建设单位串通，弄虚作假、降低工程质量造成损失

  E. 转让监理业务

7. 安全监督检查人员的职权包括（　　）。

  A. 现场调查取证权

  B. 监督检查时必须出示有效监督执法证件

  C. 现场处理权

  D. 查封、扣押行政强制措施权

  E. 获得安全生产教育的权利

8. 生产经营单位应当具备（　　）才能从事生产经营活动。

  A. 《安全生产法》规定的条件

  B. 其他有关法律、行政法规规定的条件

  C. 企业内部的规章制度

  D. 国际标准规定的安全生产条件

  E. 企业标准规定的安全生产条件

9. 建设单位应当在拆除工程施工 15 日前，将（　　）报送建设工程所在地的县级以上地方人民政府或其他有关部门。

A. 施工单位资质等级证明

B. 拟拆除建筑物、构筑物及可能危及毗邻建筑的说明

C. 拆除施工组织方案

D. 堆放、清除废弃物的措施

E. 施工承包合同

10. 建设项目必须具备（　　）条件，方可进行工程施工招标。

A. 可行性研究报告已经批准

B. 按国家有关规定已履行项目审批手续

C. 建设用地的征用工作正在进行

D. 有能够满足施工招标需要的设计文件

E. 建设资金已经落实

三、简答题

1. 我国现行建设程序的内容是什么？

2. 何谓建设工程监理？

3. 建设工程监理的前提是什么？

4. 国家强制监理的范围是什么？

5. 如何解释建设工程监理的性质？

6. 签订委托监理合同的必要性是什么？

7. 工程建设委托监理合同示范文本的由哪几部分构成？

8. 建设工程监理的基本原则有哪些？

9. 合同订立双方的权利与义务是什么？

10. 建设工程委托监理合同签订前的准备工作有哪些？

▶ 技能训练

1. 目的

通过此实训项目练习，使学生掌握建设工程监理的工作要求、委托监理合同的签订和履行、监理单位的业务、权利和责任。

2. 成果

1）以分成小组的形式，采用真题假作的形式，主要以学生为主，教师为辅，分组后分别担任建设单位、监理单位，开展委托监理合同的签订，以真实委托监理合同文本为基础，以本地区实际项目为背景，双方按照委托监理合同签订的程序，按照公平、公正、自愿的原则，按照双方对条款同意的基础上签订合同，感受订立合同的过程和程序，认识合同订立以后的法律意义和法律环境。使学生对合同增加理论与情境相结合的感性认识，同时对合同中的内容产生理解，从而对实际建设活动中的建设行为起到指导作用。最终形成一份完整的委托监理合同。

2）学生通过分组讨论，以签订的合同为基础，以合同中施工项目为背景，采用真题假作的形式，整个过程以学生为主，教师为辅，主要以委托监理合同的履行、施工阶段监理的主要任务、施工阶段的监理工作程序等内容开展，由指导老师提出问题，小组答辩的方式完成，最终形成答辩纪要。

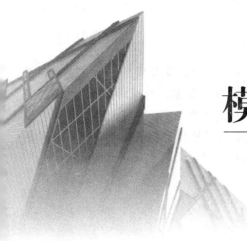

模块9

建筑工程施工环境保护、节约能源和文物保护法律制度

模块概述

本章主要对施工环境保护法律制度、节约能源法律制度、文物保护法律制度等进行详细介绍。《建筑法》规定，建筑施工企业应当遵守有关环境保护和安全生产的法律、法规的规定，采取控制和处理施工现场的各种粉尘、废气、废水、固体废物以及噪声、振动对环境的污染和危害的措施。《建设工程安全生产管理条例》进一步规定，施工单位应当遵守有关环境保护法律、法规的规定，在施工现场采取措施，防止或者减少粉尘、废气、废水、固体废物、噪声、振动和施工照明对人和环境的危害和污染。

学习目标

1. 掌握《环境保护法》中对施工环境保护的规定；

2. 掌握环境保护基本制度；

3. 掌握施工现场环境保护制度、施工现场噪声污染防治的规定；

4. 掌握施工现场废气、废水污染防治的规定；

5. 了解水污染防治、大气污染防治、环境噪声污染防治和固体废物污染防治法律制度。

能力目标

1. 能熟练掌握环境保护法律制度；

2. 能掌握施工现场环境保护制度；

3. 能熟练应用施工现场噪声污染防治、施工现场废气及废水污染防治；

4. 熟悉"三同时"制度。

课时建议

4课时

案例导入

1. 引例一

2010 年 4 月 19 日 23 时，某市环境保护行政主管部门接到居民投诉，称某项目工地有夜间施工噪声扰民情况。执法人员立刻赶赴施工现场，并在施工场界进行了噪声测量。经现场勘查：施工噪声源主要是商品混凝土运输车、混凝土输送泵和施工电梯等设备的施工作业噪声，施工场界噪声经测试为 72.4 分贝。通过调查，执法人员核实了此次夜间施工作业既不属于抢修、抢险作业，也不属于因生产工艺要求必须进行的连续作业，并无有关主管部门出具的因特殊需要必须连续作业的证明。

☞问题：

（1）本案中，施工单位的夜间施工作业行为是否合法？

（2）对本案中施工单位的夜间施工作业行为应该如何处理？

2. 引例二

2011 年 12 月 7 日，某市环保局执法人员巡查发现某路段有大面积的积水，便及时上报该局。不久，市政部门派人来疏通管道，从管道中清出大量的泥沙、水泥块，还发现井口内有一个非市政部门设置的排水口，其方向紧靠某工地一侧。经执法人员调查确认，该工地的排水管道于 2010 年 1 月份打桩时铺设，工地内设有沉淀池，施工废水通过沉淀后排放到工地外，工地的排污口是通向该路段一侧的雨水井，但未办理任何审批手续。

☞问题：

（1）本案中，施工单位向道路雨水井排放施工废水的行为是否构成水污染违法行为？

（2）施工单位向道路雨水井排放施工废水的行为应受到何种处罚？

9.1 施工现场环境保护制度

9.1.1 环境保护法概述

1. 环境保护法的概念

环境保护法有广义和狭义之分。狭义的环境保护法是指 1989 年 12 月 26 日实施的《中华人民共和国环境保护法》（以下简称《环境保护法》），广义的环境保护法指的是与环境保护相关的法律体系，包括《环境保护法》《水污染防治法》《大气污染防治法》《环境噪声污染防治法》和《固体废物污染防治法》等。

2. 环境保护基本制度

（1）环境规划制度

环境规划（Environmental Planning）是指为了使环境与社会、经济协调发展，国家将"社会—经济—环境"作为一个复合的生态系统，依据社会经济规律、生态规律和地学原理，对其发展变化趋势进行研究而对人类自身活动所做的时间和空间的合理安排。

① 环境规划的分类和内容。

a. 按规划的时间期限分为：短期规划、中期规划和长期规划。通常短期规划以 5 年为限，中期规划以 15 年为限，长期规划以 20 年、30 年、50 年为限。

b. 按规划的法定效力分为：强制性规划和指导性规划。

c. 按规划的性质分为：污染控制规划、国民经济整体规划和国土利用规划三大类，每一类还可以按范围、行业或专业再细划成子项规划。其中，污染控制规划是针对污染引起的环境问题编制的，主要是对工农业生产、交通运输和城市生活等人类活动对环境造成的污染而规定的防治目标和措施。

②环境规划的编制程序。

a. 对象调查。这是制订规划的第一步，要通过周密细致的调查，摸清规划对象本身现状及其与外界事物的联系。通过历史比较及有关环境问题的分类排序。其目的在于总结各方面的经验教训，从中发现规律性，用以指导规划的制定。

b. 目标导向预测。主要是预测环境的发展趋势和防治的可能成就。

c. 拟制方案。根据规模目标预测结果和现实条件，拟定实现目标的不同备选方案，并确定主要污染物的目标削减量。

d. 系统分析，择优决策。根据经济、社会和环境协调发展的原则，进行近期与远期的全面考虑，兼顾全局和局部利益，择优选择方案，以保证经济、社会发展和环境保护的全面开展。

（3）环境影响评价制度

环境影响评价（Environmental Impact Assessment）是指对规划和建设项目实施后可能造成的环境影响进行分析、预测和评估，提出预防或者减轻不良环境影响的对策和措施，进行跟踪监测的方法与制度。2002年12月28日，全国人民代表大会常务委员会发布了《环境影响评价法》，以法律的形式确立了规划和建设项目的环境影响评价制度。关于建设项目的环境影响评价制度，该法主要规定了以下内容。

①对建设项目的环境影响评价实行分类管理。

a. 建设单位应当按照下列规定组织编制环境影响报告书、环境影响报告表或者填报环境影响登记表（以下统称环境影响评价文件）。

b. 可能造成重大环境影响的，应当编制环境影响报告书，对产生的环境影响进行全面评价。可能造成轻度环境影响的，应当编制环境影响报告表，对产生的环境影响进行分析或者专项评价。

c. 对环境影响很小、不需要进行环境影响评价的，应当填报环境影响登记表。

②环境影响报告书的基本内容。

建设项目的环境影响报告书应当包括下列内容。

a. 建设项目概况。

b. 建设项目周围环境现状。

c. 建设项目对环境可能造成影响的分析、预测和评估。

d. 建设项目环境保护措施及其技术、经济论证。

e. 建设项目对环境影响的经济损益分析。

f. 对建设项目实施环境监测的建议。

g. 环境影响评价的结论。

涉及水土保持的建设项目，还必须经由水行政主管部门审查同意的水土保持方案。

（4）"三同时"制度

"三同时"制度，是指建设项目中的环境保护设施必须与主体工程同时设计、同时施工、同时投产使用的制度。该制度适用于下几个方面的开发建设项目：新建、扩建、改建项目；技术改造项目；一切可能对环境造成污染和破坏的其他工程建设项目。

①设计阶段。建设项目的初步设计，应当按照环境保护设计规范的要求，编制环境保护篇章，并依据经批准的建设项目环境影响报告书或者环境影响报告表，在环境保护篇章中落实防治环境污染和生态破坏的措施以及环境保护设施投资概算。

②试生产阶段。建设项目的主体工程完工后，需要进行试生产的，其配套建设的环境保护设施必须与主体工程同时投入试运行。建设项目试生产期间，建设单位应当对环境保护设施运行情况和建设项目对环境的影响进行监测。

③竣工验收和投产使用阶段。建设项目竣工后，建设单位应当向审批该建设项目环境影响报告

书、环境影响报告表或者环境影响登记表的环境保护行政主管部门，申请该建设项目需要配套建设的环境保护设施竣工验收。环境保护设施竣工验收，应当与主体工程竣工验收同时进行。需要进行试生产的建设项目，建设单位应当自建设项目投入试生产之日起3个月内，向审批该建设项目环境影响报告书、环境影响报告表或者环境影响登记表的环境保护行政主管部门，申请该建设项目需要配套建设的环境保护设施竣工验收。分期建设、分期投入生产或者使用的建设项目，其相应的环境保护设施应当分期验收。环境保护行政主管部门应当自收到环境保护设施竣工验收申请之日起30日内，完成验收。建设项目需要配套建设的环境保护设施经验收合格，该建设项目方可正式投入生产或者使用。

（5）排污收费制度

排污收费制度，是指国家环境管理机关依照法律规定对排污者征收一定费用的一整套管理措施。我国的排污收费制度主要包括以下内容。

①排污收费的对象。征收排污费的对象是超过国家或地方污染物排放标准排放污染物的企业和事业单位。

②排污收费的范围。排污收费的范围，是指对排放的哪些污染物征收排污费。按照有关规定，征收排污费的污染物包括污水、废气、固体废物、噪声和放射性物质五大类。但是，对于蒸汽机车和其他流动污染源排放的废气，在符合环境保护标准的贮存或处置的设施、处置的工业固体废物，进入城市水集中处理设施的污水，不征收排污费。

③缴纳排污费以外的其他法律义务和责任。对排污者而言，缴纳了排污费，并不免除其负担治理污染、赔偿污染损失和法律规定的其他义务和责任。

（6）环境保护许可证制度

环境保护许可证制度，是指从事有害或可能有害环境的活动之前，必须向有关管理机关提出申请，经审查批准，发给许可证后，方可进行该活动的一整套管理措施。在环境保护许可证制度中，使用最广泛的是排污许可证。

①排污许可证的适用范围。对依法实施重点污染物排放总量控制的水体排放重点水污染物的和对大气污染物总量控制区排放主要大气污染物的实行排污许可证制度。

②排污许可证制度的实施程序。排污许可证制度的实施程序如下：

a. 排污申报登记。排污单位向环境保护主管部门如实申报排放污染物的种类、数量、浓度、排放的方式和排放去向。

b. 分配排污量。各地区确定本地区污染物排放总量控制指标和分配污染物总量削减指标。

c. 发放许可证。对不超过排污总量控制指标的排污单位，颁发排放许可证；对超出排污总量控制指标的排污单位，颁发临时排污许可证，并限期削减排放量。

d. 发证后的监督管理。

（7）限期治理制度

限期治理制度（Deadline Management System）是指对现已存在的危害环境的污染源，由法定机关做出决定，令其在一定期限内治理并达到规定要求的一整套措施。其主要包括以下几方面的内容。

①限期治理的对象。目前法律规定的限期治理对象主要有两类：

a. 位于特别保护区域内的超标排污的污染源。在国务院、国务院有关主管部门和省、自治区、直辖市人民政府划定的风景名胜区、自然保护区和其他需要特别保护的区域内，按规定不得建设污染环境的工业生产设施；建设其他设施，其污染物排放不得超过规定的排放标准；已经建成的设施，其污染物排放超过规定的排放标准的，要限期治理。

b. 造成严重污染的污染源。实践中通常是根据污染物的排放是否对人体健康有严重影响和危害、是否严重扰民、经济效益是否远小于环境危害所造成的损失、是否属于有条件治理而不治理等情况，来考虑是否属于严重污染。

②限期治理的决定权。按照法律规定，市、县或者市、县级以下人民政府管辖的企业事业单位

的限期治理，由市、县级人民政府决定；中央或省、自治区、直辖市人民政府直接管辖的企业事业单位的限期治理，由省、自治区、直辖市人民政府决定。

③限期治理的目标和期限。限期治理的目标，就是限期治理要达到的结果。一般情况下是浓度目标，即通过限期治理使污染源排放的污染物达到一定的排放标准。限期治理的期限由决定限期治理的机关根据污染源的具体情况、治理的难度、治理能力等因素来合理确定。其最长期限不得超过3年。

（8）环境标准制度

环境标准制度（Environmental Standards System）是国家根据人体健康、生态平衡和社会经济发展对环境结构、状态的要求，在综合考虑本国自然环境特征、科学技术水平和经济条件的基础上，对环境要素间的配比、布局和各环境要素的组成以及进行环境保护工作的某些技术要求加以限定的规范。我国的环境标准制度主要包括以下内容。

①环境标准的分类。我国的环境标准分为五大类：环境质量标准、污染物排放标准、环境基础标准、环境方法标准和环境样品标准。

②环境标准的分级。我国的环境标准分为两级，即国家环境标准和地方环境标准。

③环境标准制定权利的划分。按照法律规定，国务院环境保护行政主管部门可以制定所有种类的环境标准。省、自治区、直辖市人民政府只能就国家环境质量标准中未规定的项目制定地方补充标准，对国家已有规定的，不能另行制定标准；对国家污染物排放标准中的未规定的项目，可以制定地方污染物排放标准；对国家污染物排放标准中已规定的项目，只能制定严于国家污染物排放标准的地方污染物排放标准，而不能制定宽于国家污染物排放标准的地方污染物排放标准。地方环境标准必须报国务院环境保护行政主管部门备案。省、自治区、直辖市人民政府无权制定环境基础标准、环境方法标准和环境样品标准。

（9）施工现场环境保护制度

《建筑法》规定，建筑施工企业应当遵守有关环境保护和安全生产的法律、法规的规定，采取控制和处理施工现场的各种粉尘、废气、废水、固体废物以及噪声、振动对环境的污染和危害的措施。《建设工程安全生产管理条例》进一步规定，施工单位应当遵守有关环境保护法律、法规的规定，在施工现场采取措施，防止或者减少粉尘、废气、废水、固体废物、噪声、振动和施工照明对人和环境的危害和污染。

9.1.2 水污染防治法律制度

1. 水污染防治法概述

《中华人民共和国水污染防治法》（以下简称《水污染防治法》）于1984年5月11日第六届全国人民代表大会常务委员会第五次会议通过，于1996年5月15日第八届全国人民代表大会常务委员会第十九次会议、2008年2月28日第十届全国人民代表大会常务委员会第三十二次会议两次修订，新修订的《水污染防治法》共8章92条，比修订前增加了30条。

①更加突出饮用水安全。

②强化地方政府的环境责任。

③生态补偿机制写进法律。

④明确规定禁止超标排污。

⑤总量控制的适用范围扩大。

⑥"区域限批"手段法制化。

⑦公众参与有保障。

⑧排污许可制度进入法律。

⑨创设排污单位的自我监测义务。

⑩事故应急处置规范得到加强。

2.水污染防治措施

（1）一般规定

①禁止向水体排放油类、酸液、碱液或者剧毒废液。禁止在水体清洗装贮过油类或者有毒污染物的车辆和容器。

②禁止向水体排放、倾倒放射性固体废物或者含有高放射性和中放射性物质的废水。向水体排放含低放射性物质的废水，应当符合国家有关放射性污染防治的规定和标准。

③向水体排放含热废水，应当采取措施，保证水体的水温符合水环境质量标准。

④含病原体的污水应当经过消毒处理；符合国家有关标准后，方可排放。

⑤禁止向水体排放、倾倒工业废渣、城镇垃圾和其他废弃物。禁止将含有汞、镉、砷、铬、铅、氰化物或黄磷等可溶性剧毒废渣向水体排放、倾倒或者直接埋入地下。存放可溶性剧毒废渣的场所，应当采取防水、防渗漏和防流失的措施。

⑥禁止在江河、湖泊、运河、渠道、水库最高水位线以下的滩地和岸坡堆放、存贮固体废弃物和其他污染物。

⑦禁止利用渗井、渗坑、裂隙和溶洞排放、倾倒含有毒污染物的废水、含病原体的污水和其他废弃物。

⑧禁止利用无防渗漏措施的沟渠、坑塘等输送或者存贮含有毒污染物的废水、含病原体的污水和其他废弃物。

⑨多层地下水的含水层水质差异大的，应当分层开采；对已受污染的潜水和承压水，不得混合开采。

⑩兴建地下工程设施或者进行地下勘探、采矿等活动，应当采取防护性措施，防止地下水污染。

⑪人工回灌补给地下水，不得恶化地下水质。

（2）水污染的防治

水污染（Water Pollution），是指水体因某种物质的介入，而导致其化学、物理、生物或者放射性等方面特性的改变，从而影响水的有效利用，危害人体健康或者破坏生态环境，造成水质恶化的现象。水污染防治包括江河、湖泊、运河、渠道、水库等地表水体以及地下水体的污染防治。

①建设项目水污染的防治。《水污染防治法》规定，新建、改建、扩建直接或者间接向水体排放污染物的建设项目和其他水上设施，应当依法进行环境影响评价。建设单位在江河、湖泊新建、改建、扩建排污口的，应当取得水行政主管部门或者流域管理机构同意；涉及通航、渔业水域的，环境保护主管部门在审批环境影响评价文件时，应当征求交通、渔业主管部门的意见。建设项目的水污染防治设施，应当与主体工程同时设计、同时施工、同时投入使用。水污染防治设施应当经过环境保护主管部门验收，验收不合格的，该建设项目不得投入生产或者使用。禁止在饮用水水源一级保护区内新建、改建、扩建与供水设施和保护水源无关的建设项目；已建成的与供水设施和保护水源无关的建设项目，由县级以上人民政府责令拆除或者关闭。禁止在饮用水水源二级保护区内新建、改建、扩建排放污染物的建设项目；已建成的排放污染物的建设项目，由县级以上人民政府责令拆除或者关闭。禁止在饮用水水源准保护区内新建、扩建对水体污染严重的建设项目；改建建设项目，不得增加排污量。

②施工现场水污染的防治。《水污染防治法》规定，排放水污染物，不得超过国家或者地方规定的水污染物排放标准和重点水污染物排放总量控制指标。直接或者间接向水体排放污染物的企业事业单位和个体工商户，应当按照国务院环境保护主管部门的规定，向县级以上地方人民政府环境保护主管部门申报登记拥有的水污染物排放设施、处理设施和在正常作业条件下排放水污染物的种类、数量和浓度，并提供防治水污染方面的有关技术资料；禁止向水体排放油类、酸液、碱液或者剧毒废液。禁止在水体清洗装贮过油类或者有毒污染物的车辆和容器；禁止向水体排放、倾倒放射性固体废物或者含有高放射性和中放射性物质的废水；向水体排放含低放射性物质的废水，应当符合国家有关放射性污染防治的规定和标准；禁止向水体排放、倾倒工业废渣、城镇垃

圾和其他废弃物。禁止将含有汞、镉、砷、铬、铅、氰化物、黄磷等的可溶性剧毒废渣向水体排放、倾倒或者直接埋入地下；存放可溶性剧毒废渣的场所，应当采取防水、防渗漏、防流失的措施。禁止在江河、湖泊、运河、渠道、水库最高水位线以下的滩地和岸坡堆放、存贮固体废弃物和其他污染物；在饮用水水源保护区内，禁止设置排污口；在风景名胜区水体、重要渔业水体和其他具有特殊经济文化价值的水体的保护区内，不得新建排污口；在保护区附近新建排污口，应当保证保护区水体不受污染；禁止利用渗井、渗坑、裂隙和溶洞排放、倾倒含有毒污染物的废水、含病原体的污水和其他废弃物；禁止利用无防渗漏措施的沟渠、坑塘等输送或者存贮含有毒污染物的废水、含病原体的污水和其他废弃物；兴建地下工程设施或者进行地下勘探、采矿等活动，应当采取防护性措施，防止地下水污染；人工回灌补给地下水，不得恶化地下水质。建设部《绿色施工导则》进一步规定，水污染控制要求为：

a. 施工现场污水排放应达到国家标准《污水综合排放标准》（GB8978—1996）的要求。

b. 在施工现场应针对不同的污水，设置相应的处理设施，如沉淀池、隔油池、化粪池等。

c. 污水排放应委托有资质的单位进行废水水质检测，提供相应的污水检测报告。

d. 保护地下水环境。采用隔水性能好的边坡支护技术。在缺水地区或地下水位持续下降的地区，基坑降水尽可能少地抽取地下水；当基坑开挖抽水量大于50万立方米时，应进行地下水回灌，并避免地下水被污染。

e. 对于化学品等有毒材料、油料的储存地，应有严格的隔水层设计，做好渗漏液收集和处理。

③发生事故或者其他突发性事件的规定。《水污染防治法》规定，企业事业单位发生事故或者其他突发性事件，造成或者可能造成水污染事故的，应当立即启动本单位的应急方案，采取应急措施，并向事故发生地的县级以上地方人民政府或者环境保护主管部门报告。

❖❖❖❖ 9.1.3 大气污染防治法律制度

《中华人民共和国大气污染防治法》（以下简称《大气污染防治法》）于2000年4月29日我国第九届全国人民代表大会常务委员会第十五次会议修订通过，并于2000年9月1日起施行。这里的大气污染，是指有害物质进入大气，对人类和生物造成危害的现象。

1. 防治大气污染的监督管理体制

《大气污染防治法》规定，国务院和地方各级人民政府，必须将大气环境保护工作纳入国民经济和社会发展计划，合理规划工业布局，加强防治大气污染的科学研究，采取防治大气污染的措施，保护和改善大气环境。《大气污染防治法》对国务院和地方各级人民政府在大气污染防治中总的职责做出规定，可概括为以下几个方面。

①统一规划管理。

②依靠科学技术。

③综合手段调整。

④重视植树绿化。

2. 大气污染的防治

按照国际标准化组织（ISO）的定义，大气污染（Atmospheric Pollution），通常是指由于人类活动或自然过程引起某些物质进入大气中，呈现出足够的浓度，达到足够的时间，并因此危害了人体的舒适、健康和福利或环境污染的现象。如果不对大气污染物的排放总量加以控制和防治，将会严重破坏生态系统和人类生存条件。

（1）建设项目大气污染的防治

《大气污染防治法》规定，新建、扩建、改建向大气排放污染物的项目，必须遵守国家有关建设项目环境保护管理的规定。建设项目的环境影响报告书，必须对建设项目可能产生的大气污染和对生态环境的影响做出评价，规定防治措施，并按照规定的程序报环境保护行政主管部门审查批准。建设项目投入生产或者使用之前，其大气污染防治设施必须经过环境保护行政主管部门验收，达不到国家有关建设项目环境保护管理规定的要求的建设项目，不得投入生产或者使用。

（2）施工现场大气污染的防治

《大气污染防治法》规定，城市人民政府应当采取绿化责任制、加强建设施工管理、扩大地面铺装面积、控制渣土堆放和清洁运输等措施，提高人均占有绿地面积，减少市区裸露地面和地面尘土，防治城市扬尘污染。在城市市区进行建设施工或者从事其他产生扬尘污染活动的单位，必须按照当地环境保护的规定，采取防治扬尘污染的措施。运输、装卸、贮存能够散发有毒有害气体或者粉尘物质的，必须采取密闭措施或者其他防护措施。在人口集中地区存放煤炭、煤矸石、煤渣、煤灰、砂石、灰土等物料，必须采取防燃、防尘措施，防止污染大气。严格限制向大气排放含有毒物质的废气和粉尘；确需排放的，必须经过净化处理，不超过规定的排放标准。施工现场大气污染的防治，重点是防治扬尘污染。对于扬尘控制，建设部《绿色施工导则》中规定：

①运送土方、垃圾、设备及建筑材料等，不污损场外道路。运输容易散落、飞扬、流漏的物料的车辆，必须采取措施封闭严密，保证车辆清洁。施工现场出口应设置洗车槽。

②土方作业阶段，采取洒水、覆盖等措施，达到作业区目测扬尘高度小于15米，不扩散到场区外。

③结构施工、安装装饰装修阶段，作业区目测扬尘高度小于0.5米。对易产生扬尘的堆放材料应采取覆盖措施；对粉末状材料应封闭存放；场区内可能引起扬尘的材料及建筑垃圾搬运应有降尘措施，如覆盖、洒水等；浇筑混凝土前清理灰尘和垃圾时尽量使用吸尘器，避免使用吹风器等易产生扬尘的设备；机械剔凿作业时可用局部遮挡、掩盖、水淋等防护措施；高层或多层建筑清理垃圾应搭设封闭性临时专用道或采用容器吊运。

④施工现场非作业区达到目测无扬尘的要求。对现场易飞扬物质采取有效措施。如洒水、地面硬化、围挡、密网覆盖、封闭等，防止扬尘产生。

⑤构筑物机械拆除前，做好扬尘控制计划。可采取清理积尘、拆除体洒水、设置隔挡等措施。

⑥构筑物爆破拆除前，做好扬尘控制计划。可采用清理积尘、淋湿地面、预湿墙体、屋面敷水袋、楼面蓄水、建筑外设高压喷雾状水系统、搭设防尘排栅和直升机投水弹等综合降尘。选择风力小的天气进行爆破作业。

⑦在场界四周隔挡高度位置测得的大气总悬浮颗粒物月平均浓度与城市背景值的差值不大于0.08毫克／立方米。

◆◆◆◆ 9.1.4　环境噪声污染防治法律制度

《中华人民共和国环境噪声污染防治法》（以下简称《环境噪声污染防治法》）于1996年9月29日全国人民代表大会八届二十二次常委会通过，自1997年3月1日起施行。

1. 环境噪声污染防治监督管理体制

现实生活中能够产生环境噪声的噪声源比较多，涉及工业生产、建筑施工、交通运输和社会生活，我国环境噪声污染防治的监督管理体制是环境保护部门负责统一监督管理，与其他有关部门按照各自职责分别实施监督管理相结合的体制。

① 环境保护行政主管部门对环境噪声污染防治实施统一监督管理

a. 国务院环境保护行政主管部门作为对全国环境噪声污染防治工作实施统一监督管理的部门，主要负责下列工作。

（a）分别不同的功能区，制定国家噪声环境质量标准。

（b）根据国家噪声环境质量标准和国家经济、技术条件，制定国家环境噪声排放标准。

（c）建立环境噪声监测制度，制定监测规范，并会同有关部门组织监测网络等。

b. 县级以上地方人民政府环境保护行政主管部门作为对本行政区域内的环境噪声污染防治工作实施统一监督管理的部门，主要负责下列工作。

（a）建设项目环境影响报告书的审批。

（b）建设项目中环境噪声污染防治设施的验收。

（c）企事业单位拆除或者闲置环境噪声污染防治设施申报的审批。

（d）对排放环境噪声的单位进行现场检查。

（e）负责接受工业企业使用产生环境噪声污染的固定设备的申报。

（f）负责接受城市市区范围内施工单位使用机械设备产生环境噪声的申报。

（g）负责接受城市市区噪声敏感建筑物集中区域内商业企业使用固定设备造成环境噪声污染的申报。

（h）依法对违法行为给予行政处罚等。

② 其他有关部门按照各自的职责，分别对有关的环境噪声污染防治工作实施监督管理各级公安、交通、铁路和民航等主管部门，根据各自的职责，对交通运输和社会生活噪声污染防治实施监督管理。如城市人民政府公安机关可根据本地城市市区区域声环境保护的需要，划定禁止机动车辆行驶和禁止其使用声响装置的路段和时间，向社会公告，并进行监督管理，对违反者予以处罚等。

2. 环境噪声污染防治措施

《环境噪声污染防治法》第二十二条至第三十条对防治工业建筑施工噪声污染做出了规定，概述如下：

①在城市范围内向周围生活环境排入工业与建筑施工噪声的，应当符合国家规定的工业企业厂界和建筑施工场界环境噪声排放标准。

②产生环境噪声污染的工业企业，应当采取有效措施，减轻噪声对周围生活的影响。

③国务院有关部门要对产生噪声污染的工业设备，根据噪声环境保护要求和技术经济条件，逐步在产品的国家标准和行业标准中规定噪声限值。

④在城市市区范围内，建筑施工过程中使用机械设备，可能产生环境噪声污染的，施工单位必须在开工15日以前向所在地县以上环境行政主管部门申报该工程的项目名称、施工场所和期限、可能产生的环境噪声值以及所采取的环境噪声污染防治措施等情况。

⑤在城市市区噪声敏感区域内，禁止夜间进行产生噪声污染的施工作业，但抢修、抢险作业和因生产工艺上要求或者特殊需要必须连续作业的除外。因特殊需要必须连续作业的，必须有县级以上人民政府或者其有关主管部门的证明。夜间作业，必须公告附近居民。

3. 施工现场噪声污染防治的规定

（1）建设项目环境噪声污染的防治

《环境噪声污染防治法》规定，新建、改建、扩建的建设项目，必须遵守国家有关建设项目环境保护管理的规定。建设项目可能产生环境噪声污染的，建设单位必须提出环境影响报告书，规定环境噪声污染的防治措施，并按照国家规定的程序报环境保护行政主管部门批准。环境影响报告书中，应当有该建设项目所在地单位和居民的意见。

>>>

技术提示：

不对环境造成污染是每一个单位和个人的义务，而不对环境造成污染的尺度就是其排放的污染物符合国家或地方的污染物排放标准。排放噪声的企业之所以对他人的生活、工作和学习造成了干扰，就是因为有该企业噪声超标的前提，那么它也就没有履行不污染环境的义务。不履行保护环境义务者，当然要承担相应的责任。

建设项目的环境噪声污染防治设施必须与主体工程同时设计、同时施工、同时投产使用。建设项目在投入生产或者使用之前，其环境噪声污染防治设施必须经原审批环境影响报告书的环境保护行政主管部门验收；达不到国家规定要求的，该建设项目不得投入生产或者使用。

（2）施工现场环境噪声污染的防治

①排放建筑施工噪声应当符合建筑施工场界环境噪声排放标准。《环境噪声污染防治法》规定，在城市市区范围内向周围生活环境排放建筑施工噪声的，应当符合国家规定的建筑施工场界环境噪声排放标准。噪声排放，是指噪声源向周围生活环境辐射噪声。按照《建筑施工场界噪声

限值》（GB12523—90）的规定，城市建筑施工期间施工场地不同施工阶段产生的作业噪声限值如表 9.1 所示。

表 9.1　城市建筑施工场地不同施工阶段作业噪声限值

施工阶段	主要噪声源	噪声限值/分贝	
		昼间	夜间
土石方	推土机、挖掘机、装载机等	75	55
打桩	各种打桩机等	85	禁止施工
结构	混凝土搅拌机、振捣棒、电锯等	70	55
装修	吊车、升降机等	65	55

注：夜间，是指晚 22 点至早 6 点之间。

②使用机械设备可能产生环境噪声污染的申报。《环境噪声污染防治法》规定，在城市市区范围内，建筑施工过程中使用机械设备，可能产生环境噪声污染的，施工单位必须在工程开工 15 日以前向工程所在地县级以上地方人民政府环境保护行政主管部门申报该工程的项目名称、施工场所和期限、可能产生的环境噪声值以及所采取的环境噪声污染防治措施等。国家对环境噪声污染严重的落后设备实行淘汰制度。国务院经济综合主管部门应当会同国务院有关部门公布限期禁止生产、禁止销售、禁止进口的环境噪声污染严重的设备名录。

③禁止夜间进行产生环境噪声污染施工作业的规定。《环境噪声污染防治法》规定，在城市市区噪声敏感建筑物集中区域内，禁止夜间进行产生环境噪声污染的建筑施工作业，但抢修、抢险作业和因生产工艺上要求或者特殊需要必须连续作业的除外。因特殊需要必须连续作业的，必须有县级以上人民政府或者其有关主管部门的证明。以上规定的夜间作业，必须公告附近居民。噪声敏感建筑物集中区域，是指医疗区、文教科研区和以机关或者居民住宅为主的区域。噪声敏感建筑物，是指医院、学校、机关、科研单位、住宅等需要保持安静的建筑物。

④政府监管部门的现场检查。《环境噪声污染防治法》规定，县级以上人民政府环境保护行政主管部门和其他环境噪声污染防治工作的监督管理部门、机构，有权依据各自的职责对管辖内排放环境噪声的单位进行现场检查。被检查的单位必须如实反映情况，并提供必要的资料。检查部门、机构应当为被检查的单位保守技术秘密和业务秘密。检查人员进行现场检查，应当出示证件。

（3）交通运输噪声污染的防治

《环境噪声污染防治法》规定，在城市市区范围内行驶的机动车辆的消声器和喇叭必须符合国家规定的要求。机动车辆必须加强维修和保养，保持技术性能良好，防止环境噪声污染。警车、消防车、工程抢险车、救护车等机动车辆安装、使用警报器，必须符合国务院公安部门的规定；在执行非紧急任务时，禁止使用警报器。

（4）对产生环境噪声污染企业事业单位的规定

《环境噪声污染防治法》规定，产生环境噪声污染的企业事业单位，必须保持防治环境噪声污染的设施的正常使用；拆除或者闲置环境噪声污染防治设施的，必须事先报经所在地的县级以上地方人民政府产生环境噪声污染的单位，应当采取措施进行治理，并按照国家规定缴纳超标准排污费。征收的超标准排污费必须用于污染的防治，不得挪作他用。对于在噪声敏感建筑物集中区域内造成严重环境噪声污染的企业事业单位，限期治理。被限期治理的单位必须按期完成治理任务。

9.1.5　固体废物污染防治法律制度

《中华人民共和国固体废物污染防治法》于 1995 年 9 月 30 日第八届全国人民代表大会常务委员

会第十六次会议通过，自 1996 年 4 月 1 日起施行。固体废物污染（Solid Waste Pollution）是指固体废物在产生、收集、贮藏、运输、利用和处置的过程中产生的危害环境的现象。固体废物污染环境防治措施主要有：

①产生固体废物的单位和个人，应当采取措施，防止或者减少固体废物对环境的污染。

②收集、贮存、运输、利用、处置固体废物的单位和个人，必须采取防扬散、防流失、防渗漏或者其他防止污染环境的措施。不得在运输过程中沿途丢弃、遗撒固体废物。

③在国务院和国务院有关主管部门及省、自治区、直辖市人民政府划定的自然保护区、风景名胜区、生活饮用水源地和其他需要特别保护的区域内，禁止建设工业固体废物集中贮存、处置设施、场所和生活垃圾填埋场。

④转移固体废物出省、自治区、直辖市行政区域贮存、处置的，应当向固体废物移出地的省级人民政府环境保护行政主管部门报告，并经固体废物接受地的省级人民政府环境保护行政主管部门许可。

⑤禁止我国境外的固体废物进境倾倒、堆放、处置。

⑥国家禁止进口不能用作原料的固体废物，限制进口可以用作原料的固体废物。

⑦露天贮存冶炼渣、化工渣、燃煤灰渣、废矿石、尾矿和其他工业固体废物的，应当设置专用的贮存设施、场所。

⑧建设工业固体废物贮存、处置的设施、场所，必须符合国务院环境保护行政主管部门规定的环境保护标准。

⑨施工单位应当及时清运、处置建筑施工过程中产生的垃圾，并采取措施，防止污染环境。

∴∴∴9.1.6 违法行为应承担的法律责任

施工现场环境保护违法行为应当承担的主要法律责任如下：

1. 施工现场噪声污染防治违法行为应当承担的法律责任

《环境噪声污染防治法》规定，未经环境保护行政主管部门批准，擅自拆除或者闲置环境噪声污染防治设施，致使环境噪声排放超过规定标准的，由县级以上地方人民政府环境保护行政主管部门责令改正，并处罚款。

排放环境噪声的单位违反规定，拒绝环境保护行政主管部门或者其他依照本法规定行使环境噪声监督管理权的部门、机构现场检查或者在被检查时弄虚作假的，环境保护行政主管部门或者其他依照本法规定行使环境噪声监督管理权的监督管理部门、机构可以根据不同情节，给予警告或者进行处罚。

建筑施工单位违反规定，在城市市区噪声敏感建筑物集中区域内，夜间进行禁止进行的生产环境噪声污染的建筑施工作业的，由工程所在的县级以上地方人民政府环境保护行政主管部门责令改正，可以并处罚款。

受到环境噪声污染危害的单位和个人，有权要求加害人排除危害；造成损失的，依法赔偿损失。赔偿责任和赔偿金额的纠纷，可以根据当事人的请求，由环境保护行政主管部门或者其他环境噪声污染防治工作的监督管理部门、机构调解处理；调解不成的，当事人可以向人民法院起诉。当事人也可以直接向人民法院起诉。

2. 施工现场大气污染防治违法行为应当承担的法律责任

《大气污染防治法》规定，违反本法规定，有下列行为之一的，环境保护行政主管部门或者规定的监督管理部门可以根据不同情节，责令停止违法行为，限期改正，给予警告或者处以 5 万元以下罚款：

①拒绝或者谎报国务院环境保护行政主管部门规定的有关污染物排放申报事项的。

②拒绝环境保护行政主管部门或者其他监督部门现场检查或者在检查时弄虚作假的。

③排污单位不正常使用大气污染处理设施，或者未经环境保护行政主管部门批准，擅自拆除、闲置大气污染物处理设施的。

④未采取防燃、防尘措施，在人口集中地区存放煤炭、煤矸石、煤渣、沙石、灰土等物料的。

向大气排放污染物超过国家和地方规定排放标准的，应当限期治理，并由所在地县级以上地方人民政府环境保护管理部门处1万元以上10万元以下罚款。

违反本法规定，有下列行为之一的，由县级以上地方人民政府环境保护行政主管部门或者其他依法行使监督管理权的部门责令停止违法行为，限期改正，可以处5万元以下罚款：

①未采取有效污染防治措施，向大气排放粉尘、恶臭气体或者其他含有毒物质气体的。

②未经当地环境保护行政管理部门批准，向大气排放转炉气、电石气、电炉法黄磷尾气、有机烃类尾气的。

③未采取密闭措施或者其他防护措施，运输、装卸或者贮存能够散发有毒气体或者粉尘物质的。

④城市饮食服务业的经营者未采取有效污染防治措施，致使排放的油烟对附近居民的居住环境造成污染的。

在人口集中地区和其他依法需要特殊保护的区域内，焚烧沥青、油毡、橡胶、塑料、皮革、垃圾以及其他生产有毒有害烟尘和恶臭气体的物质的，由所在地县级以上地方人民政府环境保护行政主管部门责令停止违法行为，处2万元以下罚款。

在城市市区进行建设施工或者从事其他生产扬尘污染的活动，未采取有效扬尘防治措施，致使大气环境受到污染的，限期改正，处2万元以下罚款；对逾期仍未达到当地环境保护规定要求的，可以责令其停工整顿。对因建设施工造成扬尘污染的处罚，由县级以上地方人民政府指定有关主管部门决定。

造成大气污染事故的企业事业单位，由所在地县以上地方人民政府环境保护行政主管部门根据所造成的危害后后果直接经济损失50%以下罚款，但最高不超过50万元；情节较重的，对直接负责的主管人员和其他直接责任人员，由所在单位或者上级主管机关依法给予行政处分或者纪律处分；造成重大大气污染事故，导致公私财产重大损失或者人身伤亡的严重后果构成犯罪的，依法追究刑事责任。

3. 施工现场水污染防治违法行为应承担的法律责任

《水污染防治法》规定，排放水污染物超过国家或者地方规定的水污染物排放标准，或者超过重点水污染物排放总量控制指标的，由县级以上人民政府环境保护主管部门按照权限责令限期处理，应处缴纳排污费数额2倍以上5倍以下的罚款。限期治理期间，由环境保护主管部门责令限制生产、限制排放或者停产整治。限期治理的期限最长不超过1年；逾期未完成治理任务的，报经有批准权的人民政府批准，责令关闭。

在饮用水水源保护区内设置排污口的，由县级以上地方政府责令限期拆除，处10万元以上50万元以下的罚款；逾期不拆除的，强制拆除，所需费用由违法者承担，处50万元以上100万元以下的罚款，并可以责令停产整顿。

除上述规定外，违反法律、行政法规和国务院环境保护主管部门的规定设置排污口或者私设暗管的，由县级以上地方人民政府环境保护主管部门责令限期拆除，处2万元以上10万元以下的罚款；逾期不拆除的，强制拆除所需费用由违法者承担，处10万元以上50万元以下的罚款；私设暗管或者有其他严重情节的，县级以上地方人民政府保护主管部门可以提请县级以上地方人民政府责令停产整顿。未经水行政主管部门或者流域管理机构同意，在江河、湖泊新建、改建、扩建排污口的，由县级以上地方人民政府水行政主管部门或者流域管理机构依据职权，依照以上规定采取措施，给予处罚。

有下列行为之一的，由县级以上地方人民政府环境保护主管部门责令停止违法行为，限期采取措施，消除污染，处以罚款；逾期不采取治理措施的，环境保护主管部门可以指定有治理能力的单位代为治理，所需费用由违法者承担：

①向水体排放油类、酸液、碱液的。

②向水体排放剧毒废液，或者将含有汞、镉砷、铅、氰化物、黄磷等的可溶性剧毒废渣向水体排放、倾倒或者直接埋入地下的。

③在水体清洗装贮过油类、有毒污染物的车辆或者容器的。

④向水体排放、倾倒工业废渣、城镇垃圾或者其他废弃物，或者在江河、湖泊、运河、渠道、水库最高水位线以下的滩地、岸坡堆放、存贮固体废弃物或者其他污染物的。

⑤向水体排放、倾倒放射性固体废物或者含有高放射性、中放射性物质的废水的。

⑥违反国家有关规定或者标准，向水体排放含低放射性物质的废水、热废水或者含病原体的污水的。

⑦利用渗井、渗坑、裂隙或者溶洞排放、倾倒含有毒污染物的废水、含病原体的污水或者其他废弃物的。

⑧利用无防渗漏措施的沟渠、坑塘等输送或者存贮含有毒污染物的废水、含病原体的污水或者其他废弃物的。

有以上第③项、第⑥项行为之一的，处1万元以上10万元以下的罚款；有以上第②项、第⑤项、第⑦项行为之一的，处5万元以上50万元以下的罚款。

企业事业单位有下列行为之一的，由县级以上人民政府环境保护主管部门责令改正；情节严重的，处2万元以上10万元以下的罚款：①不按照规定制定水污染事故的应急方案的；②水污染事故发生后，未及时启动水污染事故的应急方案，采取有关应急措施。

4.施工现场固体废物污染环境防治违法行为应承担的法律责任

《固体废物污染环境防治法》规定，违反有关城市生活垃圾污染环境防治的规定，有下列行为之一的，由县级以上地方人民政府环境卫生行政主管部门责令停止违法行为，限期改正，处以罚款：

①随意倾倒、抛撒或者堆放的。

②擅自关闭、闲置或者拆除生活垃圾处置设施、场所的。

③工程施工单位不及时清运施工过程中产生的固体废物，造成环境污染的。

④工程施工单位不按照环境卫生行政主管部门的规定对施工过程中产生的固体废物进行利用或者处置的。

⑤在运输过程中沿途丢弃、遗撒生活垃圾的。

单位有以上第①项、第③项、第⑤项行为之一的，处5 000元以上5万元以下的罚款；有以上第②项、第④项行为之一的，处1万元以上10万元以下的罚款。个人有前款第①项、第⑤项行为之一的，处200元以下的罚款。

造成固体废物严重污染环境的，由县级以上人民政府环境保护行政主管部门按照国务院规定的权限决定限期治理；逾期未完成治理任务的，由本级人民政府决定停业或者关闭。

造成固体废物污染环境事故的，由县级以上人民政府环境保护行政主管部门处2万元以上20万元以下的罚款；造成重大损失的，按照直接损失的30%计算罚款，但是最高不超过100万元，对负有责任的主管人员和其他直接责任人员，依法给予行政处分；造成固定废物污染环境重大事故的，并由县级以上人民政府按照国务院规定的权限决定停业或者关闭。

收集、贮存、利用、处置危险废物，造成重大环境污染事故，构成犯罪的，依法追究刑事责任。

拒绝县级以上人民政府环境保护行政主管部门或者其他固体废物污染防治工作的监督管理部门现场检查的，由执行现场检查的部门责令限期改正；拒不改正或者在检查时弄虚作假的，处2 000元以上2万元以下的罚款。

9.2 施工节约能源制度

能源是指煤炭、石油、天然气、生物质能和电力、热力以及其他直接或者通过加工、转换而取得有用能的各种资源。

节约资源是我国的基本国策。国家实施节约与开发并举、把节约放在首位的能源发展战略。

9.2.1　节约能源法概述

1. 节约能源与节约能源法

节约能源（Energy Conservation）是指加强用能管理，采取技术上可行、经济上合理以及环境和社会可以承受的措施，从能源生产到消费的各个环节，降低消耗、减少损失和污染物排放、制止浪费，有效、合理地利用能源。

早在 1997 年我国就制定了《中华人民共和国节约能源法》（以下简称《节约能源法》），2007 年 9 月 28 日，胡锦涛主席签署主席令，新修订的《节约能源法》为我国科学发展再添法律利器，其有助于解决当前我国经济发展与能源资源及环境之间日益尖锐的矛盾。

2. 节能管理制度

（1）节能目标责任制和节能考核评价制度

修订后的《节约能源法》规定，国家实行节能目标责任制和节能评价考核制度，将节能目标完成情况作为对地方政府及其负责人考核评价的内容；省级地方政府每年要向国务院报告节能目标责任的履行情况。这使节能问责制的要求刚性化、法定化，有利于增强各级领导干部的节能责任意识，强化政府的主导责任。

（2）固定资产投资项目节能评估和审查制度

《节约能源法》规定，应建立固定资产投资项目节能评估和审查制度，通过项目评估和节能评审，控制不符合强制性节能标准和节能设计规范的投资项目，遏制高耗能行业盲目发展和过快增长。

（3）落后高耗能产品、设备和生产工艺淘汰制度

《节约能源法》规定，国家要制定并公布淘汰的用能产品、设备和生产工艺的目录及实施办法；禁止生产、进口、销售国家明令淘汰的用能产品、设备。这不仅把住了高耗能产品、设备和生产工艺的市场入口关，也加大了淘汰力度。

（4）重点用能单位节能管理制度

《节约能源法》明确了重点用能单位的范围，对重点用能单位和一般用能单位实行分类指导和管理；规定重点用能单位应每年向管理节能工作部门报送能源利用状况报告；要求管理节能工作的部门加强对重点用能单位的监督和管理；规定重点用能单位必须设立能源管理岗位，聘任能源管理负责人。

（5）能效标识管理制度

新修订的《节约能源法》将能效标识管理作为一项法律制度确立下来，明确了能效标识的实施对象，要求生产者和进口商必须对能效标识及相关信息的准确性负责，并对应标未标、违规使用能效标识等行为规定了具体的处罚措施。

（6）节能表彰奖励制度

《节约能源法》规定，各级人民政府对在节能管理、节能科学技术研究和推广应用中有显著成绩以及检举严重浪费能源行为的单位和个人，给予表彰和奖励。这是加强节能管理的一项鼓励措施，旨在为全社会树立先进典型，激发全社会做好节能工作的积极性。

9.2.2　建筑节能与施工节能

在工程建设领域，节约能源主要包括建筑节能和施工节能两个方面。

1. 建筑节能的监督管理体制

国务院建设主管部门负责全国建筑节能的监督管理工作。县级以上地方各级人民政府建设主管部门负责本行政区域内建筑节能的监督管理工作。县级以上地方各级人民政府建设主管部门会同同级管理节能工作的部门编制本行政区域内的建筑节能规划。建筑节能规划应当包括既有建筑节能改造计划。建设主管部门应当加强对在建建设工程执行建筑节能标准情况的监督检查。

2.各参建单位的节能责任

（1）施工图审查机构的节能义务

施工图设计文件审查机构应当按照民用建筑节能强制性标准对施工图设计文件进行审查；经审查不符合民用建筑节能强制性标准的，县级以上地方人民政府建设主管部门不得颁发施工许可证。

（2）建设单位

建设单位应当按照节能政策要求和节能标准委托工程项目的设计。建设单位不得以任何理由要求设计单位、施工单位擅自修改经审查合格的节能设计文件，降低节能标准。

建设单位不得明示或者暗示设计单位、施工单位违反民用建筑节能强制性标准进行设计、施工，不得明示或者暗示施工单位使用不符合施工图设计文件要求的墙体材料、保温材料、门窗、采暖制冷系统和照明设备。

按照合同约定由建设单位采购墙体材料、保温材料、门窗、采暖制冷系统和照明设备的，建设单位应当保证其符合施工图设计文件要求。

建设单位组织竣工验收，应当对民用建筑是否符合民用建筑节能强制性标准进行查验；对不符合民用建筑节能强制性标准的，不得出具竣工验收合格报告。

（3）设计单位

设计单位应当依据节能标准的要求进行设计，保证节能设计质量。

（4）施工图设计文件审查机构

施工图设计文件审查机构在进行审查时，应当审查节能设计的内容，在审查报告中单列节能审查章节；不符合节能强制性标准的，施工图设计文件审查结论应当定为不合格。

（5）监理单位

监理单位应当依照法律、法规以及节能标准、节能设计文件、建设工程承包合同及监理合同对节能工程建设实施监理。

工程监理单位发现施工单位不按照民用建筑节能强制性标准施工的，应当要求施工单位改正；施工单位拒不改正的，工程监理单位应当及时报告建设单位，并向有关主管部门报告。

墙体、屋面的保温工程施工时，监理工程师应当按照工程监理规范的要求，采取旁站、巡视和平行检验等形式实施监理。未经监理工程师签字，墙体材料、保温材料、门窗、采暖制冷系统和照明设备不得在建筑上使用或者安装，施工单位不得进行下一道工序的施工。

（6）施工单位

施工单位应当按照审查合格的设计文件和节能施工标准的要求进行施工，保证工程施工质量。施工单位应当对进入施工现场的墙体材料、保温材料、门窗、采暖制冷系统和照明设备进行查验；不符合施工图设计文件要求的，不得使用。

（7）房地产开发企业

房地产开发企业在销售房屋时，应当向购买人明示所售房屋的节能措施、保温工程保修期等信息，在房屋买卖合同、质量保证书和使用说明书中载明，并对其真实性、准确性负责。

住房和城乡建设部第143号令发布，2006年1月1日起施行的《民用建筑节能管理规定》中规定，鼓励发展下列建筑节能技术和产品。

①新型节能墙体和屋面的保温、隔热技术与材料。

②节能门窗的保隔热和密闭技术。

③集中供热和热、电、冷联产联供技术。

>>>

技术提示：

《节约能源法》第三十五条明确规定，建筑工程的建设单位、设计单位、施工单位和监理单位应当遵守建筑节能标准。不符合建筑节能标准的建筑工程，建设主管部门不得批准开工建设；已经开工建设的，应当责令停止施工、限期改正；已经建成的，不得销售或者使用。

④供热采暖系统温度调控和分户热量计量技术与装置。

⑤太阳能、地热等可再生能源应用技术及设备。

⑥建设照明节能技术与产品。

⑦空调制冷节能技术与产品。

⑧其他技术成熟、效果显著的节能技术和节能管理技术。

3. 施工节能

建筑节能主要解决建设项目建成后使用过程中的节能问题。《民用建筑节能条例》规定："民用建筑节能，是指在保证民用建筑使用功能和室内热环境质量的前提下，降低其使用过程中能源消耗的活动。"施工节能则是要解决施工过程中的节约能源问题。《绿色施工导则》规定："绿色施工是指工程建设中，在保证质量、安全等基本要求的前提下，通过科学管理和技术进步，最大限度地节约资源与减少对环境负面影响的施工活动，实现四节一环保（节能、节地、节水、节材和环境保护）。"

（1）施工节能的规定

①节材和材料资源利用。《循环经济促进法》规定，国家鼓励利用无毒无害的固体废物生产建筑材料，鼓励使用散装水泥，推广使用预拌混凝土和预拌砂浆。禁止损毁耕地烧砖。在国务院或者省、自治区、直辖市人民政府规定的期限和区域内，禁止生产、销售和使用黏土砖。

《绿色施工导则》进一步规定，图纸会审时，应审核节材与材料资源利用的相关内容，达到材料损耗率比定额损耗率降低30%；根据施工进度、库存环境适宜，措施得当；保管制度健全，责任落实；材料运输工具适宜，装卸方法得当，防止损坏和遗洒；根据现场平面布置情况就近卸载，避免和减少二次搬运；采取技术和管理措施提高模板、脚手架等的周转次数；优化安装工程的预留、预埋、管线路径等方案；应就地取材，施工现场500公里以内生产的建筑材料用量占建筑材料总重量的70%以上。

此外，还分别就结构材料、围护材料、装饰装修材料、周转材料提出了明确要求。例如，结构材料节材与材料资源利用的技术要点是：

（a）推广使用预拌混凝土和商品砂浆。准确计算采购数量、供应频率、施工速度等，在施工过程中动态控制。结构工程使用散装水泥。

（b）推广使用高强钢筋和高性能混凝土，减少资源消耗。

（c）推广钢筋专业化加工和配送。

（d）优化钢筋配料和钢结构下料方案。钢筋及钢结构制作前应对下料单及样品进行复核，无误后方可批量下料。

（e）优化钢结构制作和安装方法。大型钢结构宜采用工厂制作，现场拼装；宜采用分段吊装、整体提升、滑移、顶升等安装方法，减少方案的措施用材量。

（f）采取数字化技术，对大体积混凝土、大跨度结构等专项施工方案进行优化。

②节水与水资源利用。《循环经济促进法》规定，国家鼓励和支持使用再生水。企业应当发展串联用水系统和循环用水系统，提高水的重复利用率。企业应当采用先进技术、工艺和设备，对生产过程中产生的废水进行再生利用。

a. 提高用水效率。

（a）施工中采用先进的节水施工工艺。

（b）施工现场喷洒路面、绿化浇灌不宜使用市政自来水。现场搅拌用水、养护用水应采取有效的节水措施，严禁无措施浇水养护混凝土。

（c）施工现场供水管网应根据用水量设计布置，管径合理、管路简捷，采取有效措施减少管网和用水器具的漏损。

（d）现场机具、设备、车辆冲洗用水必须设立循环用水装置。施工现场办公区、生活区的生活用水采用节水系统和节水器具，提高节水器具配置比率。项目临时用水应使用节水型产品，安装计量装置，采取针对性的节水措施。

（e）施工现场建立可再利用水的收集处理系统，使水资源得到梯级循环利用。

（f）施工现场分别对生活用水与工程用水确定用水定额指标，并分别计量管理。

（g）大型工程的不同单项工程、不同标段、不同分包生活区，凡具备条件的应分别计量用水量。在签订不同标段分包或劳务合同时，将节水定额指标纳入合同条款，进行计量考核。

（h）对混凝土搅拌站点等用水集中的区域和工艺点进行专项计量考核。施工现场监理雨水、中水或可再利用水的收集利用系统。

b．非传统水源利用：

（a）优先采用中水搅拌、中水养护，有条件的地区和工程应收集雨水养护。

（b）处于基坑降水阶段的工地，宜优先采用地下水作为混凝土搅拌用水、养护用水、冲洗用水和部分生活用水。

（c）现场器具、设备、车辆冲洗、喷洒路面、绿化路面、绿化浇灌等用水，优先采用非传统水源，尽量不使用市政自来水。

（d）大型施工现场，尤其是雨量充沛地区的大型施工现场建立雨水收集利用系统，充分收集自然降水用于施工和生活中适宜的部位。

（e）力争施工中非传统水源和循环水的再利用量大于30%。

c．安全用水。在非传统水源和现场循环再利用水的使用过程中，应制定有效的水质监测与卫生保证措施，确保避免对人体健康、工程质量以及周围环境产生不良影响。

③ 节能与能源利用。《绿色施工导则》对节能措施，机械设备与机具，生产、生活及办公临时设施，施工用电及照明分别做出规定。

a．节能措施。

（a）制定合理施工能耗指标，提高施工能源利用率。

（b）优先使用国家、行业推荐的节能、高效、环保的施工设备和机具，如选用变频技术的节能施工设备等。

（c）施工现场分别设定生产、生活、办公和施工设备的用电控制指标，定期进行计量、核算、对比分析，并有预防与纠正措施。

（d）在施工组织设计中，合理安排施工顺序、工作面，以减少作业区域的机具数量，相邻作业区充分利用共有的机具资源。安排施工工艺时，应优先考虑耗用电能的或其他能耗较少的施工工艺。避免设备额定功率远大于使用功率或超负荷使用设备的现象。

（e）根据当地气候和自然资源条件，充分利用太阳能、地热等可再生能源。

b．机械设备与机具。

（a）建立施工机械设备管理制度，开展用电、用油计量，完善设备档案，及时做好维修保养工作，使机械设备保持低耗、高效的状态。

（b）选择功率与负载相匹配的施工机械设备，避免大功率施工机械设备低负载长时间运行。机电安装可采用节电型机械设备，如逆变式电焊机和能耗低、效率高的手持电动工具等，以利节电。机械设备宜使用节能型油料添加剂，在可能的情况下，考虑回收利用，节约油量。

（c）合理安排工序，提高各种机械的使用率和满载率，降低各种设备的单位耗能。

c．生产、生活及办公临时设施。

（a）利用场地自然条件，合理设计生产、生活及办公临时设施的体形、朝向、间距和窗墙面积比，使其获得良好的日照、通风和采光。南方地区可根据需要在其外墙窗设遮阳设施。

（b）临时设施宜采用节能材料，墙体、屋面使用隔热性能好的材料，减少夏天空调、冬天取暖设备的使用时间及耗能量。

（c）合理配置采暖空调、风扇数量，规定使用时间，实行分段分时使用，节约用电。

d．施工用电及照明。

（a）临时用电优先选用节能电线和节能灯具，临电线路合理设计、布置，临电设备宜采用自动自动控制装置。采用声控、光控等节能照明灯具。

（b）照明设计以满足最低照度为原则，照度不应超过最低照度的20%。

④ 节地与施工用地保护。《绿色施工导则》对临时用地指标、临时用地保护、施工总平面布置分别做出规定。

a. 临时用地指标：

（a）根据施工规模及现场条件等因素合理确定临时设施，如临时加工厂、现场作业棚及材料堆场、办公生活设施等的占地指标。临时设施的占地面积应按用地指标所需的最低面积设计。

（b）要求平面布置合理、紧凑，在满足环境、职业健康与安全及文明施工要求的前提下尽可能减少废弃地和死角，临时设施占地面积有效利用率大于90%。

b. 临时用地保护。

（a）应对深基坑施工方案进行优化，减少土方开挖和回填量，最大限度地减少对土地的扰动，保护周边自然生态环境。

（b）红线外临时占地应尽量使用荒地、废地，少占用农田和耕地。工程完工后，及时对红线外占地回复原地形、地貌，使施工活动对周边环境的影响降至最低。

（c）利用和保护施工用地范围内原有绿色植被。对于施工周期较长的现场，可按建筑永久绿化的要求，安排场地新建绿化。

c. 施工总平面布置：

（a）施工总平面布置应做到科学、合理，充分利用原有建筑物、构造物、道路、管线为施工服务。

（b）施工现场搅拌站、仓库、加工厂、作业棚、材料堆场等布置应尽量靠近已有交通路线或即将修建的正式或临时交通路线，缩短运输距离。

（c）临时办公和生活用房应采用经济、美观、占地面积小、对周围地貌环境影响较小，且适合于施工平面布置动态调整的多层轻钢活动板房，钢骨架水泥活动板房等标准化装配式结构、生活区与生产区应分开布置，并设置标准的分隔布置。

（d）施工现场围墙可采用连续封闭的轻钢结构预制装配式，活动围挡，减少建筑垃圾，保护土地。

（e）施工现场道路按照永久道路和临时道路相结合的原则布置。施工现场内形成环形通路，减少道路占用土地。

（f）临时设置布置应注意远近结合（本期工程与下期工程），努力减少和避免大量临时建筑拆迁和场地搬迁。

4. 既有建筑节能改造的规定

既有建筑节能改造，是指对不符合民用建筑节能强制性标准的建筑物的围护结构、供热系统、采暖制冷系统、照明设备和热水供应设施等实施节能改造的活动。实施既有建筑节能改造，应当符合民用建筑节能强制性标准，优先采用遮阳、改善通风等低成本改造措施。既有建筑围护结构的改造和供热系统的改造应当同步进行。

◆◆◆ 9.2.3　违法行为应承担的责任

1. 违反建筑节能标准违法行为应承担的法律责任

《节约能源法》规定，设计单位、施工单位、监理单位违反建筑节能标准的，由建筑主管部门责令改正，处10万元以上50万元以下罚款；情节严重的，由颁发资质证书的部门降低资质等级或者吊销资质证书；造成损失的，依法承担赔偿责任。

《民用建筑节能条例》规定，施工单位未按照民用建筑节能强制标准进行施工的，由县级以上的地方人民政府建设主管部门责令改正，处民用建筑项目合同价款2%以上4%以下的罚款；情节严重的，由颁发资质证书的部门责令停业整顿，降低资质等级或者吊销资质证书，造成损失的依法承担赔款责任。

注册职业人员未执行民用建筑节能强制标准的，由县级以上人民政府建设主管部门责令停止执业3个月以上1年以下；情节严重的，由颁发资质证书的部门吊销资格证书，5年内不予注册。

2.黏土砖以及施工节能违法行为应承担的法律责任

《循环经济促进法》规定，在国务院或者省、自治区、直辖市人民政规定禁止生产、促销、使用黏土砖的期限或者区域内生产、销售或者使用黏土砖的。由县以上人民政府指定的部门责令限期改正；有违法所得的，没收违法所得；逾期继续生产、销售的，由地方人民政府工商行政管理部门依法吊销营业执照。

《民用建筑节能条例》规定，施工单位有下列行为之一的，由县级以上人民政府建设主管部门责令停业整顿，降低资质等级或者吊销营业证书；造成损失的，依法承担赔偿责任。

①未对进入施工现场的墙体材料、保温材料、门窗、采暖制冷系统和照明设备进行查验的。

②使用不符合施工图设计的文件要求的墙体材料、工艺、材料和设备的。

③使用列入禁止使用目录的技术、工艺、材料和设备的。

9.3 施工文物保护制度

9.3.1 概述

1.历史文化名城概念

《中华人民共和国文物保护法》第十四条确定的历史文化名城的法律科学概念是："保存文物特别丰富并且具有重大的历史价值或革命纪念意义的城市，由国务院核定公布为历史文化名城。"据此，历史文化名城必须具备下列要素：①保存文物特别丰富；②具有重大历史价值或革命纪念意义；③是一座正在延续使用的城市；④经过中华人民共和国国务院核准并发布。

2.历史文化名城保护的意义

①历史文化名城保护有利于城市历史文脉的见证。其历史特色、地方特色、文化特色和民族、民俗特色都反映了该城市的发展历程、城市文化、城市的时空连续等过程。对于历史文化名城来说，好的保护和利用其历史遗迹，可使子孙后代对居住城市的历史渊源有更深刻的认识和了解。

②历史文化名城保护有利于旅游资源的开发。人文旅游资源多与古街区、古建筑结合在一起。中国是有5 000年历史的文明古国，近年来已成为世界最大的旅游目的地之一。历史文化名城、历史遗存和文化传统也必然成为发展旅游业最好的资源。但在中国的历史文化名城中，目前只有丽江和平遥被列入世界文化遗产名录。

③历史文化名城保护有利于城市建设的有序发展。中国历史文化名城内建筑、城市布局等具有历史文化传统和民族特色，了解它们就等于了解该城市，有利于省市建设的有序发展。

④历史文化名城保护制度具有必然性。城市既

技术提示：

保护既涉及城市历史文化的延续，也涉及城市土地的有效利用和房地产开发商的长久利益，制定一系列历史文化名城保护法规就具有特别重要的意义。只有强化其法制意识，纳入法制化管理，才能收到应有的保护效果。

是经济社会发展的载体，又是历史文化的象征。城市历史文化保护首要的是对城市中的传统街区和历史建筑实施保护，它们既是城市历史文化的物质载体，属不可再生资源，同时也是区位最好、商业价值最高的城市地段。

3.在文物保护单位保护范围和建设控制地带施工的规定

《文物保护法》规定，在文物保护单位的保护范围和健身控制地带内，不得建设污染文物保护单位及其环境的设施，不得进行可能影响文物保护单位安全及其环境的活动。对已有的污染文物保护单位及其环境的设施，应当限期治理。

（1）承担文物保护单位的修缮、迁移、重建工程的单位应当具有相应的资质证书

《文物保护法实施条例》规定，承担文物保护单位的修缮、迁移、重建工程的单位，应当同时取得文物行政主管部门发给的相应等级的文物保护工程资质证书和建设行政主管部门发给的相应等级的资质证书。其中，不涉及建筑活动的文物保护单位的修缮、迁移、重建，应当由取得文物行政主管部门发给的相应等级的文物保护工程资质证书的单位承担。

申领文物保护工程资质证书，应当具备下列条件：

①有取得文物博物专业技术职务的人员。

②有从事文物保护工程所需的技术设备。

③法律、行政法规规定的其他条件。

申领文物保护工程资质证书，应当向省、自治区、直辖市人民政府文物行政主管部门或者国务院文物行政主管部门提出申请。省、自治区、直辖市人民政府文物行政主管部门或者国务院文物行政主管部门应当自收到申请之日起30个工作日内做出批准或者不批准的决定。决定批准的，发给相应等级的文物保护工程资质证书；决定不批准的，应当书面通知当事人并说明理由。

（2）在历史文化名城名镇名村保护范围内从事建设活动的相关规定

《历史文化名城名镇名村保护条例》规定，在历史文化名城、名镇、名村保护范围内禁止下列活动：

①开山、采石、开矿等破坏传统格局和历史风貌的活动。

②占用保护规划确定保留的园林绿地、河湖水系、道路等。

③修建生产、储存爆炸性、易燃性、放射性、毒害性、腐蚀性物品的工厂、仓库等。

④在历史建筑上刻划、涂污。

在历史文化街区、名镇、名村核心保护范围内进行下列活动，应当保护其传统格局、历史风貌和历史建筑；制定保护方案，经市、县人民政府城乡规划主管部门会同同级文物主管部门批准，并依照有关法律、法规的规定办理相关手续：

①改变园林绿地等自然状态的活动。

②在核心保护范围内进行影视摄制、举办大型群众性活动。

③其他影响传统格局、历史风貌或者历史建筑的活动。

在历史文化街区、名镇、名村核心保护范围内，不得进行新建、扩建活动。但是，新建、扩建必要的基础设施和公共服务设施除外。

在历史文化街区、名镇、名村核心保护范围内，拆除历史建筑意外的建筑物、构筑物或者其他设施的，应当经市、县人民政府城乡规划主管部门会同同级文物主管部门批准。

任何单位或者个人不得损毁或者擅自迁移、拆除历史建筑。

（3）在文物保护单位保护范围和建设控制地带内从事建设活动的相关规定

《文物保护法》规定，文物保护单位的保护范围内不得进行其他建设施工或者爆破、钻探、挖掘等作业。但是，因特殊情况需要在文物保护范围内进行其他建设工程或者爆破、钻探、挖掘等作业的必须保证文物保护单位的安全，并经核定公布该文物保护单位的人民政府批准，在批准前应当征得上一级人民政府文物行政部门同意；在全国重点文物保护单位的保护范围内进行其他健身工程或者爆破、钻探、挖掘等作业的，必须经省、自治区、直辖市人民政府批准，在批准前应当征得国务院文物行政部门同意。

在文物保护单位的建设控制地带内进行建设工程，不得破坏文物保护单位的历史风貌；工程设计方案应当根据文物保护单位的级别，经相应的文物部门同意后，报城乡建设规划部门批准。

（4）文物修缮保护工程的设计施工管理

《文物保护法实施细则》规定，全国重点文物保护单位和国家文物局认为有必要由其审查批准的省、自治区、直辖市文物保护单位的修缮计划和设计施工方案，由国家文物局审查批准。省、自治区、直辖市级和县、自治县、市级文物保护单位的修缮计划和设计施工方案，由省、自治区、直辖市

人民政府文物行政管理部门审查批准。文物修缮保护工程应当接受审批机关的监督和指导。工程竣工时，应当报审批机关验收。

9.3.2 施工发现文物报告和保护的规定

《文物保护法》规定，地下埋藏的文物，任何单位或者个人不得私自发掘。考古发掘的文物，任何单位或者个人不得侵占。

1. 配合建设工程进行考古发掘工作的规定

进行大型基本建设工程，建设单位应当事先报请省、自治区、直辖市人民政府文物行政组织从事考古发掘的单位在工程范围内有可能埋藏文物的地方进行考古调查、勘探。

确因建设工期紧迫或者有自然破坏危险，对古文化遗址、古墓葬亟须进行抢救发掘的，由省、自治区、直辖市人民政府文物行政组织发掘，并同时补办审批手续。

2. 施工发现文物报告和保护

《文物保护法》规定，在进行建设工程或者在农业生产中、任何单位或者个人发现文物，应当保护现场，立即报告当地文物行政部门，文物行政部门接到报告后，如无特殊情况，应当在24小时内赶赴现场，并在7日内提出处理意见。

依照以上规定发现的文物属于国家所有，任何单位或者个人不得哄抢、私分、藏匿。

《文物保护法实施细则》进一步规定，在进行建设工程中发现古遗迹、古墓葬必须发掘时，由省、自治区、直辖市人民政府文物行政组织力量及时发掘；特别重要的建设工程和跨省、自治区、直辖市的建设工程范围内的考古发掘工作，由国家文物局组织实施，发掘未结束前不得继续施工。

在配合建设工程进行的考古发掘工作中，建设单位、施工单位应当配合考古发掘单位，保护出土文物或者遗迹的安全。

3. 水下文物报告和保护

《水下文物保护管理条例》规定，任何单位或者个人以任何方式发现遗存于中国内、领海内的一切起源于中国的、起源国不明的和起源于外国的文物，以及遗存于中国领海以外依照中国法律由中国管辖的其他海域内的起源于中国的和起源国不明的文物，应当及时报告国家文物局或者地方文物行政管理部门；已打捞出水的，应当及时上缴国家文物局或者地方文物行政管理部门处理。

任何单位或者个人以任何方式发现遗存于外国领海以外的其他管辖海域以及公海区域内的起源于中国的文物，应当及时报告国家文物局或者地方文物行政管理部门；已经打捞出水的，应当及时提供国家文物局或者地方文物行政管理部门辨认、鉴定。

9.3.3 违法行为应承担的法律责任

对施工中文物保护违法行为应承担的主要法律责任如下：

1. 哄抢、私分国有文物等违法行为应承担的法律责任

《文物保护法》规定，有下列行为之一，构成犯罪的，依法追究刑事责任：

①盗掘古文化遗址、古墓葬的。

②故意或者过失损毁国家保护的珍贵文物的。

③将国家禁止出境的珍贵文物私自出售或送给外国人的。

④以牟利为目的倒卖国家禁止经营的文物的。

⑤走私文物的。

⑥盗窃、哄抢、私分或者非法侵占国有文物的。

⑦应当追究刑事责任的其他妨害文物管理行为。

造成文物灭失、损毁的，依法承担民事责任。构成违反治安管理行为的，由公安机关依法给予治安管理处罚。构成走私行为，尚不构成犯罪的，由海关依照相关法律、行政法规的规定给予处罚。

有下列行为之一，尚不构成犯罪的，由县级以上人民政府文物主管部门会同公安机关追缴文物；情节严重的，处5 000元以上5万元以下的罚款。

①发现文物隐匿不报或者拒不上交的。

②未按照规定移交拣选文物的。

2. 在文物保护单位的保护范围和建设控制地带内进行工程违法行为应承担的法律责任

《文物保护法》规定，有下列行为之一，尚不构成犯罪的，由县级以上人民政府文物主管部门责令改正，造成严重后果的，处5万元以上50万元以下的罚款；情节严重的，由原发证机关吊销资质证书。

①擅自在文物保护单位的保护范围内进行建设活动或者爆破、钻探、挖掘等作业的。

②在文物保护单位的建设控制地带内进行建设工程，其工程设计方案未经文物行政部门同意、报城乡建设规划部门批准，对文物保护单位的历史风貌造成破坏的。

③擅自迁徙、拆除不可移动的文物的。

④擅自修缮不可移动文物，明显改变文物原状的。

⑤擅自在原址重建已全部毁坏的不可移动文物，造成文物破坏的。

⑥施工单位未取得文物保护工程资质证书，擅自从事文物修缮、迁移、重建的。

刻划、涂污或者损坏文物尚不严重的，或者损毁依法设立的文物保护单位标志的，由公安机关或者文物所在单位给予警告，可以并处罚款。

3. 为取得相应资质证书擅自承担文物保护单位修缮、迁移、重建工程违法行为应承担的法律责任

《文物保护实施条例》规定，为取得相应等级的文物保护工程资质证书，擅自承担文物保护的修缮、迁移、重建工程的，由文物行政主管部门责令限期改正；逾期不改正，或者造成严重后果的，处5万元以上50万元以下的罚款；构成犯罪的，依法追究刑事责任。

4. 历史文化名城名镇、名村保护范围内违法行为应承担的法律责任

《历史文化名城名镇名村保护条例》规定，在历史文化名城、名镇、名村保护范围内有下列行为之一的，由城市、县人民政府城乡规划主管部门责令停止违法行为、限期恢复原状或者采取其他补救措施；有违法所得的，没收违法所得；逾期不恢复原状或者不采取其他补救措施的，城乡规划主管部门可以指定有能力的单位代为恢复原状或者采取其他补救措施，所需费用由违法者承担，造成严重后果的，对单位并处50万元以上100万元以下的罚款，对个人并处5万元以上10万元以下的罚款；造成损失的，依法承担赔偿责任：

①开山、采石、开矿等破坏传统格局和历史风貌的。

②占用保护规划确定保留的园林绿地、河湖水系、道路等的。

③修建生产、储存爆炸性、易燃性、放射性、毒害性、腐蚀性物品的工厂、仓库等的。

未经城乡规划主管部门会同同级文物主管部门批准，有下列行为之一的，由城市、县人民政府城乡规划主管部门责令停止违法行为、限期恢复原状或者采取其他补救措施；有违法所得的，没收违法所得；逾期不恢复原状或者不采取其他补救措施的，城乡规划主管部门可以指定有能力的单位代为恢复原状或者采取其他补救措施，所需费用由违法者承担，造成严重后果的，对单位并处5万元以上10万元以下的罚款，对个人并处1万元以上5万元以下的罚款；造成损失的，依法承担赔偿责任。

①改变园林绿地、河湖水系等自然状态的。

②拆除历史建筑以外的建筑物、构建物或者其他设施的。

③对历史建筑物进行外部修缮装饰、添加设施以外改变历史建筑的结构或者使用性质的。

④其他影响传统格局、历史风貌或者历史建筑构成破坏性影响的，依照以上规定予以处罚。

损坏或者擅自迁移、拆除历史建筑的，由城市、县人民政府城乡规划主管部门责令停止违法行为、限期恢复原状或者采取其他补救措施；有违法所得的，没收违法所得；逾期不恢复原状或者不采取其他补救措施的，城乡规划主管部门可以指定有能力的单位代为恢复原状或者采取其他补救措施，

所需费用由违法者承担，造成严重后果的，对单位并处 20 万元以上 50 万元以下的罚款，对个人并处 10 万元以上 20 万元以下的罚款；造成损失的，依法承担赔偿责任。

擅自设置、移动、涂改或者损毁历史文化街区、名镇、名村标志牌的，由城市、县人民政府城乡规划主管部门责令限期改正；逾期不改正，对单位并处 1 万元以上 5 万元以下的罚款，对个人并处 1 000 元以上 1 万元以下的罚款。

5. 水下文物保护违法行为应承担的法律责任

《水下文物保护实施条例》规定，破坏水下文物，私自勘探、发掘、打捞水下文物，或者隐匿、私分、贩运、非法出售、非法出口水下文物，依法给予行政处罚或者追究刑事责任。

案例分析

☞案例一：

（1）本案中，施工单位的夜间施工作业行为构成了环境噪声污染违法行为。《环境噪声污染防治法》第三十条规定："在城市市区噪声敏感建筑物集中区域内，禁止夜间进行产生环境噪声污染的建筑施工作业，但抢修、抢险作业和因生产工艺上要求或者特殊需要必须连续作业的除外。因特殊需要必须连续作业的，必须有县级以上人民政府或者其有关主管部门的证明。以上规定的夜间作业，必须公告附近居民。"经执法人员核实，该施工单位夜间作业既不属于抢修、抢险作业，也不属于因生产工艺上要求必须进行的连续作业，并没有有关主管部门出具的因特殊需要必须连续作业的证明。另外，《环境噪声污染防治法》第二十八条规定："在城市市区范围内向周围生活环境排放建筑施工噪声的，应当符合国家规定的建筑施工场界环境噪声排放标准。"经执法人员检测，施工场界噪声为 72.4 分贝，超过了《建筑施工场界噪声限值》（GB12523—90）关于夜间噪声限制 55 分贝的标准。

（2）依据《环境噪声污染防治法》第五十六条规定："在城市市区噪声敏感建筑物集中区域内，夜间进行禁止进行的产生环境噪声污染的建筑施工作业的，由工程所在地县级以上地方人民政府环境保护行政主管部门责令改正，可以并处罚款。"据此，对该施工单位应由该市环境保护行政主管部门依法责令改正，可以并处罚款。

☞案例二：

（1）施工单位向道路雨水井排放施工废水的行为构成了水污染违法行为。《水污染防治法》第二十一条规定："直接或者间接向水体排放污染物的企业事业单位和个体工商户，应当按照国务院环境保护主管部门的规定，向县级以上地方人民政府环境保护主管部门申报。登记拥有的水污染物排放设施、处理设施和在正常作业条件下排放水污染物的种类、数量和浓度，并提供防治水污染方面的有关技术资料。企业事业单位和个体工商户排放水污染物的种类、数量和浓度有重大改变的，应当及时申报登记；其水污染物处理设施应当保持正常使用；拆除或者闲置水污染物处理设施的，应当事先报县级以上地方人民政府环境保护主管部门批准。"本案中的施工单位，没有依法申报登记水污染物的情况和提供防治水污染方面的有关技术资料。《水污染防治法》第二十二条规定："向水体排放污染物的企业事业单位和个体工商户，应当按照法律、行政法规和国务院环境保护主管部门的规定设置排污口；在江河、湖泊设置排污口的，还应当遵守国务院水行政主管部门的规定。禁止私设暗管或者采取其他规避监管的方式排放水污染物。"本案中的施工单位私自设置排水口排放水污染物，没有办理相应的审批手续。《水污染防治法》第三十三条第一款规定："禁止向水体排放、倾倒工业废渣、城镇垃圾和其他废弃物。"本案中的施工单位虽然设置了沉淀池，但其向雨水井中排放的施工废水含有大量的泥沙、水泥块等废弃物。

（2）依据《水污染防治法》第七十二条、第七十五条第二款的规定，市环保局应当责令该施工单位限期改正，限期拆除私自设置的排污口，并可对该施工单位处2万元以上10万元以下的罚款；逾期不拆除的，强制拆除，所需费用由违法者承担，处10万元以上50万元以下的罚款。

拓展与实训

基础训练

一、单项选择题

1.《环境保护法》颁布实施时间是（　　）。

　　A. 1988年12月1日　　B. 1989年12月1日　　C. 1984年5月11日　　D. 2008年1月1日

2. 环境规划分为短期规划、中期规划和（　　）。

　　A. 目标规划　　　　　B. 控制规划　　　　　C. 长期规划　　　　　D. 长远规划

3. 环境保护设施验收，应当与主体工程竣工验收（　　）进行。

　　A. 分别　　　　　　　B. 同时　　　　　　　C. 交叉　　　　　　　D. 顺序

4.《环境影响评价法》规定，建设项目的环境影响评价文件自批准之日起超过（　　），方决定该项目开工建设的，其环境影响评价文件应当报原审批部门重新审核。

　　A. 2年　　　　　　　B. 3年　　　　　　　C. 4年　　　　　　　D. 5年

5.《环境影响评价法》发布时间是（　　）。

　　A. 2002年12月28日　　B. 1999年12月1日　　C. 2000年10月1日　　D. 2005年5月1日

6. 我国环境标准分为（　　）和地方标准。

　　A. 国家标准　　　　　B. 质量标准　　　　　C. 环境基础标准　　　D. 行业标准

7. 环境保护"三同时"制度是指建设项目需要配套的环境保护设施，必须与主体工程（　　）。

　　A. 同时论证、同时评价、同时投资　　　　　B. 同时投资、同时施工、同时评价

　　C. 同时设计、同时施工、同时投产使用　　　D. 同时设计、同时施工、同时竣工验收

8. 在城市市区范围内，建筑施工过程中使用机械设备，可能产生噪声污染的，（　　）必须在工程开工前（　　）日以前向工程在地的相关部门申报相关情况。

　　A. 建设单位，15　　B. 施工单位，15　　C. 规划部门，15　　D. 建设单位，30

9. 按照《建筑施工场界噪声限值》（GB 12523—90）的规定，装饰施工阶段噪声限值是昼间（　　），夜间（　　）。

　　A. 85，55　　　　　B. 75，55　　　　　C. 70，55　　　　　D. 62，55

10. 可能产生环境噪声污染的，应当由（　　）提出环境影响报告书。

　　A. 建设单位　　　　　　　　　　　　　　　B. 建设行政主管部门

　　C. 施工单位　　　　　　　　　　　　　　　D. 环境保护行政主管部门

二、多项选择题

1. 某钢厂拟在市城区的轧制分厂扩建一条冲压生产线，考虑到可能产生的环境噪声污染，该钢厂编制了建设项目环境影响报告书，其中报告书中应有（　　）的意见。

　　A. 建设项目所在地规划部门　　　　　　　　B. 建设项目所在地工商部门

　　C. 建设项目所在地单位　　　　　　　　　　D. 建设项目所在地居民

　　E. 建设项目所在地建设行政主管部门

2. 根据施工现场固体废物的减量化和回收再利用的要求，施工单位应采取的有效措施包括（   ）。

　　A. 生活垃圾袋装化　　　B. 建筑垃圾分类化　　　C. 建筑垃圾及时清运

　　D. 设置封闭式垃圾容器 E. 建筑垃圾集中化

3. 下列选项中，对我国《固体废物污染防治法》论述正确的是（   ）。

　　A. 城市生活垃圾收集、贮存应符合环境保护和环境卫生规定

　　B. 产品应采取易回收的包装，有关部门应加强包装物的回收利用工作

　　C. 危险物的处置场所必须设有识别标志

　　D. 船舶贮运油类必须有防溢液、防渗流措施

　　E. 转移危险废物必须填写"转移单"，并向移出地环保部门报告，经接受地许可

4. 为了有效地防治扬尘大气污染，施工现场采取比较得当的措施包括（   ）。

　　A. 运送土方车辆密闭严密　　　　　　　B. 施工现场出口设置洗车槽

　　C. 堆放的土方洒水、覆盖　　　　　　　D. 建筑垃圾分类堆放

　　E. 地面硬化处理

5. （   ）不得在建筑活动中使用列入禁止使用目录的技术、工艺、材料和设备。

　　A. 建设单位　　　　　B. 监理单位　　　　　C. 设计单位

　　D. 勘察单位　　　　　E. 施工单位

6. 某省辖区某市市区内发现的古文化遗址被确定为全国重点文物保护单位，则其建设控制地带由（   ）划定。

　　A. 省文物行政主管部门　　　　　　　　B. 市文物行政主管部门

　　C. 省级规划行政主管部门　　　　　　　D. 市级规划行政主管部门

　　E. 国家文物局

7.《历史文化名城名镇名村保护条例》规定，在历史文化名城、名镇、名村保护范围内禁止以下活动（   ）。

　　A. 修建储存腐蚀性物品的仓库　　　　　B. 开采矿产

　　C. 进行影视剧摄制活动　　　　　　　　D. 举办大型群众性活动

　　E. 修建生产易燃性物品的工厂

8. 环境保护"三同时"制度是（   ）。

　　A. 同时设计　　　　　B. 同时施工　　　　　C. 同时投产使用

　　D. 同时评价　　　　　E. 同时验收

9. 施工节能的规定（   ）。

　　A. 节材和材料资源利用　　　　　　　　B. 节水与水资源利用

　　C. 节能与能源利用　　　　　　　　　　D. 节地与施工用地保护

　　E. 节电与发电资源利用

10. 以下属于《绿色施工导则》规定的提高用水效率的措施的是（   ）。

　　A. 混凝土养护过程中应采取必要的措施

　　B. 将节水定额指标纳入分包或劳务合同中进行计量考核

　　C. 对现场各个分包生活区合计统一计量用水量

　　D. 临时用水采用节水型产品，安装计量装置

　　E. 现场车辆冲洗设立循环用水装置

三、简答题

1. 什么是环境保护法？

2. 什么是环境保护"三同时"制度？

3. 环境标准制度的分类和分级分别是什么？

4. 新修订的《节约能源法》的特点是什么？

5. 简述历史文化名城保护的意义。

6. 简述各参建单位的节能责任。

7. 简述环境影响报告书的基本内容。

8. 什么是施工现场环境保护制度？

9. 简述施工现场环境噪声污染的防治。

10. 简述施工现场水污染的防治？

技能训练

1. 目的

通过此实训项目练习，使学生对于环境保护、节约能源与文物保护的意识得到提高，根据背景资料，组织学生进行讨论：如何更好地将法规中有关建筑施工环境保护、节约能源和文物保护制度融入日后的建筑工程施工过程中展开。

2. 成果

学生通过分组讨论，以本地区实际项目为背景展开讨论，表述自己的认识与想法，完成论文。

模块10
建设工程纠纷的处理

模块概述

建设工程纠纷通常贯穿于建设项目自招标、谈判与签约、合同履行，到竣工验收、结算、交付及保修期的项目建设全过程。

作为全球最活跃的建筑市场，近年来中国的建设工程纠纷涉及的领域越来越广泛，相关纠纷除了传统的住宅建筑领域，还涉及大量的公共建筑、工业建筑、商业建筑等地产领域，特别是大规模的基础设施建设工程领域，如地铁、轻轨、桥梁、港口、码头、铁路、核电站等。这些新型建筑特别是基础设施建筑的共同特点就是投资额巨大，设计施工难度高，项目参与方众多。因而相应的工程纠纷标的金额巨大，法律关系复杂。

随着中国项目管理模式日益多样化的革命性变革，建设工程纠纷从传统的法律关系相对简单的承发包双方之间的承发包纠纷，发展到项目业主和工程各个参与方之间以及项目各参与方之间多种法律关系下的多形态纠纷。这些纠纷涉及承发包法律关系、委托代理法律关系、买卖法律关系、侵权责任法律关系以及损害赔偿法律关系等。

正是因为建设工程纠纷具有复杂性，纠纷产生的后果具有严重性，所以只有了解掌握建设工程纠纷解决方式和程序，才能在纠纷发生时选择正确的途径，从而及时、有效地解决争议。

学习目标

1. 了解建设工程纠纷的种类与处理方式；
2. 掌握仲裁机构、仲裁协议的法律规定；
3. 掌握民事诉讼中案件管辖原则；
4. 掌握行政复议和行政诉讼的主要法律规定；
5. 熟悉仲裁、民事诉讼、行政复议和行政诉讼的程序。

能力目标

1. 能进行仲裁、民事诉讼程序的应用；
2. 能熟悉行政复议和行政诉讼的具体应用。

课时建议

6课时

案例导入

1. 引例一

某施工企业承接某高校实验楼的改造工程，后因工程款发生纠纷。施工企业按照合同的约定提起仲裁，索要其认为的尚欠工程款。由于期间实验楼因实施规划要求已被拆除，很难通过造价鉴定对工程款数额做出认定。仲裁庭在审理期间主持调解。双方均接受调解结果，并当庭签署调解协议。

试问：

1. 当事人不愿调解的，仲裁庭可否强制调解？

2. 仲裁庭调解不成的应该怎么办？

3. 调解书的法律效力如何？

4. 调解书何时发生法律效力？

2. 引例二

2000 年 4 月，某建筑公司获准在当地修建其自用的综合楼工程。施工期间，市燃气总公司（简称燃气公司）在 2000 年 5 月巡线发现，该楼房基井内可见燃气次高压主管线管道被占压；供应全城燃气的高压主干线与综合楼外墙基础的最小间距低于燃气技术规范，且被该工地的临时建筑占压。当地的区建委于 2000 年 5 月 20 日做出处理决定，责令该建筑公司立即停止施工，由燃气公司将燃气改道工程完成后，经区建委批准方可复工，所需费用由建筑公司承担。同年 6 月，燃气公司按该决定的要求将改道方案送达区建委批准并向建筑公司去函，要求及时支付改道费用，以彻底消除隐患。但建筑公司未执行区建委的停工决定。对燃气公司来函不予理睬，继续强行施工，并于 2001 年 8 月将综合楼建成。期间，燃气公司多次派员接洽、制止无果，致使该大楼占压高压、次高压燃气管道的严重安全隐患未能排除。据此，该市建委认为，建筑公司行为违反了《城市燃气管理办法》第十二条、第十三条的规定。依据该办法第四十一条、第四十三条的规定，于 2002 年 7 月 25 日对建筑公司做出行政处罚：罚款 30000 元；承担整改经费 70600 元。期间，市建委以《建设行政处罚听证告知书》《行政处罚事先告知书》向建筑公司告知陈述、申辩和听证权，使用国内特快专递送达，取得收件人夏某的快递回执；但并未举行听证会，随后，建筑公司依法提起行政诉讼。

试问：

1. 建筑公司对上述行政处罚不服有哪些救济途径？

2. 建筑公司如果直接提起行政诉讼，应该如何确定起诉期限？

3. 本案中的行政处罚在处罚程序、适用法律上是否违法？

4.《城市燃气管理办法》的内容是否属于行政复议机关审查范围？

5. 如果建筑公司质疑《城市燃气管理办法》的内容合法性，并就此提请行政诉讼，人民法院是否应当受理？

10.1 建设工程纠纷的主要类型

所谓法律纠纷（Legal Conflict），是指公民、法人、其他组织之间因人身、财产或其他法律关系所发生的对抗冲突（或者争议），主要包括民事纠纷、行政纠纷、刑事纠纷。民事纠纷是平等主体间的有关人身、财产权的纠纷；行政纠纷是行政机关之间或行政机关同公民、法人和其他组织之间由于行政行为而产生的纠纷；刑事纠纷是因犯罪而产生的纠纷。

建设工程项目通常具有投资大、建造周期长、技术要求高、协作关系复杂和政府监管严格等特点。建筑法律关系不是由单一的部门法律规范调整的社会关系，建筑民事法律规范和建筑行政法律规范在调整建筑活动的社会关系中相互作用，综合运用。因此在建设工程领域里常见的是民事纠纷和行

政纠纷。

10.1.1 建设工程民事纠纷

建设工程民事纠纷是在建设工程活动中平等主体之间的以民事权利义务法律关系为内容的争议。民事纠纷作为法律纠纷的一种，一般来说，是因为违反了民事法律规范而引起的。民事纠纷可分为两大类：一类是财产关系方面的民事纠纷，如合同纠纷、损害赔偿纠纷等；另一类是人身关系的民事纠纷，如名誉权纠纷、继承权纠纷等。

1. 民事纠纷的特点

①民事纠纷主体之间的法律地位平等。

②民事纠纷的内容是对民事权利义务的争议。

③民事纠纷具有可处分性。这主要是针对有关财产关系的民事纠纷，而有关人身关系的民事纠纷多具有不可处分性。

在建设工程领域，较为普遍和重要的民事纠纷主要是合同纠纷和侵权纠纷。

2. 合同纠纷

合同纠纷，是指因合同的生效、解释、履行、变更、终止等行为而引起的合同当事人之间的所有争议。合同纠纷的内容主要表现在争议主体对导致合同法律关系产生、变更与消灭的法律事实以及法律关系内容有着不同的观点和看法。合同纠纷的范围涵盖了一项合同从成立到终止的整个过程。在建设工程领域，合同纠纷主要有工程总承包合同纠纷、工程勘察合同纠纷、工程设计合同纠纷、工程施工合同纠纷、工程监理合同纠纷、工程分包合同纠纷、材料设备采购合同纠纷以及劳动合同纠纷等。

3. 侵权纠纷

侵权纠纷，是指一方当事人对另一方侵权而产生的纠纷。在建设工程领域也易发生侵权纠纷，如施工单位在施工过程中未采取相应防范措施造成对他方损害而产生的侵权纠纷，未经许可使用他方专利、工法等而造成的知识产权侵权纠纷等。

>>>

技术提示：

　　发包人和承包人就有关工期、质量、造价等产生的建设工程合同争议，是建设工程领域最常见的民事纠纷。

10.1.2 建设工程行政纠纷

建设工程行政纠纷是在建设工程活动中行政机关之间或行政机关同公民、法人和其他组织之间由于行政行为而产生的纠纷，包括行政争议和行政案件。在行政法律关系中，行政机关对公民、法人和其他组织行使行政管理职权，应当依法行政；公民、法人和其他组织也应当依法约束自己的行为，做到自觉守法。

1. 行政机关的行政行为特征

①行政行为是执行法律的行为，任何行政行为均须有法律根据，具有从属法律性，没有法律的明确规定或授权，行政主体不得做出任何行政行为。

②行政行为具有一定的裁量性，这是由立法技术本身的局限性和行政管理的广泛性、变动性、应变性所决定的。

③行政主体在实施行政行为时具有单方意志性，不必与行政相对方协商或征得其同意，即可依法自主做出。即使是在行政合同行为中，在行政合同的缔结、变更、解除与履行等诸方面，行政主体均具有与民事合同不同的单方意志性。

④行政行为是以国家强制力保障实施的，带有强制性，行政相对方必须服从并配合行政行为。否则，行政主体将予以制裁或强制执行。

⑤行政行为以无偿为原则，以有偿为例外。只有当特定行政相对人承担了特别公共负担，或者

分享了特殊公共利益时，方可为有偿的。

2. 易引发纠纷的行政行为

在建设工程领域，行政机关易引发行政纠纷的具体行政行为主要有如下几种：

（1）行政许可

即行政机关根据公民、法人或者其他组织的申请，经依法审查，准予其从事特定活动的行政管理行为，如施工许可、专业人员执业资格注册、企业资质等级核准、安全生产许可等。行政许可易引发的行政纠纷通常是行政机关的行政不作为、违反法定程序等。

（2）行政处罚

即行政机关或其他行政主体依照法定职权、程序对于违法但尚未构成犯罪的相对人给予行政制裁的具体行政行为。常见的行政处罚为警告、罚款、没收违法所得、取消投标资格、责令停止施工、责令停业整顿、降低资质等级、吊销资质证书等。行政处罚易导致的行政纠纷，通常是行政处罚超越职权、滥用职权、违反法定程序、事实认定错误、适用法律错误等。

（3）行政奖励

即行政机关依照条件和程序，对为国家、社会和建设事业做出重大贡献的单位和个人，给予物质或精神鼓励的具体行政行为，如表彰建设系统先进集体、劳动模范和先进工作者等。行政奖励易引发的行政纠纷，通常是违反程序、滥用职权、行政不作为等。

（4）行政裁决

即行政机关或法定授权的组织，依照法律授权，对平等主体之间发生的与行政管理活动密切相关的、特定的民事纠纷争议进行审查，并做出裁决的具体行政行为，如对特定的侵权纠纷、损害赔偿纠纷、权属纠纷、国有资产产权纠纷以及劳动工资、经济补偿纠纷等的裁决。行政裁决易引发的行政纠纷，通常是行政裁决违反法定程序、事实认定错误、适用法律错误等。

技术提示：

在各种行政纠纷中，既有因行政机关超越职权、滥用职权、行政不作为、违反法定程序、事实认定错误、适用法律错误等所引起的纠纷，也有公民、法人或其他组织逃避监督管理、非法抗拒监督管理或误解法律规定等产生的纠纷。

10.2 建设工程民事纠纷的处理

建设工程民事纠纷主要是在建设单位、勘察设计单位、施工单位等平等主体之间，因其权利义务关系发生的争议。其中，最为常见的是合同纠纷、质量纠纷等。解决建设工程民事纠纷的主要方法有四种，即和解、调解、仲裁和诉讼。

10.2.1 和解

1. 概念

和解（Settlement）是指当事人在自愿互谅的基础上，就已经发生的争议进行协商并达成协议，自行解决的一种方式。

2. 法律效力

①和解达成的协议不具有强制执行的效力，但可以成为原合同的补充部分。

②和解后当事人不执行，另一方不可以申请强制执行，但却可以追究其违约责任。

3. 和解的特点

通常建设工程纠纷发生后，解决纠纷的首选方式是和解。纠纷双方本着解决问题与分歧的诚意，直接进行协商，以求相互谅解，从而消除分歧与异议，解决纠纷。

这种纠纷解决方式的优点在于无须第三人介入，既可以节省解决费用，及时解决问题，又可以保持友好合作关系，以利于下一步对协商协议的执行。其缺点是，双方就解决纠纷所达成的协议不具备强制执行的效力，当事人较容易反悔。

4.和解的适用情况

①未经仲裁和诉讼的和解。发生争议后，当事人可以自行和解。如果达成一致意见，就无须仲裁或诉讼。

②申请仲裁后和解。当事人申请仲裁后，可以自行和解。达成和解协议的，可以请求仲裁庭根据和解协议做出裁决书，也可以撤回仲裁申请。当事人达成和解协议，撤回仲裁申请后反悔的，可以根据仲裁协议申请仲裁。

③诉讼后和解。当事人在诉讼中和解的，由原告申请撤诉，经法院裁定撤诉后结束诉讼。

④执行中和解。在执行中，双方当事人在自愿协商的基础上，达成的和解协议，产生结束之执行程序的效力。如果一方但是人不履行和解协议或反悔的，对方当事人只可以申请人民法院按照原生效法律文书强制执行。

❖❖❖❖ 10.2.2 调解

1.概念

调解（Mediation）是指双方当事人以外的第三者，以国家法律、法规和政策以及社会公德为依据，对纠纷双方进行疏导、劝说，促使他们相互谅解，进行协商，自愿达成协议，解决纠纷的活动。

2.调解的特点

调解往往是当事人经过协商仍不能解决争议时采取的方式，因此，与协商和解相比，它面临的争议要大一些。但与仲裁、诉讼相比，调解仍具有与协商和解相似的优点，它能够经济、及时地解决争议，节省时间和费用，不伤害争议双方的感情，维护双方的长期合作关系。同时，由于调解有第三方介入，便于双方当事人较为冷静、理智地考虑问题，更客观全面地看问题，有利于消除当事人双方的对立情绪，有利于争议的公正解决。

3.调解的基本原则

（1）合理合法原则

调解必须依照法律法规进行，必须分清是非，明确责任，调解协议的内容必须合法；同时调解又要符合当事人的具体实际情况。

（2）自愿平等原则

是否进行调解，是否达成调解协议，都应充分尊重当事人的意愿，本着平等互利的精神来解决纠纷。

（3）尊重诉权原则

调解不能剥夺当事人的诉权，调解组织无权强迫调解，无权阻挠当事人进行诉讼，更无权采取强制手段。

4.调解的分类

在我国，调解作为法律概念，包括民间调解、行政调解、仲裁机构调解和法庭调解四种类型。

（1）民间调解

当事人临时选择的社会组织或者个人作为调解人，对产生的争议进行调解。如果在调节人的调解下，双方当事人达成协议，经双方签署的调解协议书对当事人不具有法律强制约束力，但具有与合同同等的法律效力。

（2）行政调解

由国家行政机关依照法律规定进行调解。行政调解达成的协议也不具有法律强制约束力。

（3）仲裁机构调解

由仲裁庭主持进行的调解。当事人将争议提交仲裁机构后，经双方当事人同意，将调解纳入仲裁程序，调解成功后制作调解书，双方签署后生效。调解书与仲裁书具有同等的效力。

（4）法庭调解

由法庭主持的调解。当事人将争议提起诉讼后，可以请求法庭调解，调解成功的，法院制作调解书，双方签署后生效。调解书与判决书具有同等的效力。

◇◇◇◇ 10.2.3　仲裁

1. 概念

仲裁（Arbitration）是指，发生争议的当事人根据其达成的仲裁协议，自愿将该争议提交中立的第三方（仲裁机构）进行裁判的争议解决制度。

2. 仲裁的适用范围

在我国，《中华人民共和国仲裁法》（以下简称《仲裁法》）是调整和规范仲裁制度的基本法律。《仲裁法》的第二条规定："平等主体的公民、法人和其他组织之间发生的合同纠纷和其他财产权益纠纷，可以仲裁。"这里明确了三条原则：一是发生纠纷的双方当事人必须是民事主体，包括国内外法人、自然人和其他合法的具有独立主体资格的组织；二是仲裁的争议事项应当是当事人有权处分的；三是仲裁范围必须是合同纠纷和其他财产权益纠纷。

根据《仲裁法》第三条的规定，有两类纠纷不能仲裁：

①婚姻、收养、监护、扶养、继承纠纷不能仲裁，这类纠纷虽然属于民事纠纷，也不同程度地涉及财产权益争议，但这类纠纷往往涉及当事人本人不能自由处分的身份关系，需要法院做出判决或由政府机关做出决定，不属仲裁机构的管辖范围。

②行政争议不能裁决。行政争议，亦称行政纠纷，行政纠纷是指国家行政机关之间，或者国家行政机关与企事业单位、社会团体以及公民之间，由于行政管理而引起的争议。法律规定这类纠纷应当依法通过行政复议或行政诉讼解决。

《仲裁法》还规定：劳动争议和农业集体经济组织的内部的农业承包合同纠纷的仲裁，由国家另行规定，也就是说解决这类纠纷不适用仲裁法。这是因为，劳动争议，农业集体经济组织内部的农业承包合同纠纷虽然可以仲裁，但它不同于一般的民事经济纠纷，因此只能另作规定予以调整。

> **技术提示：**
>
> 我国仲裁法规定，仲裁裁决书自做出之日起发生法律效力，当事人应当履行仲裁裁决；仲裁调解书与仲裁裁决书具有同等的法律效力，调解书经双方当事人签收，即应自觉予以履行。通常情况下，当事人协商一致将纠纷提交仲裁，都会自觉履行仲裁裁决。但实际上，由于种种原因，当事人不自动履行仲裁裁决的情况并不少见，在这种情况下，另一方当事人即可请求法院强制执行仲裁裁决。

3. 仲裁裁决的法律效力

仲裁机关不是行政机关，也不是司法机关，因而仲裁机关所做出的仲裁裁决，不是行政调解协议，也不是法院做出的判决或裁定。

4. 仲裁协议

（1）概念

仲裁协议指当事人自愿将已经发生或者可能发生的争议通过仲裁解决的协议，仲裁协议必须是书面协议。没有仲裁协议，就不能发生仲裁。

（2）仲裁协议的内容

一份完整、有效的仲裁协议必须具备法定的内容，否则，仲裁协议将被认定为无效。根据我国仲裁法第十六条的规定，仲裁协议应当包括下列内容：

①请求仲裁的意思表示。请求仲裁的意思表示是仲裁协议的首要内容，因为当事人以仲裁方式解决纠纷的意愿正是通过仲裁协议中请求仲裁的意思表示体现出来的。对仲裁协议中意思表示的具体要求是明确、肯定。因此，当事人应在仲裁协议中明确地肯定将争议提交仲裁解决的意思表示。

请求仲裁的意思表示还应当满足三个条件：其一，以仲裁方式解决纠纷必须是双方当事人共同的意思表示，而不是一方当事人的意思表示；其二，必须是双方当事人在协商一致的基础上的真实意思表示，即当事人签订仲裁协议的行为是其内心的真实意愿，而不是在外界影响或强制下所表现出来的虚假意思；其三，必须是双方当事人自己的意思表示，而不是任何其他人的意思表示。

②仲裁事项。仲裁事项即当事人提交仲裁的具体争议事项。在仲裁实践中，当事人只有把订立于仲裁协议中的争议事项提交仲裁，仲裁机构才能受理。同时，仲裁事项也是仲裁庭审理和裁决纠纷的范围。即仲裁庭只能在仲裁协议确定的仲裁事项的范围内进行仲裁，超出这一范围进行仲裁，所做出的仲裁裁决，经一方当事人申请，法院可以不予执行或者撤销。仲裁协议中订立的仲裁事项，必须符合以下两个条件：

a. 争议事项具有可仲裁性。仲裁协议中双方当事人约定提交仲裁的争议事项，必须具有法律规定的可仲裁性，即属于仲裁立法允许采用仲裁方式解决的争议事项，才能提交仲裁，否则会导致仲裁协议的无效。这已成为各国仲裁立法、国际公约和仲裁实践所认可的基本准则。

b. 仲裁事项的明确性。由于仲裁事项是仲裁庭要审理和裁决的事项，因此，仲裁事项必须明确。按照我国仲裁法的规定，对仲裁事项没有约定或者约定不明确的，当事人应就此达成补充协议，达不成补充协议的，仲裁协议无效。

基于仲裁协议既可以在争议发生之前订立，也可以在争议发生之后订立，因此，仲裁事项也就包括未来可能性争议事项和现实已发生的争议事项。但不论争议事项是否已经发生，在仲裁协议中都必须明确规定。对于已经发生的争议事项，其具体范围比较明确和具体；对于未来可能性争议事项要提交仲裁，应尽量避免在仲裁协议中作限制性规定，包括争议性质上的限制、金额上的限制以及其他具体事项的限制。

技术提示：

仲裁的意思表示、仲裁事项和选定的仲裁委员会这三项内容必须同时具备，仲裁协议在内容上才能符合仲裁法的规定而成为有效的仲裁协议。

③选定的仲裁委员会。仲裁委员会是受理仲裁案件的机构。由于仲裁没有法定管辖的规定，因此，仲裁委员会是由当事人自主选定的。如果当事人在仲裁协议中不选定仲裁委员会，仲裁就无法进行。

对于仲裁委员会的选定，原则上应当是明确、具体的，即双方当事人在仲裁协议中要选定某一仲裁委员会进行仲裁。但如果当事人约定了两个以上的仲裁委员会，根据最高人民法院的司法解释，只要这一约定是明确的，也是可以执行的，当事人选择约定的仲裁机构之一，即可进行仲裁。

（3）协议的效力

有效的仲裁协议，总体上具有三方面的法律效力，即对当事人的约束力、对仲裁机构的效力和对法院的制约力。

①对当事人的法律效力。这是仲裁协议效力的首要表现。其一，仲裁协议约定的特定争议发生后，当事人就该争议的起诉权受到限制，只能将争议提交仲裁解决，不得单方撤销协议而向法院起诉。其二，当事人必须依仲裁协议所确定的仲裁范围、仲裁地点、仲裁机构等内容进行仲裁，不得随意更改。其三，仲裁协议对当事人还产生基于前两项效力之上的附随义务，即：任何一方当事人不得随意解除、变更已发生法律效力的仲裁协议；当事人应履行仲裁委员会依法做出的裁决，等等。

②对仲裁机构的法律效力。有效的仲裁协议是仲裁机构行使管辖权，受理案件的唯一依据。没有仲裁协议的案件，即使一方当事人提出仲裁申请，仲裁机构也无权受理。仲裁协议对仲裁管辖权还有限制的效力，并对仲裁裁决的效力具有保证效力。当然，仲裁机构对仲裁协议的存在、效力及范围也有裁决权。

③对法院的法律效力。首先，有效的仲裁协议排除了法院的管辖权。其次，对仲裁机构基于有效仲裁协议做出的裁决，法院负有执行职责。这体现了法院对仲裁的支持。第三，有效的仲裁协议是

申请执行仲裁裁决时必须提供的文件。

5. 仲裁程序

仲裁的具体程序，是指当事人提出仲裁申请直至仲裁庭做出判决的程序。仲裁程序是具体解决纠纷的操作规程，它包括：

（1）仲裁的申请和受理

①申请仲裁的条件：（a）有仲裁协议；（b）有具体的仲裁请求和事实、理由；（c）属于仲裁委员会的受理范围。

②申请方式为递交仲裁申请书和仲裁协议。

③审查与受理：（a）收到仲裁申请书5日内做出受理与否的决定；（b）将仲裁规则与仲裁员名册送交双方；（c）被申请人提交答辩书；（d）申请财产保全的要提交法院。

（2）组成仲裁庭

仲裁机构仲裁案件，不是仲裁委员会直接进行仲裁，而是通过一定的组织实现的。这个组织称为仲裁庭。仲裁庭行使仲裁权基于当事人的授权。

根据《仲裁法》，仲裁庭组成有两种形式：

①合议仲裁庭。即由三名仲裁员组成仲裁庭。当事人约定由三名仲裁员组庭时，应当各自选定或各自委托仲裁委员会主任指定一名仲裁员；第三名仲裁员即首席仲裁员，由当事人共同选定或共同委托仲裁委员会主任指定。

②独任仲裁庭。即由一名仲裁员组成的仲裁庭。这时，当事人应当共同选定或共同委托仲裁委员会主任指定仲裁员。

仲裁庭的组成充分体现了《仲裁法》关于当事人意思自治原则和保证争议公正解决原则的统一。《仲裁法》第三十二条规定："当事人没有在仲裁规则规定的限期内约定仲裁庭的组成方式或选定仲裁员的，由仲裁委员会主任指定。"

为确保当事人意思自治原则的实现，《仲裁法》在组庭问题上确立了仲裁员回避制度。这一制度也是仲裁庭对仲裁争议事项公正解决的法律保证。

（3）仲裁审理

仲裁审理的主要任务是审查、核实证据，查明案件事实，分清是非责任，正确使用法律，确认当事人之间的权利义务关系，解决当事人之间的纠纷。

①仲裁审理的方式。仲裁庭审理案件的形式有两种：一种是不开庭审理，这种审理一般是经当事人申请，或由仲裁庭征得双方当事人同意，只依据书面文件进行审理并做出裁决；第二种是开庭审理，这种审理按照仲裁规则的规定，采取不公开审理，如果双方当事人要求公开进行审理时，由仲裁庭做出决定。

②开庭审理程序。仲裁庭的开庭程序一般包括开庭前准备、开庭调查、开庭辩论、调解、开庭终结五个步骤。

a. 在开庭前，由首席仲裁员或独任仲裁员查明当事人是否到庭；告知当事人的权利和义务；宣布仲裁庭组成方式和仲裁庭组成人员，询问当事人是否申请回避；宣布开庭纪律。

b. 开庭调查，首先由申请人提出仲裁请求，被申请人进行答辩、提出反请求；其次，根据申请和答辩，查清争议发生的时间、地点、经过及争议的主要焦点；然后，就双方当事人提供的或仲裁庭收集的证据进行调查。

c. 开庭辩论，一般的辩论顺序是：先由双方当事人及其代理人分别向仲裁庭陈述其意见，然后由双方当事人及代理人就争议问题互相进行辩论。辩论终结时，双方当事人陈述最后意见。

d. 调解。仲裁庭在做出裁决前，可以根据当事人意愿先行调解，调解可以在仲裁庭主持下进行，也可以由双方当事人自行和解。当事人不愿意调解的，仲裁庭则不进行调解。

e. 开庭终结。开庭终结时，当事人阅读开庭笔录，并在笔录上签字。仲裁庭成员也应在笔录最后一页签字。

③仲裁和解、调解。

a. 仲裁和解。是指仲裁当事人通过协商，自行解决已提交仲裁的争议事项的行为。《仲裁法》规定，当事人申请仲裁后，可以自行和解。当事人达成和解协议的，可以请求仲裁庭根据和解协议做出裁决书，也可撤回仲裁申请。如果当事人反悔仍可以再申请仲裁。

b. 仲裁调解。是指在仲裁庭的主持下，仲裁当事人在自愿协商、互谅互让的基础上达成协议从而解决纠纷的一种制度。《仲裁法》规定，在做出裁决前可以先行调解。当事人自愿调解的，仲裁庭应当调解。调解不成的，应及时做出裁决。经仲裁庭调解，双方当事人达成协议的，仲裁庭应当制作调解书，经双方签收后产生法律效力。调解书签收后反悔的，应做出裁决。

④仲裁裁决。仲裁裁决是指仲裁庭对当事人之间所争议的事项进行审理后所做出的终局权威性判定。仲裁裁决的做出，标志着当事人之间纠纷的最终解决。

a. 仲裁裁决做出的方式。仲裁裁决是由仲裁庭做出的。独任仲裁庭进行的审理，由独任仲裁员做出仲裁裁决；合议仲裁庭进行的审理，则由3名仲裁员集体做出仲裁裁决。根据我国仲裁法的规定，由合议仲裁庭做出仲裁裁决时，根据不同的情况，采取不同的方式：

（a）按多数仲裁员的意见做出仲裁裁决。按多数仲裁员的意见做出仲裁裁决是裁决的一项基本原则，即少数服从多数的原则，也是仲裁实践通常适用的方式。我国仲裁法第五十三条规定："裁决应当按照多数仲裁员的意见做出，少数仲裁员的不同意见可以记入笔录。"所谓多数仲裁员的意见是指仲裁庭的3名仲裁员中至少有2名仲裁员的意见一致，如果3名仲裁员各执己见，无法形成多数意见时，即无法以此种方式做出仲裁裁决。

（b）按首席仲裁员的意见做出仲裁裁决。按首席仲裁员的意见做出仲裁裁决是在仲裁庭无法形成多数意见的情况下所采用的做出仲裁裁决的方式。仲裁法第五十三条规定："仲裁庭不能形成多数意见时，裁决应当按照首席仲裁员的意见做出。"

b. 仲裁裁决的种类。

（a）先行裁决。先行裁决是指在仲裁程序进行过程中，仲裁庭就已经查清的部分事实所做出的裁决。仲裁法第五十五条规定："仲裁庭仲裁纠纷时，其中一部分事实已经清楚，可以就该部分先行裁决。"

（b）最终裁决。最终裁决即通常意义上的仲裁裁决，它是指仲裁庭在查明事实，分清责任的基础上，就当事人申请仲裁的全部争议事项做出的终局性裁定。

（c）缺席裁决。缺席裁决是指仲裁庭在被申请人无正当理由不到庭或未经许可中途退庭情况下做出的裁决。仲裁法第四十二条第二款规定："被申请人经书面通知，无正当理由不到庭或者未经仲裁庭许可中途退庭的，可以缺席裁决"。

（d）合意裁决。合意裁决即仲裁庭根据双方当事人达成协议的内容做出的仲裁裁决。它既包括根据当事人自行和解达成的协议而做出的仲裁裁决，也包括根据经仲裁庭调解双方达成的协议而做出的仲裁裁决。

c. 仲裁裁决书。仲裁裁决书是仲裁庭对仲裁纠纷案件做出裁决的法律文书。根据仲裁法第五十四条的规定，仲裁裁决书应当写明仲裁请求、争议事实、裁决理由、裁决结果、仲裁费用的负担和裁决日期。如果当事人协议不愿写明争议事实和裁决理由的，可以不写。仲裁裁决书由仲裁员签名，加盖仲裁委员会印章。对仲裁裁决持不同意见的仲裁员，可以签名，也可以不签名。

d. 仲裁裁决的效力。仲裁裁决的效力是指仲裁裁决生效后所产生的法律后果。根据仲裁法第五十七条的规定：裁决书自做出之日起发生法律效力。仲裁裁决的效力体现在：

（a）当事人不得就已经裁决的事项再行申请仲裁，也不得就此提起诉讼。

（b）仲裁机构不得随意变更已生效的仲裁裁决。

（c）其他任何机关或个人均不得变更仲裁裁决。

（d）仲裁裁决具有执行力。

6. 仲裁裁决的撤销。

仲裁实行一裁终局制，仲裁裁决一经做出，即发生法律效力。如果仲裁裁决发生错误就必然损害当事人的合法权益，而仲裁制度没有内部监督机制，因此只能由法院进行外部监督，具体表现在仲裁裁决的撤销与不予执行。

（1）法律规定应当撤销仲裁裁决的情形

不是所有的仲裁裁决都可以申请撤销。对于终局裁决，如果具有以下情形，可以自收到仲裁裁决书之日起三十日内向仲裁委员会所在地的中级人民法院申请撤销裁决：

①没有仲裁协议的。

②裁决的事项不属于仲裁协议的范围或者仲裁委员会无权仲裁的。

③仲裁庭的组成或者仲裁的程序违反法定程序的。

④裁决所根据的证据是伪造的。

⑤对方当事人隐瞒了足以影响公正裁决的证据的。

⑥仲裁员在仲裁该案时有索贿受贿、徇私舞弊、枉法裁决行为的。

（2）撤销的程序

当事人申请撤销裁决的，应当自收到裁决书之日起六个月内提出。

人民法院应当在受理撤销裁决申请之日起两个月内做出撤销裁决或者驳回申请的裁定。人民法院受理撤销裁决的申请后，认为可以由仲裁庭重新仲裁的，通知仲裁庭在一定期限内重新仲裁，并裁定中止撤销程序。仲裁庭拒绝重新仲裁的，人民法院应当裁定恢复撤销程序。

（3）申请撤销仲裁裁决及裁定撤销裁决的后果

一方当事人申请执行裁决，另一方当事人申请撤销裁决的，人民法院应当裁定中止执行。

人民法院裁定撤销裁决的，应当裁定终结执行。撤销裁决的申请被裁定驳回的，人民法院应当裁定恢复执行。

7. 仲裁裁决的执行

（1）仲裁裁决执行的意义

我国《仲裁法》规定，仲裁裁决书自做出之日起发生法律效力，当事人应当履行仲裁裁决；仲裁调解书与仲裁裁决书具有同等的法律效力，调解书经双方当事人签收，即应自觉予以履行。通常情况下，当事人协商一致将纠纷提交仲裁，都会自觉履行仲裁裁决。但实际上，由于种种原因，当事人不自动履行仲裁裁决的情况并不少见，在这种情况下，另一方当事人即可请求法院强制执行仲裁裁决。

执行仲裁裁决是法院对仲裁制度予以支持的最终和最重要的表现，它构成仲裁制度的重要组成部分，执行仲裁裁决在仲裁制度上具有重要意义。

首先，执行仲裁裁决是使当事人的权利得以实现的有效保证。仲裁裁决的做出只是为权利人提供实现其权利的可能性，因为仲裁裁决被赋予法律上的强制力，可以迫使义务人履行自己的义务。但是，仲裁裁决只有真正得到执行后，权利人才能由此实现自己的权利。

其次，执行仲裁裁决是仲裁制度得以存在和发展的最终保证。在义务人不主动履行仲裁裁决时，如果法律不赋予仲裁裁决强制执行的效力，仲裁裁决书无疑只是一纸空文。只有规定执行程序，才能体现仲裁裁决的权威性，才能在保证实现当事人权利的同时，也保证仲裁制度的顺利发展。

（2）执行仲裁裁决的条件

仲裁裁决的执行，必须符合下列条件：

①必须有当事人的申请。一方当事人不履行仲裁裁决时，另一方当事人（权利人）须向人民法院提出执行申请，人民法院才可能启动执行程序。是否向人民法院申请执行，是当事人的权利，人民法院没有主动采取执行措施对仲裁裁决予以执行的职权。

②当事人必须在法定期限内提出申请。仲裁当事人在提出执行申请时，应遵守法定期限，及时行使自己的权利，超过了法定期限再提出申请执行时人民法院不予受理。关于申请执行的期限，我国

《仲裁法》规定，当事人可以依照《民事诉讼法》的有关规定办理，即申请执行的期限；双方或一方当事人是公民的为1年，双方是法人或者其他组织的为6个月。此期限从法律文书规定履行期间的最后一日起计算；法律文书规定分期履行的，从规定的每次履行期间的最后一日起计算。

③当事人必须向有管辖权的人民法院提出申请。当事人申请执行仲裁裁决，必须向有管辖权的人民法院提出。如何确定人民法院的管辖权，根据《仲裁法》的规定，应适用民事诉讼法的有关规定。

民事诉讼法规定由人民法院执行的其他法律文书，由被执行人住所地或者被执行人财产所在地人民法院执行。即当事人应向被执行人住所地或者被执行人财产所在地的人民法院申请执行仲裁裁决。

（3）执行仲裁裁决的程序

①申请执行。义务方当事人在规定的期限内不履行仲裁裁决时，权利方当事人在符合前述条件的情况下，有权请求人民法院强制执行。当事人申请执行时应当向人民法院递交申请书，在申请书中应说明对方当事人的基本情况以及申请执行的事项和理由，并向法院提交作为执行依据的生效的仲裁裁决书或仲裁调解书。

②执行。当事人向有管辖权的人民法院提出执行申请后，受申请的人民法院应当根据《民事诉讼法》规定的执行程序予以执行。人民法院的执行工作由执行员进行。

a. 执行员接到申请执行书后，应当向被执行人发出执行通知，责令其在指定的期间履行仲裁裁决所确定的义务，如果被执行人逾期再不履行义务的，则采取强制措施予以执行。

b. 被执行人未按执行通知履行仲裁裁决确定的义务，人民法院有权冻结、划拨被执行人的存款；有权扣留、提取被执行人应当履行义务部分的财产；有权强制被执行人迁出房屋或者退出土地；有权强制被执行人交付指定的财物或票证；有权强制被执行人履行指定的行为。

c. 被执行人未按仲裁裁决书或调解书指定的期间履行给付金钱义务的，应当加倍支付迟延履行期间的债务利息；未按规定期间履行其他义务的，应当支付迟延履行金。人民法院采取有关强制措施后，被执行人仍不能偿还债务，应当继续履行义务。即申请人发现被执行人有其他财产的，可以随时请求人民法院予以执行。当被申请人因严重亏损，无力清偿到期债务时，申请人可以要求人民法院宣告被执行人破产还债。

d. 在执行程序中，双方当事人可以自行和解。如果达成和解协议，被执行人不履行和解协议的，人民法院可以根据申请执行人的申请，恢复执行程序。被执行人向人民法院提供担保，并经申请执行人同意的，人民法院可以决定暂缓执行的期限。被执行人逾期仍不履行的，人民法院有权执行被执行人的担保财产或担保人的财产。

（4）仲裁裁决的不予执行

①仲裁裁决不予执行的理由。人民法院接到当事人的执行申请后，应当及时按照仲裁裁决予以执行。但是，如果被申请执行人提出证据证明仲裁裁决有法定不应执行的情形的，可以请求人民法院不予执行该仲裁裁决；人民法院组成合议庭审查核实后，裁定不予执行。根据《仲裁法》和《民事诉讼法》的规定，对于国内仲裁而言，不予执行仲裁裁决的情形包括：

a. 当事人在合同中没有仲裁条款或者事后没有达成书面仲裁协议的。

b. 裁决的事项不属于仲裁协议的范围或者仲裁机构无权仲裁的。

c. 仲裁庭的组成或者仲裁的程序违反法定程序的。

d. 认定事实的主要证据不足的。

e. 适用法律确有错误的。

f. 仲裁员在仲裁该案时有索贿受贿、徇私舞弊、枉法裁决行为的。

人民法院经组成合议庭审查核实仲裁裁决，确认有以上情形之一的，应当做出不予执行的裁定，并将此裁定送达双方当事人和仲裁委员会。仲裁裁决被人民法院依法裁定不予执行的，当事人不能申请人民法院再审。就该纠纷双方当事人可以重新达成仲裁协议，并依据该仲裁协议申请仲裁，也可以向人民法院提起诉讼。

②不予执行仲裁裁决和撤销仲裁裁决的区别。不予执行仲裁裁决和撤销仲裁裁决都是人民法院对仲裁行使司法监督权的体现，都是在符合法律规定的特定情形下对仲裁裁决的否定。但两者也有不同之处，其具体体现在：

a. 提出请求的当事人不同。有权提出撤销仲裁裁决申请的当事人可以是仲裁案件中的任何一方当事人，不论其是仲裁裁决确定的权利人还是义务人；而有权提出不予执行仲裁裁决的当事人只能是被申请执行仲裁裁决的一方当事人。

b. 提出请求的期限不同。当事人请求撤销仲裁裁决的，应当自收到仲裁裁决书之日起6个月内向人民法院提出；而当事人申请不予执行仲裁裁决则是在对方当事人申请执行仲裁裁决之后，法院对是否执行仲裁裁决做出裁定之前。

c. 管辖法院不同。当事人申请撤销仲裁裁决，应当向仲裁委员会所在地的中级人民法院提出，而当事人申请不予执行仲裁裁决只能向申请执行人所提出执行申请的法院提出。

d. 法定理由不同。申请撤销仲裁裁决理由包括：裁决所依据的证据是伪造的，对方当事人隐瞒了足以影响公正裁决的证据的；而申请不予执行仲裁裁决理由包括：认定事实的主要证据不足的、适用法律确有错误的。而且，人民法院还可以以违背社会公共利益为由撤销仲裁裁决。法定理由的不同表明，人民法院在审查撤销仲裁裁决时，侧重对于仲裁裁决的事实认定进行审查；而在审查不予执行仲裁裁决时，既审查仲裁裁决所认定的事实，又审查仲裁裁决所适用的法律。

e. 法律程序不同。在撤销仲裁裁决的程序中，法院认为可以由仲裁庭重新仲裁的，应通知仲裁庭在一定期限内重新仲裁；而在不予执行仲裁裁决的程序中，法院不可要求仲裁庭重新仲裁。

8. 仲裁的基本特点

作为一种解决财产权益纠纷的民间性裁判制度，仲裁既不同于解决同类争议的司法、行政途径，也不同于人民调解委员会的调解和当事人的自行和解。通过对仲裁制度的认识和了解，可以发现其具有以下特点：

（1）自愿性

当事人的自愿性是仲裁最突出的特点。仲裁以双方当事人的自愿为前提，即当事人之间的纠纷是否提交仲裁，交与谁仲裁，仲裁庭如何组成，由谁组成，以及仲裁的审理方式、开庭形式等都是在当事人自愿的基础上，由双方当事人协商确定的。因此，仲裁是最能充分体现当事人意思自治原则的争议解决方式。

（2）专业性

民商事纠纷往往涉及特殊的知识领域，会遇到许多复杂的法律、经济贸易和有关的技术性问题，故专家裁判更能体现专业权威性。因此，由具有一定专业水平和能力的专家担任仲裁员对当事人之间的纠纷进行裁决是仲裁公正性的重要保障。根据我国仲裁法的规定，仲裁机构都备有分专业的，由专家组成的仲裁员名册供当事人进行选择，专家仲裁由此成为民商事仲裁的重要特点之一。

（3）灵活性

由于仲裁充分体现当事人的意思自治，仲裁中的诸多具体程序都是由当事人协商确定与选择的，因此，与诉讼相比，仲裁程序更加灵活，更具有弹性。

（4）保密性

仲裁以不公开审理为原则。有关的仲裁法律和仲裁规则也同时规定了仲裁员及仲裁秘书人员的保密义务。因此当事人的商业秘密和贸易活动不会因仲裁活动而泄露。仲裁表现出极强的保密性。

（5）快捷性

仲裁实行一裁终局制，仲裁裁决一经仲裁庭做出即发生法律效力，这使得当事人之间的纠纷能够迅速得以解决。

（6）经济性

仲裁的经济性主要表现在：第一，时间上的快捷性使得仲裁所需费用相对减少；第二，仲裁无须多审级收费，使得仲裁费往往低于诉讼费；第三，仲裁的自愿性、保密性使当事人之间通常没有激烈的对抗，且商业秘密不必公之于世，对当事人之间今后的商业机会影响较小。

（7）独立性

仲裁机构独立于行政机关，各仲裁机构之间无隶属关系，仲裁庭独立进行仲裁，不受任何机关、社会团体和个人的干涉，不受仲裁机构的干涉，显示出最大的独立性。

10.2.4 诉讼

1. 概念

诉讼（Lawsuit），是指国家司法机关在当事人及其他诉讼参与人的参加下，依据法定的程序和方式，解决争议的活动。建筑民事纠纷通过诉讼的方式解决，主要是依照《中华人民共和国民事诉讼法》的有关规定来解决经济权利、经济义务的争议。在解决建设工程民事纠纷的各种方式中，诉讼是最正规、最权威和最有效的方式。

技术提示：

我国的诉讼类型分为民事诉讼、刑事诉讼和行政诉讼。本节出现的诉讼属民事诉讼；行政诉讼的内容在本章第三节具体介绍。

2. 民事诉讼的特点

（1）民事诉讼具有公权性

民事诉讼是以司法方式解决平等主体之间的纠纷，是由法院代表国家行使审判权解决民事争议。它既不同于人民调解委员会以调解方式解决纠纷，也不同于由民间性质的仲裁委员会以仲裁方式解决纠纷。

（2）民事诉讼具有强制性

强制性是公权力的重要属性。民事诉讼的强制性既表现在案件的受理上，又反映在裁判的执行上。调解、仲裁均建立在当事人自愿的基础上，只要有一方不愿意选择上述方式解决争议，调解、仲裁就无从进行，民事诉讼则不同，只要原告起诉符合民事诉讼法规定的条件，无论被告是否愿意，诉讼均会发生。诉讼外调解协议的履行依赖于当事人的自觉，不具有强制力，法院裁判则不同，当事人不自动履行生效裁判所确定的义务，法院可以依法强制执行。

（3）民事诉讼具有程序性

民事诉讼是依照法定程序进行的诉讼活动，无论是法院还是当事人和其他诉讼参与人，都需要按照民事诉讼法设定的程序实施诉讼行为，违反诉讼程序常常会引起一定的法律后果，如法院的裁判被上级法院撤销，当事人失去为某种诉讼行为上诉的权利等。诉讼外解决民事纠纷的方式程序性较弱，人民调解没有严格的程序规则，仲裁虽然也需要按预先设定的程序进行，但其程序相当灵活，当事人对程序的选择权也较大。

3. 诉讼管辖

民事诉讼中的管辖，是指各级法院之间和同级法院之间受理第一审民事案件的分工和权限。它是在法院内部具体确定特定的民事案件由哪个法院行使民事审判权的一项制度。

管辖可以按照不同标准作多种分类，其中最重要、最常用的是级别管辖和地域管辖。

（1）级别管辖

级别管辖是要划分上下级法院之间受理第一审民事案件的分工和权限。

我国有基层人民法院、中级人民法院、高级人民法院和最高人民法院四级法院，都可以受理第一审民事案件，但受理案件的范围不同，具体是指：

①基层人民法院（指县级、不设区的市级、市辖区的法院）管辖第一审民事案件，法律另有规定的除外。这就是说，一般民事案件都由基层法院管辖，或者说除了法律规定由中级法院、高级法院、最高法院管辖的第一审民事案件外，其余一切民事案件都由基层法院管辖。

②中级人民法院管辖下列第一审民事案件。

a. 重大涉外案件（包括涉港、澳、台地区的案件）。所谓涉外案件，是指具有外国因素的民事案件，如原告或被告是外国人、涉及的财产在外国等。所谓重大涉外案件，是指争议标的额大、案情复杂，或者居住在国外的当事人人数众多或当事人分属多国国籍的涉外案件。

b. 在本辖区有重大影响的案件。所谓在本辖区有重大影响的案件一般是指在政治上或经济上有重大影响的案件。在政治上有重大影响的案件，主要是指诉讼当事人或诉讼标的及标的物涉及的人或事在政治上有重大影响，如当事人是党、政、军界要员或人大代表等。在经济上有重大影响的案件，主要是指诉讼标的金额较大、争议的法律关系涉及国家经济政策的贯彻等类案件。

c. 最高人民法院确定由中级人民法院管辖的案件。目前这类案件主要有海事和海商案件、专利纠纷案件、商标侵权案件。海事、海商案件只能由海事法院管辖（海事法院与普通中级法院同级），其他法院不能管辖；专利纠纷案件只能由省级政府所在地的中级人民法院以及青岛、大连和各经济特区的中级人民法院管辖，其他法院没有管辖权。

③高级人民法院管辖的案件是在本辖区内有重大影响的第一审民事案件。

④最高人民法院管辖在全国范围内有重大影响的案件以及它认为应当由自己审理的案件。所谓在全国有重大影响的案件，是指在全国范围内案件性质比较严重、案情特别复杂、影响重大的案件，这类案件为数极少；所谓最高人民法院认为应当由本院审理的案件，是指只要最高人民法院认为某一案件应当由其审理，不论该案属于哪一级、哪一个法院管辖，它都有权将案件提上来自己审判，从而取得对案件的管辖权。这是法律赋予最高审判机关在管辖上的特殊权力。

技术提示：

应明确的是，由最高人民法院作为第一审管辖的民事案件实行一审终审，不能上诉。

（2）地域管辖

地域管辖，是指同级人民法院之间受理第一审民事案件的分工和权限。

地域管辖是在级别管辖的基础上划分的，只有在级别管辖明确的前提下，才能确定地域管辖；而要最终确定某一案件的管辖法院，则必须在确定了级别管辖之后，再通过地域管辖来进一步具体落实受诉法院。

地域管辖主要根据当事人住所地、诉讼标的物所在地或者法律事实所在地来确定。即当事人住所地、诉讼标的或者法律事实的发生地、结果地在哪个法院辖区，案件就由该地人民法院管辖。

地域管辖可分为一般地域管辖、特殊地域管辖、专属管辖、协议管辖、共同管辖和选择管辖、合并管辖。

①一般地域管辖又可称"普通管辖"或"一般管辖"，它是以诉讼当事人住所所在地为标准来确定管辖的。

②特殊地域管辖是指民事案件以作为诉讼的特定法律关系或者标的物所在地为标准而确定的管辖。我国《民事诉讼法》第二十四条规定"因合同纠纷提起的诉讼，由被告住所地或者合同履行地人民法院管辖。"《民事诉讼法》第二十五条规定"合同的双方当事人可以在书面合同中协议选择被告住所地、合同履行地、合同签订地、原告住所地、标的物所在地人民法院管辖，但不得违反本法对级别管辖和专属管辖的规定。"

③专属管辖是指某些民事案件依照法律规定必须由特定的人民法院管辖。《民事诉讼法》第三十四条规定了三种使用专属管辖的案件：因不动产纠纷提起的诉讼，由不动产所在地人民法院管辖；因港口作业中发生纠纷提起的诉讼，由港口所在地人民法院管辖；因继承遗产纠纷提起的诉讼，由被继承人死亡时住所地或者主要遗产所在地人民法院管辖。

④协议管辖是指当事人可就第一审民事案件，在争议发生前或发生后，通过协议，选择在某一

人民法院进行诉讼而产生的管辖。

⑤选择管辖。我国民事诉讼法第二十二条关于一般地域管辖的第三款中规定，同一诉讼的几个被告的住所地、经常居住地在两个以上人民法院管区内，各该人民法院均有管辖权，第二十三条至三十三条在特殊地域管辖中常给有关案件规定了两个甚至两个以上的有管辖权的人民法院。这样一来，就往往发生对同一案件，两个或两个以上人民法院都有管辖权的情况，民事诉讼法规定，遇有这种情况，原告可以向其中任何一个人民法院起诉。如原告同时向两个有管辖权的人民法院起诉的，由最先立案的人民法院行使管辖权。这就是所谓的选择管辖。

⑥共同管辖是指两个以上的法院对同一个诉讼案件都有合法的管辖权的情况。

⑦合并管辖，又称牵连管辖，是指对某个案件有管辖权的人民法院可以一并审理与该案有牵连的其他案件。合并管辖是因为对某个案件有管辖权的法院，基于另外案件与该案件存在某种牵连关系，有必要进行合并审理而获得对该另外案件管辖权的管辖。例如原告增加诉讼请求，被告提出反诉，第三人提出与本案有关的诉讼请求时，人民法院应当适用合并管辖。

4. 审判程序

我国法院实行两审终审制。审判程序是民事诉讼法规定的最为重要的内容，可以分为第一审程序、第二审程序和审判监督程序。

（1）第一审程序

一审程序包括普通程序和简易程序，普通程序是指人民法院审理第一审民事案件通常使用的程序。普通程序是第一审程序中最基本的程序，具有独立性和广泛性，是整个民事审判程序的基础。

①起诉和受理。起诉必须符合下列条件：原告是与本案有直接利害关系的公民、法人和其他组织；有明确的被告；有具体的诉讼请求和事实、理由；属于人民法院受理民事诉讼的范围和受诉人民法院管辖。

起诉应当向人民法院递交起诉状，并按照被告人数提出副本。书写起诉状确有困难的，可以口头起诉，由人民法院记入笔录，并告知对方当事人。

起诉状应当记明下列事项：当事人的姓名、性别、年龄、民族、职业、工作单位和住所，法人或者其他组织的名称、住所和法定代表人或者主要负责人的姓名、职务；诉讼请求和所根据的事实与理由；证据和证据来源，证人姓名和住所。

人民法院对符合《民事诉讼法》第一百零八条的起诉，必须受理；依照法律规定，应当由其他机关处理的争议，告知原告向有关机关申请解决；对不属于本院管辖的案件，告知原告向有管辖权的人民法院起诉；对判决、裁定已经发生法律效力的案件，当事人又起诉的，告知原告按照申诉处理，但人民法院准许撤诉的裁定除外；依照法律规定，在一定期限内不得起诉的案件，在不得起诉的期限内起诉的，不予受理；判决不准离婚和调解和好的离婚案件，判决、调解维持收养关系的案件，没有新情况、新理由，原告在六个月内又起诉的，不予受理。

人民法院收到起诉状或者口头起诉，经审查，认为符合起诉条件的，应当在七日内立案，并通知当事人；认为不符合起诉条件的，应当在七日内裁定不予受理；原告对裁定不服的，可以提起上诉。

②审理前的准备。人民法院应当在立案之日起五日内将起诉状副本发送被告，被告在收到之日起十五日内提出答辩状。被告提出答辩状的，人民法院应当在收到之日起五日内将答辩状副本发送原告。被告不提出答辩状的，不影响人民法院审理。

人民法院对决定受理的案件，应当在受理案件通知书和应诉通知书中向当事人告知有关的诉讼权利义务，或者口头告知。

合议庭组成人员确定后，应当在三日内告知当事人。审判人员必须认真审核诉讼材料，调查收集必要的证据。人民法院派出人员进行调查时，应当向被调查人出示证件。调查笔录经被调查人校阅后，由被调查人、调查人签名或者盖章。

人民法院在必要时可以委托外地人民法院调查。委托调查，必须提出明确的项目和要求。受委托人民法院可以主动补充调查。受委托人民法院收到委托书后，应当在三十日内完成调查。因故不能完成的，应当在上述期限内函告委托人民法院。

必须共同进行诉讼的当事人没有参加诉讼的，人民法院应当通知其参加诉讼。

③开庭审理。人民法院审理民事案件，除涉及国家秘密、个人隐私或者法律另有规定的以外，应当公开进行。

人民法院审理民事案件，根据需要进行巡回审理，就地办案。

人民法院审理民事案件，应当在开庭三日前通知当事人和其他诉讼参与人。公开审理的，应当公告当事人姓名、案由和开庭的时间、地点。

a. 准备开庭。开庭审理前，书记员应当查明当事人和其他诉讼参与人是否到庭，宣布法庭纪律。

开庭审理时，由审判长核对当事人，宣布案由，宣布审判人员、书记员名单，告知当事人有关的诉讼权利义务，询问当事人是否提出回避申请。

b. 法庭调查阶段。法庭调查按照下列顺序进行：当事人陈述；告知证人的权利义务，证人作证，宣读未到庭的证人证言；出示书证、物证和视听资料；宣读鉴定结论；宣读勘验笔录。

当事人在法庭上可以提出新的证据。当事人经法庭许可，可以向证人、鉴定人、勘验人发问。当事人要求重新进行调查、鉴定或者勘验的，是否准许，由人民法院决定。原告增加诉讼请求，被告提出反诉，第三人提出与本案有关的诉讼请求，可以合并审理。

c. 法庭辩论。法庭辩论按照下列顺序进行：原告及其诉讼代理人发言；被告及其诉讼代理人答辩；第三人及其诉讼代理人发言或者答辩；互相辩论。

法庭辩论终结，由审判长按照原告、被告、第三人的先后顺序征询各方最后意见。法庭辩论终结，应当依法做出判决。判决前能够调解的，还可以进行调解，调解不成的，应当及时判决。

d. 合议庭评议和宣判。法庭辩论结束后，调解又没有达成协议的，合议庭成员退庭进行评议。评议是秘密进行的。合议庭评议完毕后应制作判决书，宣告判决公开进行。宣告判决时，须告知当事人上诉的权力、上诉期限和上诉法院。

人民法院适用普通程序审理的案件，应当在立案之日起六个月内审结。有特殊情况需要延长的，由本院院长批准，可以延长六个月；还需要延长的，报请上级人民法院批准。

（2）第二审程序

第二审程序又叫终审程序，是指民事诉讼当事人不服各级人民法院未生效的第一审裁判，在法定期限内向上级人民法院提起上诉，上一级人民法院对案件进行审理所适用的程序。

①提起上诉。

a. 上诉的时间：当事人不服地方人民法院第一审判决的，有权在裁定书送达之日起十五日内向上一级人民法院提起上诉。当事人不服地方人民法院第一审裁定的，有权在裁定书送达之日起十日内向上一级人民法院提起上诉。

b. 上诉条件：必须是原案件的当事人提起上诉；必须在规定的期限内提起上诉；必须向上一级人民法院提起上诉；必须提出上诉状。

上诉状的内容，应当包括当事人的姓名，法人的名称及其法定代表人的姓名或者其他组织的名称及其主要负责人的姓名；原审人民法院名称、案件的编号和案由；上诉的请求和理由。

②上诉的受理。上诉的受理是指人民法院通过法定程序对上诉主体的资格及上诉状进行审查，接受审理的诉讼行为。原审法院对上诉的人实质要件和形式要件进行审查后，认为符合法定上诉条件

>>>

技术提示：

第二审程序并不是每一个民事案件的必须程序，如果当时人在案件一审过程中达成调解协议或者在上诉期内未提起上诉，一审法院的裁判就发生法律效力，第二审程序也因无当事人的上诉而无从发生，当事人的上诉是二审程序发生的前提。

的，应在5日内将上诉状副本送交被上诉人，并注明在法定期间内提出答辩。原审法院收到上诉状、答辩状后，在法定期间内，将上诉状、答辩状，连同案卷材料和诉讼证据，一并报送上诉审法院。

③上诉的审理。二审法院对上诉案件的审理范围体现了第二审法院的职能。我国现行民事诉讼法第一百五十一条规定，第二审人民法院应当对上诉请求的有关事实和适用法律进行审查。

根据最高人民法院的有关司法解释，第二审案件的审理应当围绕当事人上诉请求的范围进行，当事人没有提出请求的，不予审查。但判决违反法律禁止性规定，侵害社会公共利益或者他人利益的除外。被上诉人在答辩中要求变更或者补充第一审判决内容的，第二审人民法院可以不予审查。

第二审人民法院对上诉案件可以根据案件的具体情况分别采取以下两种方式进行审理：开庭审理或径行裁判。

④对上诉案件的裁判。第二审人民法院对上诉案件，经过审理，按照下列情形，分别处理：

a. 原判决认定事实清楚，适用法律正确的，判决驳回上诉，维持原判决。

b. 原判决适用法律错误的，依法改判。

c. 原判决认定事实错误，或者原判决认定事实不清，证据不足，裁定撤销原判决，发回原审人民法院重审，或者查清事实后改判。

d. 原判决违反法定程序，可能影响案件正确判决的，裁定撤销原判决，发回原审人民法院重审。

人民法院审理对判决的上诉案件，应当在第二审立案之日起三个月内审结。有特殊情况需要延长的，由本院院长批准。人民法院审理对裁定的上诉案件，应当在第二审立案之日起三十日内做出终审裁定。

⑤二审裁判的法律效力。第二审人民法院的判决、裁定，是终审的判决、裁定。

该裁判发生如下效力：当事人不得再行上诉；不得就同一诉讼标的，以同一事实和理由再行起诉；对具有给付内容的裁判具有强制执行的效力。

5. 审判监督程序

审判监督程序是指有监督权的机关或组织，或者当事人认为法院已经发生法律效力的判决、裁定确有错误，发动或申请再审，由人民法院对案件进行再审的程序。

审判监督程序的意义是通过审判监督程序，可依法纠正已经发生法律效力的错误判决、裁定，有利于保证国家法律的统一，正确实施，准确有效地惩罚犯罪分子，充分体现和贯彻实事求是、有错必纠的方针政策；有利于加强最高人民法院对地方各级人民法院，上级人民法院对下级人民法院以及人民检察院对人民法院审判工作的监督，及时发现审判中存在的问题，改进审判工作方法和作风，提高审判人员的素质；通过审判监督程序，可以充分发挥人民群众对审判工作的监督作用。

①人民法院提起再审。人民法院提起再审，必须是已经发生法律效力的判决裁定确有错误。

其程序为：各级人民法院院长发现本院做出的已生效的判决、裁定确有错误，认为需要再审的，应当裁定中止原判决、裁定的执行。最高人民法院对地方各级人民法院已生效的判决、裁定，上级人民法院对下级人民法院已生效的判决、裁定，发现确有错误，有权提审或指令下级人民法院再审。再审的裁定中同时写明中止原判决、裁定的执行。

②当事人申请再审。当事人申请不一定引起审判监督程序，只有在同时符合下列条件的前提下，由人民法院依法决定，才可以启动再审程序。

a. 只能向做出生效判决、裁定、调解书的人民法院或其上一级人民法院申请。

b. 当事人的申请应在判决、裁定、调解书发生法律效力之日起2年内提出。

c. 必须有法定的事实和理由。当事人的申请符合下列情形之一的，人民法院应当再审：有新的证据，足以推翻原判决、裁定的；原判决、裁定认定的基本事实缺乏证据证明的；原判决、裁定认定事实的主要证据是伪造的；原判决、裁定认定事实的主要证据未经质证的；对审理案件需要的证据，当事人因客观原因不能自行收集，书面申请人民法院调查收集，人民法院未调查收集的；原判决、裁定适用法律确有错误的；违反法律规定，管辖错误的；审判组织的组成不合法或者依法应当回避的审判人员没有回避的；无诉讼行为能力人未经法定代理人代为诉讼或者应当参加诉讼的当事人，因不能归责于本人或者其诉讼代理人的事由，未参加诉讼的；违反法律规定，剥夺当事人辩论权利的；未经传票传唤，缺席判决的；原判决、裁定遗漏或者超出诉讼请求的；据以做出原判决、裁定的法律文书被撤销或者变更的。对违反法定程序可能影响案件正确判决、裁定的情形，或者审判人员在审理该案件时有贪污受贿，徇私舞弊，枉法裁判行为的，人民法院应当再审。

d. 只有当事人才有提出申请的权力。如果当时人为无诉讼行为能力的人，可由其法定代理人代为申请。

当事人的申请应以书面形式提出，指明判决、裁定、调解书中的错误，并提出申请理由和证据事实。人民法院经对当事人的申请审查后，认为不符合申请条件的，驳回申请；确认符合申请条件的，由院长提交审判委员会决定是否再审；确认需要补正或补充判决的，由原审人民法院依法进行补正或补充判决。

③人民检察院抗诉提起再审。根据法律规定人民检察院是我国的法律监督机关，有权对人民法院的民事审判活动进行法律监督。具体到对民事审判的监督方式主要是人民检察院的民事抗诉权，即：人民检察院对人民法院发生法律效力的裁判，认为确有错误，依照法定的程序和方式，提请人民法院进行再审。发生下列情形之一的，应按照审判监督程序提起抗诉：

a. 原判决、裁定认定事实的重要证据不足的。

b. 原判决、裁定适用法律确有错误的。

c. 人民法院违反法定程序，可能影响案件正确判决、裁定的。

d. 审判人员在审理该案时有贪污受贿、徇私舞弊、枉法裁判行为的。

6. 执行程序

审判程序与执行程序是并列的独立程序。审判程序是产生判决书的过程，执行程序是实现判决书内容的过程。执行程序是指人民法院的执行组织依照法定的程序，对发生法律效力的法律文书确定的给付内容，以国家强制力为后盾，依法采取强制措施，迫使义务人履行义务的行为。

（1）执行应具备的条件

以生效法律文书为依据；执行根据必须具备给付内容；必须以负有义务的一方当事人无故拒不履行义务为前提。

（2）执行依据

根据《民事诉讼法》的规定，向人民法院申请强制执行的依据主要有如下几种：

①人民法院制作的发生法律效力的民事判决书、裁定书以及生效的调解书等。

②人民法院做出的具有财产给付内容的发生法律效力的刑事判决书、裁定书。

③仲裁机构依法做出的依法由人民法院执行的发生法律效力的仲裁裁决书、生效的仲裁调解书。

④公证机关制作的依法赋予强制执行效力的债权文书。

⑤人民法院做出的先于执行的裁定、执行回转的裁定以及承认并协助执行外国判决、裁定或裁决的裁定。

⑥我国行政机关做出的法律明确规定由人民法院执行的行政决定。

（3）执行案件的管辖

人民法院制作的具有财产给付内容的生效民事判决书、裁定书以及生效的调解书和刑事判决书、裁定书中的财产部分，由第一审人民法院执行。

法律规定由人民法院执行的其他法律文书，由被执行人住所地或被执行财产所在地人民法院执行。

法律规定两个以上人民法院都有管辖权的，由最先接受申请的人民法院执行。

（4）执行程序的发生

①申请。申请执行的期限为两年。该期限从法律文书规定履行期间的最后一日起计算，法律文书规定分期履行的，从规定的每次履行期间的最后一日起计算。

②执行。提交执行的案件有：具有交付赡养费、抚养费、医药费等内容的案件；具有财产执行内

容的刑事判决书；审判人员认为涉及国家、集体或公民重大利益的案件。

③再申请。人民法院自收到申请执行书之日起超过六个月未执行的，申请执行人可以向上一级人民法院申请执行。

（5）执行中的特殊问题

①委托执行。委托执行是指，被执行人或被执行的财产在外地的，负责执行的人民法院可以委托当地人民法院代为执行，也可以直接到当地执行。直接到当地执行的，负责执行的人民法院可以要求当地人民法院协助执行，当地人民法院应当根据要求协助执行。

②执行异议。执行异议是指，执行过程中，案外人对执行标的主张权利的，可以向执行员提出异议的。对案外人提出的异议，执行员应当按照法定程序进行审查。审查期间可以对财产采取查封、扣押、冻结等保全措施，但不得进行处分。经审查，异议不成立的，予以驳回；异议成立的，由院长批准中止执行。如果发现判决、裁定确有错误，按照审判监督程序处理。

③执行和解。执行和解是指，在执行中，双方当事人自行和解达成协议的，执行员应当将协议内容记入笔录，由双方当事人签名或者盖章。一方当事人不履行和解协议的，人民法院可以根据对方当事人的申请，恢复对原失效法律文书的执行。

（6）执行措施

指人民法院的执行组织，依照法定的程序，行使民事执行权，采取强制性的执行措施，迫使义务人履行义务，实现生效法律文书内容的活动。在执行中，执行措施和执行程序是合为一体的。

执行措施是法院依法强制执行生效法律文书的方法和手段。根据《民事诉讼法》第二十二章及相关司法解释规定，执行措施主要包括：

①查封、冻结、划拨被执行人的存款。

②扣留、提取被执行人的收入。

③查封、扣押、拍卖、变卖被执行人的财产。

④对被执行人及其住所或财产隐匿地进行搜查。

⑤强制被执行人交付法律文书指定的财物或票证。

⑥强制被执行人迁出房屋或退出土地。

⑦强制被执行人履行法律文书指定的行为。

⑧办理财产权证照转移手续。

⑨强制被执行人支付迟延履行期间的债务利息或迟延履行金。

⑩债权人可以随时请求人民法院执行。

（7）执行中止和终结

执行中止即在执行过程中，因发生特殊情况，需要暂时停止执行程序。有下列情况之一的，人民法院应裁定中止执行：申请人表示可以延期执行的；案外人对执行标的提出确有理由异议的；作为一方当事人的公民死亡，需要等待继承人继承权利或承担义务的；作为一方当事人的法人或其他组织终止，尚未确定权利义务承受人的；人民法院认为应当中止执行的其他情形如被执行人确无财产可供执行等。中止的情形消失后，恢复执行。

执行终结即在执行过程中，由于出现某些特殊情况，执行工作无法继续进行或没有必要继续进行时，结束执行程序。有下列情况之一的，人民法院应当裁定终结执行：申请人撤销申请的；据以执行的法律文书被撤销的；作为被执行人的公民死亡，无遗产可供执行，又无义务承担人的；追索赡养费、抚养费、抚育费案件的权利人死亡的；作为被执行人的公民因生活困难无力偿还借款，无收入来源，又丧失劳动能力的；人民法院认为应当终结执行的其他情形。

❖❖❖ 10.2.5 民事纠纷解决途径中仲裁和诉讼的区别

《中华人民共和国仲裁法》于 1995 年 9 月 1 日起施行，届时仲裁正式成为仅次于民事诉讼的解决民事纠纷的主要法律手段。仲裁作为一种具有准司法性质的活动，它与民事诉讼既相类似，又有较大的区别。仲裁（劳动争议和农业集体经济组织内部的农业承包合同纠纷的仲裁除外）与民事诉讼主要有以下六大区别：

①仲裁的受理范围限于合同纠纷和其他财产权益纠纷，婚姻、收养、监护、抚养、继承等涉及人身关系的纠纷不属于仲裁的受理范围；而民事诉讼的受理范围既包括合同纠纷和其他财产权益纠纷，也包括婚姻、收养、监护、抚养、继承等涉及人身关系的纠纷。

②仲裁应当双方自愿，达成仲裁协议，没有仲裁协议，一方申请仲裁的，不予受理；而民事诉讼则不需要双方自愿，不需要任何形式的协议，一方起诉只要符合起诉条件的，就应当予以受理。

③仲裁不实行级别管辖和地域管辖，双方当事人可以协议选定仲裁委员会；而民事诉讼则实行严格的级别管辖和地域管辖，只有合同纠纷双方当事人才可以在一定范围内协议选择法院管辖，但也不得违反级别管辖和专属管辖的规定。

④仲裁庭的组成尊重当事人的意愿，当事人可以约定由一名仲裁员仲裁或三名仲裁员仲裁，当事人还可以选定仲裁员或委托仲裁委员会主任指定仲裁员；而民事诉讼审判组织是实行独任制还是合议制，由人民法院自行决定，当事人无权决定，审判人员也由人民法院自行指定，当事人无权指定或委托人民法院选定。

⑤仲裁不公开进行，只有当事人协议公开的，才可以公开进行；而民事诉讼实行公开审判原则，只有在涉及国家秘密等特殊情况下，才不公开进行。

⑥仲裁实行一裁终局制度，裁决做出后，当事人就同一纠纷再申请仲裁或向人民法院起诉的，不予受理；而民事诉讼实行两审终审制度，除特别程序等以外，当事人不服一审判决、裁定的，有权在上诉期内提起上诉。

10.3　建设工程行政纠纷的处理 ‖‖

当事人对建筑行政处罚不服，发生争议时，根据我国《行政处罚法》的规定，有权向做出行政处罚决定的机关的上一级机关申请行政复议或者直接向人民法院提起行政诉讼。

10.3.1　行政复议

1. 概念

行政复议（Administrative Reconsideration）是指公民、法人或者其他组织不服行政主体做出的具体行政行为，认为行政主体的具体行政行为侵犯了其合法权益，依法向法定的行政复议机关提出复议申请，行政复议机关依法对该具体行政行为进行合法性、适当性审查，并做出行政复议决定的行政行为，是公民、法人或其他组织通过行政救济途径解决行政争议的一种方法。

2. 行政复议的合法原则

合法原则是指在行政复议的过程中做出原具体行政行为的行政主体，行政相对人和行政复议机关的一切活动都应当遵循现行法律、法规和规章的规定。这个原则包括：

①主体合法。行政复议必须是依照有关规定有权进行复议的机关，提起复议申请的必须是与被申请的具体行政行为有利害关系的相对人，被申请人必须是行政主体。

②复议的依据。合法复议机关的裁决、申请人的申请、被申请人参加复议活动均需合法进行。

③程序合法。行政复议就其本身而言是一种程序行为，为确保行政复议的顺利进行，必须按照法定的程序进行。

3. 行政复议的特点

行政复议具有以下特点：

①提出行政复议的人，必须是认为行政机关行使职权的行为侵犯其合法权益的法人和其他组织。

②当事人提出行政复议，必须是在行政机关已经做出行政决定之后，如果行政机关尚未做出决

定，则不存在复议问题。复议的任务是解决行政争议，而不是解决民事或其他争议。

③行政复议是一种依法申请的法律行为，没有相对人提出申请，行政机关不能主动进行复议。行政复议活动因当事人的申请而进行。

③当事人对行政机关的行政决定不服，只能按法律规定，向有行政复议权的行政机关申请复议。

④行政复议，以书面审查为主，以不调解为原则。行政复议的结论做出后，即具有法律效力。只要法律未规定复议决定为终局裁决的，当事人对复议决定不服的，仍可以按行政诉讼法的规定，向人民法院提起诉讼。

⑤行政复议必须按照法定的程序进行。相对人提出复议必须在法律、法规规定的期限内提出。复议机关依法受理、调查并在一定时间内做出复议决定。

4.行政复议的范围

（1）可以申请复议的事项

行政复议保护的是公民、法人或其他组织的合法权益。对行政相对人来说是申请行政复议的范围，而对司法行政机关而言是受理行政复议的范围。当事人可申请复议的情形通常包括：

①行政处罚，即当事人对行政机关做出的警告、罚款、没收违法所得、没收非法财物、责令停产停业、暂扣或者吊销许可证、暂扣或者吊销执照、行政拘留等行政处罚决定不服的。

②行政强制措施，即当事人对行政机关做出的限制人身自由或者查封、扣押、冻结财产等行政强制措施决定不服的。

③行政许可，包括：当事人对行政机关做出的有关许可证、执照、资质证、资格证等证书变更、中止、撤销的决定不服的，以及当事人认为符合法定条件，申请行政机关颁发许可证、执照、资质证、资格证等证书，或者申请行政机关审批、登记等有关事项，行政机关没有依法办理的。

④认为行政机关侵犯其合法的经营自主权的。

⑤认为行政机关违法集资、征收财物、摊派费用或者违法要求履行其他义务的。

⑥认为行政机关的其他具体行政行为侵犯其合法权益的。

（2）行政复议不受理的事项

①不服行政机关做出的行政处分或者其他人事处理决定。

②不服行政机关对民事纠纷做出的调解或其他处理。

5.行政复议的程序

行政复议的具体程序分为申请、受理、审理、决定四个步骤。

（1）申请

①申请时效。申请人申请行政复议，应当在知道被申请人行政行为做出之日起60日内提出（法律另有规定的除外）。因不可抗力或者其他正当理由耽误法定申请期限的，申请期限自障碍消除之日起继续计算。

②申请条件。行政复议的申请条件如下：申请人是认为行政行为侵犯其合法权益的相对人；有明确的被申请人；有具体的复议请求和事实根据；属于依法可申请行政复议的范围；相应行政复议申请属于受理行政复议机关管辖；符合法律法规规定的其他条件。

③申请方式。申请人申请行政复议，可以书面申请，也可以口头申请；口头申请的，行政复议机关应当当场记录申请人的基本情况、行政复议请求、申请行政复议的主要事实、理由和时间。

④行政复议申请书。申请人采取书面方式向行政复议机关申请行政复议时，所递交的行政复议申请书应当载明下列内容：申请人如为公民，则为公民的姓名、性别、年龄、职业、住址等；申请人如为法人或者其他组织，则为法人或者组织的名称、地址、法定代表人的姓名；被申请人的名称、地址；申请行政复议的理由和要求；提出复议申请的日期。

（2）受理

行政复议机关收到行政复议申请后，应当在5日内进行审查，对不符合行政复议法规定的行政复议申请，决定不予受理，并书面告知申请人；对符合行政复议法规定，但是不属于本机关受理的行政复议申请，应当告知申请人向有关行政复议机关提出。除上述规定外，行政复议申请自行政复议机构收到之日起即为受理。公民、法人或者其他组织依法提出行政复议申请，行政复议机关无正当理由不予受理的，上级行政机关应当责令其受理；必要时，上级行政机关也可以直接受理。

（3）审理

①审理行政复议案件的准备

a．送达行政复议书副本，并限期提出书面答复。行政复议机构应当自行政复议申请受理之日起7日内，将行政复议申请书副本或者行政复议申请笔录复印件发送被申请人。被申请人应当自收到申请书副本或者行政复议申请笔录复印件之日起10日内，向行政复议机关提出书面答复，并提交当初做出具体行政行为的证据、依据和其他有关材料。

b．审阅复议案件有关材料。行政复议机构应当着重审阅复议申请书、被申请人做出具体行政行为的书面材料、被申请人做出具体行政行为所依据的事实和证据、被申请人的书面答复。

c．调查取证，收集证据。

d．通知符合条件的人参加复议活动。

e．确定复议案件的审理方式。行政复议原则上采取书面审查的办法，但是申请人提出要求或者行政复议机构认为有必要时，可以向有关组织和个人调查情况，听取申请人、被申请人和第三人的意见。

②行政复议期间原具体行政行为的效力。

根据《行政复议法》的规定，行政复议期间原具体行政行为不停止执行。这是符合行政效力先定原则的，行政行为一旦做出，即推定为合法，对行政机关和相对人都有拘束力。但为了防止和纠正因具体行政行为违法给相对人造成不可挽回的损失，《行政复议法》规定有下列情形之一的，可以停止执行：

a．被申请人认为需要停止执行的。

b．行政复议机关认为需要停止执行的。

c．申请人申请停止执行，行政复议机关认为其要求合理，决定停止执行的。

d．法律规定停止执行的。

③复议申请的撤回。在复议申请受理之后、行政复议决定做出之前，申请人基于某种考虑主动要求撤回复议申请的，经向行政复议机关说明理由，可以撤回。撤回行政复议申请的，行政复议终止。

（4）决定

①复议决定做出时限。行政复议机关应当自受理行政复议申请之日起60日内做出行政复议决定；但是法律规定的行政复议期限少于60日的除外。情况复杂，不能在规定期限内做出行政复议决定的，经行政复议机关的负责人批准，可以适当延长，并告知申请人和被申请人；但是延长期限最多不超过30日。

②复议决定的种类。

a．决定维持具体行政行为。具体行政行为认定事实清楚，证据确凿，适用依据正确，程序合法，内容适当的，决定维持。

b．决定撤销、变更或者确认原具体行政行为违法。有两种情况：一是认为原行政行为认定的主要事实不清，证据不足，适用依据错误，违反法定程序，越权或者滥用职权，具体行政行为明显不当的，决定撤销、变更或者确认该具体行政行为违法。二是被申请人不依法提出书面答复、提交当初做出具体行政行为的证据、依据和其他有关材料的，决定撤销。

c．决定被申请人在一定期限内履行法定职责。有两种情况：一是拒绝履行。被申请人在法定期限内明确表示不履行法定职责的，责令其在一定期限内履行。二是拖延履行。被申请人在法定期限内既不履行，也不明确表示履行的，责令其在一定期限内履行。

d．决定被申请人在一定期限内重新做出具体行政行为。决定撤销或者确认该具体行政行为违法的，责令被申请人在一定期限内重新做出具体行政行为。

e．决定赔偿。行政复议机关在依法决定撤销、变更或者确认该具体行政行为违法时，申请人提出赔偿要求的，应当同时决定被申请人依法给予赔偿。

f．决定返还财产或者解除对财产的强制措施。行政复议机关在依法决定撤销或者变更罚款，撤销违法集资、没收财物、征收财物、摊派费用以及对财产的查封、扣押、冻结等具体行政行为时，应当同时责令被申请人返还财产，解除对财产的查封、扣押、冻结措施，或者赔偿相应的价款。

③行政复议决定书的制作。行政复议机关做出行政复议决定，应当制作行政复议决定书。行政复议决定书应载明下列事项：

a．申请人的姓名、性别、年龄、职业、住址（申请人为法人或者其他组织者，则为法人或者组织的名称、地址、法定代表人姓名）。

b．被申请人的名称、地址、法定代表人的姓名、职务。

c．申请行政复议的主要请求和理由。

d．行政复议机关认定的事实、理由，适用的法律、法规、规章和具有普遍约束力的决定、命令。

e．行政复议结论。

f．不服行政复议决定向法院起诉的期限（如为终局行政复议决定，则为当事人履行的期限）。

g．做出行政复议决定的年、月、日。

h．行政复议决定书由行政复议机关的法定代表人署名，加盖行政复议机关的印章。

行政复议决定书一经送达，即发生法律效力。除法律规定的终局行政复议决定外，申请人对行政复议决定不服，可以在收到行政复议决定书之日起15日内，或法律法规规定的其他期限内，向人民法院提起行政诉讼。申请人逾期不起诉，又不履行行政复议决定的，对于维持具体行政行为的行政复议决定，由被申请人依法强制执行或者申请人民法院强制执行；对于变更具体行政行为的行政复议决定，由行政复议机关依法强制执行或者申请人民法院强制执行。被申请人不履行或者无正当理由拖延履行行政复议决定的，行政复议机关或者有关上级行政机关应当责令其限期履行，对直接负责的主管人员和其他直接责任人员依法给予警告、记过、记大过的行政处分；经责令履行仍拒不履行的，依法给予降级、撤职、开除的行政处分。

10.3.2 行政诉讼

1．概念

行政诉讼是解决行政争议的重要法律制度。所谓行政争议，是指行政机关和法律法规授权的组织因行使行政职权而与另一方发生的争议。行政争议有内部行政争议和外部行政争议之分。行政诉讼与行政复议是我国解决外部行政争议的两种主要法律制度。

在我国，行政诉讼是指公民、法人或者其他组织认为行政机关和法律法规授权的组织做出的具体行政行为侵犯其合法权益，依法定程序向人民法院起诉，人民法院在当事人及其他诉讼参与人的参加下，对具体行政行为的合法性进行审查并做出裁决的制度。

2．行政诉讼的特点

①行政诉讼的被告一方是国家行政机关（及其工作人员）。行政案件是当事人控告政府机关（及其工作人员）的案件。行政诉讼是因行政机关和行政机关工作人员的具体行为侵犯相对人合法权益有争议而发生的诉讼活动。行政机关只能处于被告地位。

②行政诉讼的原告只能是相对人，即公民、法人或者其他组织。因为行政机关拥有国家赋予的行政管理权，可以依职权作单方面的意思表示，无须跟管理相对人商量。而管理相对人则有义务接受这种单方面的意思表示，若不愿意接受，可以向人民法院起诉，求助于法院拒绝这种意思表示。

③行政诉讼中，当事人争议的具体行为不因原告的起诉而停止执行，即诉讼期间不停止具体行政行为的执行。这是由行政管理的效率性、连续性、强制性决定的。

④被告负有举证责任。被告在诉讼中对争议事项有责任提供证明，如果不能提供足够的证据，则要承担败诉的风险。在行政诉讼过程中，被告不得向原告和证人收集证据。

⑤行政诉讼不适用调解。因为行政管理中，行政机关代表着社会公共利益，行使国家赋予的权利，这种权利只能依法执行，不能自由处分，否则就是滥用国家权力，损害公共利益。

3.适用情况

建设工程领域出现的行政诉讼有三种适用情况：

①当事人对建设行政主管部门等机关做出的行政处罚不服，向人民法院起诉，被告是做出行政处罚的机关。

②当事人对建设行政主管部门等机关拒绝颁发许可证、资质证书和营业执照的不作为行为不服，向人民法院起诉，被告是不作为的行政机关。

③当事人申请复议后，对复议机关做出的行政复议决定不服，向人民法院起诉。复议机关维持原行政处罚的，做出行政处罚的机关是被告；复议机关变更原行政处罚决定的，复议机关是被告。

4.行政诉讼的受理范围

（1）予以受理的行政案件

①对拘留、罚款、吊销许可证和执照、责令停产停业、没收财物等行政处罚不服的。

②对限制人身自由或者对财产的查封、扣押、冻结等行政强制措施不服的。

③认为行政机关侵犯法律规定的经营自主权的。

④认为符合法定条件申请行政机关颁发许可证和执照，行政机关拒绝颁发或者不予答复的。

⑤申请行政机关履行保护人身权、财产权的法定职责，行政机关拒绝履行或者不予答复的。

⑥认为行政机关没有依法发给抚恤金的。

⑦认为行政机关违法要求履行义务的。

⑧认为行政机关侵犯其他人身权、财产权的。

（2）不予受理的行政案件

人民法院不受理公民、法人或者其他组织对下列事项提起的诉讼：

①国防、外交等国家行为。

②行政法规、规章或者行政机关制定、发布的具有普遍约束力的决定、命令。

③行政机关对行政机关工作人员的奖惩、任免等决定。

④法律规定由行政机关最终裁决的具体行政行为。

5.行政诉讼程序

行政诉讼程序是国家审判机关为解决行政争议，运用司法程序而依法实施的整个诉讼行为及其程序。它包括第一审程序、第二审程序和审判监督程序。但并非每个案件都必须全部经过这三个程序。

（1）第一审程序

第一审程序是从人民法院裁定受理到做出第一审判决的诉讼程序，是其他诉讼程序的基础和必经阶段，分为起诉、受理、审理和判决四个步骤。

①起诉。行政诉讼的起诉是指公民、法人及其他组织认为行政机关的具体行政行为侵犯了其合法权益，向人民法院提出诉讼请求，要求人民法院行使国家审判权，对具体行政行为进行审查，以保护自己合法权益的一种法律行为。

a.起诉的条件。根据《行政诉讼法》第四十一条的规定，起诉应当符合下列条件：原告是认为具体行政行为侵犯其合法权益的公民、法人或者其他组织；有明确的被告；有具体的诉讼请求和事实根据；属于人民法院受案范围和受诉人民法院管辖。

b.起诉期限。根据《行政诉讼法》和《若干问题的解释》的规定，起诉的期限有以下几种情况：

（a）公民、法人或其他组织不服行政机关的具体行政行为而直接向人民法院提起行政诉讼的，应当在知道做出具体行政行为之日起3个月内提起行政诉讼。法律另有规定的除外。

（b）公民、法人或其他组织不服行政机关的具体行政行为而向复议机关申请行政复议，对复议决定不服的，可以在收到复议决定书之日起15日内向人民法院提起行政诉讼。复议机关逾期不作决定的，公民、法人或者其他组织可以在复议期满之日起15日内向人民法院提起诉讼。法律另有规定的除外。

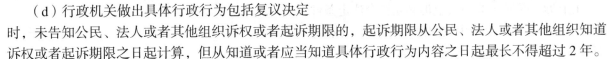

技术提示：

《行政诉讼法》第三十七条规定："对属于人民法院受案范围的行政案件，公民、法人或者其他组织可以先向上一级行政机关或者法律、法规规定的行政机关申请复议，对复议不服的，再向人民法院提起诉讼；也可以直接向人民法院提起行政诉讼。法律、法规规定应当向行政机关申请复议，对复议不服时再向人民法院提起诉讼的，依照法律、法规的规定。"

（c）公民、法人或者其他组织申请行政机关履行法定职责，行政机关在接到申请之日起60日内不履行的，公民、法人或其他组织可以在期满之日起3个月内提起行政诉讼。

（d）行政机关做出具体行政行为包括复议决定时，未告知公民、法人或者其他组织诉权或者起诉期限的，起诉期限从公民、法人或者其他组织知道诉权或者起诉期限之日起计算，但从知道或者应当知道具体行政行为内容之日起最长不得超过2年。

（e）公民、法人或者其他组织不知道行政机关做出的具体行政行为内容的，其起诉期限从知道或者应当知道该具体行政行为内容之日起计算。但是，对涉及不动产的具体行政行为从做出之日起超过20年，对其他具体行政行为从做出之日起超过5年提起诉讼的，人民法院不予受理。

②受理。人民法院经审查认为符合起诉条件的，应当在7日内立案受理。经审查不符合起诉条件的，在法定期限内裁定不予受理。对起诉审查的内容包括：法定条件、法定起诉程序、法定起诉期限、是否重复起诉等。

③审理。人民法院审理的主要内容是对具体行政行为的合法性进行审查。人民法院审理行政案件，不适用调解。法院决定立案依法组织合议庭开庭审理。除涉及国家秘密、个人隐私、商业秘密及法律另有规定的外，都应公开审理。对一审法院判决不服的，自一审判决书送达之日起15日内提出上诉；对一审裁定不服的，自一审裁定书送达之日起10日内提出上诉。

合议庭由审判员组成，或者由审判员、陪审员组成。合议庭成员应当是3人以上的单数。开庭审理分为：审理开始阶段、法庭调查阶段、法庭辩论阶段、合议庭评议阶段和判决裁定阶段。

评议采用不公开形式，实行少数服从多数，并制成笔录，对评议中的不同意见应当记录在案，所有合议庭成员都应当在笔录上签名。对重大疑难案件，可提请院长交审判委员会讨论决定。审判委员会的决定，合议庭必须执行。

④判决。合议庭评议后，可以当庭宣判，也可以定期宣判。根据规定，人民法院应当在立案之日起三个月内做出一审判决。有特殊情况需要延长的，由高级人民法院批准，高级人民法院一审案件需要延长的，由最高人民法院批准。

一审法院经过审理，据不同情况，分别做出的判决：

a. 具体行政行为证据确凿，适用法律、法规正确，符合法定程序，判决维持。

b. 具体行政行为有下列情形的，判决撤销或部分撤销：主要证据不足；适用法律、法规错误；违反法定程序；超越职权；滥用职权。

因被诉具体行政行为适用法律、法规错误而判决撤销，将会给国家利益、公共利益或者他人合法权益造成损失的，人民法院在判决撤销的同时，可以分别采取以下方式处理：判决被告重新做出具体行政行为；责令被诉行政机关采取相应的被救措施；向被告和有关机关提出司法建议；发现违法犯罪行为的，建议有权机关依法处理。

c. 被告不履行或拖延履行法定职责的，判决其在一定期限内履行。

d. 行政处罚显失公正的，可以判决变更。

e. 人民法院认为被诉具体行政行为合法，但不适宜判决维持或者驳回诉讼请求的，可以做出确认其合法或者有效的判决。

下列情形下，人民法院应当做出确认被诉具体行政行为违法或者无效的判决：

a. 被告不履行法定职责，但判决责令其履行法定职责已无实际意义的；

b. 被诉具体行政行为违法，但不具有可撤销内容的；

c. 被诉具体行政行为依法不成立或者无效的。

被诉具体行政行为违法，但撤销该具体行政行为将会给国家利益或者公共利益造成重大损失的，人民法院应当做出确认被诉具体行政行为违法的判决，并责令被诉行政机关采取相应的补救措施；造成损失的，依法判决承担赔偿责任。

（2）第二审程序

第二审程序指上级人民法院根据当事人的上诉，对下级人民法院未发生法律效力的行政判决、裁定进行审理、裁判的程序。

①上诉及受理。当事人上诉必须符合法定条件：

a. 上诉必须针对未生效的第一审判决、裁定，其中裁定只限于不予受理、驳回起诉和管辖异议的裁定。

b. 上诉人和被上诉人必须是一审程序中的当事人。

c. 必须在法定上诉期内提出上诉。根据规定，不服判决的上诉期限为15天，不服裁定的上诉期限为10天。

d. 上诉方式必须合法。即当事人必须以书面方式提起上诉。

e. 上诉必须向原审法院的上一级法院提起。二审案件无所谓的管辖问题，而是由人民法院的审判级别决定。

②上诉案件的审理。二审法院审理上诉案件，除法律有特别规定外，均适用第一审程序。第二审人民法院审理上诉案件，应当自收到上诉状之日起2个月内做出终审判决。根据不同情况，做出的判决有：判决驳回上诉，维持原判；依法改判；发回重审。

（3）审判监督程序

审判监督程序，是指人民法院发现已经发生法律效力的判决、裁定违反法律、法规规定，依法对案件再次进行审理的程序，也称再审程序。

①审判监督程序的提起：

a. 提起审判监督程序的条件：

（a）提起审判监督程序的对象，即人民法院的判决、裁定，必须已经发生法律效力。

（b）提起审判监督程序必须具有法定理由，即人民法院已经发生法律效力的判决、裁定确有错误。

根据《若干问题的解释》的规定，有下列情形之一的，属于判决、裁定确有错误：

①原判决、裁定认定的事实主要证据不足。

②原判决、裁定适用法律、法规确有错误。

③违反法定程序，可能影响案件正确裁判。

④其他违反法律、法规的情形。

（c）提起审判监督程序的主体，只能是具有审判监督权的法定机关，即人民法院和人民检察院。其具体权限是：

①各级人民法院院长对本院已经发生法律效力的判决、裁定，发现违反法律、法规规定认为需要再审的，有权提请审判委员会决定是否再审。

②最高人民法院对地方各级人民法院、上级人民法院对下级人民法院已经发生法律效力的判决、裁定，发现确有错误的，有权提起审判监督程序。

③人民检察院对人民法院已经发生法律效力的判决、裁定，发现违反法律、法规规定的，有权

按照法定程序提出抗诉。对于人民检察院的抗诉，人民法院必须予以再审。

《若干问题的解释》规定，当事人申请再审，应当在判决、裁定发生法律效力后 2 年内提出。当事人对已经发生法律效力的行政赔偿调解书，提出证据证明调解违反自愿原则或者调解协议的内容违反法律规定的，也可以在 2 年内申请再审。

b. 提起再审的程序：

（a）各级人民法院院长对本院发生法律效力的判决、裁定提起审判监督程序，必须提交审判委员会讨论决定。

（b）上级人民法院对下级人民法院已经发生法律效力的判决、裁定，发现违反法律、法规规定的，有权提审或指令下级人民法院再审。

（c）除最高人民检察院可以依法对最高人民法院的生效判决、裁定提出抗诉外，只能由上级人民检察院依法对下级人民法院的生效判决、裁定向同级人民法院提出抗诉。

②再审案件的审理：

a. 再审案件的审理程序：

再审案件的审理程序和裁判效力主要依据案件的原审来确定。人民法院按照审判监督程序再审的案件，发生法律效力的判决、裁定是由第一审人民法院做出的，按照第一审程序审理，所作的判决、裁定，当事人可以上诉；发生法律效力的判决、裁定是由第二审人民法院做出的，按照第二审程序审理，所作的判决、裁定是发生法律效力的判决、裁定；上级人民法院按照审判监督程序提审的，按照第二审程序审理，所作的判决、裁定是发生法律效力的判决、裁定。根据法律规定，凡原审人民法院审理再审案件，必须另行组成合议庭。

b. 再审案件中原判决、裁定的执行问题：

按照审判监督程序决定再审的案件，应当裁定中止原判决的执行，裁定由院长署名，加盖人民法院印章。上级人民法院决定提审或者指令下级人民法院再审的，应当做出裁定，裁定应当写明中止原判决的执行；情况紧急的，可以将中止执行的裁定口头通知负责执行的人民法院或者做出生效判决、裁定的人民法院，但应当在口头通知后 10 日内发出裁定书。

c. 对再审案件的处理

（a）人民法院经过对再审案件的审理，认为原生效判决、裁定确有错误，在撤销原生效判决或者裁定的同时，有两种处理办法：一是对生效判决、裁定的内容做出相应裁判。二是以裁定撤销生效判决或者裁定，发回做出生效判决、裁定的人民法院重新审判。

（b）人民法院经过对再审案件的审理，发现生效裁判有下列情形之一的，应当裁定发回做出生效判决、裁定的人民法院重新审理：

①审理本案的审判人员、书记员应当回避而未回避的。

②依法应当开庭审理而未经开庭即做出判决的。

③未经合法传唤当事人而缺席判决的。

④遗漏必须参加诉讼的当事人的。

⑤对与本案有关的诉讼请求未予裁判的。

⑥其他违反法定程序可能影响案件正确裁判的。

（c）人民法院审理再审案件，对原审法院不予受理或者驳回起诉错误的，应当作如下处理：如果第二审人民法院维持第一审人民法院不予受理裁定错误的，再审法院应当撤销第一审、第二审人民法院裁定，指令第一审人民法院受理；如果第二审人民法院维持第一审人民法院驳回起诉裁定错误的，再审法院应当撤销第一审、第二审人民法院裁定，指令第一审人民法院审理。

d. 再审期限

（a）再审案件按照第一审程序审理的，须在 3 个月内做出裁判。

（b）再审案件按照第二审程序审理的，须在 2 个月内做出裁判。

6. 行政诉讼的执行

（1）行政诉讼的执行的概念和特征

行政诉讼的执行，是指行政案件当事人逾期不履行人民法院生效的法律文书，人民法院和有关行政机关运用国家强制力，依法采取强制措施，促使当事人履行义务，从而使生效法律文书的内容得以实现的活动。其特征如下：

①执行的主体既包括人民法院，也包括有行政强制执行权的行政机关。

②执行申请人或被申请执行人有一方是行政机关。

③强制执行的依据是已生效的诉讼文书，包括行政判决书、行政裁定书，行政赔偿判决书和行政赔偿调解书。执行依据的不同是行政诉讼执行与非诉行政案件执行的主要区别。非诉行政案件执行的依据是行政机关的具体行政行为。

④强制执行的目的是实现已生效的诉讼文书所确定的义务。

（2）执行机关

执行机关指拥有行政诉讼执行权并主持执行过程的主体，包括人民法院和行政机关。但行政机关作为执行机关应满足两个条件：该行政机关必须具有法律、法规所赋予的强制执行权；人民法院判决维持被诉具体行政行为。

（3）执行根据

行政诉讼执行的根据，包括行政判决书、行政裁定书、行政赔偿判决书和行政赔偿调解书。上述法律文书必须同时具备以下条件，才能作为执行根据。

①据以执行的法律文书必须已经发生法律效力。

②该法律文书必须具有可供执行的内容，通常包括物的给付，特定行为的执行和对人身的强制行为等。

③法律文书中可供执行的事项具体明确。

（4）执行措施

行政案件中的执行措施分为对行政机关的执行措施和对公民、法人或其他组织的执行措施两类。

①对行政机关的执行措施。

a. 对应当归还的罚款或应当给付的赔偿金，通知银行从该机关的账户内划拨。

b. 在规定期限内不履行的，从期满之日起，对该行政机关按日处 50 至 100 元的罚款。

c. 向该行政机关的上一级行政机关或者监察、人事机关提出司法建议。

d. 拒不履行判决、裁定情节严重构成犯罪的，依法追究主管人员和直接责任人员的刑事责任。

②对公民、法人或其他组织的执行措施。

在公民、法人或其他组织拒不履行义务时，人民法院可适用《民事诉讼法》及其司法解释中规定的执行措施。

10.3.3　行政复议与行政诉讼的区别

1. 性质上的区别

行政复议是行政机关的行政行为，属于行政机关系统内部所设置的对行政管理相对人实施救济和对行政机关依法行使职权进行监督的制度；行政诉讼是人民法院对行政案件进行受理、审理和裁判的司法行为，属于行政机关外部所设置的对已经或者可能受到行政管理行为侵害的人实施救济的制度，是对行政机关具体行政行为的外部监督和制约。

2. 程序上的区别

行政复议适用行政程序，一般实行一级复议制，具有及时、简便、快捷的特点；行政诉讼适用司法程序，实行两审终审制，具有严格、规范、全面的特点。

3. 受理范围的区别

目前行政诉讼的受理范围主要限于人身权、财产权的内容；行政复议的受理范围不仅包括人身权、财产权，而且包括法律、法规所规定的人身权、财产权以外的其他权利。即使是人身权、财产权的内容，如果法律有关于行政终局裁决权规定的，也不属于行政诉讼的受理范围。

4. 审理权限的区别

复议机关对争议对象的审查权比法院对争议对象的审查权要大，这主要表现在对不适当行政行为和抽象行政行为的审查权上。行政诉讼对行政不当行为的审查权只限于行政处罚，而行政复议则可以针对复议范围内的所有不适当行为，不仅仅限于行政处罚。对抽象行政行为，行政诉讼法仅规定人民法院在审理行政案件的过程中在适用上进行审查。

❖❖❖❖ 10.3.4　行政诉讼与民事诉讼的关系

行政诉讼与民事诉讼是两种相互联系又有重大差异的司法活动。

一般说来，行政诉讼是从民事诉讼中分离出来的，其发展之初，往往适用民事诉讼程序。而且许多司法原则是共同的，如公开审判、回避制度、两审终审制、合议制等。所以二者存在着紧密的联系。但行政诉讼与民事诉讼毕竟是两种不同的诉讼程序，它们之间存在着许多差异，主要有：

1. 案件性质不同

民事诉讼解决的是平等主体之间的民事争议；行政诉讼解决的是行政主体与作为行政管理相对方的公民、法人或者其他组织之间的行政争议。

2. 适用的实体法律规范不同

民事诉讼适用民事法律规范，如民法通则等；行政诉讼适用行政法律规范，如行政处罚法、治安管理处罚条例等。

3. 当事人不同

民事诉讼发生于法人之间、自然人之间、法人与自然人之间；行政诉讼只发生在行政主体与公民、法人或者其他组织之间。

4. 诉讼权利不同

民事诉讼中双方当事人的诉讼权利是对等的，如一方起诉，另一方可以反诉；行政诉讼双方当事人的诉讼权利是不对等的，如只能由公民、法人或者其他组织一方起诉，行政主体一方没有起诉权和反诉权。

5. 起诉的先行条件不同

行政诉讼要求以存在某个具体行政行为为先行条件；民事诉讼则不需要这样的先行条件。

6. 是否适用调解不同

通过调解解决争议，是民事诉讼的结案方式之一；行政诉讼是对具体行政行为的合法性进行审查，因而不可能通过被告与原告相互妥协来解决争议。

案例分析

☞案例一：

1. 按照《仲裁法》第五十一条第一款规定，"仲裁庭做出裁决前，可以先行调解。当事人自愿调解的，仲裁庭应当调解。"但是仲裁庭不能强行调解。

2. 按照《仲裁法》的规定，调解不成的，应当及时做出判决。

3. 《仲裁法》第五十一条第二款规定，"调解达成协议的，仲裁庭应当制作调解书或者根据协议的结果制作裁决书。调解书和裁决书具有同等法律效力。"

4. 按照《仲裁法》的规定，调解书经双方当事人签收后，即发生法律效力。

☞案例二：

1. 根据《行政复议法》第六条、第十二条，《行政诉讼法》第十一条、第十三条、第十七条和第二十五条规定，就上述罚款的行政处罚，若建筑公司不服，其救济途径有：

①向该市人民政府或者上级建设行政主管部门提起行政复议。

②不经提起行政复议，可直接向市建委所在地基层人民法院提起诉讼。

③经行政复议且复议机关维持市建委的行政处罚决定，建筑公司仍不服的，有权向市建委所在地基层人民法院以市建委为被告提起行政诉讼。

④经行政复议且复议机关改变市建委的行政处罚决定，建筑公司仍不服的，建筑公司有权向市建委所在地或者复议机关所在地基层人民法院以复议机关为被告提起行政诉讼。

2. 根据《行政诉讼法》第三十九条规定，建筑公司如果直接向人民法院提起诉讼，应当在知道做出具体行政行为之日起 3 个月内提出。该公司法定代表人于 2002 年 7 月 25 日签收行政处罚决定，则建筑公司提起行政诉讼期限截止于 2002 年 10 月 24 日（含当天）。

3. 法院审理认为，根据《行政处罚法》第三十二条、第四十二条规定，市建委应当向建筑公司告知陈述、申诉、听证权。但是，市建委虽以书面形式告知，并使用特快专递送达，但实际未送达给建筑公司（经审理查明，快递签收入并非该公司员工，也与该公司无关联），且无证据表明建筑公司事实上行使了陈述、申辩和听证权利。因此，市建委对建筑公司的行政处罚属程序违法。

4. 根据《行政复议法》第七条规定，公民、法人或者其他组织认为行政机关的具体行政行为所依据的规定不合法，在对具体行政行为申请行政复议时，可以一并向行政复议机关提出对该规定的审查申请，但是不含国务院部、委员会规章。《城市燃气管理办法》是建设部令第 62 号，属于部门规章。因此，不属于行政复议审查范围。

5. 根据《行政诉讼法》第十二条规定，人民法院不受理公民、法人或者其他组织对"行政法规、规章或者行政机关制定、发布的具有普遍约束力的决定、命令"提起的诉讼。《城市燃气管理办法》属于建设部的部门规章。因此，不属于人民法院受理行政诉讼范围。

拓展与实训

▶ 基础训练

一、单项选择题

1. 建设工程纠纷，是指建设工程当事人对建设过程中的（　　　）产生了不同的理解。

　　A. 工程进度　　　　　B. 权利和义务　　　　　C. 款项支付　　　　　D. 工程质量

2. 和解是指建设工程纠纷当事人在（　　　）的基础上，互相沟通、互相谅解，从而解决纠纷的一种方式。

　　A. 法院主持　　　　　B. 第三人介入　　　　　C. 行政机关调解　　　　　D. 自愿友好

3. 下列关于和解协议的说法，正确的是（　　　）。

　　A. 和解协议具有强制执行的效力，当事人需要向法院申请强制执行

　　B. 和解协议具有强制执行的效力，当事人应该向仲裁机构申请强制执行

　　C. 和解协议不具有强制执行的效力，和解协议的执行依靠当事人的自觉履行

　　D. 和解协议不具有强制执行的效力，和解协议的执行依靠行政机关的监督

4.和解与调解相比较，其主要区别为（　　）。

　　A.是否能够经济、及时地解决纠纷　　　　B.纠纷的解决有无第三方介入

　　C.是否利于维护双方的合作关系　　　　　D.达成的协议是否具有强制执行的效力

5.采用仲裁形式处理建设工程纠纷，当事人必须有（　　）。

　　A.仲裁申请　　　　　B.仲裁协议　　　　　C.和解协议　　　　　D.调解协议

6.施工单位与供货商因采购的防水材料质量问题发生争议，双方多次协商，但没有达成和解，则关于此争议的处理，下列说法正确的是（　　）。

　　A.双方依仲裁协议申请仲裁后，不可以和解

　　B.双方在申请仲裁后达成和解协议，仲裁庭依据该和解协议做出的裁决书具有强制执行力

　　C.如果双方通过诉讼方式解决争议，不能再和解

　　D.如果在人民法院执行中，双方当事人达成和解协议，则原判决书终止执行

7.合同一方当事人不履行仲裁裁决的，仲裁委员会（　　）。

　　A.可以委托工商行政管理部门执行　　　　B.不可以强制执行

　　C.由人民法院强制执行　　　　　　　　　D.移交检察机关强制执行

8.仲裁庭由（　　）名仲裁员组成时，应设首席仲裁员。

　　A.2　　　　　　　　B.3　　　　　　　　C.4　　　　　　　　D.5

9.下列各项中，不属于专属管辖的内容的是（　　）。

　　A.因不动产纠纷提起的诉讼，由不动产所在地人民法院管辖

　　B.因港口作业中发生纠纷提起的诉讼，由港口所在地人民法院管辖

　　C.因特殊的诉讼标的或诉讼标的物发生纠纷提起的诉讼，由诉讼标的或诉讼标的物所在地人民法院管辖

　　D.因继承遗产纠纷提起的诉讼，由被继承人死亡时住所地或者主要遗产所在地人民法院管辖

10.下列法律文书中，（　　）不是人民法院据以执行的根据。

　　A.发生法律效力的民事判决、裁定

　　B.先予执行的民事裁定书

　　C.仲裁机构制作的发生法律效力的裁决书、调解书

　　D.合同当事人签字盖章的债权文书

二、多项选择题

1.建设工程纠纷处理的基本形式有（　　）。

　　A.和解　　　　　　　B.调解　　　　　　　C.索赔

　　D.仲裁　　　　　　　E.诉讼

2.建设工程纠纷和解解决有以下特点（　　）。

　　A.简便易行，能经济、及时地解决纠纷

　　B.纠纷的解决依靠当事人的妥协与让步，没有第三方的介入

　　C.有第三者介入作为调解人，调解人的身份没有限制

　　D.有利于维护合同双方的友好合作关系，使合同能更好地得到履行

　　E.解协议不具有强制执行的效力，和解协议的执行依靠当事人的自觉履行

3.建设工程纠纷调解解决有以下特点（　　）。

　　A.有第三者介入作为调解人，调解人的身份没有限制

　　B.它能够较经济、较及时地解决纠纷

　　C.有利于消除合同当事人的对立情绪，维护双方的长期合作关系

　　D.调解协议不具有强制执行的效力，调解协议的执行依靠当事人的自觉履行

E. 纠纷的解决依靠当事人的妥协与让步，没有第三方的介入

4. 下列各项中，关于仲裁的特点，说法正确的有（　　）。

A. 程序和实体判决的严格依法性　　　　B. 仲裁员具备专业性

C. 仲裁制度具有公开性　　　　　　　　D. 裁决具有终局性

E. 执行的强制性

5. 仲裁协议包括以下（　　）内容。

A. 请求仲裁的意思表示　　　　　　　　B. 不向法院起诉的承诺

C. 仲裁事项　　　　　　　　　　　　　D. 双方争议的解决方式

E. 所选定的仲裁委员会

6. 仲裁案件当事人申请仲裁后自行达成和解协议的，可以（　　）。

A. 请求仲裁庭根据和解协议制作调解书　　B. 请求仲裁庭根据和解协议制作裁决书

C. 撤回仲裁申请书　　　　　　　　　　　D. 请求强制执行

E. 请求法院判决

7. 根据《仲裁法》和《民事诉讼法》规定，对国内仲裁而言，人民法院不予执行仲裁裁决的情形包括（　　）。

A. 约定的仲裁协议无效　　　　　　　　B. 仲裁事项超越法律规定的仲裁范围

C. 适用法律确有错误　　　　　　　　　D. 原仲裁机构被撤销

E. 申请人死亡

8. 下列哪些事项不得申请行政复议（　　）。

A. 行政机关的人事处理决定　　　　　　B. 行政处分

C. 行政机关对民事纠纷做出的调解处理　　D. 行政机关做出的吊销营业执照的行政处罚

E. 行政机关做出的行政拘留的处罚

9. 下列各项中，关于级别管辖，说法正确的有（　　）。

A. 级别管辖，是指划分上下级人民法院之间受理民事案件的分工和权限

B. 基层人民法院管辖第一审民事案件，但《民事诉讼法》另有规定的除外

C. 中级人民法院管辖的第一审民事案件有：重大涉外案件、在本辖区有重大影响的案件以及高级人民法院确定由中级人民法院管辖的案件

D. 高级人民法院管辖在本辖区有重大影响的第一审民事案件以及最高人民法院确定由高级人民法院管辖的第一审民事案件

E. 最高人民法院管辖的第一审民事案件有：在全国有重大影响的案件以及认为应当由其审理的案件

10. 仲裁和诉讼都是解决纠纷的方式，与诉讼相比，仲裁具有以下（　　）特点。

A. 当事人对仲裁庭的组成有权选定；诉讼中审判庭人员是由法院指定的

B. 仲裁必须有合同纠纷当事人的仲裁协议；而诉讼则没有关于诉讼的协议

C. 对于仲裁，当事人必须选择仲裁委员会；而诉讼则实行法定管辖，当事人不能随意选择管辖法院

D. 在仲裁协议中，当事人可不选择仲裁委员会；在合同中，关于解决争议方式中可以选择诉讼方式及诉讼管辖法院

E. 仲裁裁决的不能强制执行，而诉讼判决则能强制执行

三、简答题

1. 简述建设工程民事纠纷的概念及特点。

2. 易引发建设工程行政纠纷的行政行为有哪些？

3. 简述解决建设工程民事纠纷的主要方法。

4. 简述和解的特点。

5. 调解的类型有哪些?

6. 什么是仲裁? 简述仲裁的程序及其特点。

7. 简述民事纠纷解决途径中仲裁和诉讼的区别。

8. 什么是行政复议? 简述行政复议的范围。

9. 简述行政诉讼的概念及其特点。

10. 行政诉讼与民事诉讼有何区别?

▶ 技能训练

1. 目的

通过此实训项目练习,使学生熟悉建筑工程中存在的纠纷和基本的处理方式,最终达到能进行仲裁、民事诉讼程序的应用;能掌握行政复议和行政诉讼的具体应用。主要通过具体案例组织模拟处理纠纷过程,由学生扮演不同的角色。

2. 成果

学生通过分组扮演不同的角色,以本地区实际工程项目中存在的案例背景展开讨论,训练学生在不同情境、不同的建设工程程序的不同阶段,选择不同的纠纷处理办法和顺利解决纠纷的能力,从而检验本模块学生学习掌握的情况。

附录1 工程术语 |||

模块1 建筑工程基本法律知识

1. 法律体系（Legal System），法学中有时也称为"法的体系"，是指由一国现行的全部法律规范按照不同的法律部门分类组合而形成的一个呈体系化的有机联系的统一整体。

2. 建筑工程法律体系（Construction of Legal System），是指将已经制定和需要制定的建设法规、建设行政法规和建设部门规章制度衔接起来，形成一个相互联系、相互补充、相互协调的完整统一的框架结构。就广义的建设法规体系而言，该体系应包括地方性建设法规和建设行政规章。

3. 法的形式（Forms of Law），分为四个层级，7类，分别是宪法、法律、行政法规、地方性法规自治条例及单行条例、部门规章、地方规章、国际条约。

4. 建筑法律责任（Construction of Legal Liability），是指建筑法律关系中的主体由于违法建筑法律规范的行为而依法应当承担的法律后果。建筑法律责任具有国家强制性，法律责任的设定能够保证法律规定的权利和义务的实现。

5. 法人（legal Person），是指具有民事权利能力和民事行为能力，依法独立享有民事权利和承担民事义务的组织。

6. 代理（Agency），是指代理人于代理权限内，以被代理人的名义向第三人为意思表示或受领意思表示，该意思表示直接对本人生效的民事法律行为。

7. 物权（Real Right），是指权利人依法对特定的物享有直接支配和排他的权利，包括所有权、用益物权和担保物权。

8. 保险（Insurance），是指投保人根据合同约定，向保险人支付保险费，保险人对于合同约定的可能发生的事故因其发生所造成的财产损失承担赔偿保险金责任，或者当被保险人死亡、伤残、疾病或者达到合同约定的年龄、期限时承担给付保险金责任的商业保险行为。

模块2 建筑法

1. 建筑活动（Construction Activities），是指各类房屋建筑及其附属设施的建造和与其配套的线路、管道、设备的安装活动。

2. 建筑工程施工许可（Construction Permit System），是指由国家授权的有关行政主管部门，在建设工程开工之前对其是否符合法定的开工条件进行审核，对符合条件的建设工程允许其开工建设的法定制度。

3. 从业资格制度（Professional Qualification System），是指对具有一定专业学历和资历并从事特定专业技术活动的专业技术人员，通过考试和注册确定其执业的技术资格，获得相应文件签字权的一种制度。

模块3 施工许可法律制度

1. 施工许可制度（Construction Permit System），是指由国家授权的有关行政主管部门，在建设工程开工之前对其是否符合法定的开工条件进行审核，对符合条件的建设工程允许其开工建设的法定制度。

2. 开工报告制度（Work-start Reports System），是我国沿用已久的一种建设项目开工管理制度。

3. 中止施工（Suspended Construction），是指建设工程开工后，在施工过程中因特殊情况的发生而中途停止施工的一种行为。

4. 执业资格制度（Professional Qualification System），是指对具有一定专业学历和资历并从事特定专业技术活动的专业技术人员，通过考试和注册确定其执业的技术资格，获得相应文件签字权的一种制度。

5. 注册建造师（Registered Construction Division），是指通过考核认定或考试合格取得中华人民共和国建造师资格证书，并按照规定注册，取得中华人民共和国建造师注册证书和执业印章，担任施工单位项目负责人及从事相关活动的专业技术人员。

模块4 建设工程发承包法律制度

1. 建设工程招标与投标(Construction Engineering Tendering and Bidding)，是指建设工程的发包方事先标明其拟建工程的内容和要求，由愿意承包的单位递送标书，明确其承包工程的价格、工期、质量等条件，再由发包方从中择优选择工程承包方的一种交易方式。

2. 公开招标（Public Bidding），是指招标人以招标公告的方式邀请不特定的法人或者其他组织投标。

3. 邀请招标（Invitation to Tender），是指招标人以投标邀请书的方式邀请特定的法人或者其他组织投标。

4. 招标人(The Tenderer)，是指依照《招标投标法》规定提出招标项目、进行招标的法人或者其他组织。

5. 投标人(The Bidder)，是响应招标、参加投标竞争的法人或者其他组织，不包括自然人。

6. 开标（Opening of Bids），是由投标截止之后，招标人按招标文件所规定的时间和地点，开启投标人提交的投标文件，公开宣布投标人的名称投标价格及投标文件中的其他主要内容的活动。

7. 评标(Bid Evaluation)，是依据招标文件的要求和规定，在工程开标后，由招标单位组织评标委员会对各投标文件进行审查、评审和比较。

8. 细微偏差（Slight Deviations），是指投标文件在实质上响应招标文件要求，但在个别地方存在漏项或者提供了不完整的技术信息和数据等情况，并且补正这些遗漏或者不完整不会对其他投标人造成不公平的结果。

9. 定标(Calibration)，又称工程决标，是招标单位根据评标委员会评议的结果，择优确定中标单位的过程。

10. 建筑工程发包与承包（Contract Awarding and Contracting of Construction Projects），是指建设单位将待完成的建筑勘察、设计、施工等工作的全部或其中一部分委托施工单位、勘察设计单位等，并按照双方约定支付一定的报酬，通过合同明确双方当事人的权利义务的一种法律行为。

11. 建设工程招标投标（Construction Project Bidding），是指招标人（发包人）用招标文件将委托的工作内容和要求告知有兴趣参与竞争的投标人，让他们按规定条件提出实施计划和价格，然后通过评审比较选出信誉可靠、技术能力强、管理水平高、报价合理的可信赖单位（设计单位、监理单位、施工单位、供货单位），以合同形式委托其完成。

12. 转包(Subcontract)，是指承包方不履行承包合同约定的义务，将其承包的工程项目倒手转让给他人，不对工程承担技术、质量、经济等责任的行为。

13. 建设工程分承包 (Construction Engineering Subcontracting)，简称分包，有专业工程分包和劳务作业分包两种。专业工程分包是指从总承包人承包范围内分包某一分项工程，如土方、模板、钢筋等分项工程或某种专业工程，如钢结构制作和安装、电梯安装、卫生设备安装等。分承包人不与发包人发生直接关系，而只对总承包人负责，在现场上由总承包人统筹安排其活动。劳务作业分包，是指施工总承包企业或者专业承包企业将其承包工程中的劳务作业发包给劳务分包企业完成的活动。

模块5　建设工程合同和劳动合同法律制度

1. 建筑工程合同 (Construction Contract)，是承包人进行工程建设，发包人支付工程价款的契约（合同）。

2. 劳动关系 (Labor Relations)，指劳动者与用人单位在实现劳动过程中建立的社会经济关系。

模块6　建筑工程安全生产法律制度

1. 建筑安全生产管理（Construction Safety Production Management），是指建设行政主管部门、建筑安全监督管理机构、建筑施工企业及有关单位对建筑生产过程中的安全工作，进行计划、组织、指挥、控制、监督等一系列的管理活动。

2. 预防为主（Giving Priority to Prevention），是指在建设工程生产活动中，针对建设工程生产的特点，对生产要素采取管理措施，有效地控制不安全因素的发展与扩大，把可能发生的事故消灭在萌芽状态，以保证生产活动中人的安全与健康。

3. 建筑施工企业特种作业人员（Construction Enterprises of Special Operations Personnel），是指建筑电工、电焊工、建筑架子工、建筑起重信号司索工、建筑起重机械司机、建筑起重机械安装拆卸工、高处作业吊篮安装拆卸工、爆破工等工种。

4. 安全生产责任制度（The System of Responsibility for Production Safety），是将企业各级负责人、各职能机构及其工作人员和各岗位作业人员在安全生产方面应做的工作及应负的责任加以明确规定的一种制度。

5. 安全生产条件（The Conditions for Safe Production），是指施工单位能够满足保障生产经营安全的需要，在正常情况下不会导致人员伤亡和财产损失所必需的各种系统、设施和设备以及与施工相适应的管理组织、制度和技术措施等。

6. 安全生产管理机构（The Safety in Production Management），是指施工单位设置的负责安全生产管理工作的独立职能部门。

7. 专职安全生产管理人员（Professional Safety Production Management Personnel），是指经建设主管部门或者其他有关部门安全生产考核合格取得安全生产考核合格证书，并在施工单位及其项目从事安全生产管理工作的专职人员。

8. 作业人员的批评权（Workers the Right to Criticize），是指作业人员对施工单位的现场管理人员实施的危及生命安全和身体健康的行为提出批评的权利。

9. 检举和控告权（The Right to Impeach and Accuse），是指作业人员对施工单位的现场管理人员实施的危及生命安全和身体健康的行为，有向政府主管部门和司法机关进行检举和控告的权利。

10. 违章指挥（Illegal Command），是指强迫作业人员违反法律、法规或者规章制度、操作规程进行作业的行为。

11. 安全生产教育培训制度（Safety Education and Training System），是指对从业人员进行安全生产的教育和安全生产技能的培训，并将这种教育和培训制度化、规范化，以提高全体人员的安全意识和安全生产的管理水平，减少和防止生产安全事故的发生。

12. 特种作业（Special Operations）是指容易发生事故，对操作者本人、他人的安全健康及设备、设施的安全可能造成重大危害的作业。

13. 危险性较大的分部分项工程（High Risk Project），是指建筑工程在施工过程中存在的、可能导致作业人员群死群伤或造成重大不良社会影响的分部分项工程。

14. 消防安全标志（Fire Safety Signs），是指用以表达与消防有关的安全信息的图形符号或者文字标志，包括火灾报警和手动控制标志、火灾时疏散途径标志、灭火设备标志、具有火灾爆炸危险的物质或场所标志等。

15. 事故现场（The Scene of the Accident），是指事故具体发生地点及事故能够影响和波及的区域，以及该区域内的物品、痕迹等所处的状态。

16. 有关人员（Relevant Personnel），主要是指事故发生单位在事故现场的有关工作人员，可以是事故的负伤者，或是在事故现场的其他工作人员。

17. 合理工期（Reasonable Time Limit for a Project），是指在正常建设条件下，采取科学合理的施工工艺和管理方法，以现行国家颁布的工期定额为基础，结合项目建设的具体情况而确定的使投资方与各参建单位均能获得满意的经济效益的工期。

18. 工程概算（Project Budget），是指在初步设计阶段，根据初步设计的图纸、概算定额或概算指标、费用定额及其他有关文件，概略计算的拟建工程费用。

模块7 建设工程质量法律制度

1. 工程建设标准（Engineering Construction Standards），是指为在工程建设领域内获得最佳秩序，对建设工程的勘察、设计、施工、安装、验收、运营维护及管理等活动和结果需要协调统一的事项所制定的共同的、重复使用的技术依据和准则。

2. 企业技术标准（Enterprise Technical Standards），是指对本企业范围内需要协调和统一的技术要求所制定的标准。

3. 企业管理标准（Enterprise Management Standards），是指对本企业范围内需要协调和统一的管理要求所制定的标准。

4. 企业工作标准（Enterprise Work Standards），是指对本企业范围内需要协调和统一的工作事项要求所制定的标准。

5. 见证取样和送检（Witness Sampling and Submittal for Inspection），是指在建设单位或工程监理单位人员的见证下，由施工单位的现场试验人员对工程中涉及结构安全的试块、试件和材料在现场取样，并送至具有法定资格的质量检测单位进行检测的活动。

6. 隐蔽工程（Concealed Engineering），是指在施工过程中某一道工序所完成的工程实物，被后一工序形成的工程实物所隐蔽，而且不可以逆向作业的那部分工程。

7. 返工（Rework），是指工程质量不符合规定的质量标准，而又无法修理的情况下重新进行施工。

8. 修理（Repair），是指工程质量不符合标准，而又有可能修复的情况下，对工程进行修补，使其达到质量标准的要求。

9. 旁站（Side Monitor），是指对工程中有关地基和结构安全的关键工序和关键施工过程，进行连续不断的监督检查或检验的监理活动，有时甚至要连续跟班监理。

10. 巡视（Patrol），主要是强调除了关键点的质量控制外，监理工程师还应对施工现场进行面上的巡查监理。

11. 平行检验（Parallel Check），主要是强调监理单位对施工单位已经检验的工程应及时进行检验。

12. 建筑工程项目的竣工验收 (Completion Acceptance of Construction Project)，是指在建筑工程已按照设计要求完成全部施工任务，准备交付给建设单位投入使用时，由建设单位或有关主管部门依照国家关于建筑工程竣工验收制度的规定，对该项工程是否符合设计要求和工程质量标准所进行的检查、考核工作。

13. 建设工程质量保修制度 (Quality Guarantee Systems of Building Engineering)，是指建设工程竣工经验收后，在规定的保修期限内，因勘察、设计、施工、材料等原因造成的质量缺陷，应当由施工承包单位负责维修、返工或更换，由责任单位负责赔偿损失的法律制度。

14. 缺陷（Defect），是指建设工程质量不符合工程建设强制性标准、设计文件，以及承包合同的约定。

模块8　建设工程监理法规

1. 项目监理机构（Project Supervision Organization），是指监理单位派驻工程项目负责履行委托监理合同的组织机构。

2. 监理工程师 (Supervision Engineer)，是指取得国家监理工程师执业资格证书并经注册的监理人员。

3. 总监理工程师 (General Supervision Engineer)，是指由监理单位法定代表人书面授权，全面负责委托监理合同的履行、主持项目监理机构工作的监理工程师。

4. 总监理工程师代表 (Representative of Chief Supervision Engineer)，是指经监理单位法定代表人同意，由总监理工程师书面授权，代表总监理工程师行使其部分职责和权力的项目监理机构中的监理工程师。

5. 专业监理工程师 (Discipline Supervision Engineer)，是指根据项目监理岗位职责分工和总监理工程师的指令，负责实施某一专业或某一方面的监理工作，具有相应监理文件签发权的监理工程师。

6. 监理员 (Supervision)，是指经过监理业务培训，具有同类工程相关专业知识，从事具体监理工作的监理人员。

7. 监理规划 (Supervision Plan)，是指在总监理工程师的主持下编制、经监理单位技术负责人批准，用来指导项目监理机构全面开展监理工作的指导性文件。

8. 监理实施细则 (Supervision of the Implementation Details)，是指根据监理规划，由专业监理工程师编写，并经总监理工程师批准，针对工程项目中某一专业或某一方面监理工作的操作性文件。

9. 工地例会 (Site Meeting)，是指由项目监理机构主持的，在工程实施过程中针对工程质量、造价、进度、合同管理等事宜定期召开的、由有关单位参加的会议。

10. 工程变更 (Engineering Change)，是指在工程项目实施过程中，按照合同约定的程序对部分或全部工程在材料、工艺、功能、构造、尺寸、技术指标、工程数量及施工方法等方面做出的改变。

11. 工程计量 (Engineering Measurement)，是指根据设计文件及承包合同中关于工程量计算的规定，项目监理机构对承包单位申报的已完成工程的工程量进行的核验。

12. 见证 (Witness)，是指由监理人员现场监督某工序全过程完成情况的活动。

13. 旁站 (Construction Site)，是指在关键部位或关键工序施工过程中，由监理人员在现场进行的监督活动。

14. 巡视 (Construction Site)，是指监理人员对正在施工的部位或工序在现场进行的定期或不定期的监督活动。

15. 平行检验 (Parallel Test)，是指项目监理机构利用一定的检查或检测手段，在承包单位自检的基础上，按照一定的比例独立进行检查或检测的活动。

16. 设备监造（Equipment Supervision），是指监理单位依据委托监理合同和设备订货合同对设备制造过程进行的监督活动。

17. 费用索赔（Cost Claim），是指根据承包合同的约定，合同一方因另一方原因造成本方经济损失，通过监理工程师向对方索取费用的活动。

18. 临时延期批准（Approval for Temporary Delay），是指当发生非承包单位原因造成的持续性影响工期的事件，总监理工程师所做出暂时延长合同工期的批准。

19. 延期批准（Delay Approval），是指当发生非承包单位原因造成的持续性影响工期事件，总监理工程师所做出的最终延长合同工期的批准。

模块9 建筑工程施工环境保护、节约能源和文物保护法律制度

1. 环境规划（Environmental Planning），是指为了使环境与社会、经济协调发展，国家将"社会—经济—环境"作为一个复合的生态系统，依据社会经济规律、生态规律和地学原理，对其发展变化趋势进行研究而对人类自身活动所做的时间和空间的合理安排。

2. 环境影响评价（Environmental Impact Assessment），是指对规划和建设项目实施后可能造成的环境影响进行分析、预测和评估，提出预防或者减轻不良环境影响的对策和措施，进行跟踪监测的方法与制度。

3. 限期治理制度（Deadline Management System），是指对现已存在的危害环境的污染源，由法定机关做出决定，令其在一定期限内治理并达到规定要求的一整套措施。

4. 环境标准制度（Environmental Standards System），是国家根据人体健康、生态平衡和社会经济发展对环境结构、状态的要求，在综合考虑本国自然环境特征、科学技术水平和经济条件的基础上，对环境要素间的配比、布局和各环境要素的组成以及进行环境保护工作的某些技术要求加以限定的规范。

5. 水污染（Water Pollution），是指水体因某种物质的介入，而导致其化学、物理、生物或者放射性等方面特性的改变，从而影响水的有效利用，危害人体健康或者破坏生态环境，造成水质恶化的现象。

6. 大气污染（Atmospheric Pollution），通常是指由于人类活动或自然过程引起某些物质进入大气中，呈现出足够的浓度，达到足够的时间，并因此危害人体的舒适、健康和福利或环境污染的现象。

7. 固体废物污染（Solid Waste Pollution），是指固体废物在产生、收集、贮藏、运输、利用和处置的过程中产生的危害环境的现象。

8. 节约能源（Energy Conservation），是指加强用能管理，采取技术上可行、经济上合理以及环境和社会可以承受的措施，从能源生产到消费的各个环节，降低消耗、减少损失和污染物排放、制止浪费，有效、合理地利用能源。

模块10 建设工程纠纷的处理

1. 法律纠纷（Legal Dispute），是指公民、法人、其他组织之间因人身、财产或其他法律关系所发生的对抗冲突（或者争议）。

2. 和解（Settlement），是指当事人在自愿互谅基础上，就已经发生的争议进行协商并达成协议，自行解决的一种方式。

3.调解（Mediation），是指双方当事人以外的第三者，以国家法律、法规和政策以及社会公德为依据，对纠纷双方进行疏导、劝说，促使他们相互谅解，进行协商，自愿达成协议，解决纠纷的活动。

4.仲裁（Arbitration），是指发生争议的当事人根据其达成的仲裁协议，自愿将该争议提交中立的第三方（仲裁机构）进行裁判的争议解决制度。

5.诉讼（Lawsuit），是指国家司法机关在当事人及其他诉讼参与人的参加下，依据法定的程序和方式，解决争议的活动。

6.行政复议（Administrative Reconsideration），是指公民、法人或者其他组织不服行政主体做出的具体行政行为，认为行政主体的具体行政行为侵犯了其合法权益，依法向法定的行政复议机关提出复议申请，行政复议机关依法对该具体行政行为进行合法性、适当性审查，并做出行政复议决定的行政行为。

附录 2　教材各模块涉及法规基本情况表

教材各模块涉及法规基本情况表（部分）

序号	内　容	本教材各章节涉及法规									
		一	二	三	四	五	六	七	八	九	十
1	中华人民共和国建筑法 （1997 年 11 月 1 日中华人民共和国主席令第 91 号公布）	+	+	+	+	+	+	+	+	+	+
2	中华人民共和国合同法 （1999 年 3 月 15 日中华人民共和国主席令第 15 号公布）	+	+	+	+	+	+	+	+	+	+
3	中华人民共和国招标投标法 （1999 年 8 月 30 日中华人民共和国主席令第 21 号公布）	+	+	+	+				+		+
4	中华人民共和国安全生产法 （2002 年 6 月 29 日中华人民共和国主席令第 70 号公布）	+	+	+	+		+	+	+	+	+
5	中华人民共和国劳动法 （1994 年 7 月 5 日中华人民共和国主席令第 28 号公布）	+	+	+		+	+	+			+
6	中华人民共和国劳动合同法 （2007 年 6 月 29 日中华人民共和国主席令第 65 号公布）	+	+	+		+	+				+
7	中华人民共和国环境保护法 （1989 年 12 月 26 日中华人民共和国主席令第 22 号公布）	+					+	+	+	+	+
8	中华人民共和国固体废物污染环境防治法 （2004 年 12 月 29 日中华人民共和国主席令第 31 号公布）	+					+	+			+
9	中华人民共和国节约能源法 （2007 年 10 月 28 日中华人民共和国主席令第 77 号公布）	+			+		+	+	+	+	+
10	建设工程安全生产管理条例 （2003 年 11 月 24 日中华人民共和国国务院令第 393 号发布）	+	+	+	+	+	+	+	+	+	+
11	建设工程质量管理条例 （2000 年 1 月 30 日中华人民共和国国务院令第 279 号发布）	+	+	+	+	+	+	+	+	+	+
12	生产安全事故报告和调查处理条例 （2007 年 4 月 9 日中华人民共和国国务院令第 493 号发布）	+					+		+		+
13	建设工程勘察设计管理条例 （2000 年 9 月 25 日中华人民共和国国务院令第 293 号发布）	+	+	+	+		+	+			+
14	建设项目环境保护管理条例 （1998 年 11 月 18 日中华人民共和国国务院令第 253 号发布）	+	+				+	+	+	+	+
15	注册建造师管理规定 （2006 年 11 月 24 日中华人民共和国建设部令第 153 号发布）	+	+	+	+	+	+	+	+		+

续表

序号	内容	一	二	三	四	五	六	七	八	九	十
16	建筑业企业资质管理规定 （2006 年 12 月 30 日中华人民共和国建设部令第 159 号发布）	+	+	+	+	+	+	+	+	+	+
17	特种作业人员安全技术培训考核管理规定 （2012 年 4 月 26 日国家安全生产监督管理局局长办公会议审议通过）	+	+	+	+		+				+
18	生产安全事故应急预案管理办法 （2009 年 3 月 20 日国家安全生产监督管理局局长办公会议审议通过）	+	+		+		+		+		+
19	工程建设项目招标范围和规模标准规定 （2000 年 4 月 4 日国务院批准）	+	+	+	+						+
20	房屋建筑和市政基础设施工程施工招标投标管理办法 （2001 年 6 月 1 日中华人民共和国建设部令第 89 号发布）	+	+	+	+	+	+	+	+	+	+
21	房屋建筑和市政基础设施工程施工分包管理办法 （2004 年 2 月 3 日中华人民共和国建设部令第 124 号发布）	+	+	+						+	+
22	建造师执业资格制度暂行规定 (2004 年 12 月 9 日国家人事部、建设部人发 [2002]111 号)	+	+	+	+	+	+	+	+	+	
23	建造师执业资格考试实施办法 （国人部发 [2004]16 号）	+	+	+	+				+		+
24	注册建造师执业管理办法（试行） （2008 年 2 月 26 日中华人民共和国建设部令第 153 号发布）	+	+	+	+	+	+	+	+	+	+
25	注册建造师执业工程规模标准（试行） （2007 年 7 月 4 日中华人民共和国建设部令第 153 号发布）	+	+	+	+						+
26	建设工程施工合同（示范文本）(GF—1999—0201)	+	+	+	+	+	+	+	+	+	+
27	建筑施工企业安全生产管理机构设置及专职安全生产管理人员配备办法 （2008 年 5 月 13 日中华人民共和国建设部建质 [2008]91 号颁发）	+		+		+		+			+
28	房屋建筑工程和市政基础设施工程实行见证取样和送检的规定 （2000 年 9 月 26 日国家建设部建建 [2000]211 号发布）	+			+			+	+		+

注："+"表示本章节涉及相应法规（部分）。

参考文献

［1］全国一级建造师执业资格考试用书编写委员会.建设工程法规及相关知识［M］.3 版.北京：中国建筑工业出版社，2011.

［2］全国二级建造师执业资格考试用书编写委员会.建设工程法规及相关知识［M］.3 版.北京：中国建筑工业出版社，2011.

［3］陈东佐.建筑法规概论［M］.2 版.北京：中国建筑工业出版社，2005.

［4］张培新.建筑工程法规［M］.2 版.北京：中国电力出版社，2008.

［5］陈晓明，崔怀祖，宋丽伟.工程建设法规［M］.北京：北京理工大学出版社，2009.

［6］生杰青.工程建设法规［M］.北京：科学出版社，2011.

［7］宋宗宇.建设工程法规［M］.重庆：重庆大学出版社，2006.

［8］王锁荣，张培新.工程建设法规［M］.北京：高等教育出版社，2009.

［9］徐占发.建设法规与案例分析［M］.2 版.北京：机械工业出版社，2012.

［10］李清立.建设工程监理［M］.2 版.北京：机械工业出版社，2011.

［11］徐锡权，金从.建设工程监理概论［M］.北京：北京大学出版社，2009.

［12］高玉兰.建设工程法规［M］.北京：北京大学出版社，2010.

［13］黄安永.建设法规［M］.南京：东南大学出版社，2007.

［14］马文婷，隋灵灵.建筑法规［M］.北京：人民交通出版社，2007.

［15］张晓艳.安全员岗位实务知识［M］.北京：中国建筑工业出版社，2007.

［16］丛培经.工程项目管理［M］.4 版.北京：中国建筑工业出版社，2012.